식물구조학 – 컬러 안내서

제2판

Bryan G. Bowes

James D. Mauseth

김경식 | 이웅빈 역

월드사이언스

WORLD SCIENCE

worldscience.co.kr

식물구조학 - 컬러 안내서
제2판

2011년 8월 15일 인쇄
2011년 8월 30일 발행

역자 | 김경식 · 이웅빈

펴낸이 | 박선진

펴낸곳 | (주)월드 사이언스

표지·편집 | 김영욱

등록번호 | 제16-1601호

등록일자 | 1988년 2월 12일

주소 | 서울특별시 서초구 방배4동 864-31 월드빌딩 1층

전화 | (02) 581-5811~3

FAX | (02) 521-6418

URL | http://www.worldscience.co.kr
E-mail | worldscience@hanmail.net

정가 18,000원

ISBN 978-89-5881-178-7

이 도서의 국립중앙도서관 출판시도서목록(CIP)은 e-CIP 홈페이지
(http://www.nl.go.kr/cip.php)에서 이용하실 수 있습니다.(CIP제어번호: CIP2011003500)

차례

머리말 4
역자 머리말 5
약어 6
저자 7
역자 8

1장 서론 9
육상식물의 소개 9
관속식물의 증산과 물질 이동 10
피자식물의 일반 형태 10
피자식물의 관속 해부구조 11
피자식물의 꽃과 생식기 형태 11
본 컬러 안내서의 특징 11

2장 식물 세포 30
서론 30
세포막 30
핵 31
색소체 31
미토콘드리아 33
후형물질 33
소포체 33
골지장치 33
액포 34
미소체 34
리보솜 34
미세소관과 미세섬유 34
세포벽 35

3장 식물 조직학 65
세포와 조직의 분포 65
유조직 66
후각조직 66
후벽조직 66
분비조직 66
사부 67
목부 68
목재의 구조 69
식물 해부의 기술 71

4장 정단분열조직: 1기 슈트와 뿌리의 발생 102
서론 102
영양 슈트 정단 102
잎과 눈의 발달 초기 103
생식 슈트 정단 104
어린 줄기의 조직 분화 104
뿌리 정단 104
어린 뿌리의 조직 분화 105

5장 녹색 잎 122
서론 122
형태 및 엽맥상 122
엽신의 해부구조 123
엽병의 해부구조 125
잎의 변형 125

6장 줄기 153
1기 생장 153
성숙한 1기 줄기의 해부구조 153
1기 줄기의 변형 154
2기 생장 156
비후된 단자엽식물의 줄기 159
주피 159

7장 뿌리 185
서론 185
성숙한 1기 뿌리의 해부구조 185
측근과 부정근 186
뿌리의 2기 생장 186
다육성 뿌리 186
기생식물 187
개미-식물 188
맹그로브의 다형 근계 188
균근과 뿌리혹 189

8장 식물의 생식 212
무성(영양) 생식 212
무종자 관속식물의 유성생식 214
종자식물의 유성생식 214

참고문헌 259
용어해설 260
찾아보기 275

머리말

'왜 그들은 잎이나 부정근의 조직 발생에 대하여 관심을 가지고 있는 것일까? ...... 일반인들은 심장이식, AIDS의 치료, 노망의 치료 등을 원하고 있다. 식물의 구조에 대해서는 조금도 관심이 없는데 왜 그럴까? 이것을 공부하는 사람들은 확실히 참을성이 많은 것 같다. ...... 그들은 상대적으로 저비용으로 일을 하고 있다. 스테이츠빌(Statesville, 노스캐롤라이나 중서부의 도시; 역자 주)에서는 식물학자 한 명의 자리보다 두 명의 죄수를 관리하는 비용이 더 많이 든다.'

More Die of Heartbreak, 솔 벨로우

벨로우 소설의 등장인물인 케네스 트라첸버그는 확실히 식물의 구조에 대한 연구를 침체의 늪으로 떨어트렸지만, 우리 모두는 지구상에서 살아남기 위하여 녹색 식물에 극단적으로 의존하고 있다. 작물 생산의 증가와 새로운 식물 변종의 개발이라는 원예학적 성공은 식물의 생리학, 생화학 및 분자생물학의 중요성을 강조하고 있으며, 이를 위해서는 녹색식물의 내부 형태와 내부 구조의 연구가 선행되어야 한다. 학부나 대학원의 생물학 과정의 내용은 꾸준히 증가하고 있지만, 부득이하게도 학생이 식물형태학에 쏟고 있는 시간은 줄고 있다. 이제 식물해부학에서 우수하지만 지루한 교재를 더 이상 자세하게 공부할 시간이 없으며, 따라서 많은 학생들이 주로 주석이 달린 사진이나 그림으로 구성되어서 쉽게 이해할 수 있는 식물의 구조를 찾고 있다. 이러한 것들이 이 안내서의 개념이다: 식물 구조의 지식은 식물학 연구의 기본이며, 명확하고, 간결하고, 정확하게 전달되어야 한다. 관속식물의 형태학에 대한 서론에 이어 각 장에서는 식물 구조의 주요 특징을 다루고 있다. 또한 독자들의 이해를 돕기 위하여 이 안내서에 사용된 식물학 용어도 포함되어 있다. 이 책의 각 장에서는 식물 형태의 본질적인 특징을 설명하고 있으며, 적절한 도해와 이 책 외의 내용을 광범위하게 인용하였다. 각 도해는 범례를 덧붙였고, 특징은 구조를 이해하는데 명확성을 극대화하기 위하여 (문자가 아닌) 번호를 부가하였다. 사진과 그림을 수반한 이 특별한 안내서가 많은 독자들에게 흥미롭고 유용하기를 바란다.

이 안내서는 다른 독자들에게 다른 방법으로 이용되도록 만들어졌다. 대학생들은 간명한 소개서 또는 시험 준비를 위한 개정된 안내서로 읽게 될 것이며, 연구소 또는 산업체의 전문 강사나 연구원들에게는 빠른 인용문헌의 출처를 제공하는 안내서가 되기를 바란다. 자연사 또는 많은 식물의 내적 아름다움을 배우는 예술가나 비전문가인 학생들은 각 장에서 본문 뒤에 배열된 외부형태나 현미경적 관찰을 통한 사진이나 그림으로 명확하게 볼 수 있을 것이다.

이 책의 전체적인 목적은 독자들에게 관속식물, 특히 현화식물의 구조에 대한 현재의 지식을 간명하게 설명하고, 사진과 그림이 풍부한 책을 제공하는 것이다.

Bryan G. Bowes
James D. Mauseth

역자 머리말

이 책은 거의 600장에 달하는 사진과 그림이 포함되어 있으며, 전자현미경 사진을 제외하면 거의 모두가 컬러사진으로 수록되어 있고, 본문이 간결하여 독자들이 식물을 쉽게 이해할 수 있을 것이다. 이제까지 흔히 볼 수 있었던 책들은 흑백사진 중심으로 되어있었고 본문이 복잡하고 많아서 식물의 구조와 기능을 이해하기가 쉽지 않았다. 그러나 이 안내서는 이런 책들과는 다른 특징을 가지고 있어 독자들이 식물을 이해하는데 큰 즐거움을 줄 것으로 기대된다.

생물학 관련 책을 번역하다보면 가장 어려운 일 중의 하나가 생물의 이름을 찾아주는 것이라 생각된다. 특히 이 책에 인용된 식물들이 우리나라와 유사한 온대지역에서 자라는 것뿐만 아니라, 고산식물, 사막식물, 맹그로브 등 다양한 기후 조건 아래 세계 곳곳에서 자라는, 우리나라에서는 보기 어려운 식물들이 많아서 일반 이름을 찾는데 더욱 어려움을 겪었다.

가장 적합한 이름은 학명이겠지만, 학명은 일반인들은 물론 생물학을 전공한 사람들도 부담스러워한다. 따라서 이 책에서는 식물의 이름을 학명으로 표기하고, 괄호 안에 일반 국명을 병기하도록 노력하였다. 국명은 우리나라 도감들과 산림청의 국가표준식물목록을 우선적으로 참조하였으며, 여기에 없는 것은 원서의 일반명을 번역하였다. 그 다음으로 '네이트' 백과사전과 '위키피디아' 백과사전의 것을 인용하였으며, 위 모두에 없는 것들은 속명을 라틴어식 발음으로 옮겨 사용하였다. 아울러 흔하지 않은 식물에 대하여는 분류 계급과 짧은 주해를 역자 주로 달아 독자들의 이해를 도모하여, 전문가뿐만 아니라 일반인들도 쉽게 접근할 수 있도록 하였다.

용어해설은 국명과 영명을 병기하여 국명 용어가 가져다 줄 수 있는 혼동을 보정하는데 도움이 되도록 하였다.

우리들은 알게 모르게 식물에 의존하여 살고 있다. 먹는 것은 100%라고 해도 과언이 아니며, 약재, 에너지 등 식물이 우리에게 베푸는 것에 비하여 우리는 너무도 식물에 대하여 무관심하지는 않은가라는 생각을 해본다. 이 책의 저자 머리말에 한 소설에서 인용한 것이 사실이라면, 미국 노스캐롤라이나 주의 스테이츠빌이라는 도시에서는 죄수 두 명을 관리하는 데 드는 비용이 식물학자 한 명을 고용하는 것보다 더 많다고 한다. 여러 가지 혜택을 많이 받는, 심장질환을 연구하거나 암을 연구하는 학자들과는 다른 식물학자들의 위상을 잘 반영해주는 단적인 얘기가 아닌가 생각한다. 앞으로 식물학자들과 식물에 관심을 갖는 이들이 더욱 많아지고, 또 지금도 어려운 상황에서 연구에 몰두하고 있는 식물학도들이 용기를 갖고 정진하기를 기원한다.

끝으로 이 책의 내용을 보완하는데 도움을 주신 조선대학교 이규배 박사님께 깊이 감사드리며, 아울러 이 책이 나올 수 있도록 수고를 아끼지 않으신 월드사이언스 사장님과 임직원 여러분께 고마움을 전한다.

역자 일동

약어

F-F freeze-fracturing 동결파쇄

G-Os fixation in glutaraldehyde followed by osmium tetroxide 글루타르알데히드에 이은 오스뮴테트록시드 고정

KMn fixation in potassium permanganate 과망간산칼륨 고정

RER rough endoplasmic reticulum 조면소포체

SEM scanning electron microscope 주사전자현미경

SER smooth endoplasmic reticulum 활면소포체

TEM transmission electron microscope 투과전자현미경

저자

Bryan Bowes

- 강사: 스코틀랜드 글래스고대학 식물학과에서 30년 이상 강의
- 연구원: Federal Technical University (취리히, 스위스),
  Harvard University (미국),
  Armidale University (New South Wales, 호주)

James Mauseth

- 교수: University of Texas in Austin 식물학과

역자

김경식
- 전북대학교 생물과학부 교수
- 한국식물학회 이사
- 한국지질학회 이사
- 한국고생물학회 평의원

이웅빈
- 용인대학교 생명과학과 교수
- 한국식물학회 이사
- 한국식물분류학회 이사
- 한국자연보전협회 이사

1장 서론

육상식물의 소개

현화식물 또는 피자식물(**1, 2**)은, 상당한 부분의 대륙 표면을 우점하고 있으며, 관속식물 진화의 절정을 보여준다. 그들은 넓은 범위의 생육지를 점유하고 있으며 지금까지 약 25만 종이 알려져 있다. 그러나 그 이상의 식물, 특히 열대지역의 식물들이 아직 학명을 갖고 있지 못하다. 피자식물은 형태가 매우 다양하고, 크기도 수 mm 직경의 *Lemna*(좀개구리밥속, **3**)에서 90m 이상 높이의 *Eucalyptus*(유칼립투스속, **4**)까지 넓은 범위를 갖는다. 생활환이 2개월 미만의 짧은 것에서 거의 천년동안 살 수 있는 *Quercus*(참나무속, **5**)도 있다.

현화식물은 대부분이 인간에 의해 소비되거나 가축의 먹이로 이용된다(**6, 7**). 또한 피자식물은 *Acacia*(아카시아속), *Carya*(히코리속), *Eucalyptus*(유칼립투스속), *Fagus*(너도밤나무속), *Juglans*(호두나무속) 및 *Quercus*(참나무속, **4, 8, 9**)와 같이 경재(hardwood)나 섬유[예, *Corchorus*(황마속, 피나무과), *Linum*(아마속, **10**)] 그리고 약재[예, *Papaver*(양귀비속), *Coffea*(커피나무속); **7**] 등 매우 다양하고 중요한 상업적 자원을 공급한다. 대부분의 장식용 정원식물은 꽃을 전시하기 위해 길러진다(**1, 2**).

현재 현화식물이 많은 생육지에서 우점하고 있다 하여도, 초기에 진화한 관속식물 군들이 아직도 지역 식물상에 나타난다. 종자가 나출되어 있는 나자식물은 약 700종이 있는데(**11**); 이들 대부분은 구과류(conifer)이지만(**12**) 289 종의 열대 혹은 아열대산의 소철(**11**)과 소수의 다른 종류도 있다. 나출된 종자를 갖는 나자식물은 열매에 둘러싸인 종자(**13**)를 갖는 현화식물과 구별된다. 구과류는 북미, 북 유라시아 등 광활한 아한대 지역을 우점하고 있으며, 많은 구과류는 건축, 펄프, 울타리 등과 같은 다양한 목적을 위하여 매우 가치가 높은 연재(softwood)를 제공한다. 포자를 갖는 양치식물과 근연식물(**14-16**)은 약 12,000종이 있다.

260,000 종이 넘는 관속식물과 함께, 육상식물은 포자를 갖는 비관속 선태류를 포함한다(**17, 18**). 이 작은 식물은 약 1,500종의 이끼류(**18**)를 포함하지만, 훨씬 적은 수의 우산이끼 종류(**17**)와 뿔이끼 종류가 있다. 이들은 표피에 각피(cuticle)가 거의 없으며, 보통 습한 지역에 제한되어 자란다. 뿔이끼 종류와 우산이끼 종류는 잎이 없고 단순한 조직의 엽상체를 갖지만, 이끼류(및 일부 우산이끼 종류)는 보다 복잡한 구조와 엽상의 녹색 줄기를 갖는다.

많은 이끼류와 몇몇 우산이끼 종류의 줄기는 명확히 물과 양분의 이동에 관여하는 조직의 중심주 가닥을 갖는다. 그러나 *Polytrichum*(솔이끼속, **19**)과 같은 일부 분류군을 제외하면, 이것은 관속식물의 목부나 사부와 같이 구조적으로 복잡하지 않다(**20**). 후자의 조직은 물과 양분을 빠르게 긴 거리를 이동시키는데 관여한다(**21**).

지의류는 진정한 식물이 아니고 오히려 균류와 조류의 조화로운 공생 복합체에 가까우며; 이것이 종종 복잡한 식물처럼 보인다(**22**).

관속식물의 증산과 물질 이동

뿌리는 용해된 무기염류와 함께 물을 토양으로부터 흡수한다. 이것은 어린뿌리의 피층과 내피를 통과하여 중심주의 목부로 이동한다(**23**). 이 조직의 죽은 통도요소는 강하고 두꺼운 세포벽을 가지며(**20**), 세포 내 공간은 슈트 위를 향하여 이동하는 물기둥으로 채워져 있다(**21**).

증산은 슈트 표면으로부터의 수증기의 증발력에 의하여 이루어지며, 주로 잎 표면의 기공을 통하여 발생한다. 이 작은 기공(**24**)은 일반적으로 낮에는 열려져 있어 이산화탄소가 들어가는데, 이산화탄소는 녹색 잎에서 광합성을 하는데 필수적이다. 이렇게 만들어진 당은 사부(**20**)의 사요소 내에서 용액 상태로 저장하거나(**23, 25**) 혹은 대사가 이루어지는 줄기와 뿌리로 이동한다(**21**).

피자식물의 일반 형태

일반적인 현화식물(**26**)의 어린 슈트는 많은 잎과 보통 각 엽액에서 발생하는 측아를 갖는다. 절간(마디사이, internode)이 연속적인 잎 사이에 위치하는 반면, 잎은 줄기의 절(마디, node)에 붙어있다. 잎은 보통 납작하며 흔히 잎의 자루에 달린다(엽병, **27**). 수평엽에서 향축면(눈 안에 있는 동안 슈트 정단 가장 가까이에 있는, **28**)은 가장 위쪽에 위치하며, 배축면은 하면을 형성한다.

단엽은 갈라지거나 열편을 형성하고, 복엽은 여러 장의 소엽을 가지며(**29**); 소엽은 액아에서 나지 않는다. 엽신에는 엽맥의 망이 존재하는데(**30**), 줄기의 관속계에 연결된다. 액아(측아)는 휴면기로 들어가기도 하지만, 정상적으로는 곁가지나 꽃을 형성한다. 주가지의 기부에서 자엽(배에서 형성된 첫 번째 잎, **31**)이 하배축(hypocotyl)에서 분리되는데; 하배축은 줄기와 뿌리 사이의 이행 부위를 말한다.

최근까지 피자식물은 두 개의 군으로 구성된다고 믿어왔다: 쌍자엽식물과 단자엽식물. 그러나, DNA와 다른 특징들에 의한 분계론 연구는 8개의 작은 기본적인 목이(전체 피자식물의 3% 미만) 분리되었던 이후까지 피자식물의 기본적인 분지가 일어나지 않았다고 제안한다. 이 가운데 4개의 목은 현재 목련분계군(Magnoliid)으로 통합되었으며, 다른 한 군은 수련(수련목)으로 구별된다. 나머지 피자식물은 단자엽식물(피자식물 종의 약 22%), 붕어마름목(Ceratophyllales), 그리고 진정쌍자엽식물(eudicot, 피자식물 종의 약 75%)로 나뉜다. 대부분의 구조에 있어서 아직도 두 개의 기본적인 군을 형성한다: 단자엽상 구조(단자엽식물)와 쌍자엽상 구조(단자엽식물을 제외한 거의 모든 피자식물). '단자엽식물을 제외한 모든 피자식물'을 표현하는데 '쌍자엽'보다 더 적합한 단어가 아직은 없으며; 이 책에서는 단자엽식물 및 진정쌍자엽식물과는 다른 기본적인 피자식물의 경우를 제외하고 '쌍자엽식물'이라는 용어를 사용하고자 한다.

단자엽식물과 쌍자엽식물은 뚜렷한 형태학적, 해부학적 및 꽃의 특징을 나타낸다(**32**). 쌍자엽식물(십자화과, 베고니아과, 버드나무과, 참나무과)은 대부분의 현화식물 종을 포함하며, 많은 종이 어느 정도 2기 비후(목질, secondary thickening)를 한다(**4, 5, 8**). 단자엽식물은(예; 바나나, 벼과, 나리과) 쌍자엽식물처럼 2기 비후를 하지는 않지만, 여러 속 식물에서 큰 나무로 발달하기도 한다(**33, 39**).

쌍자엽식물의 잎은 일반적으로 엽병이 있어서(**27**), 줄기에 가늘게 붙어있다. 단자엽식물의 잎은 보통 무병엽으로(sessile, 엽병이 없는; **34**), 흔히 엽저(葉底, leaf base)가 줄기의 많은 부분을 감싼다(**35, 36**). 쌍자엽식물의 잎은 모양과 엽맥의 배열이 다양하지만, 일반적으로 작은 연결 맥들은 망상형의 양상을 나타낸다(**30**). 단자엽식물의 잎은 전형적으로 신장되어 있으며(**33, 34**), 주맥들이 길이를 따라 평행하게 배열한다. 비교적 드물게 측맥이 있기도 하지만, 일반적으로 갈라지지 않는다(**37**).

쌍자엽식물에서 유근(幼根, radicle; 어린식물체의 뿌리)은 보통 숙존하며, 오래된 부위는 2기 비후에 의하여 직경이 커진다(**38**). 이와는 반대로 단자엽식물에서는 유근이 죽어 없어지며 신장하고 있는 줄기의 기부로부터 부정근계(不定根系, adventitious root system)가 발달한다. 많은 대형 단자엽식물은 무거운 직립 줄기를 안정시키는 지주근을 생성한다(**39**).

피자식물의 관속 해부구조

일반적으로 단자엽식물과 쌍자엽식물의 1기 관속계는 상당히 다르다(**32**). 단자엽식물 줄기의 횡단면(**40**)에서는 많은 산재 관속이 나타나지만, 보통 쌍자엽식물에서는 많은 소형의 관속이 수(pith)의 바깥쪽에 원통형으로 배열한다(**41**). 단자엽식물의 뿌리는 흔히 주변부에 많은 가닥의 목부와 사부가 번갈아 배열하며 중앙에 수와 같은 기본조직을 보여준다(**42**). 그러나 쌍자엽식물에서는 목부의 별모양 중심부에 보통 여러 개의 목부 능선 사이에 사부 가닥들이 나타난다(**23**).

대부분의 쌍자엽식물 및 나자식물의 줄기와 뿌리에서 관속형성층은 1기 목부와 1기 사부를 분리시킨다(**38, 41, 43**). 만일 2기 비후가 일어난다면 정상적으로 분리된 형성층 부위가 연결되어 관속형성층의 연속된 환은 안쪽에 2기 목부를 바깥쪽에 2기 사부를 만들어 낸다(**10, 43**). 대부분의 단자엽식물은 초본이지만; 많은 야자나무는 수많은 섬유로 지탱되는 큰 나무로 자라난다. *Dracaena*(드라케나속), *Yucca*(유카속), *Cordyline*(코딜라인속)과 같은 식물들은 2기 비후 분열조직으로부터 새로운(2기) 관속을 생성하여 대형의 나무를 형성할 수 있다(**33**; 참조, 6장의 비정상적인 2기 생장).

피자식물의 꽃과 생식기 형태

피자식물에서 종자는 둘러싸여져 있지만(**45B**), 나자식물의 종자는 나출되어 있다(**11, 45A**). 단자엽식물에서 꽃의 부분은(꽃받침잎, 꽃잎, 수술 및 심피) 보통 3의 배수로 발달하는 반면(**1, 32**), 쌍자엽식물에서는 흔히 5 또는 4의 배수로 나타난다(**2, 33**). 그러나, 다른 많은 쌍자엽식물에서는 꽃의 부분이 대형이고 무한하게 나타나기도 한다(**44**). 성숙한 심피(꽃의 자성 부분; **44, 45**)는 여러 부분으로 구성되어 있다: 화분을 받는 끝 부분의 주두(**1, 2, 44**), 중간 부분의 화주(**1, 2**), 밑 부분의 자방(**45B**). 대부분의 식물 분류군에서 심피는 서로 떨어져 있기보다(이생심피; **44**), 합착되어 있다(합생심피; **13**). 자방 안에는 하나부터 수많은 배주가 있으며, 각 배주는 주공 끝에 난세포를 갖는다(**45B**). 화분은 주두에서 발아하여 화분관이 화주를 따라 자라 내려가 배주로 들어가는데(**45B**), 이곳에서 두 개의 반수체(haploid) 정핵을 방출한다.

이 가운데 하나는 난자와 수정하여 이배체 접합자를 만들며 다른 하나는 중앙에 위치한 두 개의 극핵(**45C**)과 합쳐져서 배에 양분을 공급하는 내배유를 발생시킨다. 접합자로부터 배가 발달할 때, 배가 커지게 되며 배주를 감싸고 있는 조직이 확장하여 성숙한 종자를 형성하게 된다. 이와 함께 자방은 크기가 커져 성숙한 과일을 형성하게 된다(**13**). 쌍자엽식물에는 배에 두 개의 자엽이 있지만(**31, 32, 46**), 단자엽식물에는 한 개만이 발생한다(**32**).

본 컬러 안내서의 특징

이 책은 관속식물의 발달과 성숙한 형태에 대한 안내서이며, 주로 해부학적, 조직학적 그리고 미세구조에 초점이 맞추어져 있다. 이미 강조하였듯이 피자식물은 진화적으로 변형된 수많은 형태를 가지고 있으며, 다양한 범위의 생육지를 우점하고 있다. 그들은 육상 식물상의 가장 많은 구성원이며, 연재를 생산하는 나자식물을 제외하면 인간에 의해 경제적으로 개발된 거의 모든 식물을 공급한다. 따라서 다음의 장에서는 우리 모두가 의존하는 현화식물의 다양한 해부학적 형상을 논의하는데 비중을 두고자 한다.

이 컬러 안내서는 통합된 일련의 명확한 그림들과 간결한 문장을 제공하고자 하였으며; 참고 그림은 특별한 속 식물을 표현하였는데, 한정적인 식물보다는 일반적으로 대표할 수 있는 많은 식물을 사용하였다. 식물의 이름은 학명으로 기술하였지만(속명 때로 종명), 가능한 한 일반명을 병기하였다.

이러한 표현은 기본적인 식물 해부학의 인식과 이해를 도와줄 것으로 믿으며, 백과사전적인 범위가 되지 않게 제작되었다. 생물 전공 학부생뿐만 아니라 식물 구조에 사전 지식이 없지만 식물 생리학, 생화학, 원예학 또는 관련 분야에서 연구하고 있는 대학원생들이 이용할 수 있도록 만들어졌다. 아울러 이 컬러 안내서는 고급 학부와 대학 수준에서의 생물학 연구와 관련이 있으며, 풍부하고 잘 설명된 그림들은 보다 다양한 층의 독자들에게 흥미를 줄 것으로 생각한다.

짧은 '참고문헌'은 이 책에서 표현된 식물 해부학의 진수를 보완하여 줄 다양한 정보를 상세하게 제공할 것이며, '용어'는 본문을 직접 참고하지 않고 도해와 설명만을 참고하고자하는 독자들에게 특별하게 도움이 될 것으로 생각한다.

1 *Lilium* 'Destiny'(나리 '데스니티')의 양성화. 꽃의 부분은 3수성이다: 여섯 장의 오렌지색 점이 있는 노란 화피편, 여섯 개의 오렌지색 약(꽃밥, anther; 1)이 있는 수술 및 3열의 오렌지색 주두(2). 3수성인 꽃의 부분과 길고 좁은 잎은 전형적인 단자엽식물의 특징이다 (참조, 32A).

1 약 2 주두

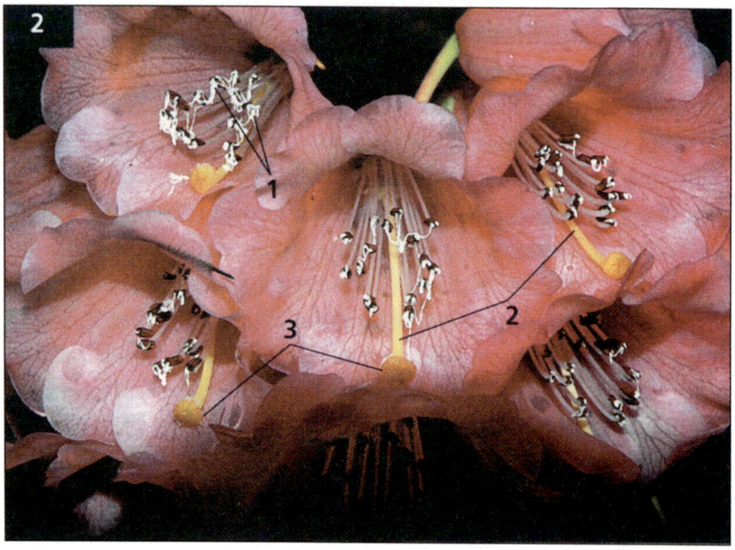

2 쌍자엽식물인 *Rhododendron falconeri* (진달래속 일종)의 꽃. 각각은 다섯 장의 합쳐진 화판(꽃잎, petal)으로 구성된 돌출된 화관, 약의 끝부분에 있는 구멍으로부터 나온 화분 끈 (1)을 갖는 열 개의 수술 및 끝에 돌출된 주두 (3)를 갖는 중앙의 화주(2, 5개의 융합된 심피로부터 형성됨)로 구성된다.

1 화분 끈 2 화주
3 주두

3 가장 작은 피자식물로 알려진 성숙한 식물체, *Lemna minor*(좀개구리밥 종류). 이 사진은 수 백 개의 성숙한 식물체이며, 각 개체는 직경이 몇 밀리미터가 채 되지 않는다. 꽃은 현미경적 크기를 갖는다.

4 쌍자엽식물인 *Eucalyptus diversicolor* (Karri나무, 유칼립투스속 일종). 호주 남서부 특산이며 표본이 직경 4m, 길이 87m에 달한 것으로 기록되었다. 이 나무는 건축용도로 사용되는, 강한 목재를 위하여 상당량의 물을 머금고 있다.

5 원래 지상 2m까지 가지가 없는(목장 소들이 잎을 먹는 것을 피하기 위하여) *Quercus petraea* (엽병이 없는 참나무 종류)의 오래된 (현재는 관심을 갖지 않는) 현지 표본(13 세기 스코틀랜드 캐드조우 지역). 펼쳐진 가지는 배를 만들거나 건축에 사용되었다.

6 대부분의 먹을 수 있는 식물은 밀(*Triticum*)과 같은 피자식물, 현화식물이다. 이 구조는 마른 꽃의 잔존물로 둘러싸인 수많은 열매로 이루어져있다.

7 *Coffea arabica*(커피나무)의 익어 가는 열매. 각 장과 안에는 두 개의 커피 종자(원두)가 있으며, 이것을 볶고 갈아서 맛있는 차를 만들 수 있다. 소위 인스턴트 커피라고 하는 것은 (커피의 대부분의 고유성이 없어진) 달인 다양한 커피를 분무법 또는 동결건조법으로 만들어낸 것이다.

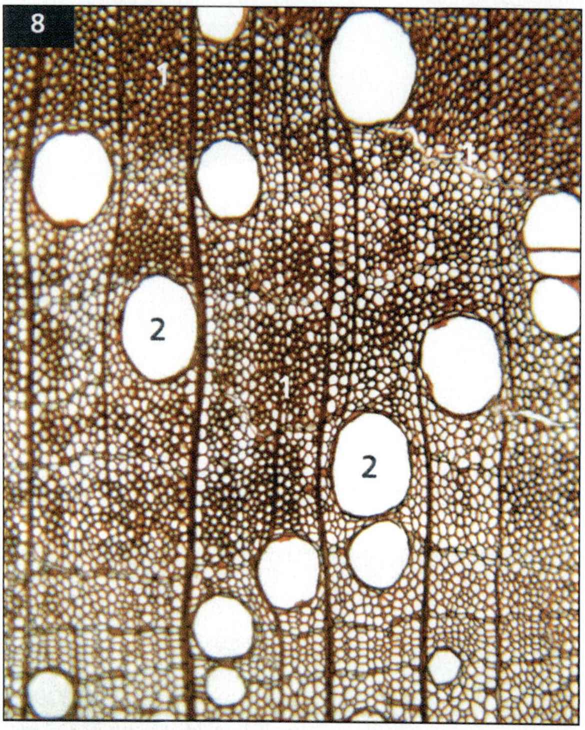

8 *Juglans cinerea*(가래나무속 일종) 재의 횡단면. 피자식물 나무는 경재(hardwood)를 공급하는데, 많은 것들이 색깔과 무늬가 아름다워서 목재 세공에 적합하다. 그들은 강도와 내구성을 제공하는 풍부한 섬유(1)와, 물을 통도하는 도관(2)을 갖는다. (광학현미경)

---

1 목재 섬유 2 물을 통도하는 도관

9 14세기의 *Quercus robur*(영국참나무)로 만든 대들보가 영국의 스토케시(Stokesey)성의 주회의장 천장을 받치고 있다.

10 쌍자엽식물인 *Linum usitatissimum*(아마) 줄기의 횡단면은 얇은 벽을 갖는 피층 유조직(2)에 인접하여 성숙하는, 많은 크고 두꺼운 세포벽을 가진 섬유를 보여준다(1). 관속 중심주 내에는 좁은 형성층(3)이 2기 목부를 만드는 반면에(4), 좁은 세포 요소 무리(5)는 사부의 통도 요소를 나타낸다. (G-Os고정, 광학현미경)

1 두꺼운 세포벽의 섬유	2 피층 유조직
3 형성층	4 2기 목부
5 통도 사부	

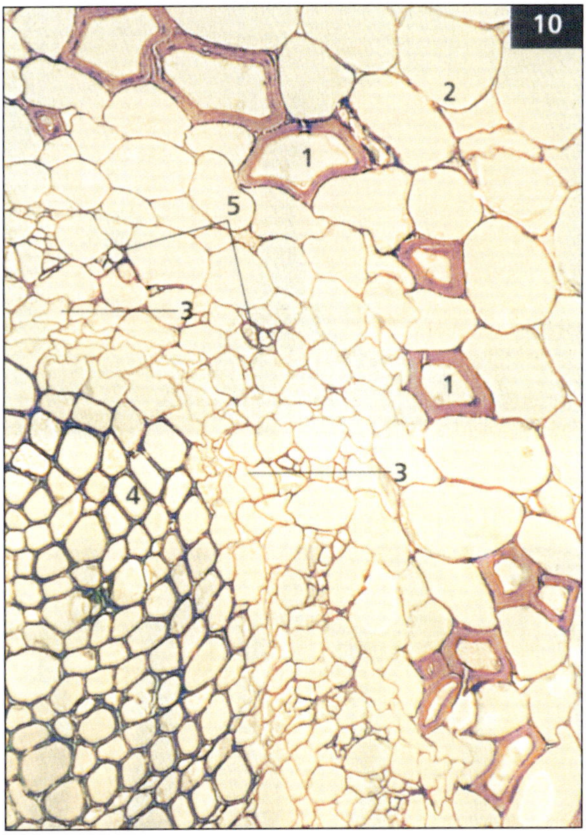

11 나자식물의 소철류인 *Cycas circinalis*(남양소철)의 표본은 유리된 많은 나출 종자를 갖는다. 피자식물과는 달리 열매로 싸여있지 않다(참조, 46).

12 *Pinus ponderosa*(폰데로사소나무)는 암 구과와 침엽이 세 개씩 모여 있다.

13 *Lycopersicon esculentum*(토마토) 열매. 횡단면에서 중축태좌(2)에 붙어있는 수많은 종자(1)가 보이며, 태좌 조직에서 유래한 육질의 조직에 묻혀있다. 네 개의 실(locule)은 열매가 네 개의 융합된 심피로 된 자방에서 발달한 것을 나타낸다. 외부형태적으로 꽃자루와 녹색의 꽃받침잎(3)이 기부에 남아 있는 것이 보이며; 이 육질의 쌍자엽식물 열매는 화피의 위에 위치한 단일 상위자방에서 발달한 것이다.

1 종자 2 중축태좌 3 꽃받침잎

14 아열대성 목본 양치류인 *Dicksonia antartica*(잔고사리속 일종)의 시든 생식엽 부위. 이면에 무수한 포자낭이 열개되어 실험대 위에 수백만 개의 균일한 크기의 노랑색 반수체 포자가 떨어져 있다.

15 *Equisetum arvense*(쇠뜨기)는 관속조직이 있지만 종자 없이 생식하며, 따라서 양치식물과 유사한 관속 은화식물(vascular cryptogam)이다. 또한 이 식물은 지하 근경으로 퍼지는데 오른쪽에 새싹이 나오고 있다.

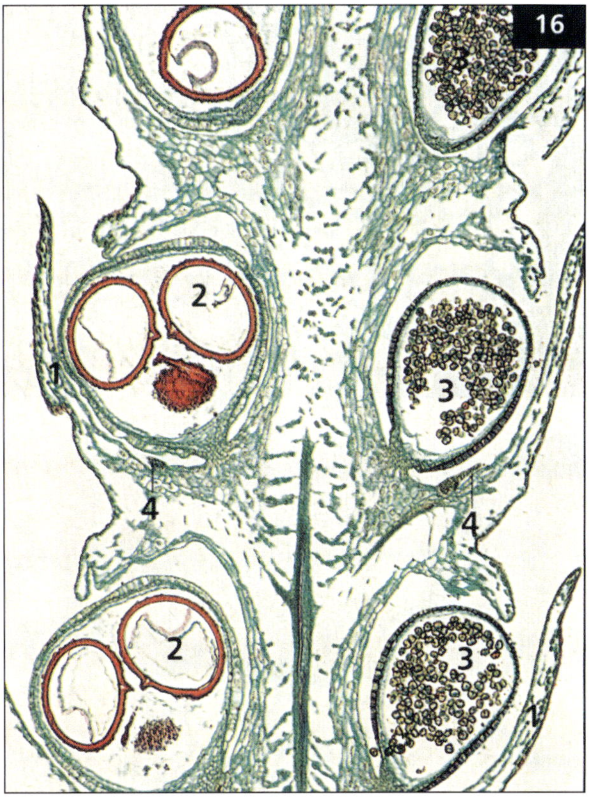

16 *Huperzia selago*(석송과 일종, 역자 주)의 이형포자형 포자낭수의 종단면. 포자낭은 포자낭수 축과 포자엽(1)의 사이에서 발생한다. 포자낭 안에서 포자가 감수분열을 수행하며; 대포자낭은 소수의, 두꺼운 벽을 갖고, 반수체이며 대형인 대포자(2)를 포함하는 반면, 소포자낭은 작고, 얇은 벽을 갖는 소포자(3)를 포함한다. 포자엽의 표면에 작은 엽설(ligule, 4)이 관찰되고; 이러한 형상은 현생식물인 *Selaginella*(부처손속)와 석탄기에 우점하였던 목본인 화석식물 *Lepidodendron* [인목속(鱗木屬)]이 매우 가까운 식물임을 보여준다.

1 포자엽 2 대포자
3 소포자 4 엽설

17 A: 조밀하게 군생하는 *Pellia epiphylla*(우산이끼 종류)의 배우체 식물. 녹색의 납작하고 넓어진 엽상체는 웅성 및 자성 생식기관을 가지며, 수정 후에 배는 배우체 내에서 이배수성 포자체로 발달한다. 사진에 보이는 한 개의 성숙한 포자체는 포자낭 자루(1)와 정단 포자낭(2)으로 구성된다. B: 노랑색의 포자가 아직 남아있는 열개된 포자낭.

1 포자낭 자루 2 포자낭

18 이 지면의 녹색식물은 조밀하게 군생하는 이끼류인 *Polytrichum*(솔이끼속)의 배우체이다. 이것들은 밝은 숲에서 작고, 직립하며 엽상인 줄기로 수 센티미터까지 자라며, 웅성 및 자성 생식기관을 갖는다. 난자가 한번 수정되면, 포자낭 자루(1)와 포자낭(2; 여기에서는 대부분이 보호조직인 칼립트라로 덮여있음)을 갖는 이배체 포자체로 발달한다. 우산이끼보다 오래 생존하고 복잡하여도, 이 이끼 포자체 또한 엽상의 배우체에 의존적이다.

1 포자낭 자루 2 칼립트라를 가진 포자낭

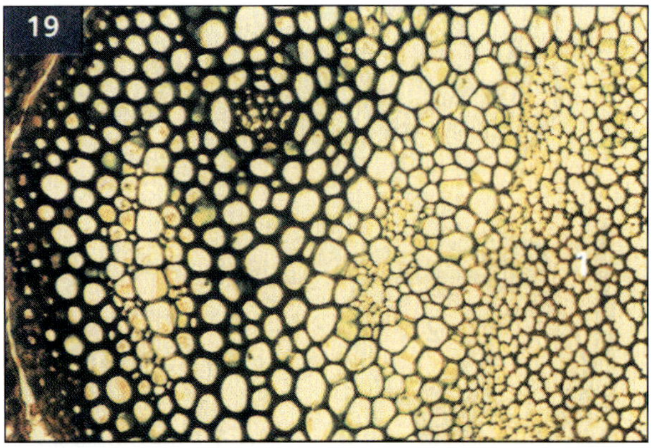

19 두꺼운 세포벽으로 된 통수 세포의 중심주 가닥(1)을 가지며, 상당한 조직학적 복잡성을 보여주는 이끼류인 *Polytrichum*(솔이끼속) 줄기의 횡단면.

1 통수 중심주 가닥(water conducting strand)

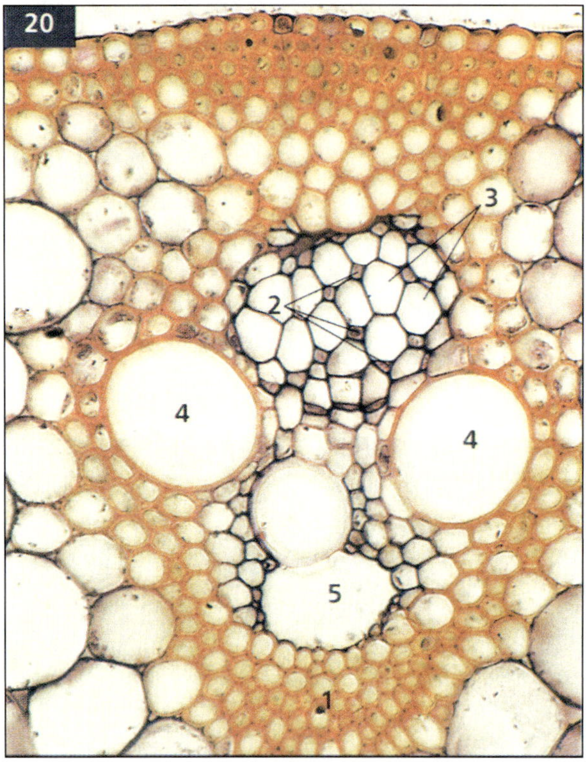

20 단자엽식물인 *Zea mays*(옥수수) 줄기의 횡단면은 주변부의 관속을 보여준다. 관속은 많은 작고 두꺼운 벽을 가진 후벽조직인 섬유(1)로 보호받는다. 사부는 목부의 바깥쪽에 위치하며, 작고, 진하게 염색이 되는 동반세포(2)는 보다 큰 사요소(3)와 대조를 이룬다. 내원형의 목부는 두꺼운 벽을 가진 여러 넓은 도관(4)으로 이루어진다. 절간이 신장하는 동안에 가장 안쪽의 도관요소는 너무 잡아 늘여지고, 1차벽이 찢어져 공강으로 보인다(5). (광학현미경)

1 후벽조직 섬유
2 사부 동반세포
3 사요소
4 목부 도관
5 목부 내 공강

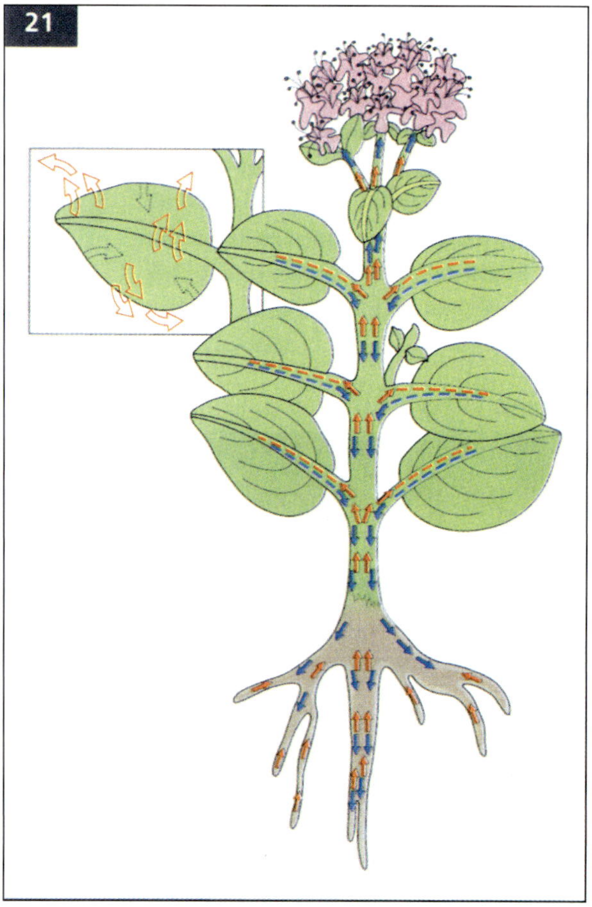

21 다음의 기능을 수행하는 초본성 현화식물의 모식도: 1. 뿌리에서 줄기와 증산하고 있는 잎까지 목부 내에서의 물의 흐름(적색 화살표). 2. 광합성하는 잎에서 슈트와 뿌리의 활동적으로 자라는 기관 또는 저장 부위까지 사부 내에서의 당의 이동(청색 화살표). 3. 기공을 통한 대기로의 수증기의 증발(빈 화살표)과 잎 내부로의 이산화탄소의 확산(점선의 빈 화살표).

22 넓게 갈라진 '엽상'의 지의류인 *Lobaria pulmonaria* (갑옷이끼). 이것은 진정한 식물은 아니고, 여러 공생생물들로 구성되어 있으며; 또한 진균류(자낭균)의 균사로 촘촘하게 덮여, 광합성을 하는 녹조류 세포에서 자란다. 이 지의류에서는 원핵 세포인 청녹조류의 듬성듬성한 군집이 발생한 것이다.

23 쌍자엽식물인 *Ranunculus*(미나리아재비속)의 성숙한 1기 뿌리의 횡단면. 적색으로 염색된 전분립을 가진 유조직성 피층(1)과 내피(2)로 둘러싸인 중심주를 볼 수 있다. 두꺼운 벽을 가진, 죽은 목부요소(3)는 그들의 세포내강을 통하여 지상의 슈트계까지 물을 통도한다. 사부 가닥들(4)은 목부 팔 능선 사이에 위치한다. (광학현미경)

1 유조직성 피층	2 내피
3 목부요소	4 사부

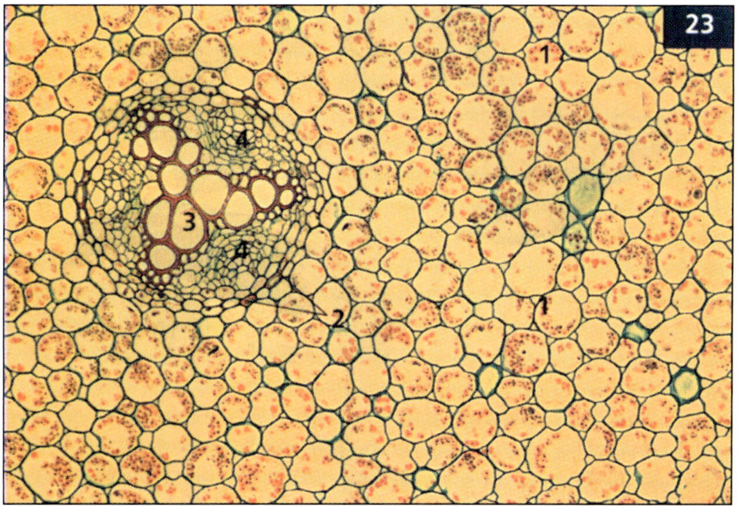

24 나자식물인 *Taxus baccata*(주목)의 투명 처리한 잎. 배축면이며 잎의 장축에 평행한 공변세포를 볼 수 있다. (광학현미경)

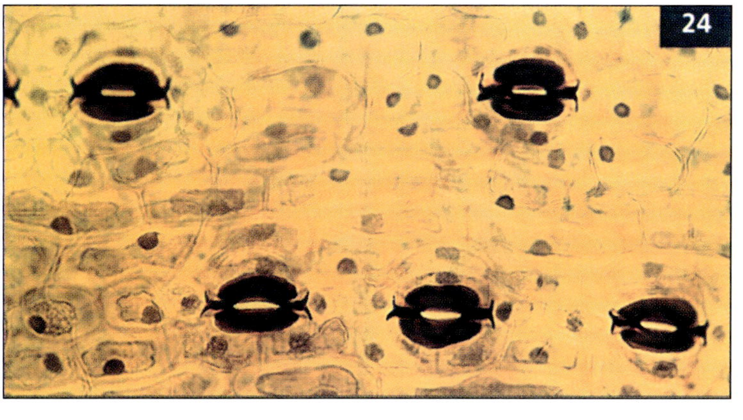

30

30 쌍자엽식물인 *Begonia rex*(베고니아) 엽신의 배축면. 장상으로 배열된 주맥 사이에 많은 측맥이 연결되어 있다. 가장 작은 맥은 다각형의 망을 형성하여 엽신을 작은 섬과 같이 고립시켜 싸고 있다.

31

31 새로 발생한 *Fagus sylvatica*(너도밤나무속 일종)의 어린 식물체, 각각은 쌍자엽식물의 특성인 두 개의 자엽(1), 작은 유아(plumule, 2), 지면에서 지하부의 유근과 연결시켜주는 신장된 하배축(3)을 보여준다. 과실(견과) 벽(4)의 잔재도 보인다.

1 자엽 2 유아(幼芽) 3 하배축 4 과실 벽

32

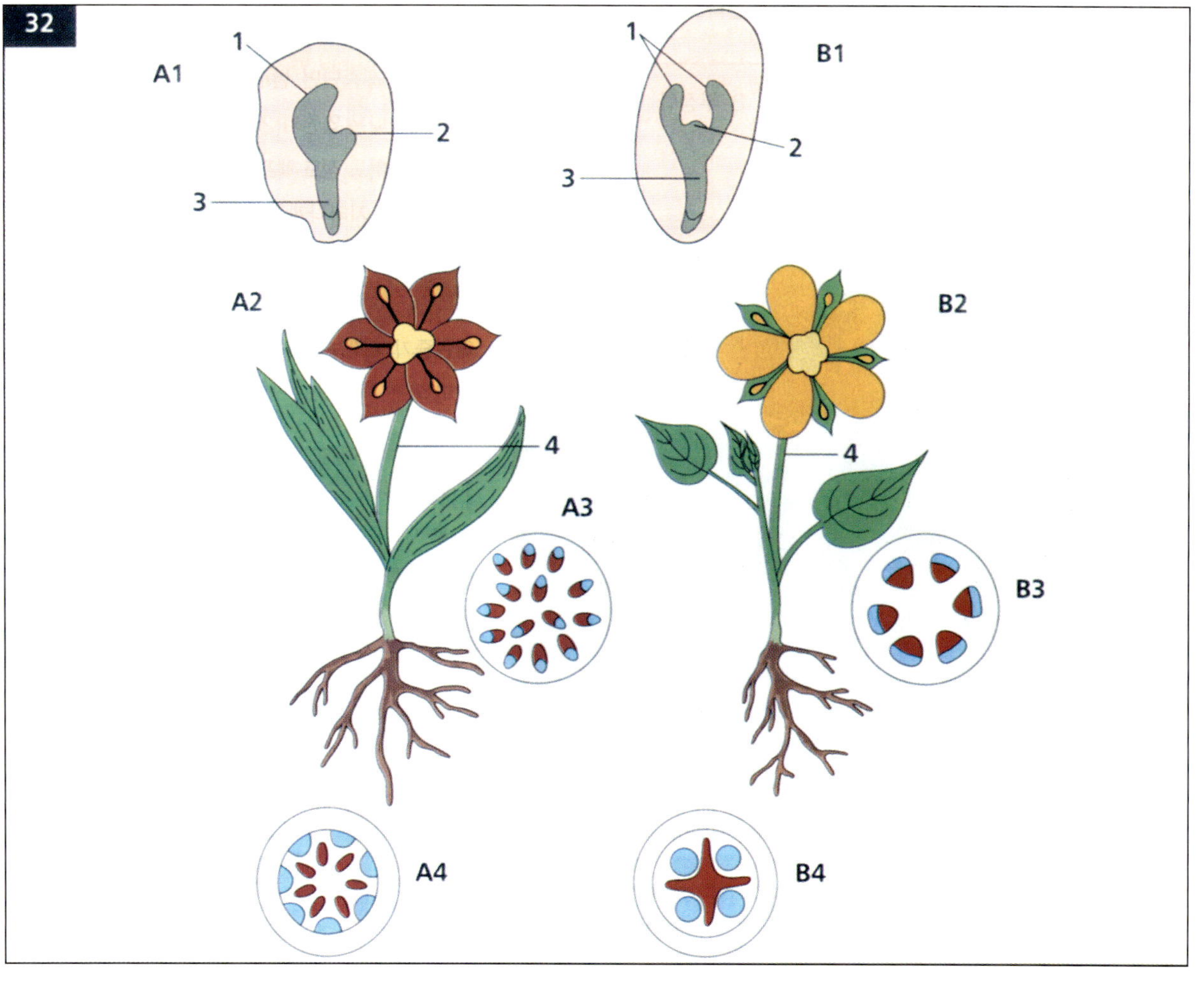

33 열대성 단자엽식물인 대형의 *Yucca elephatipes*(유카속 일종) 나무. 이 종과 일부 다른 목본의 단자엽식물은 2기 비후 분열조직이 섬유덩어리에 묻혀있는 목부와 사부를 유조직과 분리시켜준다.

34 엽병이 없는 *Iris*(붓꽃속)의 잎. 이 식물 또한 옆 방향으로는 매우 좁아져 있지만, 상하 방향으로는 길다(칼 모양). 다른 단자엽식물과 같이 엽저 부위에 엽초를 가진다.

◀ **32** 단자엽식물(A)과 쌍자엽식물(B)의 전형적인 차이를 나타낸 모식도. A1, B1은 종자의 종단면; A1에서는 한 개의 자엽(1)을 볼 수 있지만, B1에서는 한 쌍의 자엽(1)을 볼 수 있다. A2, B2는 다음의 형태적 차이를 나타낸다: 단자엽식물에서는 보통 엽병이 없고 평행맥을 갖는 신장된 잎을 가지며; 쌍자엽식물에서는 비교적 짧고 보통 엽병이 있으며, 갈라지고 평행이 아닌 맥을 갖는 잎을 가진다. 단자엽식물에서 꽃의 부분은 3수성이지만, 쌍자엽식물에서는 5수성(또는 4수성 또는 무한적)이다. A3, B3 및 A4, B4는 적색의 목부와 청색의 사부를 갖는 줄기와 뿌리의 각 횡단면에서의 관속계를 보여준다. 단자엽식물의 줄기(A3)는 안쪽에 목부, 바깥쪽에 사부로 구성된 많은 산재 관속을 가지는 반면, 쌍자엽식물(B3)에서는 줄기의 관속은 보통 사부와 목부 사이에 관속형성층이 있는 환형의 배열을 한다. 단자엽식물의 뿌리(A4)는 목부에 의해서 분리된 많은 사부요소를 갖는 다원형이며, 보통 중앙에 수가 나타난다. 쌍자엽식물(B4)에서는 흔히 수가 없으며, 목부 중심으로부터 사부요소 사이의 바깥쪽으로 여러 개의 팔이 방사상으로 퍼져나간다. 유아(2), 유근(3), 소화경(꽃자루, 4).

1 자엽　　2 유아　　3 유근　　4 소화경(꽃자루)

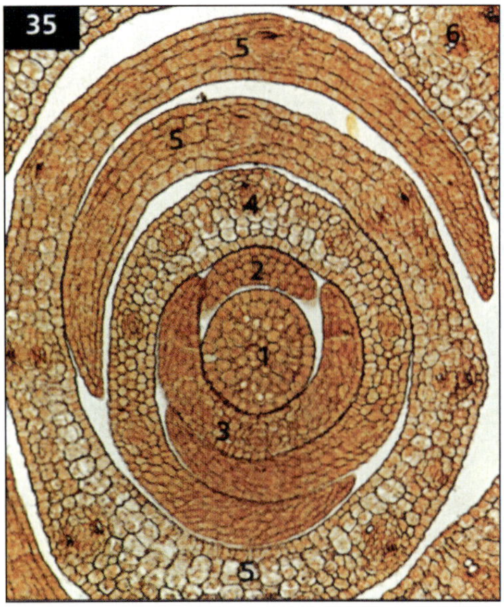

35 단자엽식물인 *Zea mays*(옥수수) 어린식물체 슈트 정단의 횡단면. 슈트 정단(1)은 2열 배열하며 먼저 나온 엽원기(2-6)에 의해 겹겹이 싸여있다. 이 잎들은 한 장의 자엽초로 싸여 있는데, 이것은 발아하기 전에 유아를 보호하는 잎 모양의 원통형 구조를 가진다. (광학현미경)

1 슈트 정단 2-6 엽원기

36 *Pseudophoenix vinifera*(야자나무 종류)의 각 잎은 엽신, 엽병과 어린잎과 줄기를 감싸는 엽초를 가지며; 각 잎은 줄기에 넓게 달리며 많은 관속이 연결되어있다. 횡단면에서는 구심적 배열을 하는 엽저가 양파나 *Zea*(옥수수속)의 고리와 같이 보인다. (몽고메리 식물원, 플로리다)

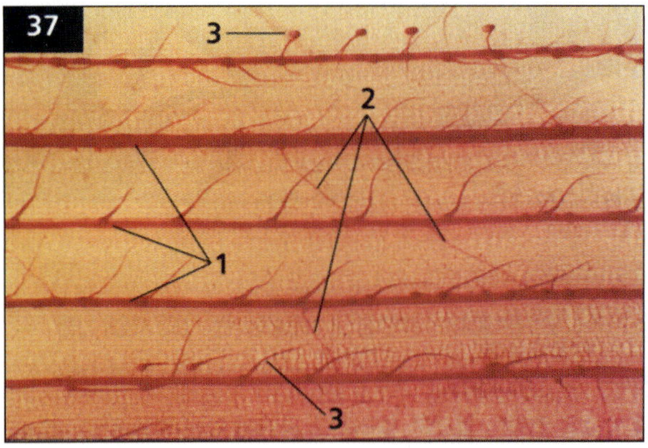

37 벼과식물인 *Bromus*(참새귀리속)의 투명처리된 엽신. 종열하는 엽맥(1)은 간헐적으로 비스듬히 연결되어 있다(2). 표피로부터 발달한 많은 돌기물(3)이 주맥 위에서 관찰된다. (광학현미경)

1 종열하는 엽맥 2 비스듬한 엽맥
3 돌기물

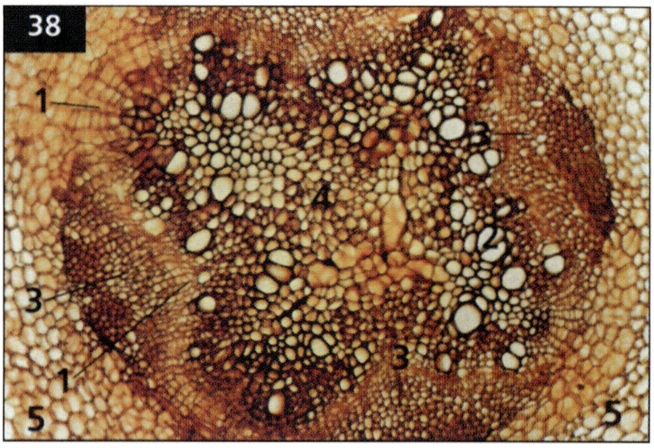

38 쌍자엽식물인 *Vicia faba*(나비나물 종류)의 오래된 뿌리의 횡단면. 정단에서 먼 이 부위에서 2기 비후가 시작되었고, 회선상(convoluted) 관속형성층(1)이 2기 목부(2)와 2기 사부(3)를 형성하였다. 1기 목부(4), 피층(5). (광학현미경)

1 관속 형성층 2 2기 목부
3 2기 사부 4 1기 목부
5 피층

39 목본성 단자엽식물인 *Pandanus*(판다누스속)의 수간. 넓은 부정 지주근이 많이 관찰되는데, 이것은 수간으로부터 비스듬히 바깥쪽과 땅 속으로 벋어 나가서 안정적인 나무가 된다.

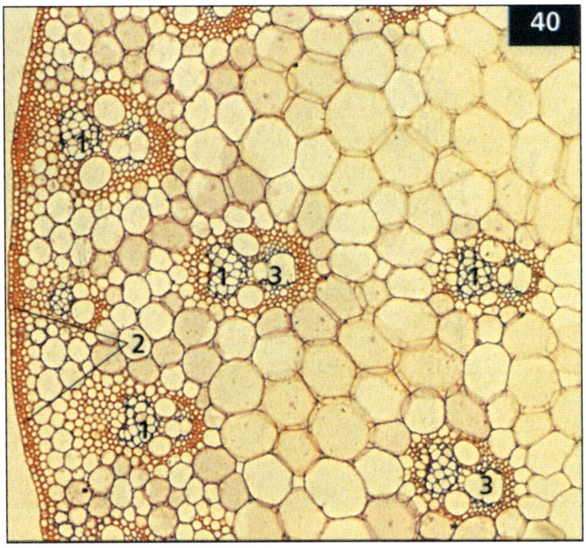

40 단자엽식물인 *Zea mays*(옥수수) 줄기의 횡단면. 많은 산재 병립관속이 유조직의 기본조직 내에 있으며, 각 관속은 사부(1)가 표피(2) 쪽에 가깝게 위치한다. 관속 형성층이 목부(3)와 사부 사이에 존재하지 않는다(참조, 20). (광학현미경)

1 사부 2 표피
3 목부

41 쌍자엽식물인 *Helianthus*(해바라기속) 어린줄기의 횡단면. 안쪽에는 넓은 수(1), 바깥쪽에는 좁은 피층(2)이 위치하는 중심주의 주변부에 병립관속이 있다. 각 관속은 바깥쪽이 사부 섬유(3)로 경계 지워지고, 뚜렷한 관속형성층(4)은 목부(5)를 사부(6)와 구분시켜주지만; 아직 유조직과 관속 사이에 관속간 형성층이 발달하지 않았다. (광학현미경)

1 수 2 피층
3 사부 섬유 4 관속형성층
5 목부 6 사부

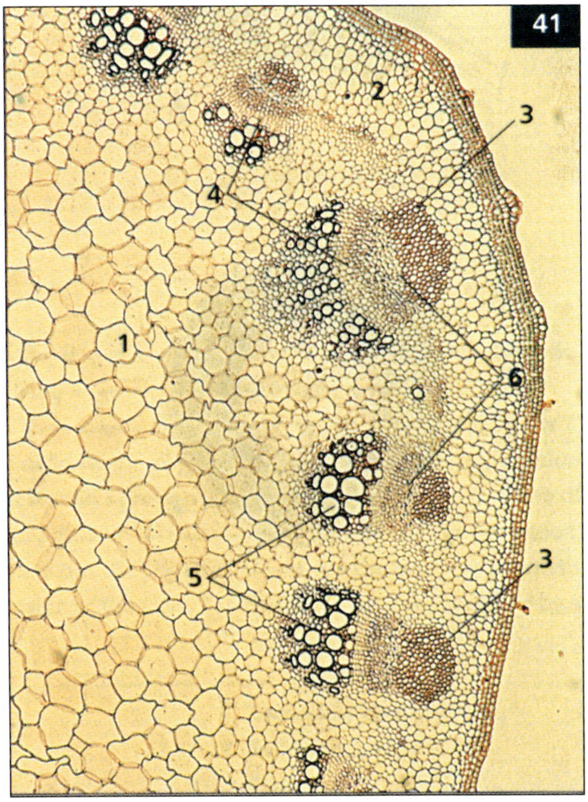

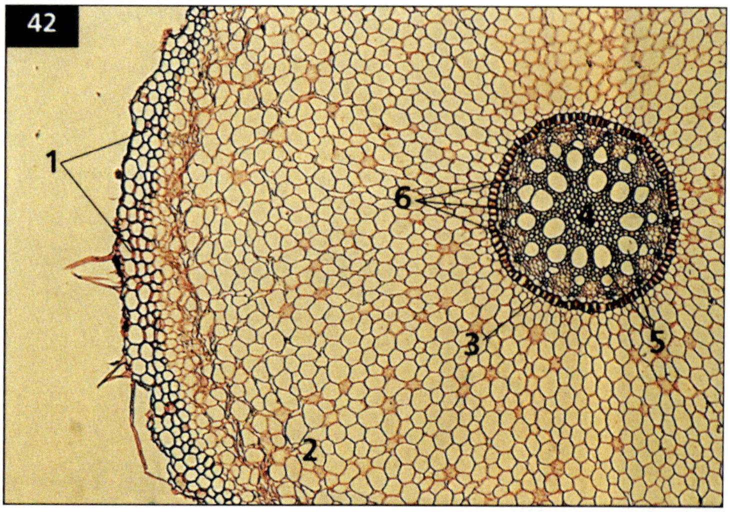

42 단자엽식물인 *Iris*(붓꽃속)의 오래된 뿌리의 횡단면. 여러 층의 비후된 외피(exodermis, 1)가 넓은 유조직성 피층(2)을 싸고 있다. 한 층의 비후된 내피(endodermis, 3)가 있으며 그 안에 다원형(polyarc) 배열을 하는 관속 조직을 보여준다. 목질화된 기본조직(4)은 방사상으로 배열된 넓은 관속의 도관(5)으로 싸여 있으나, 내피 쪽에 인접한 것은 좁으며 사부(6)는 좁은 목부요소 사이에서 발생한다. (광학현미경)

1 외피	2 유조직성 피층
3 내피	4 기본조직
5 목부 도관	6 사부

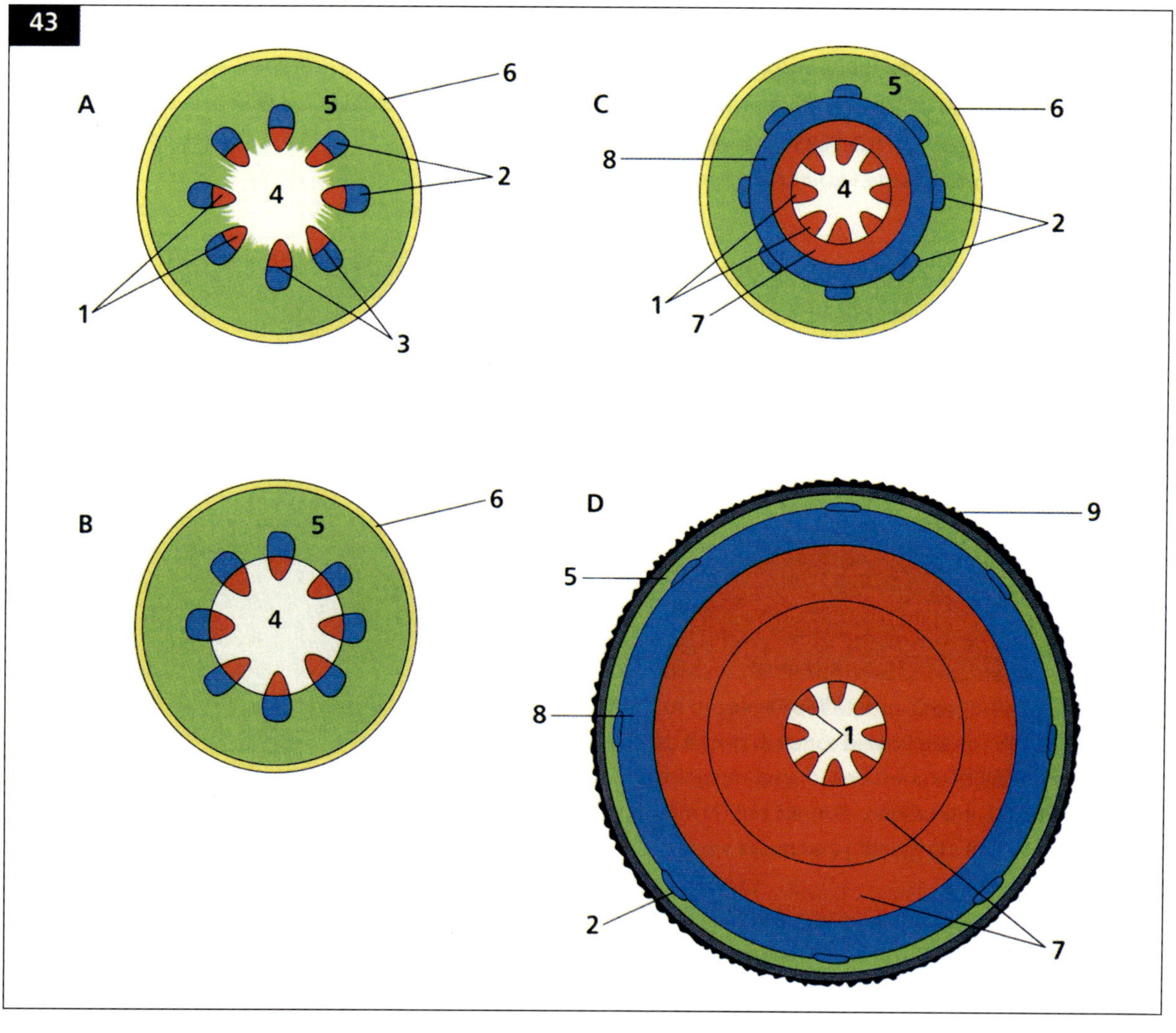

44 *Magnolia*(목련속) 꽃의 내부 모습. 정단에 나선상으로 배열하는 많은 심피(1)와 그 밑에 많은 수술(2)을 갖는 신장된 화탁을 보여주기 위하여 여러 화피 구성원들을 제거하였다. 심피의 주두 표면은 꼬부라진 화주의 표면에서 발생한다. 약(葯, anther)은 각 수술의 정단 쪽 2/3를 점유한다.

1 심피 2 수술

◀ **43** 목본성 줄기의 횡단면에서 2기 비후를 보여주는 모식도. 어린 절간(A)에서, 관속의 환이 안쪽으로는 1기 목부, 바깥쪽으로는 1기 사부(2) 그리고 그 사이에 얇은 층의 관속형성층(3)과 함께 발생한다. 각 관속은 수(4)에서 피층(5)까지 신장된 방사유조직에 의해 분리되어 있다. 표피(6)는 줄기의 바깥쪽에 제한되어 있다. B에서는 관속형성층이 연속적인 중심주가 되는데, 첫 계절의 생장 말기까지(C) 안쪽으로는 2기 목부(7), 바깥쪽에는 얇은 층의 2기 사부(8)의 연속적인 환을 형성한다. 다음 생장기의 말기에는(D), 2기 목부 내에 두 개의 생장륜이 보이지만, 1기 사부와 첫 해의 2기 사부의 생장은 줄기의 확장에 의해 혼합된다. 표피는 피층의 바깥쪽에서 발생한 한 층의 코르크(9)에 의해서 대치된다.

1 1기 목부
2 1기 사부
3 관속형성층
4 수
5 피층
6 표피
7 2기 목부
8 2기 사부
9 코르크

45

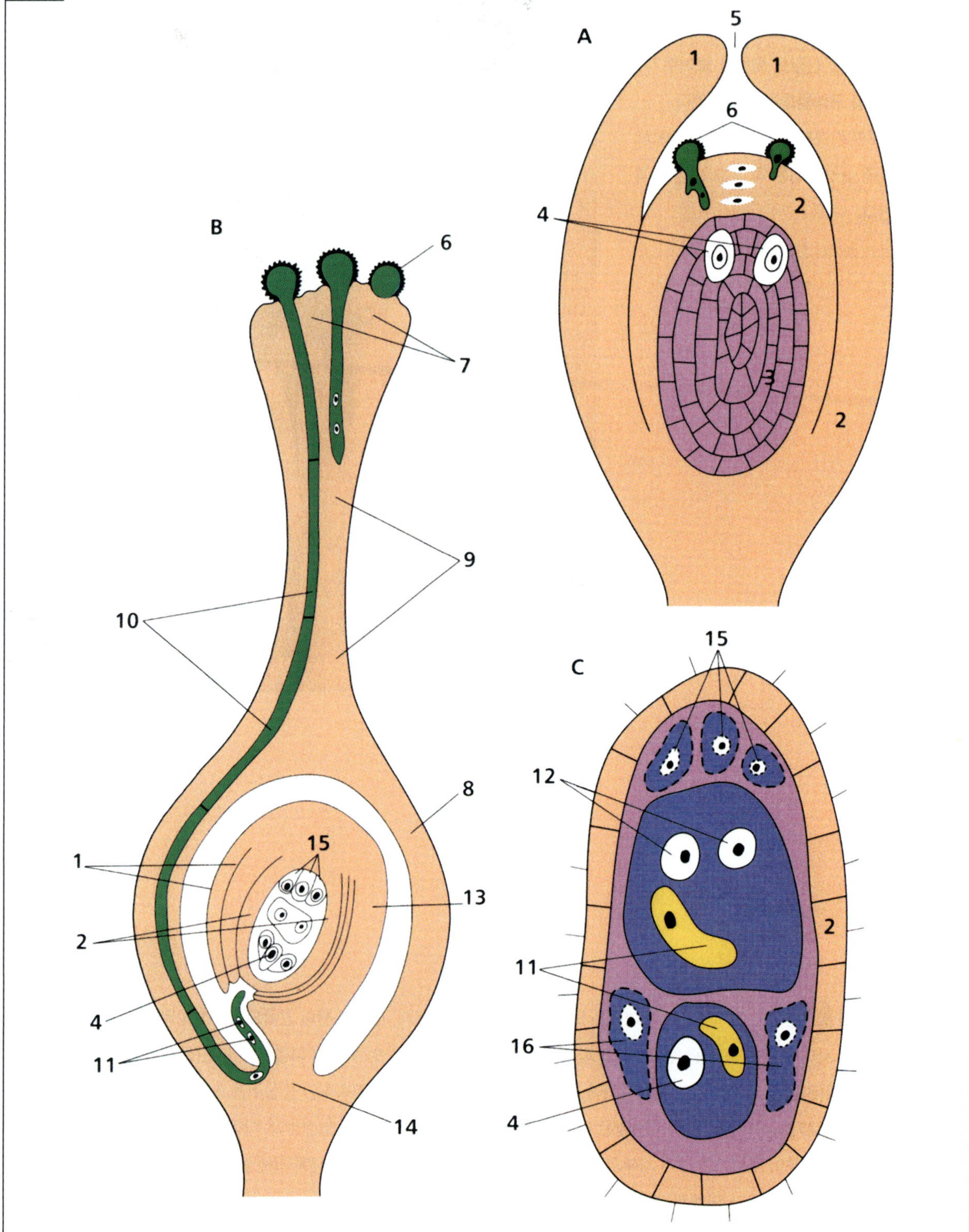

45 종자식물에서 유성생식의 모식도. 나자식물(A)의 나출된 배주에서, 주피(integument, 1)는 대포자낭(megasporangium, 2)을 싸고 있으며; 그 안의 한 개의 반수체 대포자가 자성 배우자체(3)를 형성하기 위하여 신장하고 분열하는데, 자성 배우자체는 몇 개의 큰 난세포를 보여준다(4). 대포자는 네 개의 감수분열 유도체 중의 하나이지만, 다른 세 개는(점) 퇴화한다. 대포자낭은 좁은 주공(5)을 통하여 배주의 바깥쪽과 연결하여, 반수체인 화분립(6)을 들여보내며; 이들이 대포자낭의 표면에서 발아하고 있다. 수정란은 자성 배우자체에 의해 영양이 공급되어 2배체인 배로 자라게 될 것이다.

B는 심피 내에서 피자식물의 배주를 보여준다. 심피는 여러 개의 화분립(6)이 앉은 주두(7), 기부의 자방(8), 및 중간에 위치한 화주(9)를 포함한다. 자방 내의 한 개의 배주는 대포자에서 유래한 배낭을 갖는 주심(대포자낭)을 싸고 있는 두 개의 주피(1)로 구성된다. 성숙한 배낭 내에서 주공에 가까이 난자(한 쌍의 조세포 사이에 위치한)를 포함하여 전형적으로 여덟 개의 반수체 핵이 발생한다. 긴 화분관(10, 캘로스에 의해 틈이 막힌)이 화주로 자라 내려가며, 그 끝(주공에 인접한)은 두 개의 반수체 웅성 핵을 갖는다.

C는 수정할 때의 피자식물의 배낭을 자세히 보여준다. 두 개의 웅성 배우자는 배낭으로 방출되어 한 개의 웅성 핵(11)은 난핵(4)과 수정하여 2배체 접합자(zygote)를 형성하는 반면에 다른 하나는 두 개의 극핵(12)과 융합하여 영양조직인 3배체의 내배유 조직을 형성한다. 배낭 내의 다른 핵은 정상적으로 퇴화한다. 주병(funiculus, 13), 태좌(placenta, 14), 반족세포(antipodal, 15), 조세포(synergid, 16).

---

1 주피	2 대포자낭	3 자성 배우자체	4 난세포
5 주공	6 화분립	7 주두	8 자방
9 화주	10 화분관	11 웅성 핵	12 극핵
13 주병	14 태좌	15 반족세포	16 조세포

46 쌍자엽식물인 *Capsella bursa-pastoris*(냉이)의 미성숙 종자의 종단면. 싸여진 배의 정단은 한 쌍의 돌출된 자엽(2) 사이의 미발달 유아(1)를 보여주고 있는 반면에 하단은 유근(3)으로 끝난다. 유근은 주공(6)의 큰 기저세포(5)에서 끝나는 끈 모양의 배병(suspensor, 4)에 붙어있다. 배는 주심(nucellus, 7)과 주피(8)로 싸여있으며; 배낭 내에서는 세포성 내배유(9)가 형성되고 있다. (광학현미경)

---

1 미발달 유아(幼芽)	2 자엽	3 유근(幼根)
4 끈 모양의 배병	5 기저세포	6 주공
7 주심	8 주피	9 세포성 내배유

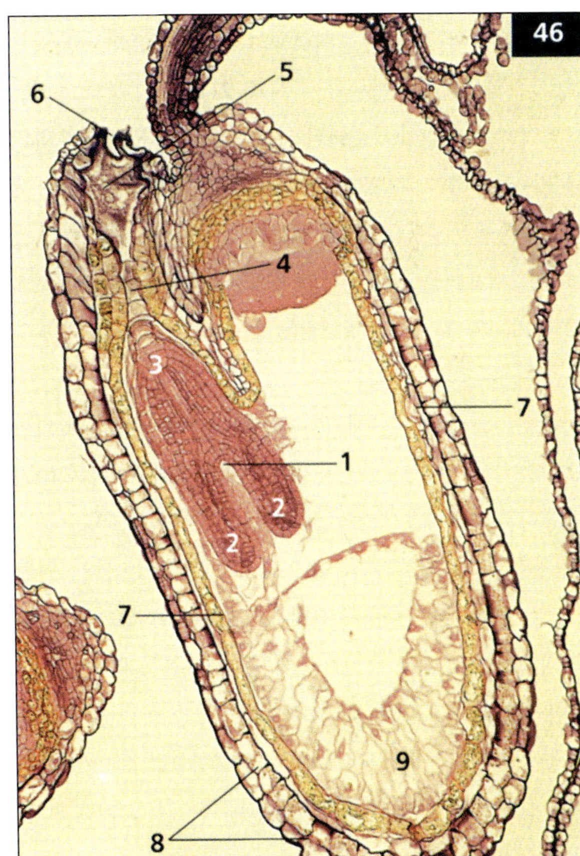

2장

식물 세포

서론

Lemna(좀개구리밥속, **3**)와 같은 아무리 작은 녹색식물이라도, 수백만 개의 세포가 있으며, 세포벽에 의해서 이웃 세포들과 구분되어 있다. 이들 세포들의 대부분은 분화되어 있으며, 관속식물에서는 목부와 사부(**20, 21**)에서의 물과 용해된 양분의 수송과 같이 특수화된 기능을 수행한다. 모든 분화된 세포는 활동적인 분열조직의 세포(**47**)로부터 발생하는데; 이 세포들은 높은 밀도의 세포질(**48**)을 갖는 원형질체를 싸고 있는 얇은 세포벽을 포함한다. 이 세포들은 정단(**28**), 측재분열조직(**10, 49**) 및 유사분열조직(meristemoid, **50**)과 같은 다른 부위에 위치한다.

대부분의 살아있는 세포는 단핵성(**51**)이지만, 어떤 세포(**52**)에서는 많은 핵이 발생하기도 하며, 반면에 사요소(**20**)는 핵과 다른 여러 세포내소기관이 파괴된 원형질체(**53**)를 갖는다. 대부분의 후벽조직이나 통도요소가 분화하는 동안, 원형질체는 예정된 세포 죽음을 수행하는데(**54-56**); 성숙하면 2차벽 침적에 의해 매우 두꺼워져 벽만 남게 된다(**20, 57**). 이와 같이 세포벽과 세포간극이 잔여 틀을 만드는 동안, 죽은 세포의 공강은(**58**) 전세포벽(apoplast)을 형성한다. 살아있는 세포의 원형질체는 전원형질체(symplast, **58**)를 만들며, 이 원형질체는 원형질연락사(plasmodesmata)를 통하여 서로 연결되어 있다(**58-60**). 세포마다 1,000개에서 10,000개 사이의 원형질 연결이 일어나지만, 비교적 작은 분자들(1,000미만의 분자량을 갖는)이 이를 통하여 통과될 수 있다.

부분적으로 분화된 세포의 미세구조가 **61**번에 모식화되어 도해되었다. 얇은 외부의 1차벽은 막질의 원형질연락사에 의해서 원형질체로부터 분리된다. 핵, 여러 액포 및 많은 엽록체를 포함하여 여러 가지 대형의 소기관들이 존재한다. 일반적으로 광학현미경 하에서는 세포벽과 이들 대형 소기관이 뚜렷하다(**47, 62**). 그러나, 보다 높은 해상도를 갖는 투과전자현미경(TEM)으로는, 미토콘드리아, 리보솜, 미세소관 및 원형질연락사가 구분된다(**61**). 대부분의 이들 소기관은 막으로 경계 지워진다(**51, 55, 59-61, 63**).

이번 장에서는, 식물세포의 미세구조만 취급되며, 분화된 세포와 조직의 조직학적 구조는 3장에서 논의될 것이다.

세포막

원형질막(plasmalemma) 바깥쪽의 물질 또는 세포질 내에 막으로 둘러싸인 소기관(**51, 61**)이 안쪽의 물질과 혼합되지 못하는 것은 이 막이 반투과성이기 때문이다. 막은 지질 이중층

(**63**)으로 구성되어 있는데, 그 안에 단백질과 분자 펌프, 효소 및 다른 구조적 성분을 형성하는 복합물이 산재되어 있다. 대부분의 단백질은 크며 막(**63-65**)의 표면으로 돌출되어 있다. 정상적으로 소기관들이 차이가 나는 것은 그들의 세포막의 각 구조가 어느 정도 다양하게 나타나기 때문에, 세포 내에서 불연속적으로 남아있다.

세포막(**59, 60, 63**)과 성숙한 딕티오솜 내막과 소포(**55, 66**)의 막은 일반적으로 폭 10nm로 가장 두꺼운 세포막이다. 횡단면에서 보이는 막은 항상 세부분으로 나타난다(**48, 66, 67**); 그러나 동결건조 표본에서 원형질막(**64, 65**)과 다른 막(**68, 69**)은 단백질 복합체(**63**)인 수많은 입자들을 보여준다.

식물 세포벽에 붙어있는 세포막은 흔히 섬유소 미세원섬유(microfibril) 합성(**63**)의 장소인 것으로 보이는 입자의 육각형 배열을 한다. 세포벽 내의 *Saccharomyces*(이스트 종류)와 같이 키틴 미세원섬유는 명확하게 원형질막(**65**) 내의 입자와 연결되어 있다.

핵

세포의 유전물질은 우선적으로 핵 내에 있다(**47, 61, 70**). 분열하지 않은 핵은 내, 외막(**48, 61, 69**)으로 구성된 핵막으로 구획된다. 내, 외막들은 약 20nm 폭의 핵 주위의 공간에 의해 분리되지만, 수많은 핵공(nuclear pore; **61, 68, 69**)의 주변에서 유합한다. 이 핵공들은 폭이 약 70nm이지만, 매우 복잡한 원섬유상 입자형의(fibrillar-particulate) 망으로 부분적으로 막혀있다. 분열조직의 세포(**51, 70**)에서는 핵이 원형질체 부피의 1/2 또는 그 이상을 점유하고 있지만, 이 비율은 세포의 크기가 증가함에 따라 급격히 감소하는데, 이 때 각 작은 액포(**51**)가 합쳐져 중앙에 큰 액포(**71**)를 형성한다. 핵은 간혹 깊게 갈라지기도 하며(**62, 70**) 길고 좁은 세포가 방추형이 되기도 한다.

염색질(chromatin, 히스톤을 가진 복잡한 DNA)은 고등식물의 간기 세포에서 염색체로 조직화되지 못하지만, 흔히 진하게 염색되는 이질염색질(heterochromatin)과 약하게 염색되는 진정염색질(euchromatin)이 관찰된다(**61, 70, 71**). 한 개에서 여러 개의 인(nucleolus; **52, 72**)이 핵질(nucleosome) 내에서 발생하며; 이것들은 분명하게 핵공을 통해 세포질로 이동하는 리보솜 선구물질(**73**)의 집합체를 포함한다. 종종 뚜렷한 액포가 인 내에서 발견된다(**62, 72, 73**). 분열조직 세포의 인은 보통 이배체이지만, 간기에서 DNA 복제가 핵분열에 의해서 반드시 뒤따라지는 것은 아니며, 흔히 활동적으로 대사가 일어나는 조직에서는 세포가 배수체이다.

유사분열이 시작하면서(전기) 염색질은 중기(**74**)에 유사분열 방추의 적도면에 정렬하는 별개의 염색체로 응축된다. 그 동안에 인은 사라지고, 핵막은 분해된다. 방추사는 광학현미경 수준에서(**75**) 겨우 보이는데, 미세소관이 다발로 뭉쳐져서 구성된다. 이것은 방추의 극에서 발생하며, 다른 섬유들이 양 극 사이를 이동하는 반면에 어떤 섬유들은 염색체에 붙어있다.

미세소관이 각 동원체(kinetochore, **74**)에 연결되는 동안, 중기에 각 염색체는 동원체에서 결합된 두 개의 염색분체로 이루어진다. 후기에 자매염색분체가 분리되고, 섬유에 의해 유사분열 방추(**76**)의 반대편 극으로 이끌려가게 된다. 결국 말기에 염색질은 분리된 염색체가 더 이상 보이지 않게 흩어지게 된다. 세포판(새로운 세포벽)이 두 개의 딸핵(**72**)을 분리하는 동안, 각 핵은 핵막에 싸이게 되고 인이 다시 나타난다.

색소체

식물에는 다른 대사적 특징을 갖는 다양한 색소체(plastid)가 있지만(**77**), 특별한 세포 내에는 일반적으로 한 가지 형태만이 존재한다(**71**). 그러나 역분화 중인 세포에서는 성숙한 유형과 어린 것이 발생할 수 있다(**25, 62**). 모든 색소체는 막(**77, 79**)에 의해 구획되며; 바깥쪽 막은 연속적이지만 안쪽 막은 흔히 기질(스트로마) 안으로 함입되는 것을 보여준다. 기질은 리보솜(70s)과 원형 DNA를 갖는데, 둘 다 핵의 것과는 다르며, 흔히 전분립과 지질립(색소구체, plastoglobulus)이 존재한다(**59, 77, 79**). 안쪽 막은 보통 스트로마에서 발생하며, 흔히 복잡한 형태(**77, 79**)를 형성한다. 색소체의 상호전환은 일반적인 현상으로(**77**); 예를 들어, 전분체(amyloplast)는 녹색(**80**)으로 전환되어, 엽록체를 형성할 수 있는 반면에, 후자는 어린 엽록체를 형성하기 위하여 쪼개지거나(**77, 81**) 시들어 버리고, 유색체를 발생시키기도 한다(**82**).

전색소체

다른 색소체의 이들 선구물질은 보통 최대 폭이 1-2μm이며, 원형 또는 아메바모양이고, 내부 막을 거의 갖고 있지 않다(**83**). 전색소체(proplastid)는 분열조직의 세포(**48, 83**)에서 발생하며, 근단에서는 세포 당 40개까지 존재한다. 근단분열조직에서 수많은 분열을 통해 형성된 세포 내에서 전색소체는 분열을 통하여 집단을 이루어 어느 정도 안정적으로 남아 있게 된다. 그러나 정단세포의 유도체가 자라나고 분화할 때(**28**) 전색소체 집단은 일반적으로 증가하며, 전색소체는 서로 다르게 성장한 조직과 기관(**77**)의 다양한 유형의 특징으로 발달한다.

엽록체

엽록체는 성장했을 때 보통 난형에서 볼록렌즈 모양이며, 길이는 5-10μm 이다(**71, 79, 81**). 잎의 엽육조직(**71**) 내에서는 일반적으로 세포 당 50개의 엽록체가 존재하지만, 종에 따라서는 더 많이 나타나기도 한다. 엽록체의 막은 10-20μm 폭의 공간으로 분리되며(**79**), 내막은 종종 스트로마 내의 틸라코이드막과 연결되어 있다. 이 막들은 대부분이 색소체(**79, 81**)의 장축과 평행하게 놓여 있으며, 정상적으로 복잡한 3차원적 광합성계를 형성한다. 이것은 스트로마 라멜라(**79, 81, 84**)에 의해 서로 연결된 그라나로 구성된다.

그라나는 2-100개의 납작한 원반이 쌓여 구성되며, 각 그라나 구성분자는 틸라코이드 내부 공간(**79, 85**)을 감싼다. 그라나 막의 하부구조는 필수요소인 엽록소를 갖는 매우 복잡한 구조를 가지며, 광합성 명반응의 기능에 대하여는 강도 높은 연구가 진행 중에 있다. 스트로마의 주요 단백질성 요소는 리불로오스 이인산 카르복실라아제 효소이다.

녹말은 일반적으로 엽록체(**71, 81**)의 스크로마 내에 존재하지만, 잉여 탄수화물의 임시 저장소로 알려져 있다. 철이 저장된 피토페린 퇴적물이 관찰되는 동안 색소구체(**79, 81**)는 빈번히 나타나며 전자전달계와 관련된 색소를 함유한다. 잎이 발달하는 동안 분열(**77, 81**)에 의해 세포 당 엽록체 수가 증가한다.

황변체

광선 하에서 자라는 현화식물에서 어린 잎(**81**)의 전색소체는 빠르게 엽록체로 분화하지만, 어두운 데서 자란 식물에서는 황변체(etioplast)가 발달한다(**77, 87**). 이것은 방사상의 막을 갖는 정교한 전판상체(prolamellar body)를 포함하지만, 햇빛에 노출되면 급속히 그라나 형태 체계를 형성하며, 전클로로필라이드(protochlorophyllide, 클로로필a의 선구물질)가 엽록소로 전환된다. 벼과식물과 같은 어떤 식물에서는 엽원기가 오래된 잎에 의해서 촘촘히 싸이게 되며(**35, 36**); 이와 같이 어두운 내부 환경에서는 엽육 내에서 황변체가 우선 분화되지만, 엽신은 엽저로부터 생장하여 나올 때 녹색으로 변한다.

전분체

저장 유세포에서 녹말의 장기간 축적은, 내주름이 거의 없고 한 개내지 많은 전분립을 갖는 전분체 (amyloplast; **31, 78, 88**)를 발생시킨다. 전분은 아밀로오스와 아밀로펙틴이 다양한 비율로 구성되어 있으며, 광학현미경에서 관찰 가능한 여러 층으로 축적되어 있다(**25**). *Solanum tuberosum*(감자)에서의 전분체는 폭이 20μm에 달하며, 색소체 내에서 여러 개의 큰 전분립의 발달은 주름이 파괴되어 전분립이 세포질로 방출되는 원인이 된다(**78**).

전분이 발아 중인 *Phaseolus*(강낭콩속)의 자엽 내에서 이용될 때, 전분립이 처음에는 중앙으로부터 소화되며 조각난 전분립은 세포질 내에서 관찰되기도 한다(**89**). 근관(뿌리골무), 마디 부분과 때로는 그 외의 부위에서(**90**), 큰 침전 전분체가 나타나며 이것은 중력과 관계가 있다. 전분엽록체(amylochloroplast)(**51**)는 어린 줄기에서는 일반적으로 나타나는데; 이것들은 틸라코이드를 갖지만, 또한 고도로 집적된 전분을 갖는다. *Helianthus*(해바라기속)의 색소체에서 탄수화물은 인슐린으로 저장된다.

유색체

황색, 적색 및 주황색 색소체는 유색체(chromoplast)라고 하며, 이것들은 많은 꽃과 열매의 색깔을 나타내는(**13**) 다양한 카로티노이드 색소(구형 또는 결정체 모양)를 축적한다. 낙엽지기에 앞서서 낙엽활엽수의 잎 색깔의 변화(**91**)는 많은 색소구체(**82**) 내에 카로티노이드가 축적된 식물이 엽록체의 틸라코이드계가 퇴화되는 것에 기인한다. 그러나 많은 유색체가 퇴화되는 엽록체를 나타내는 것은 아니고 직접 전색소체로부터 또는 전분체를 거쳐 발달하기도 한다(**77, 92**).

백색체

녹색 줄기의 표피(**93**)와 알록달록한 잎의 엽육조직에는 흔히 색소가 없는 백색체(leucoplast)가 발생한다. 이것들은 내막과 전분을 거의 갖고 있지 않다.

미토콘드리아

유기호흡은 이 세포소기관에서 일어나며, 색소체와 함께 미토콘드리아는 원형 DNA(**94**)와 리보솜을 갖는 핵질 부위를 보여준다. 미토콘드리아는 구형, 타구형 또는 불규칙한 형태이다(**48, 94, 95**). 이것들은 높은 지질을 갖는 외막에 의해 세포질로부터 구획된다. 내막은 흔히 기질로 함입되어 전자전달계의 효소를 갖는, 불규칙하게 부풀려진 소관(**94**) 또는 크리스테(**95**)를 형성한다. 크렙스회로 효소는 주로 기질 내에서 형성된다. 미토콘드리아 크리스테(**95**)는 특히 급속하게 호흡하는 조직 내에 발달한다. 한 개의 세포는 1 내지 수 마이크로미터 폭의 수많은 작은 미토콘드리아를 보이지만(**95**), 뚜렷이 분리된 소기관은 다양한 형태를 나타낸다.

후형물질

식물세포는 많은 양분 저장 화합물을 축적하는데, 녹말이 가장 보편적인 저장체이지만(**62, 78, 88-90**), 단백질체와 지방(지질)체도 특히 종자와 열매 내에 생성된다(**96, 104**). 타닌(곤충으로부터 식물을 보호하는 페놀 종류) 축적물은 일반적으로 수피, 종피 및 혁질의 잎(**302**)에 나타난다. 유액(고무)은 *Hevea*(고무나무속) 및 많은 다른 속의 유관에서 합성된다 (3장 참조). 다양한 형태의 결정체가 식물조직에서 발견되며 옥살산칼슘 축적물은 침상 결정(raphides, **97**)의 다발 및 별 모양의 구형 결정(druses, **98**)과 같이 매우 흔하게 나타난다. 탄산칼슘 종유체(**99**)는 뽕나무과 및 여러 다른 과의 표피세포벽의 함몰된 부위에 침적된다. 규소체(이산화규소)는 다양한 벼과식물의 표피세포에서 흔하게 발생하는 반면에, 많은 사막식물은 물과 결합하여 건조를 막아주는 풍부한 점액질을 함유하고 있다.

소포체

소포체(ER)는 전색소체를 통하여 갈라져 형성되며(**61**), 식물에서 일반적으로 주름진 형태를 갖는다(**94, 100**). 이것은 흔히 바깥쪽의 핵막과 융합되어 있고 원형질연락사의 중심(desmotubular) 성분과 연결되어 있는 단일막에 의해 경계 지워진다(**94**). 조면소포체(rough endoplasmic reticulum, RER)에서 막의 바깥쪽 면에는 미토콘드리아와 엽록체의 리보솜보다 다소 커다란 직경 17-20nm 크기의 리보솜이 흩어져 있다(**94**).

리보솜에서 합성된 단백질은 때로는 소포체의 내강 안에 축적되기도 하며, 소포체 내에서 세포의 다른 부위로 이동되기도 한다. 활면소포체(smooth endoplasmic reticulum, SER)는 리보솜이 결핍되어 있으며, 특히 지질의 합성과 관련되어 있다. 기름이 많은 종자에서는 넓은 면적의 막을 갖는다. 소포체계는 원형질체의 다른 막성계의 필수 단백질과 지질 성분을 제공하는 것으로 알려져 있다.

골지장치

골지장치는 세포 당 수개 내지 많은 불연속적인 막성 딕티오솜(골지체)으로 구성된다(**55, 66, 101**). 각각은 직경 1-2μm의 활면 시스터네(cisternae)가 쌓인 접시 모양으로 되어 있다(**61, 102**). 그들의 가장자리는 흔히 관상의 망으로 갈라져서(**101**), 많은 소낭을 생산한다. 시스터네는 약 10nm 크기로 서로 분리되지만, 각 딕티오솜은 세포로부터 분리될 때 그대로 남아있다.

딕티오솜의 종단면에서 보면 종종 극성을 나타낸다(**102**). 형성면에서, 시스터네는 소포체에 인접한 막으로부터 떨어져 나온 소낭으로부터 재구성된 것으로 생각된다(**61, 102**). 시스터네는 딕티오솜을 거슬러 두께가 급속히 증가하며, 성숙 면에서 시스터네는 흔히 오목하게 되는데 이때 가장자리에서 소낭이 떨어져 나온다(**61, 101, 102**).

소낭은 뚜렷하게 이동하여 내용물을 전세포벽으로 방출시키는 세포막과 융합한다. 조면소포체에서 유래한 단백질은 딕티오솜 내에서 다양한 당과 결합을 하며; 분비된 소낭은 탄수화물과 세포벽 합성(**55**), 점액(**66**), 또는 꿀의 분비와 관련된 당단백질을 함유한다.

딕티오솜은 특히 활동적으로 세포벽이 비후하는 또는 흔히 시스터네가 점액으로 부풀어 오르고 전체가 벗겨져 나가는 근관 세포(**66**)에서, 그리고 선 세포에서와 같이 새롭게 분열하는 세포벽(**55, 103**)을 형성하는 세포 내에 풍부하다. 활동적으로 분비하는 세포에서는 과도한 잉여 막 성분(딕티오솜에서 유래한)이 세포막에 도달하지만, 이 물질 중 일부는 명확히 소낭(**61**) 내의 세포질로 돌아간다.

액포

분열조직의 세포에는 수많은 작은 액포가 있으며, 각각은 막성의 토노플라스트(액포막, tonoplast; **48, 51, 60**)에 의하여 경계 지워진다. 그러나, 세포 생장기 동안에는 세포질과 다른 소기관들이 주로 주변부에 위치하는 반면에, 액포는 매우 큰 덩어리로 자라고 융합하여 유세포 체적의 90%까지 차지하게 된다(**71, 88**). 액포는 다양한 용질(약 0.5M 농도)을 포함하며, 이어지는 팽창은 원형질체 전체의 팽압에 커다란 영향을 준다.

또한 액포는 많은 가수분해 효소를 갖고 있어, 후벽세포와 통도세포(54-56)가 분화하는 동안 토노플라스트는 분해된다. 유리된 효소는 세포벽만 남게 하기 위하여(**10, 20**) 원형질체를 분해한다. 액포는 화청소(anthocyanin)와 다른 색소를 함유할 뿐만 아니라 많은 종자 내에서 단백질체로 변형된다(**89, 104**).

미소체

막으로 싸여진 작은 미소체는 두 종류가 있다. 페록시좀(peroxisome)은 엽록체에 인접하여 발생하는데(**84, 85**); 이것은 광호흡 산물인 글리콜산(glycolic acid)을 산화시키는 다양한 효소를 갖고 있으며, 글리콜산을 다시 엽록체로 보낸다. 글리콜산은 또 다른 경로를 통하여 글리신으로 전환되어 미토콘드리아로 운반된다. 글리옥시좀(glyoxisome)은 지방성 종자에서 발생하며, 지방산을 분해하는 효소를 갖고 있는데 발아 시기에는 페록시다아제가 과산화수소를 분해하여 에너지를 방출한다.

리보솜

세포질 리보솜은 폭이 17-20nm이며 시토졸(세포질의 기질) 내에 떠다니거나 조면소포체의 외막에 붙어있다(**94, 100, 101**). 리보솜은 RNA와 단백질을 가지며, 인(**73**)에서 합성되지만 세포질에서 결합되는 두 개의 아단위(subunit)로 구성된다. 리보솜은 특히 단백질이 빠르게 합성되는 세포 내에서 조밀한데, 이곳에서는 흔히 덩어리 상태의 폴리솜으로 존재한다(**94**). 세포질 리보솜(80S)은 약간 크고 색소체와 미토콘드리아에 있는 것과는 생화학적으로 차이가 있다(70S).

미세소관과 미세섬유

미세소관은 25nm 폭으로, 12nm 폭의 구멍을 가진 단백질성 구조이며, 수 마이크로미터 길이까지 자랄 수 있다(**105**). 분열하지 않는 세포에서는 보통 원형질막에 인접하여 위치하지만(**48, 105, 106**), 핵분열기에는 유사분열의 방추사로 모여 재구성된다(**75, 106**). 유사분열이 완료될 때, 미세소관은 딕티오솜 소낭을 방추사의 적도면으로 이끌며, 소낭은 융합하여 세포판을 형성한다(**103, 107, 108**). 이는 주변부의 미세소관이 원형질막의 바깥 면의 어린 세포벽에 형성되는 섬유소 미세섬유의 방향과 관련이 있다는 것을 암시하고 있지만(**63, 64**); 이것에 대한 증거는 불확실하다.

또 다른 작은 단백질성 요소의 유형이 식물세포에서 관찰된다. 이것은 미세섬유라고 하며 폭이 약 7nm이다. 녹조류인 *Nitella*(갈래말 종류)에서, 미세섬유는 세포질 유동과 관련이 있으며; 현화식물의 화분관에서는 세포벽 합성과 관련이 있는 소낭들을 시토졸을 통해 생장하고 있는 관의 정단까지 이동시킨다.

세포벽

식물의 원형질체는 일반적으로 세포에 견고성과 보호 기능을 제공하는 세포벽(**49, 51**)에 의해 싸여있지만, 세포벽이 큐틴, 코르크 및 리그닌과 같은 소수성 물질로 차있지 않다면 물과 원형질막을 투과하는 용질을 막을 수 없다. 인접한 세포의 세포벽은 중엽(middle lamellae)이라고 하는 공통의 세포벽층에 의해 고정되는데(**58, 59**), 중엽은 펙틴 구조물이 주성분이며 섬유소는 상대적으로 적다. 중엽에 의해 서로 결합되어 있기 때문에, 섬유나 다른 세포들이 정단분열을 통해 신장하거나 인접한 세포를 침투할 수는 있어도 식물세포는 운동성이 없다.

세포분열에 따른 딸세포는 흔히 액포화 생장을 수행하고 아울러 1차벽이 팽창한다. 보통 유세포성 조직에서는 중엽이 여러 개의 세포가 서로 연결된 곳에서 부분적으로 분해되고, 세포간극이 커진다(**109**). 팽창생장이 멈추면 어떤 세포 유형들은 2차벽 침적을 멈춘다(**54-57**). 2차벽 성분의 구성과 섬유소 미세원섬유의 방향성(**110**)이 1차벽과는 명확히 다르다.

1차벽

유사분열에 뒤따라 곧바로 세포질분열이 일어나면 두 개의 딸세포는 보통 세포판(**72**)에 의하여 분리된다. 세포판은 우선 유사분열 방추사의 적도면에서 발생하며(**106**), 모세포의 세포벽에 원심적으로 융합하게 된다(**106-108, 111**). 세포판은 딕티오솜 소낭이 융합하여 형성되며(**103**), 딕티오솜 막에서 분리된 원형질막에 의하여 구획이 된다(**107, 108**). 소포체의 가닥들은 세포판을 투과하며, 원형질연락사(plasmodesmata)의 중심 성분을 형성하는데(**60, 61**), 이들은 인접한 세포의 원형질체들을 연결시킨다. 비후되지 않은 세포판은 보통 두 딸세포(**107, 108**)에 펙틴 성분이 많은 중엽을 구성한다. 계속해서 얇은 1차벽이 세포판의 양면에 침적된다(**59, 72**).

고도로 액포화 된 세포가 분열할 때, 생장하는 세포판의 주변부는 짧은 미세소관 다발이 발생하는(**106-107**), 조밀한 세포질(격막형성질, phragmosome; **111**)에 의해 뚜렷해진다. 어떤 조직에서는 세포판이 유사분열에 이어 곧바로 발달하지 않는다: 많은 식물 종의 내배유에서 초기의 다핵세포의 세포질이 후에 형성된 세포벽에 의해 분리된다. 이들은 흔히 울퉁불퉁하게 발달하며, 캘러스(callus)와 유사한 현상을 나타낸다(**112**). 전달세포에서는 원형질체 내부로 1차벽의 미로 침입생장이 일어나고(**113**), 이러한 유세포의 변형은 보통 관속요소에 인접하여 나타난다.

세포벽의 얇은 부위에서는 원형질연락사가 흔히 다발로 뭉쳐 있으며(**48**), 세포벽 표면에 1평방 마이크로미터 당 60개까지 존재하며, 벽공역을 형성한다(**114, 115**). 이 부위는 흔히 (2차벽 침적이 일어날 때도) 두꺼워지지 않은 상태로 남아있으며, 1차벽으로 구성된 벽공막(**57, 104, 116**)으로 막힌 벽공을 발생시킨다. 목질화가 일어난 세포벽에서는, 원형질체 사이의 물과 양분의 통도가 목질화 되지 않은 벽공역(**57**)을 통하여 극히 제한적으로 이루어진다.

원생목부의 통도요소(**56**)에서 목질화된 2차벽이 불연속적인, 원형 또는 나선형으로 1차벽 내부에 침적되지만, 목질화되지 않은 넓은 부분이 비후된 부분 사이에 존재한다. 목질화되지 않은 부분은 퇴화하는 원형질체의 액포에서 방출된 가수분해 효소의 공격을 받아서, 성숙한 통도요소 내에 1차벽의 원 위치를 보여주는 섬유소의 골격(구멍 투성이의 세포벽)으로만 남아있다(**117**).

어느 정도 비후된 사관의 세포벽(**53**)과 많은 저장 유세포의 비후된 세포벽(**104**)은 1차벽이며, 보통 목질화가 일어나지 않는다. 사요소의 분화기간 동안에 변형된 색소체(**119, 120**), 미토콘드리아, 소포체, P-단백질의 퇴적물(**118, 119**) 등을 형성하는 원형질막을 유지시키며, 원형질체는 크게 퇴화한다(**118**). 사요소의 말부 세포벽은 원형질연락사(**53, 118**) 주변의 세포벽 내에 침적된 무정형의 다당류, 캘러스와 같이 변형된다. 원형질연락사의 중심 성분은 사라지고, 마침내 직경 1-15μm 크기의 벽공이 발달하지만, 재료의 단면에서 흔히 닫힌 채로 나타난다(**53, 119**).

1차벽(**49, 54**)은 중량의 80%까지 물이 차지하고 있으며,

다른 성분으로는 다당류가 주요 성분이다. 섬유소는 세포벽 건중량의 25-30%를 이루고, 헤미셀룰로오스는 15-25%, 펙틴질은 35%까지, 그리고 당당백질은 5-10%의 조성을 이룬다. 섬유소-헤미셀룰로오스 골격(**121**)은 1차벽에 강도를 제공하지만, 벽공의 크기는 펙틴 망에 의해 조절된다. 이들 두 망은 기계적으로 강한 세포벽을 제공함에도 불구하고 늘어날 수도 있으며, 세포가 팽창할 수도 있다.

섬유소는 1,4-글루칸의 긴 사슬로 구성되며, 30개 이상의 사슬이 미세원섬유(**64, 121**)가 수 마이크로미터의 길이, 3.0-8.5nm의 폭으로 형성되는 것과 평행하게 배열한다. 콘크리트를 지탱하는 철근과 같이 미세원섬유는 높은 장력을 갖고 있어 세포벽을 지탱한다. 이 미세원섬유는 수많은 수소결합에 의해 뭉쳐져 있어, 중심부에서 결정구조를 이루거나, 바깥쪽에서 부분적으로 결정구조를 이룬다. 1차벽에서 새로 형성된 미세원섬유는 종종 서로 평행하게 배열하기도 하지만(**64**), 보통 무작위적으로 배열한다(**110**).

그러나 미세원섬유는 서로 옆으로 결합하지는 않으며, 그들을 붙잡아두기 위하여 더 많은 기질 조성이 요구되는데, 그 첫 번째 조성은 섬유소와 유사한 2차구조를 갖는 헤미셀룰로오스(특별한 자일로글루칸 내에서, 글루쿠로아라비노자일란도 소량 존재)로 인접한 미세원섬유와 수소결합을 한다. 다리결합의 강도는, 헤미셀룰로오스와 섬유소 사이의 수소결합을 파괴할 수 있어서 세포를 확장시킬 수 있는 단백질(확장제, expansin)에 의해서 조절될 수 있다.

부가적으로 펙틴 망은 섬유소-헤미셀룰로오스 망을 둘러싸지만, 상대적으로 그것에 결합하지 않는다(**121, 122**). 펙틴 망은 중엽에 우점적으로 분포하여, 1차 세포벽의 벽공과 세포간 점착력을 조절하는 것으로 보인다. 펙틴은 가수분해된 중합체인 갈락투론산의 형태로 조성되지만, 다른 펙틴들이 서로 어떻게 연결되어 있는지는 명확하지 않다.

세포벽의 기질은 소포체와 딕티오솜에서 합성되며 딕티오솜 소낭을 거쳐 새로 형성되는 세포벽으로 이동된다. 그러나 섬유소 미세원섬유는 처음부터 원형질막(**63**)에서 형성되는 것으로 보인다. 효모에서, 세포벽의 키틴 미세원섬유는 명확히 원형질막의 로제트(입자의 집합체)로부터 만들어진다(**65**). 고등식물에서 섬유소 미세원섬유도 이와 유사한 방법으로 형성될 것으로 보이는데, 섬유소 합성 효소분자(**63**)로 구성된 효소 로제트가 원형질체로부터 활성화된 포도당을 수용한다.

2차벽

2차벽(**8, 54, 55, 110**)은 전형적으로 1차벽보다 훨씬 덜 수화되어 있으며, 다당류 함량의 높은 비율을 보이는 것은 섬유소이며; 한편, 헤미셀룰로오스도 나타나지만(주로 현화식물에서의 글루쿠로노자일란과 나자식물에서의 글루코만난), 펙틴은 거의 존재하지 않는다. 이와 더불어, 많은 2차벽에 존재하는 목질소(lignin), 각질(cutin), 및 코르크질(suberin)의 소수성 망이 미생물의 공격에 매우 효과적인 방어를 하는 동시에, 기계적인 스트레스와 건조에 대하여 지지 기능도 제공한다.

목질소는 매우 두텁게 연결된 소수성 페닐프로파노이드의 중합체이다. 통도요소와 섬유 건중량의 15-35%(**56, 57, 117**)가 세포벽의 기계적 강도를 크게 증가시키는 목질소로 구성되어 있다. 이 통도요소들은 중력과 바람 및 가도관과 도관의 통수과정에서 발생된 수압에 의하여 형성된 기계적 스트레스를 이겨낼 수 있다. 이 세포벽 내로 물을 이동시킴으로써 목질소가 다당류의 이동을 비교적 잘 억제하여 세포의 팽창을 멈추게 한다. 대부분의 물이 소실되면 효소가 세포벽으로 확산되는 것이 거의 불가능하여 대부분의 미생물이 목질화된 목재를 분해할 수 없게 된다.

섬유나 통도요소 내의 차별적인 미세원섬유의 방향은 세포벽의 강도를 결정하는데 중요한 요소이다. 일반적으로 성숙한 섬유에서는 2차벽의 가장 오래된(가장 바깥쪽) 층(S1)의 미세원섬유와 가장 어린(가장 안쪽) 층(S3)의 미세원섬유가 섬유의 장축에 어느 정도 수직으로 배열하는 것을 보여준다(**110**). 보다 두꺼운 중층(S2)에서는 미세원섬유가 섬유 축에 거의 평행하게 배열한다. 미세원섬유는 장축에 높은 장력을 제공하기 때문에, 이와 같이 서로 다른 층 구조는 합판의 다른 층에서 보이는 것처럼 모든 방향으로 내구력을 형성한다. 거의 모든 섬유가 목질화되어 있지만, 아마속(*Linum*, **54**)에서는 다층의 2차벽 건중량의 약 90%가 섬유소이다.

각질과 코르크질

어린 줄기의 바깥 면은 소수성 각피(cuticle)로 덮여있다(**123**). 각피의 가장 바깥 층은 탄화수소인 납질로 구성되며, 그 아래에 다량의 각피를 형성하는 각질(cutin) 층이 있다. 각질은 수산기가 있는 C16과 C18 지방산으로 되어 있으며, 에스터결합에 의해 불용성의 중합체로 된 망을 형성한다. 오래된 줄기와 뿌리를 덮고 있는 코르크 표면(**5**)은, 20개 이상의 탄소와 수산기를 가진 지방산들이 교차결합되어 구성된 코르크질(suberin)을 함유한다. 코르크질은 내피의 안쪽 소수성 벽에서도 관찰된다(**42**).

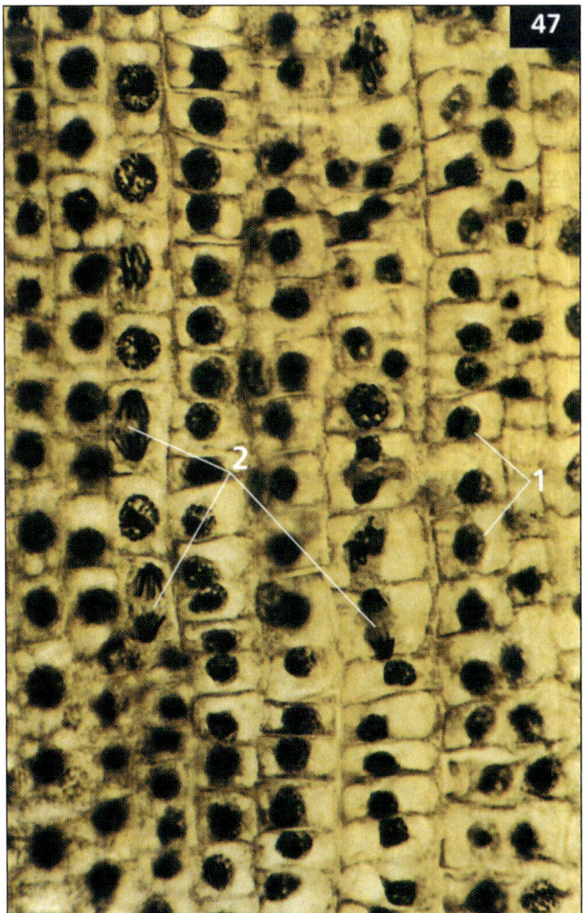

47 *Phaseolus vulgaris*(강낭콩)에서 뿌리의 정단 바로 뒤쪽의 종단면. 이 절단면은 활동적으로 분열하고 있는 초기 피층 세포의 종열을 보여준다. 진하게 염색된 간기 핵(1)이 명확히 관찰되며, 다른 많은 핵들이 여러 유사분열의 단계를 나타낸다(2). (광학현미경)

1 간기 핵　　2 유사분열 중의 핵

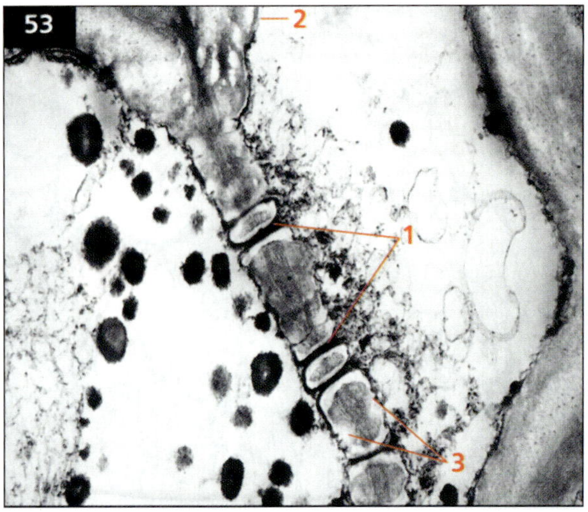

53 좁은 사공(1)을 보여주는 *Sorbus aucuparia*(마가목 종류) 사판의 종단면. 이것들은 뚜렷하게 막혀 있지만 자라면서 열릴 것으로 생각된다. 사요소의 원형질체는 핵이 떨어져 나가고 다른 소기관도 붕괴되었지만, 원형질막(2)은 아직 남아있다. 캘로스(3). (G-Os, 투과전자현미경)

1 사공	2 원형질막
3 캘로스	

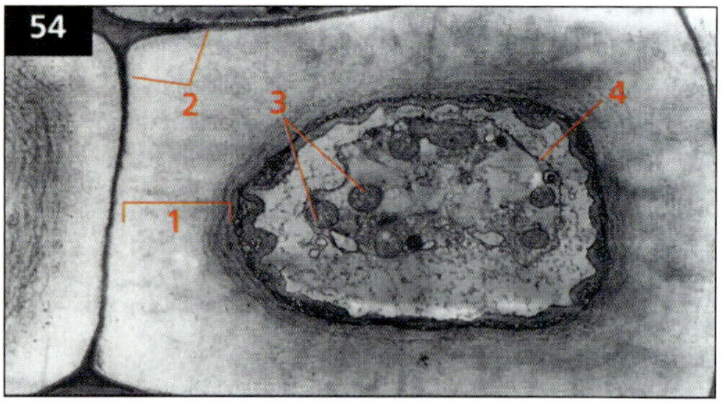

54 *Linum usitatissimum*(아마)의 어린 하배축에서 사부 섬유의 횡단면. 섬유 부위는 거의 성숙하여 있으며, 얇은 1차벽(2) 내에 크게 비후되었지만 목질화되지 않은 2차벽(1)을 보여준다. 퇴화하는 원형질체 내에 많은 미토콘드리아(3)는 명확하지만, 원형질막(4)은 2차벽의 가장 안쪽 층으로부터 떨어져 나가고 있다. (G-Os, 투과전자현미경)

1 2차벽	2 1차벽
3 미토콘드리아	4 원형질막

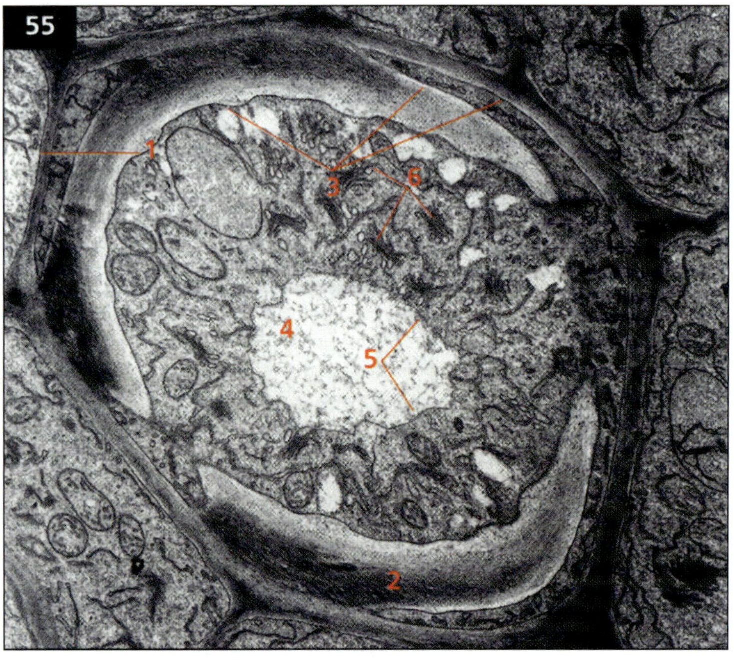

55 나선상으로 비후된 *Glechoma hederacea*(병꽃풀 종류)의 분화하는 원생목부요소의 횡단면. 얇은 1차벽(1)과 비후되었지만 목질화되지 않은 2차벽(2)은 원형질막(3)에 의해 원형질체와 구분된다. 원형질체는 중앙에 아직 파괴되지 않은 토노플라스트를 갖는 액포(4)를 포함한다. 많은 딕티오솜(6)은 세포질 내로 소낭을 분출하며 이것은 자라는 세포벽에 비섬유성 다당류를 수송하는 것으로 생각한다. 많은 소포체의 시스터네는 보이지만 이 고정 처리로 리보솜은 보존되지 않았다. (KMn, 투과전자현미경)

1 1차벽	2 2차벽	3 원형질막
4 액포	5 토노플라스트	6 딕티오솜

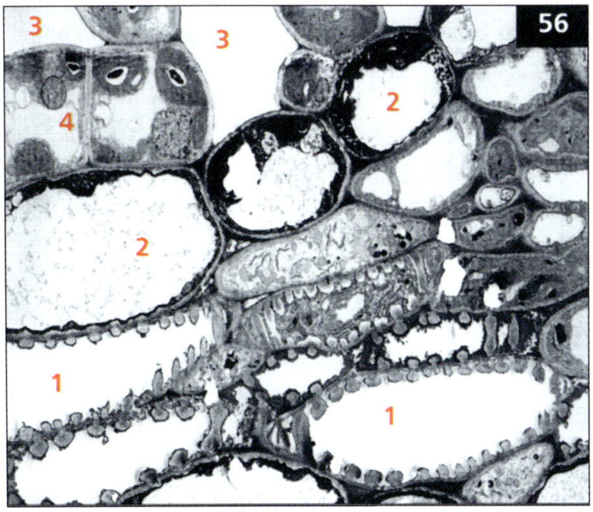

56 *Sorbus aucuparia*(마가목 종류) 잎에서 소맥의 종단면. 환상의 여러 원생목부요소(1)는 이미 성숙하여 원형질체를 갖지 않는다. 엽육조직(4)을 싸고 있는 기실(air space, 3)로부터 목부요소를 구분하는 관속초(2)의 유세포가 관찰된다. (G-Os, 투과전자현미경)

1 환상의 원생목부	2 관속초
3 기실	4 엽육조직

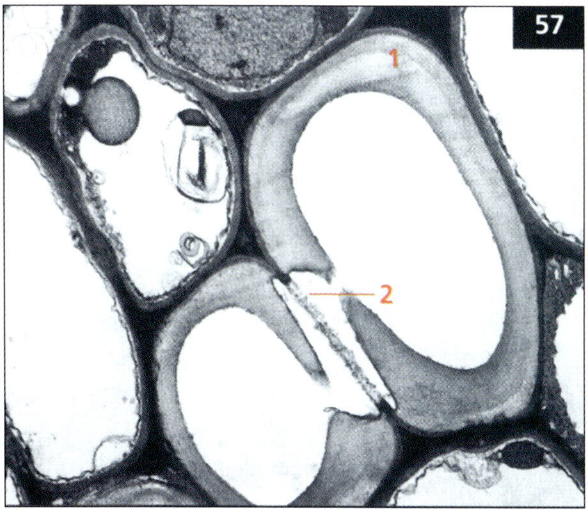

57 *Sorbus aucuparia*(마가목 종류) 잎의 중륵에서 목부의 횡단면. 비후된 2차벽(1)과 원형질이 결여된 세포 내강을 갖는 여러 성숙한 도관요소가 보인다. 돌출된 유연벽공이 보이며 1차벽과 벽공막을 형성하는 중엽(2)은 2차벽으로 덮여있지 않아 덜 진하게 보인다. (G-Os, 투과전자현미경)

1 2차벽	2 벽공막

58 전원형질(symplast)과 전세포벽(apoplast)을 도해한 모식도. 죽은 후벽성 섬유는 얇은 1차벽(3) 위를 덮은 두꺼운 2차벽(2)으로 싸여 있는 중앙의 빈 내강(1)을 갖는다. 살아있는 유세포는 1차벽(3)만을 가지며, 그들의 원형질체는 많은 원형질연락사에 의한 통로(4)로 연결된다. 세포벽과 죽은 세포내강(있다면 세포간극도 포함)이 전세포벽을 형성하는 반면에, 원형질체는 모여 전원형질을 구성한다. 핵(5), 액포(6).

1 중앙의 내강	2 2차벽
3 1차벽	4 원형질연락사에 의한 통로
5 핵	6 액포

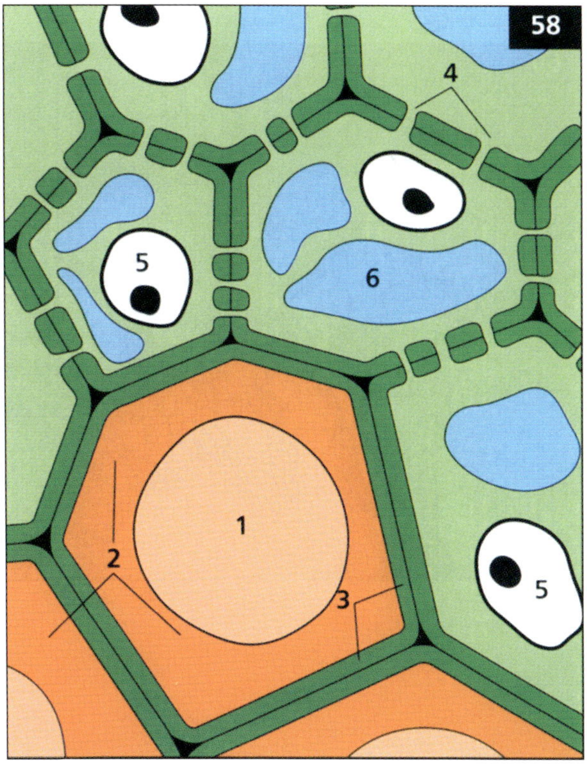

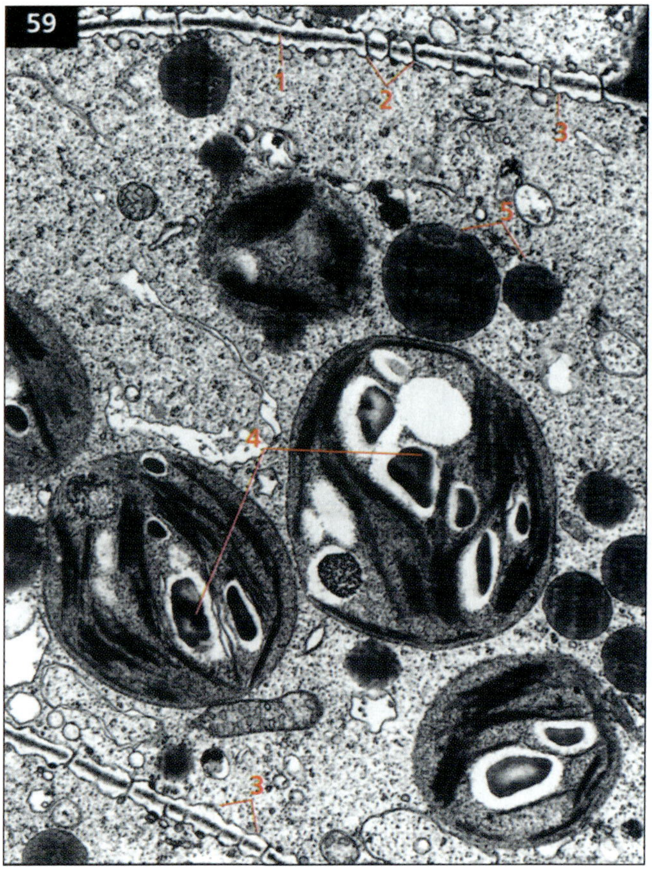

59 이끼류인 *Polytrichum commune*(솔이끼) 잎의 엽육세포의 미세구조. 세포들은 짙게 염색된 중엽(1)에 의해 분리된 비후되지 않은 1차벽에 의해 구분되는데; 수많은 원형질연락사(2)가 세포벽을 가로지르며 원형질막(3)은 원형질체와 세포벽을 구분한다. 세포질에서 커다란 엽록체(전분립을 가짐, 4)와 지질낭(5)이 특히 잘 관찰된다. (G-Os, 투과전자현미경)

1 중엽	2 원형질연락사
3 원형질막	4 전분립
5 지질낭	

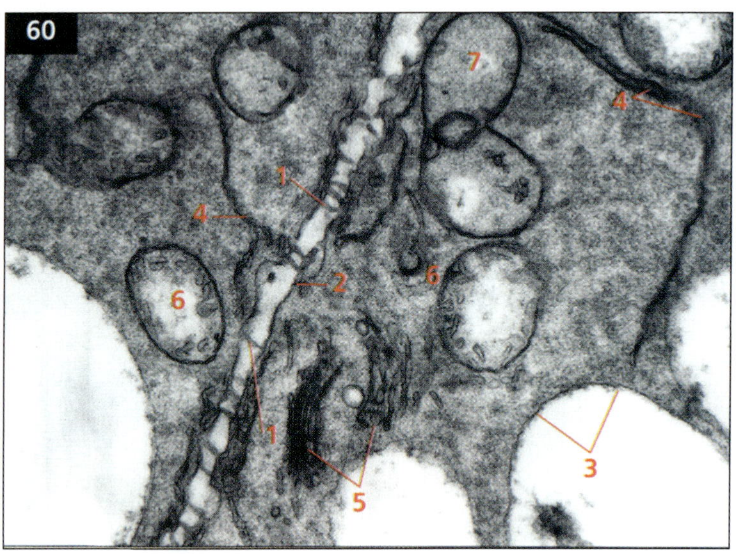

60 *Allium cepa*(양파)의 근단 세포. 수많은 원형질연락사(1)가 얇고 염색되지 않은 1차벽을 가로지른다. 원형질막(2)의 단일막인 토노플라스트(3), 소포체(4) 및 딕티오솜(5)이 잘 구분되며, 이중막인 미토콘드리아(6)와 전색소체(7) 또한 잘 분간할 수 있다. 그러나 리보솜과 미세소관은 이 고정액으로는 보존되지 않는다. (KMn, 투과전자현미경)

1 원형질연락사	2 원형질막
3 토노플라스트	4 소포체
5 딕티오솜	6 미토콘드리아
7 전색소체	

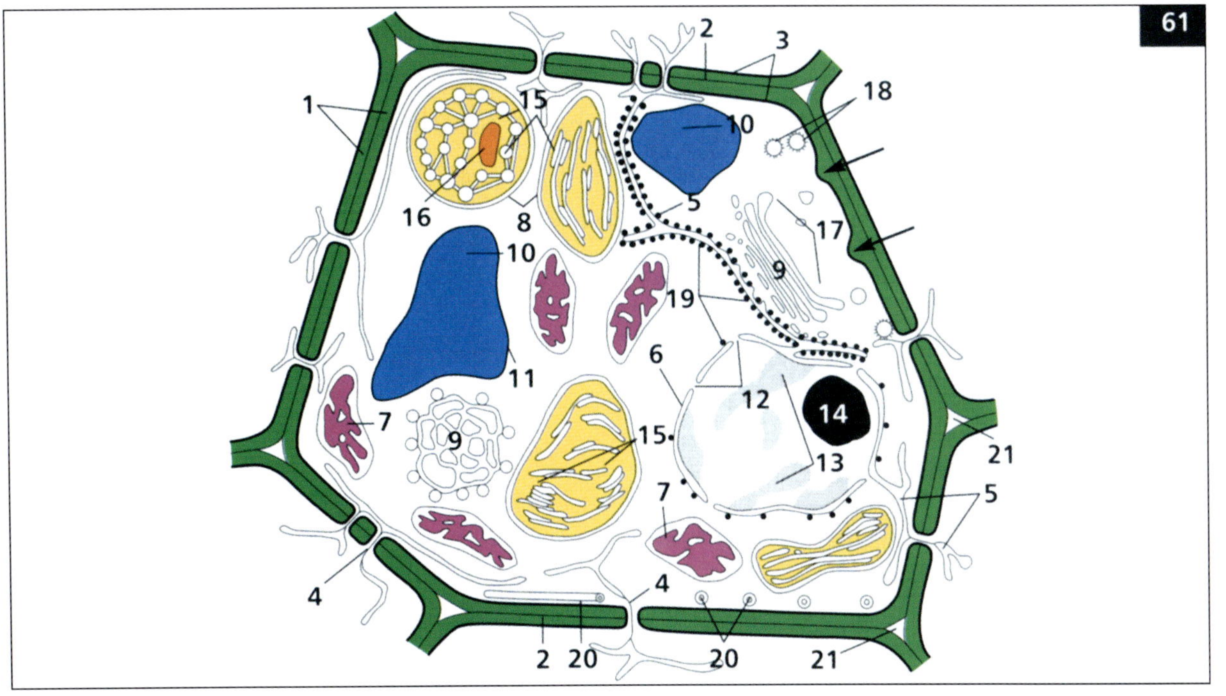

61 비교적 덜 분화된 식물세포 미세구조의 모식도. 원형질체는 중엽(2)을 갖는 얇은 1차벽(1)으로 구획된다. 원형질막(3)은 원형질체를 싸고 있으며, 원형질연락사의 소공을 경계 짓는다. 좁은 데스모튜불(4)은 이 소공을 가로지르고 인접한 원형질체의 소포체(ER, 5)를 연결한다. 부분적이기는 하지만 소포체와 핵막의 바깥 면은 리보솜으로 덮여있으며; 수많은 유리된 세포질성 리보솜은 이 모식도에서는 표현되지 않았다. 대부분의 세포내소기관들은 막으로 구획되는데; 소포체(5)의 시스터네와 딕티오솜(9)이 단일막으로 경계되는 반면에, 핵(6), 미토콘드리아(7)와 엽록체(8)는 이중막으로 싸여있다. 액포(10) 또한 단일막인 토노플라스트(11)로 싸여있다. 많은 핵공(12)에서 내막과 외막이 합쳐지는 반면에, 핵막은 소포체에 연결되어 있다. 간기 핵 내에서 DNA가 조밀하게 많은 이질염색질(heterochromatin, 13)이 나타나며, 커다란 인(14)이 관찰된다. 잘 발달한 광합성 그라나(15)와 전분(16)을 보여주는 커다란 엽록체가 나타난다. 미토콘드리아의 내막은 반곡 세관 또는 종종 판상, 함입의 형태를 보여준다. 딕티오솜(종단면과 황단면)은 원형질막(화살표)과 합쳐진 세포질을 통하여 이동하는 수많은 소포(17)를 만들어내는 성숙면(maturing face)을 갖는 극성을 나타낸다. 외투막성 소포(18)는 잉여의 막성물질로 되돌아가서 원형질체에 의해 재순환된다. 세포 내의 주요 비막성소기관은 리보솜(19)과 단백질성 미세소관(20)이다. 간기에서 미세소관은 원형질막에 붙어있다. 세포벽의 모서리에 있는 중엽이 분해되기 시작하여 세포간극(21)을 형성하는 것을 볼 수 있다.

---

1 1차벽	2 중엽	3 원형질막
4 데스모튜불	5 소포체	6 핵
7 미토콘드리아	8 엽록체	9 딕티오솜
10 액포	11 토노플라스트	12 핵공
13 이질염색질	14 인	15 그라나
16 전분	17 딕티오솜 소포	18 외투막성 소포
19 리보솜	20 단백질성 미세소관	21 세포간극

62

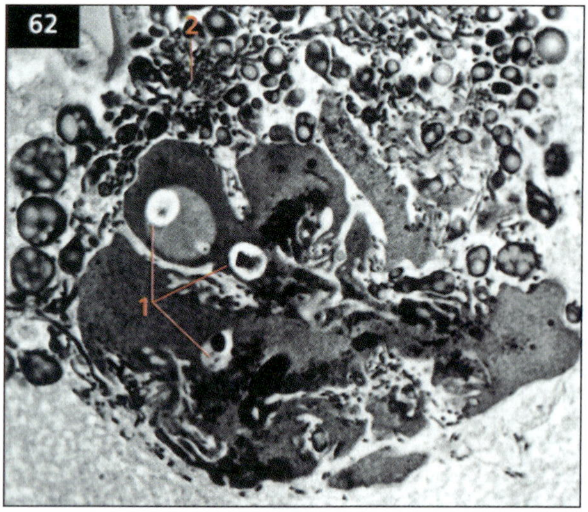

62 *Phaseolus vulgaris*(강낭콩)에서 분화중인 세포의 여러 형태의 핵. 핵은 여러 개의 눈에 띄는 액포(1)를 가지며, 작은 전분체의 짙은 덩어리로 싸여있다. (G-Os, 광학현미경)

1 핵 내 액포 2 전분체

63

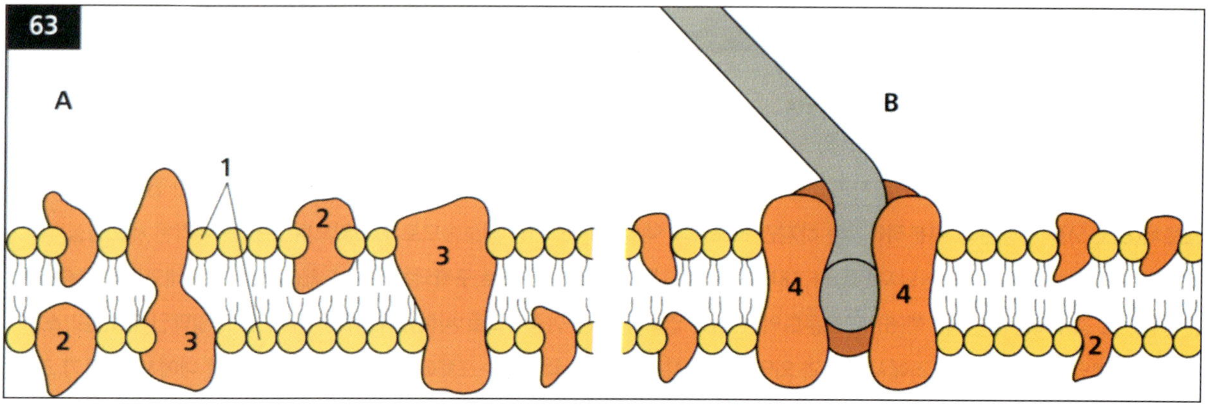

63 일반적인 식물체의 막(A)과 원형질막(B)의 모식도. A: 막은 인지질 이중층으로 구성되어 있으며, 바깥쪽에 친수성 머리(1)를 가지고 단백질이 산재되어 있다. 어떤 단백질은 막 표면에 한정되어 있으나(2), 또 다른 것들(3)은 이중층을 가로질러 존재한다. 원형질막(B)에서 6개의 섬유소 합성효소 분자로 구성된, 로제트단백질복합체(4)가 막을 구성한다. 이 때, 섬유소 선구물질 분자는 세포질에서 운반되며, 섬유소 미세섬유는 원형질막의 바깥 면에 있는 세포벽으로 돌출되어 있다.

1 인지질 머리 2 표면단백질 3 개재단백질 4 섬유소 합성효소 분자

64

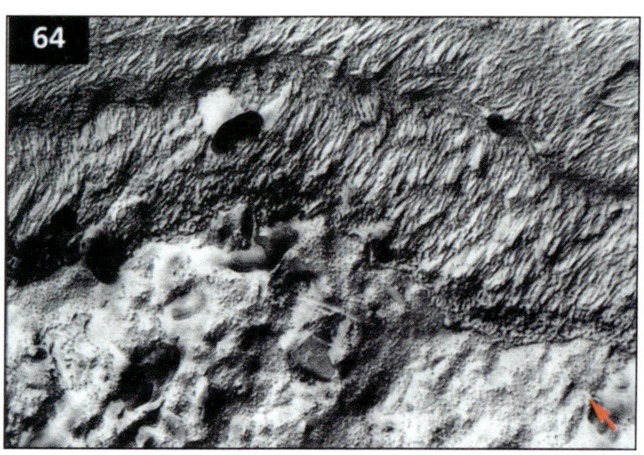

64 *Lycopersicon esculentum*(토마토) 근단에서 원형질막과 세포벽 사이의 경계면. 원형질막에 수많은 작은 입자(단백질 분자로 보임)가 나타나지만, 로제트는 명확하게 관찰되지 않는다. 1차벽 내의 많은 물이 승화되어 없어짐으로써, 많은 평행한 섬유소 미세섬유가 발생하는 여러 층이 나타난다. 이 표본은 음영처리 방향(화살표)에서 관찰된 것이다. (F-F, 투과전자현미경)

65 *Saccharomyces*(효모)의 원형질막. 파쇄단면은 수많은 내막성 입자들을 보여주며, 많은 입자들이 단단히 모여 로제트를 형성한다(1). 키틴질의 세포벽(2) 부분이 보이며, 어떤 부위(3)에서는 세포벽 미세섬유가 로제트 입자로부터 나타난다. 원형질막에서 여러 방향의 홈이 보인다: 표본은 음영처리 방향(화살표)에서 관찰된 것이다. (F-F, 투과전자현미경)

1 로제트 2 키틴질 세포벽
3 세포벽 미세섬유

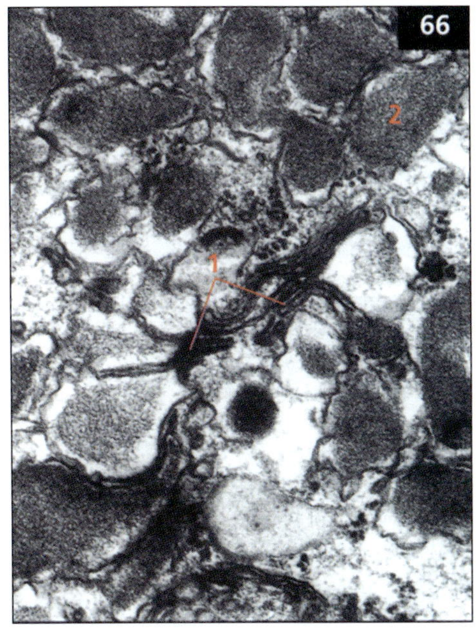

66 *Zea mays*(옥수수) 뿌리골무(근관) 세포의 세밀 사진은 과도하게 발달한 시스터네를 갖는 딕티오솜(1)을 보여준다. 이 시스터네는 셋으로 갈라진 막으로 경계 지워지며, 시스터네가 원형질막과 합쳐진 후 전세포벽으로 분비되는 과립상의 고밀도 물질(2, 점액질)을 함유한다. (G-Os, 투과전자현미경)

1 딕티오솜 2 과립상 물질

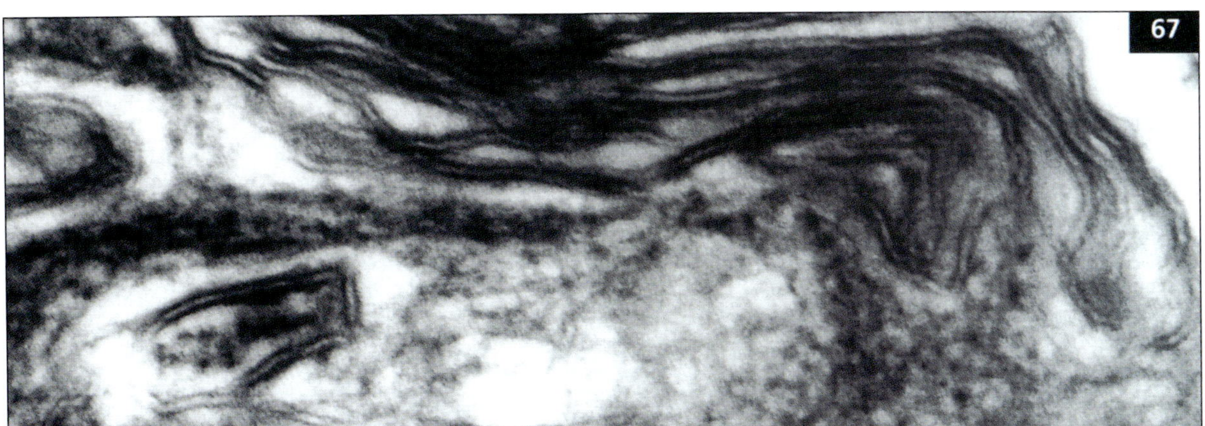

67 *Andrographis paniculata*(천심련, 쥐꼬리망초과; 역자 주) 원형질막과 결합된 막 복합체. 막의 횡단면은 세 부분으로 나타나는데, 두 층의 진하고 좁은 외막 사이에 중앙의 투명한 층이 보인다. 이들을 둘러싸고 있는 물질은 세포벽이다. (G-Os, 투과전자현미경)

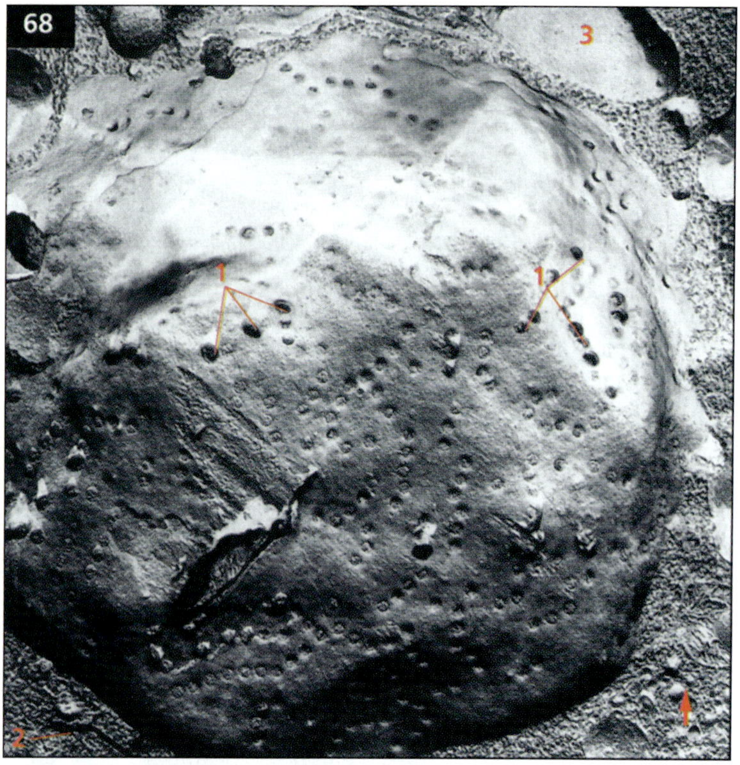

68 *Lycopersicon esculentum*(토마토)의 근단 핵의 표면상. 핵질과 세포질을 연결하는 수많은 핵공(1)이 보인다. 이 표본은 음영처리 방향(화살표)에서 관찰된 것이다. 소포체(2), 액포(3). (F-F, 투과전자현미경)

1 핵공　　2 소포체
3 액포

69 *Lycopersicon esculentum*(토마토)의 근단 핵의 미세 형상. 내막(1)과 외막(2) 양면에 수많은 핵공(3)을 보여주지만, 작은 입자(단백질로 생각됨)는 내막에 훨씬 적다. 이 표본은 음영처리 방향(화살표)에서 관찰된 것이다. (F-F, 투과전자현미경)

1 핵의 내막　　2 핵의 외막
3 핵공

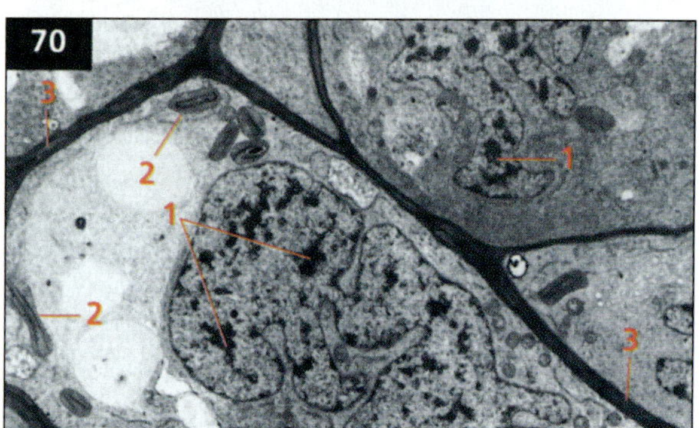

70 *Pisum sativum*(완두)의 경화된 뿌리 조직에서의 대형의 다양한 형태의 핵. 내부에 짙은 부분의 이질염색부위(1)가 보인다. 색소체(2), 세포벽(3). (G-Os, 투과전자현미경)

1 이질염색부위　　2 색소체
3 세포벽

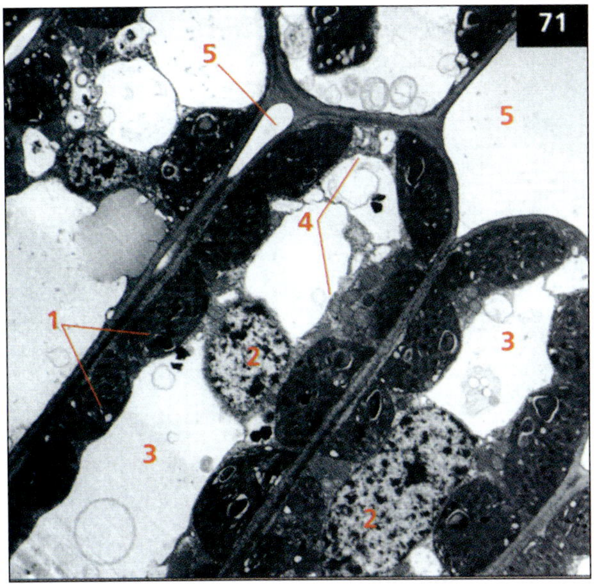

71 *Sorbus aucuparia*(마가목 종류) 엽신에서 책상 동화조직의 종단면. 각 얇은 세포벽을 가진 책상조직의 세포는 엽록체(1)와 한 개의 핵(2)을 둘러싸고 있는 고밀도의 세포질막을 보여주며, 확장된 중앙의 액포(3)는 토노플라스트(4)에 의해 세포질과 구획된다. 핵 내의 짙은 이질염색부위와 뚜렷한 세포간극(5)을 볼 수 있다. (G-Os, 투과전자현미경)

1 엽록체
2 핵
3 중앙 액포
4 토노플라스트
5 세포간극

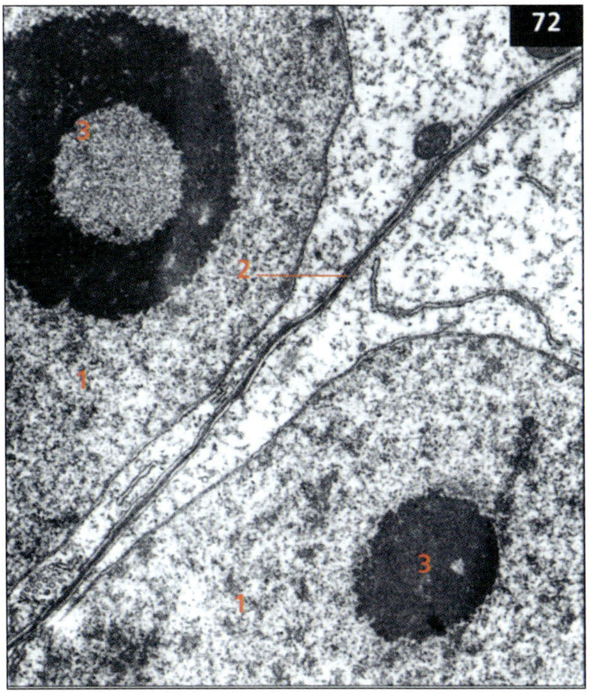

72 *Pisum sativum*(완두) 뿌리의 분열중인 세포. 두 딸핵(1) 사이에 새로 형성된 얇은 세포벽은 유사분열의 결과물이다. 짙게 염색된 중엽(2)은 투명한 각 딸핵의 1차벽을 서로 다른 방향으로 분리시킨다. 인(3). (G-Os, 투과전자현미경)

1 핵
2 중엽
3 인

73 *Pisum sativum*(완두)의 뿌리에서 인의 세밀한 사진. 인 주위를 싸고 있는 수많은 입자(2)와는 대조적으로, 비어있는 것으로 나타나는 큰 액포(1)를 볼 수 있다. (G-Os, 투과전자현미경)

1 액포
2 수많은 입자

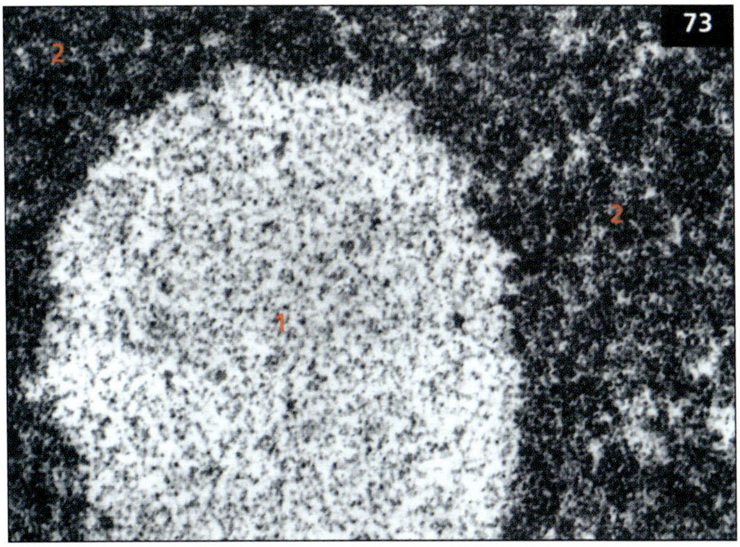

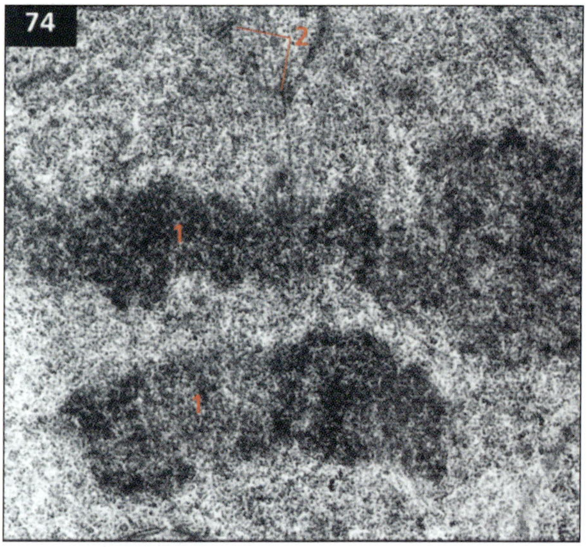

74 *Pisum sativum*(완두)의 뿌리에서 분열 중인 핵의 세밀한 사진. 중기에 방추사가 종으로 절단되었으며, 키네토코어 미세섬유(2)가 부착된 짙게 염색된 한 쌍의 염색체(1)를 보여준다. (G-Os, 투과전자현미경)

---

1 염색체 2 키네토코어 미세섬유

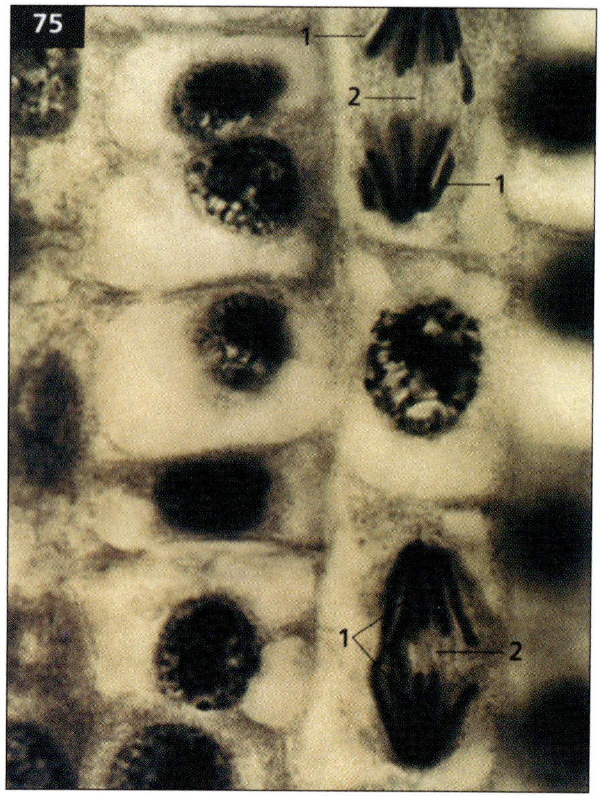

75 *Phaseolus vulgaris*(강낭콩) 뿌리 정단 바로 윗부분의 종단면. 방추사의 각 극에 진하게 염색된 염색체(1)를 가진 말기 핵이 있는 두 개의 세포가 관찰된다. 방추사(2)는 미세소관이 다발로 뭉쳐져 형성되므로 광학현미경 수준에서 관찰이 가능하다. (광학현미경)

---

1 염색체 2 방추사

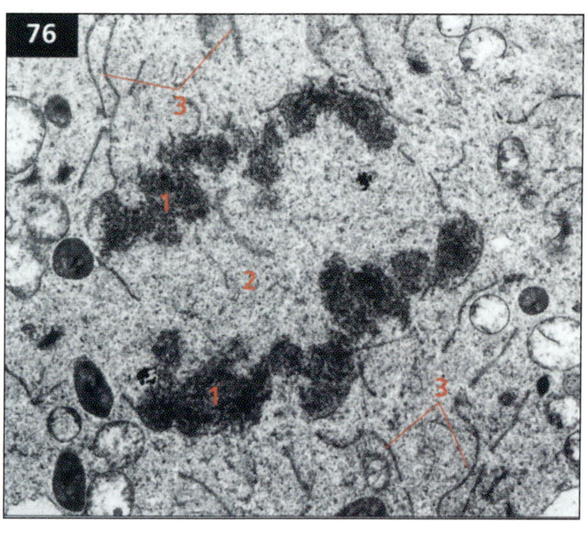

76 *Pisum sativum*(완두)의 뿌리에서 유사분열 중인 핵의 종단면. 후기에서 진하게 염색된 염색체(1)가 적도 부위(2)를 떠나 분리되어 있으며 커다란 소기관은 없다. 핵막은 전기에 분해되지만, 소포체(3)의 많은 가닥들이 다른 소기관과 함께 세포질에 존재한다. (G-Os, 투과전자현미경)

---

1 염색체 2 적도 부위

3 소포체

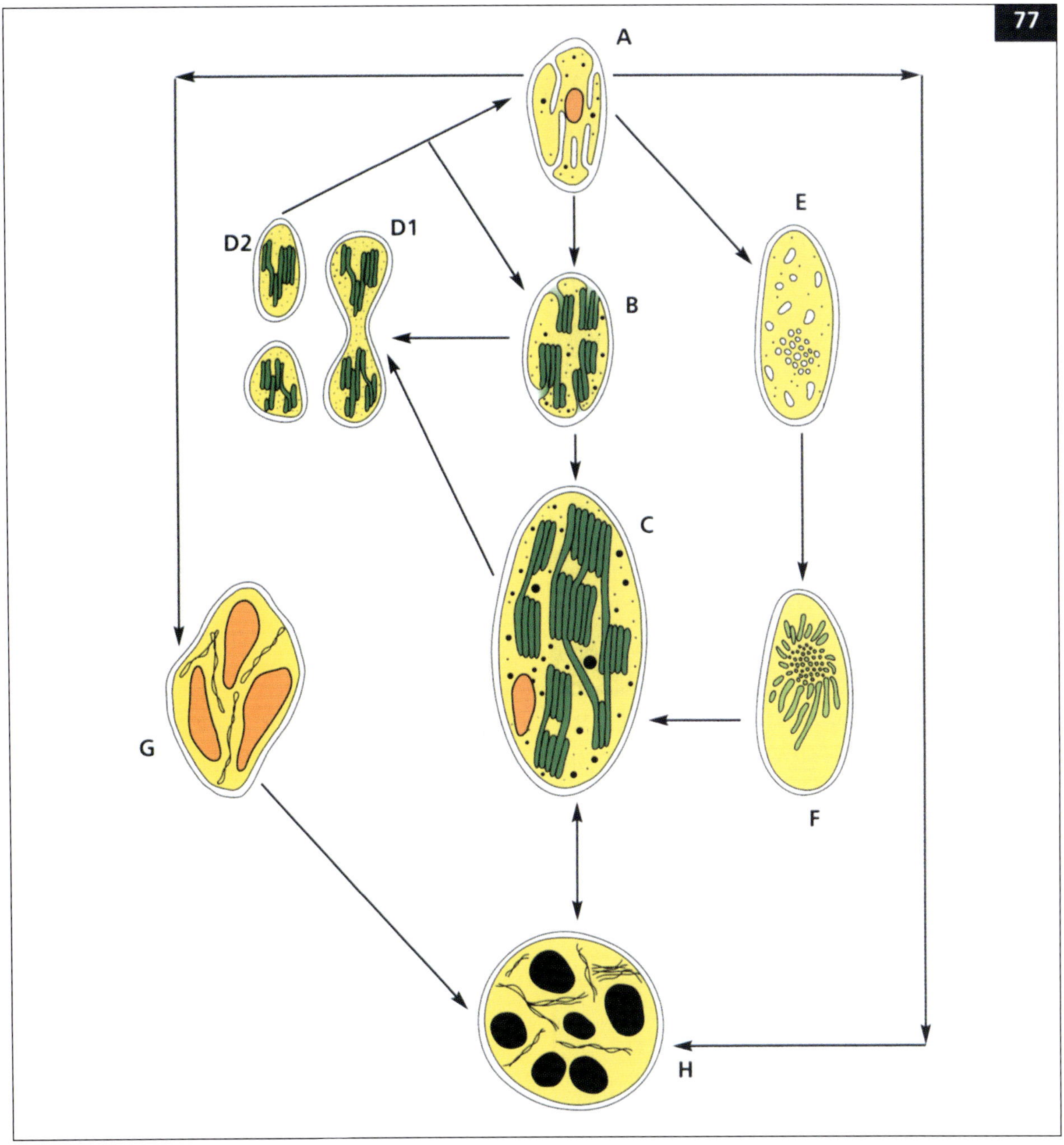

77 A-H: 색소체 발생의 주요 경로를 보여주는 모식도. 어린 녹색 줄기에서 전형적인 형태는 색소가 없는 전색소체(A)부터 어린 엽록체(B)를 거쳐 성숙한 녹색의 엽록체(C)까지 존재한다. 색소체의 복사는 어떤 시기에도 일어나지만 특히 전색소체와 어린 엽록체에서 일반적이다(D1, D2). 어두운 곳에서 자란 줄기에서(또는 여러 겹의 조직에 의해 빛을 받지 못하는 세포 내에서) 황변체(E)가 형성되지만, 빛에 노출되면 빠르게 엽록체(C)로 분화된다(F).

뿌리에서(그리고 대부분의 지상부의 표피세포에서) 전색소체와 전분체(G)로부터 색소가 없는 백색체가 발달한다. 유색체(H)는 빨강, 주황 또는 노랑색의 색소를 갖는데; 이 색소체는 전색소체에서 직접 발달하거나, 전분체 또는 퇴화된 엽록체로부터 형성된다. 성숙한 엽록체와 전분체는 자신이 발생한 조직이 상해를 입으면 분열이 유도된다(그리고 그들의 유도체는 때로 전색소체로 되돌아가기도 한다). 유색체가 엽록체로 변형되었다고 보고된 경우도 있다.

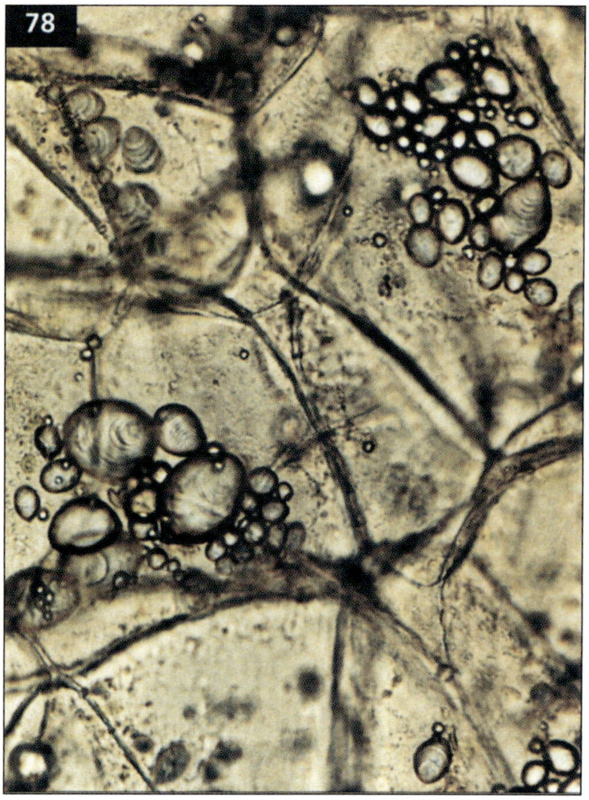

78 *Solanum tuberosum*(감자)의 녹색화되는 괴경의 저장조직은 매우 큰 전분립을 갖는 전분체를 함유하는 많은 액포화된 유세포를 보여준다. (생 절편, 광학현미경)

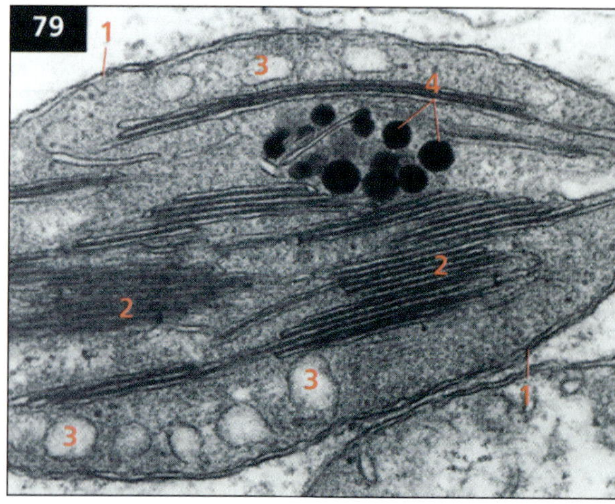

79 장축으로 자른 *Crambe maritima*(갯배추)의 어린 엽록체. 엽록체 외피(1)의 이중막이 뚜렷하며, 내부의 납작한 막성 틸라코이드는 기질 틸라코이드(stroma thylacoid, 프렛)에 의해 연결되어 있으며 쌓여서 그라나(2)를 형성한다. 수많은 주변의 막성 소포낭(3)과 짙게 염색된 지질소체(plastoglobuli, 4) 무리가 관찰된다. (G-Os, 투과전자현미경)

1 엽록체 외피 2 그라나
3 막성 소포낭 4 지질소체

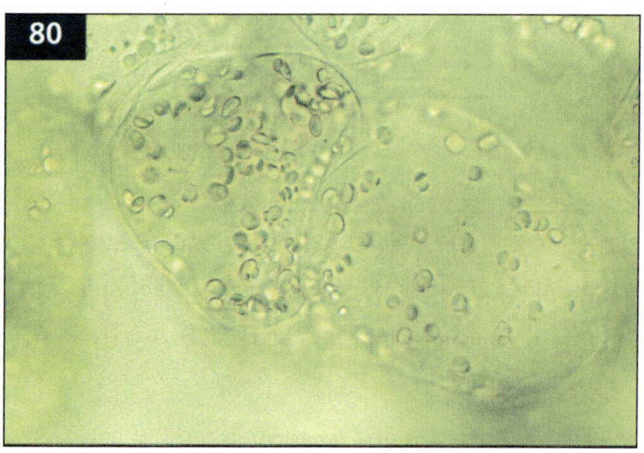

80 *Solanum tuberosum*(감자)의 녹색화되는 괴경의 저장조직. 빛에 오랫동안 노출된 뒤에 발달한 수많은 녹색의 엽록체를 관찰할 수 있다. (생 절편, 광학현미경)

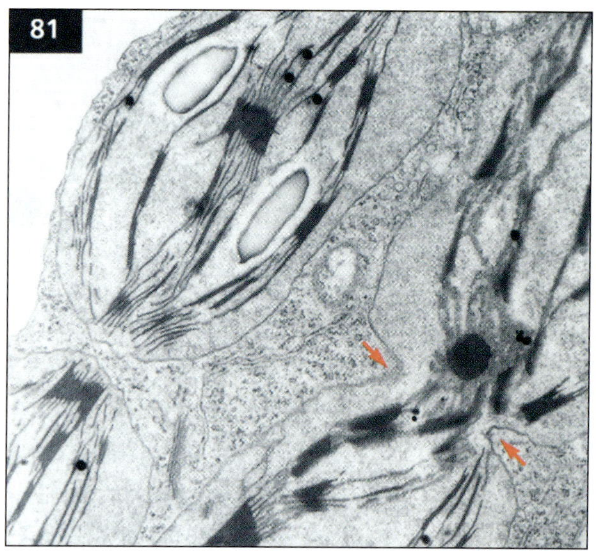

81 *Linum usitatissimum*(아마) 엽육조직에서 분열중인 엽록체. 다른 두 색소체가 분리되었을 때, 한 색소체는 분열 예상면인 중앙의 협착부위(화살표)를 가진다. (G-OS, 투과전자현미경)

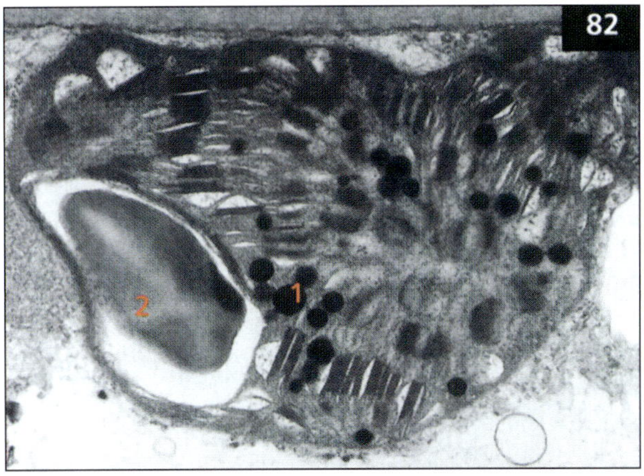

82 *Sorbus aucuparia*(마가목 종류) 잎에서 유색체로 변형되고 있는 엽록체. 잎은 가을에 채취하였으며; 퇴화하는 그라나와 가을에 잎이 지는 종에 카로테노이드 색소가 침적하여 노랑, 주황 및 빨강색으로 변화시키는 많은 지질소체(1)를 관찰할 수 있다. 전분립(2). (G-OS, 투과전자현미경)

1 지질소체　2 전분립

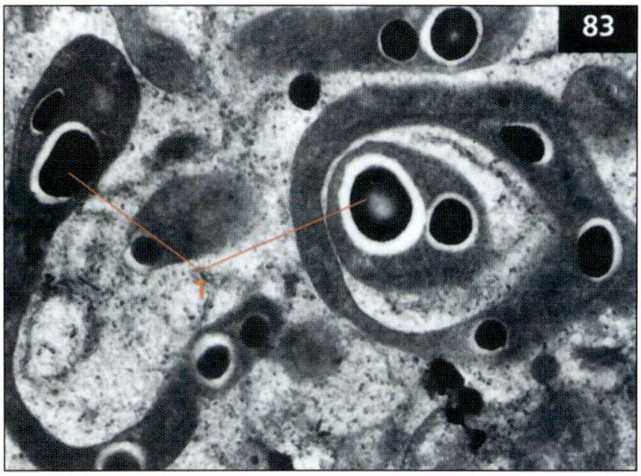

83 분화 중인 *Phaseolus vulgaris*(강낭콩)의 자엽 조직에서의 전색소체. 스트로마에 막이 거의 없고 전분립(1)이 많은 것은 이것들이 색소체임을 증명해준다. (G-Os, 투과전자현미경)

1 전분립

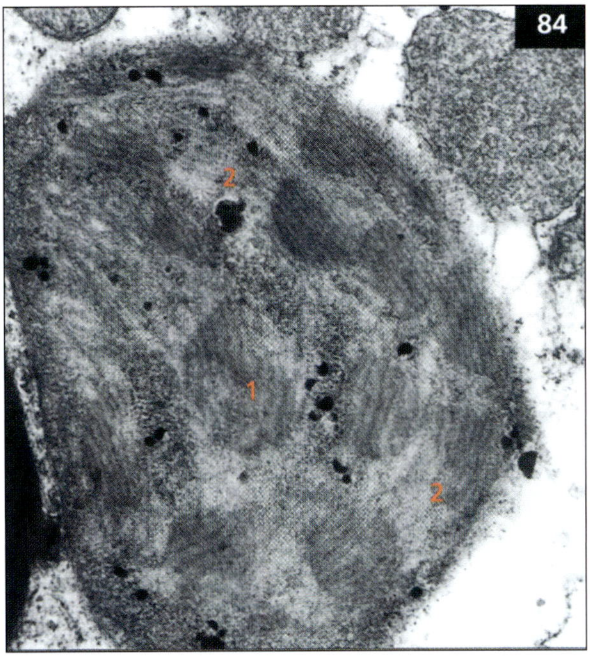

84 단축을 횡단으로 자른 *Crambe maritima*(갯배추)에서의 작은 엽록체. 원반형의 그라나 막(1)과 그라나를 서로 연결시키는 관상의 프렛(fret, 스트로마 라멜라) 시스템(2)을 관찰할 수 있다. (G-Os, 투과전자현미경)

1 그라나 막　2 프렛 시스템

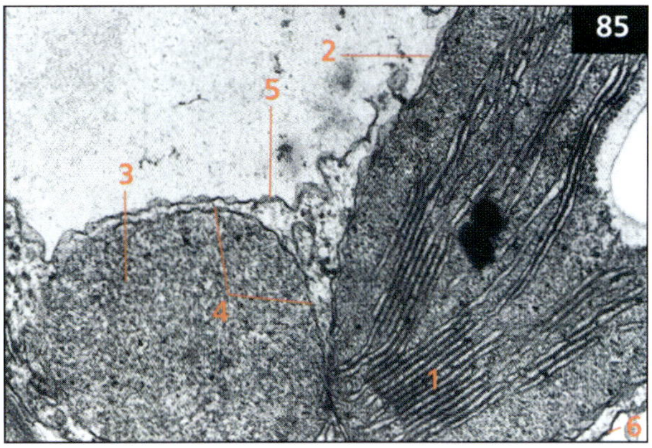

85 *Linum usitatissimum*(아마)에서 엽록체의 종단면. 스트로마 내의 잘 발달된 그라나 막(1)과 외피(2)의 이중막을 관찰할 수 있다. 색소체와 인접한 커다란 페록시좀은 과립성 기질(3)을 가지며, 단일막(4)으로 싸여있다. 토노플라스트(5), 원형질막(6). (G-Os, 투과전자현미경)

1 그라나 막　2 엽록체 외피
3 페록시좀　4 페록시좀의 단일막
5 토노플라스트　6 원형질막

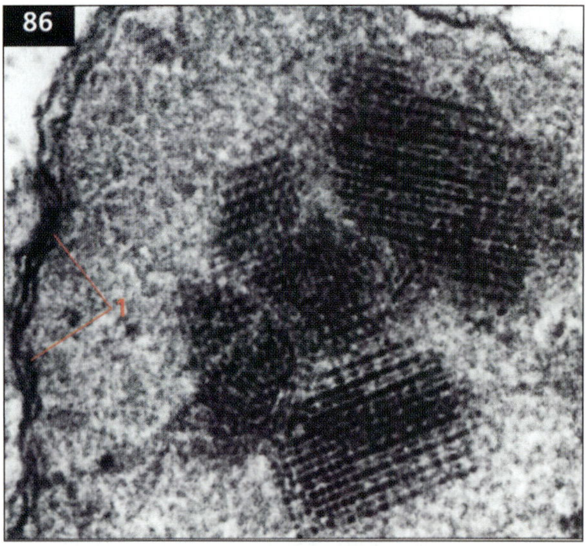

86 *Crambe maritima*(갯배추)의 색소체는 스트로마 내에 결정성 피토페리틴(phytoferritin)을 보여준다. 색소체 외피를 구성하는 이중막(1)이 명백하게 보인다. (G-Os, 투과전자현미경)

1 색소체 외피

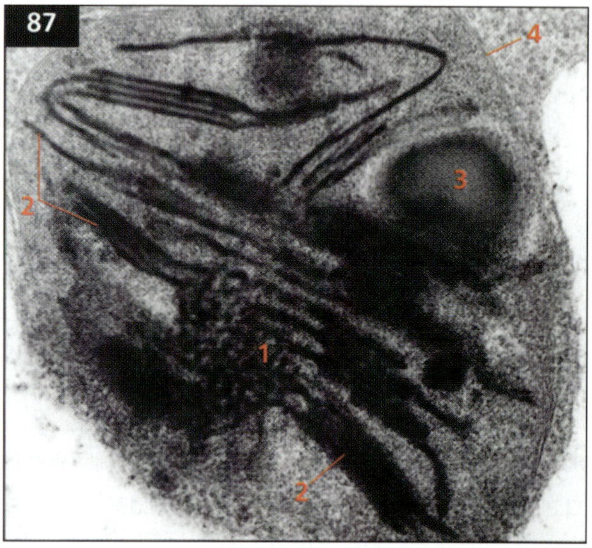

87 *Glechoma hederacea*(병꽃풀 종류) 줄기에서 녹색화되고 있는 황변체. 전판상체(prolamellar body, 1)의 흔적으로부터 그라나/프렛 막성계(2)가 발달하고 있다. 전분(3), 색소체 외피(4). (G-Os, 투과전자현미경)

1 전판상체
2 그라나/프렛 막성계
3 전분
4 색소체 외피

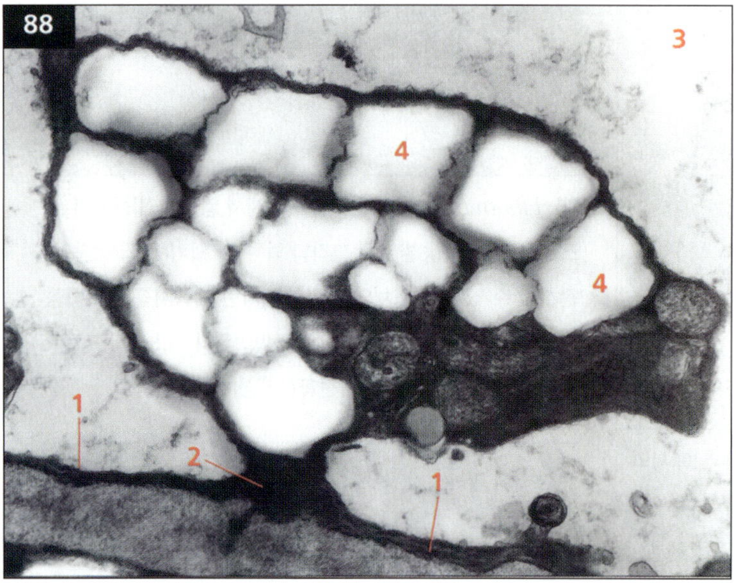

88 *Andrographis paniculata*(천심련) 캘러스 조직에서의 커다란 전분체. 색소체가 세포벽(1) 내층의 세포질과 세포질(2) 협부에 의해 연결되어 있는데, 세포질 협부는 전분체를 감싸고 있으며, 커다란 액포(3)로부터 분리된다. 색소체 내에서 막이 명백하지 않지만 수많은 전분립(4)이 나타난다. (G-Os, 투과전자현미경)

1 세포벽 내층의 세포질
2 결합 세포질
3 액포
4 전분립

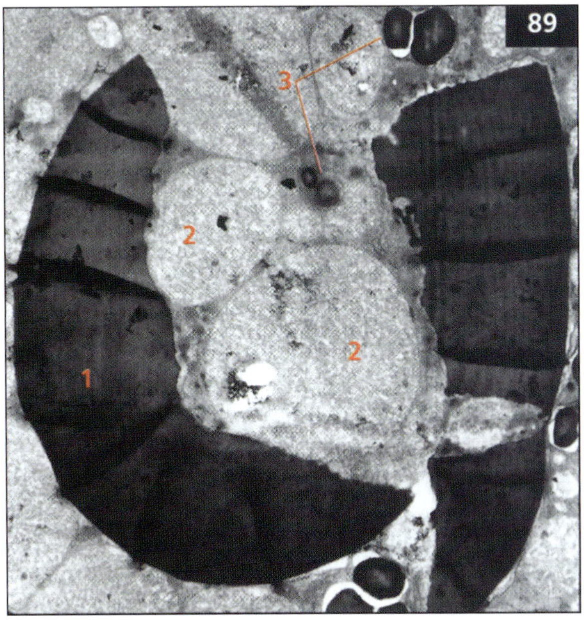

89 *Phaseolus vulgaris*(강낭콩)의 발아 중인 자엽에서의 전분립 조각. 짙게 염색된 전분립은 중앙부로부터 소화되어 여러 조각(1)으로 분해된다. 지금은 크지만 비어있는, 막에 붙어 있는 단백질체(2)와 작은 전분체(3)도 관찰된다(3). (G-Os, 투과전자현미경)

1 전분립 조각　　2 단백질체
3 전분체

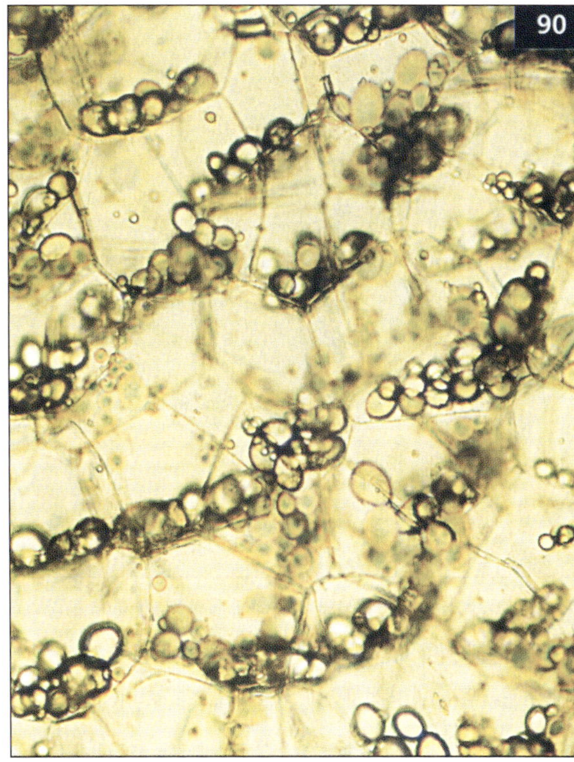

90 *Solanum tuberosum*(감자) 괴경의 종단면. 4주일간 수직 배양되었으며; 전분체가 유세포의 하벽에 침적되어 배열하고 있는 것을 볼 수 있다. (생 절편, 광학현미경)

91 가을에 낙엽 전 색깔이 변하고 있는 *Aesculus hippocastanum*(칠엽수 종류)의 잎. 소엽 색깔의 범위가 아직 녹색인 것에서 주황 및 황색의 것까지 관찰되며; 후자는 퇴화된 엽록체 내에서 카로테노이드가 축적되어 나타난다.

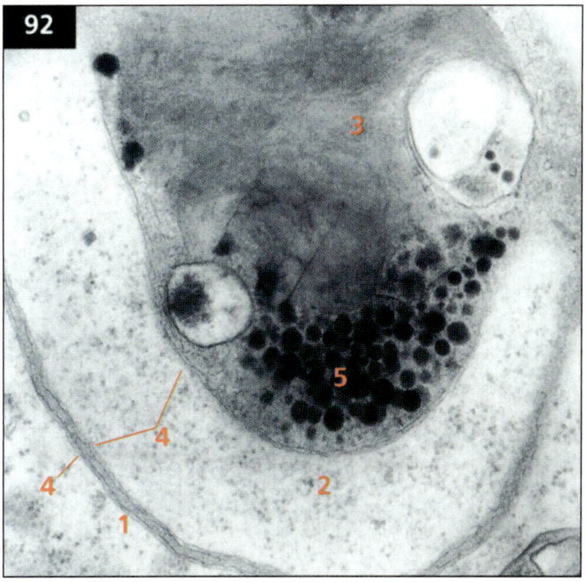

92 *Daucus carota*(당근)의 뿌리에서 유색체. 아메바 모양의 색소체는 불규칙한 표면을 가지며 포위하는 세포질은(1) 그 안에 고립부위(2)를 형성하였다. 색소체의 스트로마(3)는 좁은 막으로 줄어들어 색소체 외피(4)가 뚜렷이 4 층으로 구성된다. 지질소체(5). (G-Os, 투과전자현미경)

1 세포질 2 세포질의 고립부위
3 색소체 스트로마 4 색소체 외피
5 지질소체

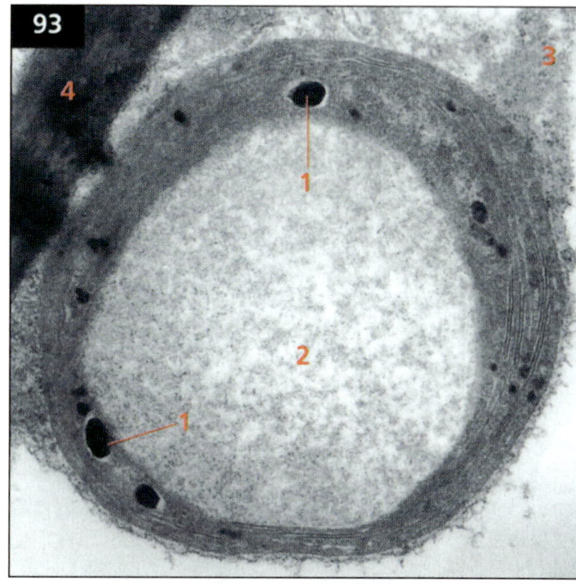

93 *Glechoma hederacea*(병꽃풀 종류)의 녹색 잎에서 표피세포의 백색체. 나란히 위치한 스트로마에서 틸라코이드계는 미약하게 발달하였지만 여러 개의 작은 전분립(1)이 명확히 보인다. 색소체의 중앙에는 커다란 액포(2)가 위치한다. 세포질(3), 세포벽(4). (G-Os, 투과전자현미경)

1 전분립 2 액포
3 세포질 4 세포벽

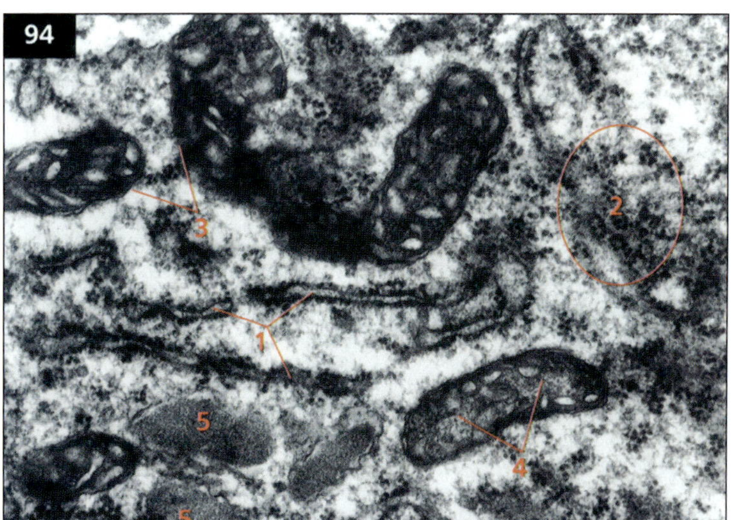

94 *Zea mays*(옥수수) 근단에서 짙은 세포질 부위. 조면소포체 시스터네(1)는 리보솜으로 덮여있는데, 리보솜은 종종 모여서 폴리솜(2)을 형성한다. 각 미토콘드리아는 외피(3)와 기질 내에 위치한 불규칙한 많은 크리스테를 가진다. 이들은 외피의 내막과 연결되어 있으며; 또한 기질 내에 원섬유 핵상 부위(4)가 관찰된다. 여러 성숙하고 비대해진 시스터네(5)가 딕티오솜으로부터 방출되었다. (G-Os, 투과전자현미경).

1 소포체 시스터네 2 폴리솜
3 미토콘드리아 외피 4 원섬유 핵상 부위
5 비대해진 딕티오솜 시스터네

95 *Taraxacum officinale*(서양민들레)의 캘러스 조직에서의 미토콘드리아. 잘 발달된 계단모양의 크리스테는 미토콘드리아의 내막과 옆으로 연결되어 있으며; 미토콘드리아 위쪽에 커다란 세포질 고립부위(1)가 관찰된다(G-Os, 투과전자현미경).

1 세포질 고립부위

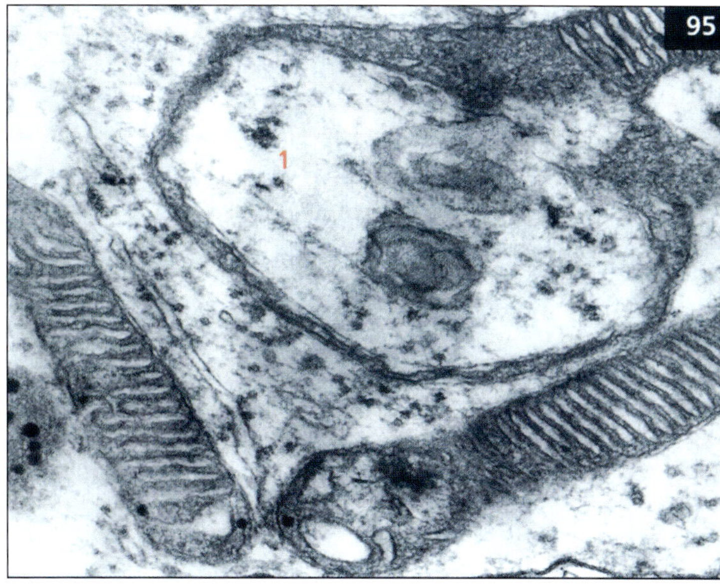

96 쌍자엽식물 *Ricinus communis* (피마자) 종자의 횡단면은 얇은 세포벽을 갖는 자엽 세포(1)와 저장 내배유(2)의 원형질체 내에서 제한되어 나타나는 많은 지질체 (적황색으로 염색됨)를 보여준다. 세포벽은 녹색으로 염색된다. (광학현미경)

1 자엽　　2 내배유

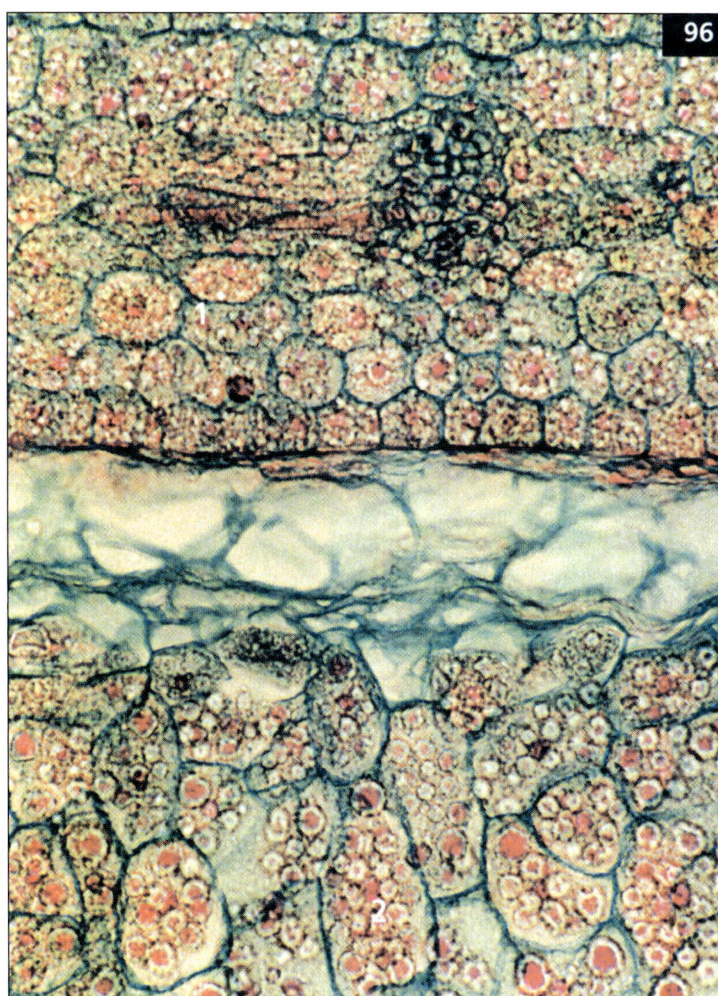

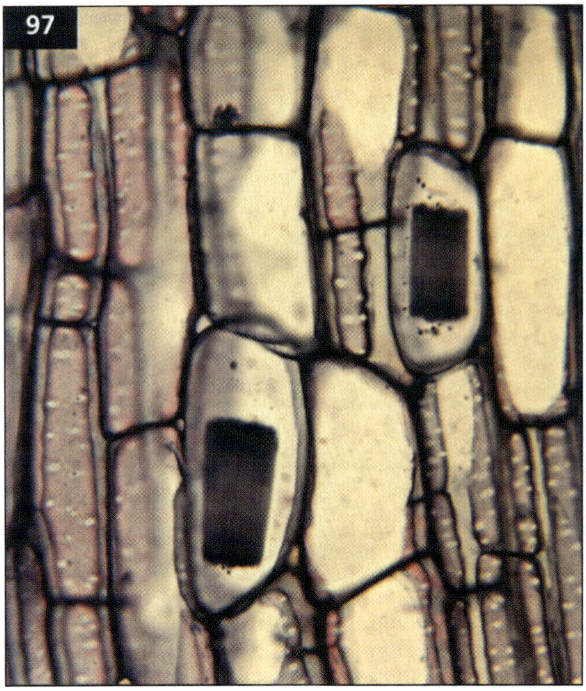

97 *Dracaena*(드라케나속) 뿌리의 종단면. 두 세포는 침상 결정(raphide) 다발을 함유한다. 침상 결정은 건강한 세포에서는 액포 내에서 단단하게 뭉쳐져 있으며 해가 없지만, 어떤 동물이 세포에 손상을 주면 각 결정체가 방출되어 입이나 산란관에 통증을 유발한다. (광학현미경)

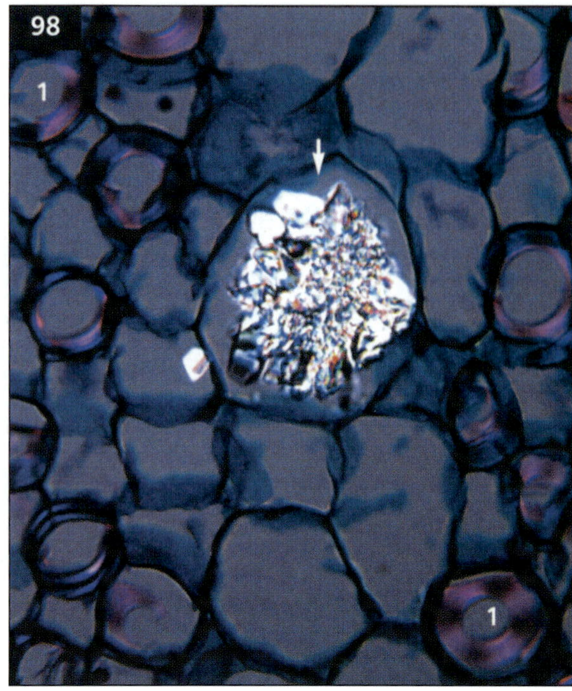

98 선인장 종류인 *Discocactus alteolens*(디스코선인장속 일종) 재의 횡단면. 방사유조직의 한 세포는 중앙 액포 내에 커다란 구형 결정(druse; 화살표)을 함유한다. 이 결정 구조는 편광을 회전시켜 밝게 빛을 내는 반면에 비결정 세포 구성원은 어둡다. 적색의 원(1)은 재에서 가도관의 두꺼운 2차벽이다. (편광현미경)

1 두꺼운 세포벽을 갖는 가도관

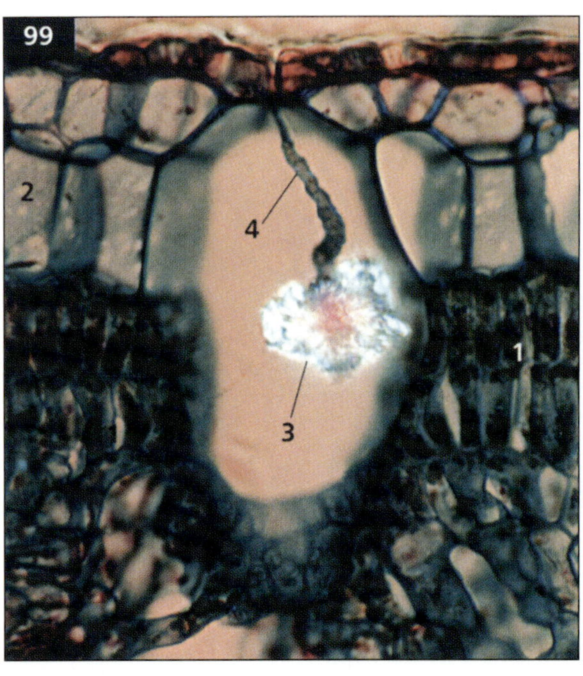

99 쌍자엽식물인 *Ficus elastica*(고무나무)의 이면성 잎을 자세히 보여주는 횡단면. 책상 엽육조직(1)은 표면이 원표피의 병층분열에 의해 형성된 다층표피의 내층을 나타내는 커다란 저수 세포(2)의 층으로 덮여있다. 탄산칼슘(3)이 침적되어 형성된 종유체는 확장된 표피세포의 세포벽에 연결된 섬유소 자루(4)에 달려있는 것이 관찰된다. (편광현미경)

1 책상 엽육조직　　2 저수 세포
3 종유체　　4 섬유소 자루

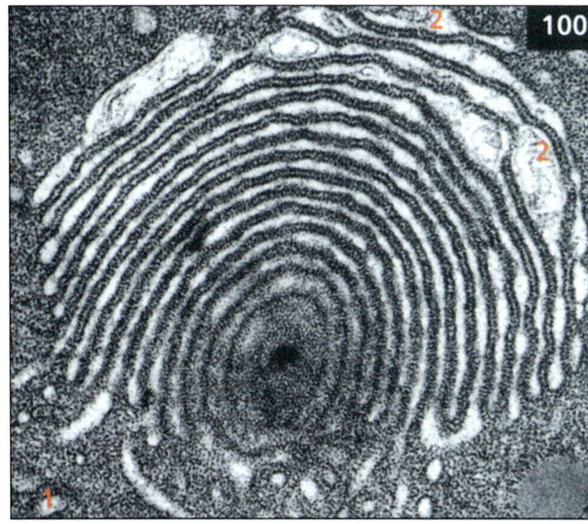

100 *Allium cepa*(양파)의 근단에서 조면소포체의 구심성 시스터네. 시스터네의 막은 리보솜이 붙어 조밀하게 배열하며, 리보솜은 인접한 세포질(1)에 유리되어 싸여있기도 하다. 바깥족의 시스터네 라멜라는 부풀어져 있으며 연관된 리보솜에서 합성된 단백질을 나타내는 원섬유 침적물(2)을 함유한다. (G-Os, 투과전자현미경)

1 세포질 2 원섬유 침적물

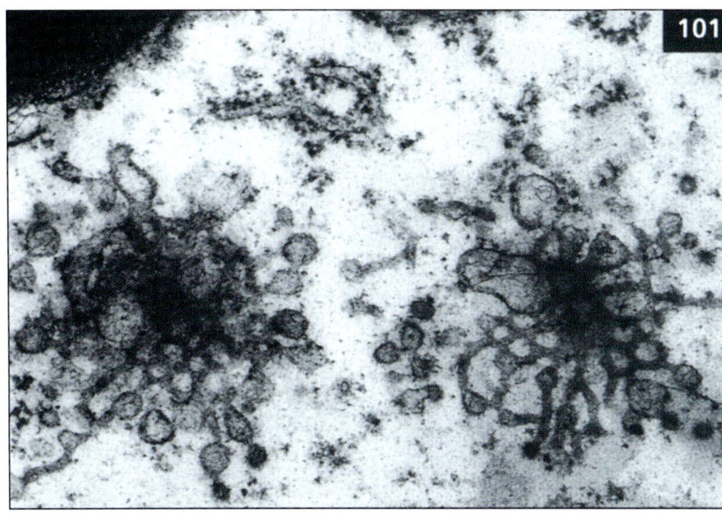

101 정면으로 절단한 *Taraxacum officinale*(서양민들레) 캘러스에서의 딕티오솜. 시스터네가 합류하는 막성 소관으로 구성되며, 소포는 주변부에서 형성되는 것이 관찰된다. (G-Os, 투과전자현미경)

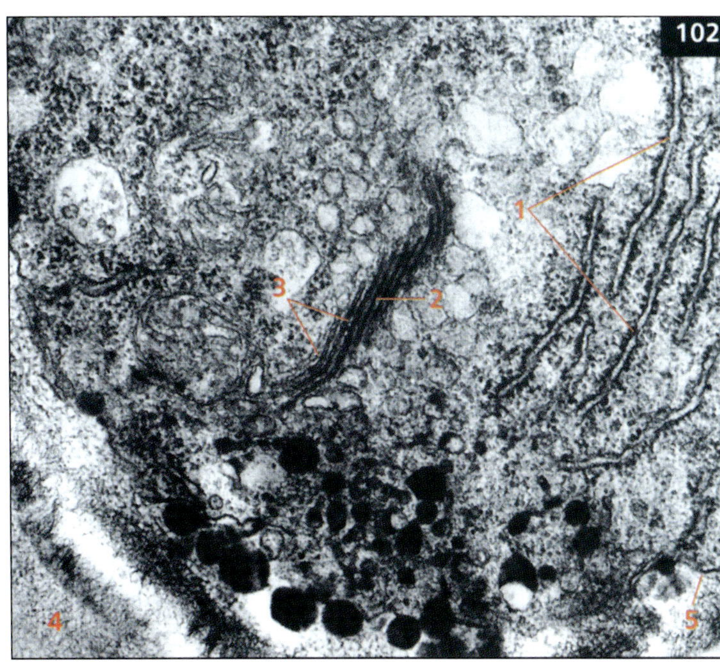

102 *Polytrichum commune*(솔이끼) 세포의 주변부 세포질. 평행한 조면소포체 시스터네(1), 세포질 내의 수많은 유리 리보솜 및 뚜렷한 딕티오솜이 관찰된다. 이것은 약간의 극성을 보이는데, 형성면(forming face, 2)에서 성숙면(mature face, 3)까지 급속히 증가하는 전체적인 두께가 나타나며; 후자에서 감싸고 있는 막 내에서 내강(lumen)이 뚜렷하다. 세포벽(4), 원형질막(5). (G-Os, 투과전자현미경)

1 소포체 시스터네 2 딕티오솜의 형성면
3 딕티오솜의 성숙면 4 세포벽
5 원형질막

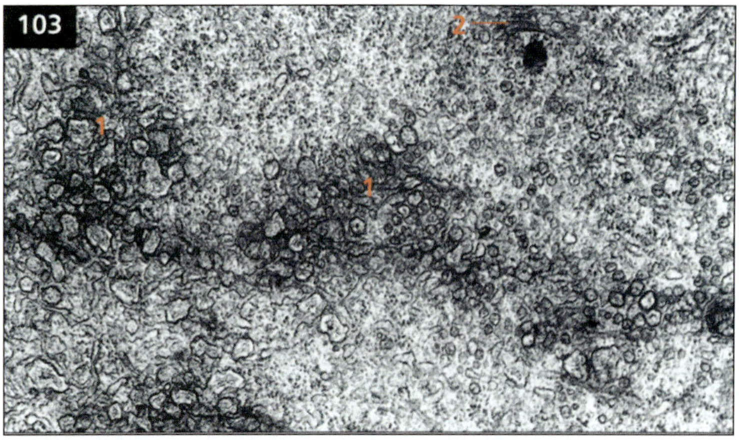

103 비스듬히 절단된 *Linum usitatissimum*(아마)에서 두 딸세포 사이에 형성되는 세포판. 세포판은 딕티오솜(2)에서 분비된 풍성하게 팽창된 소포(1)로부터 생겨난다. 소포는 체세포 분열 시 방추사의 적도면으로 이동하여 서로 융합하고, 따라서 딕티오솜 막은 원형질막을 발생시킨다. (G-Os, 투과전자현미경)

1 딕티오솜 소포　　2 딕티오솜

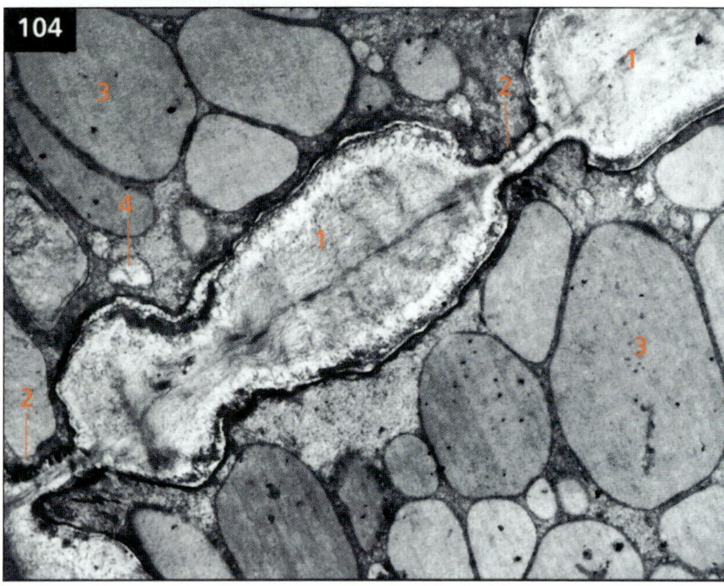

104 *Phaseolus vulgaris*(강낭콩)의 발아 중인 종자에서 부분적으로 수화된 자엽의 저장 세포. 얇은 세포벽 부위가 원형질연락사를 함유하는 단순벽공(2)을 갖는 반면에 매우 비후된 세포벽(1)은 저장성 다당류를 포함한다. 세포질에서 수많은 커다란 단백질체(3)가 발생하며, 여러 작은 미토콘드리아(4)가 관찰될 수 있다. (G-Os, 투과전자현미경)

1 세포벽　　2 원형질연락사가 있는 벽공
3 단백질체　　4 미토콘드리아

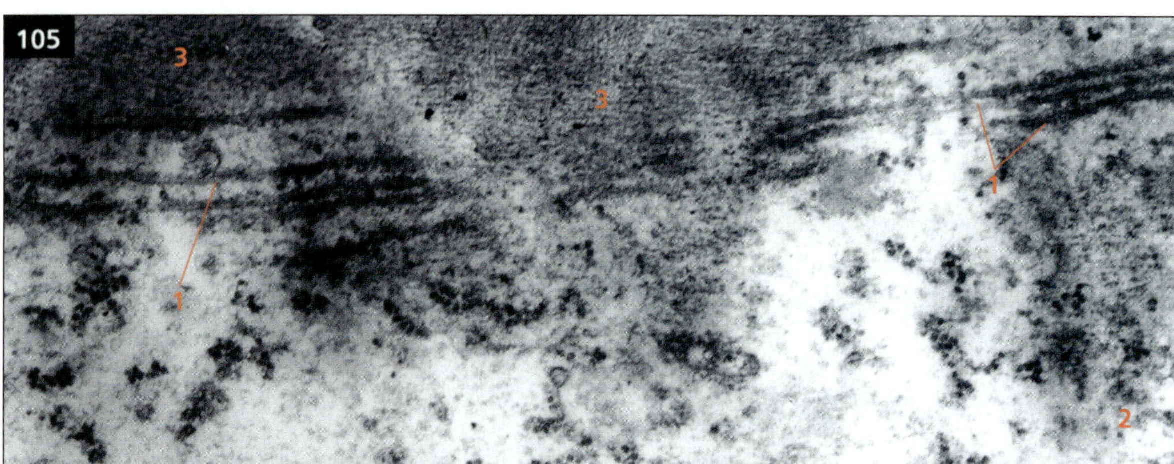

105 *Pisum sativum*(완두) 뿌리에서 세포벽과 세포질 사이의 경계면. 세포질(2) 내에서 종 방향으로 절단된 평행한 미세소관(1)의 무리와 인접한 세포벽 내에서 비슷한 방향으로 배열된 미세원섬유(3)를 관찰할 수 있다. (G-Os, 투과전자현미경)

1 미토콘드리아　　2 세포질　　3 세포벽 내의 미세원섬유

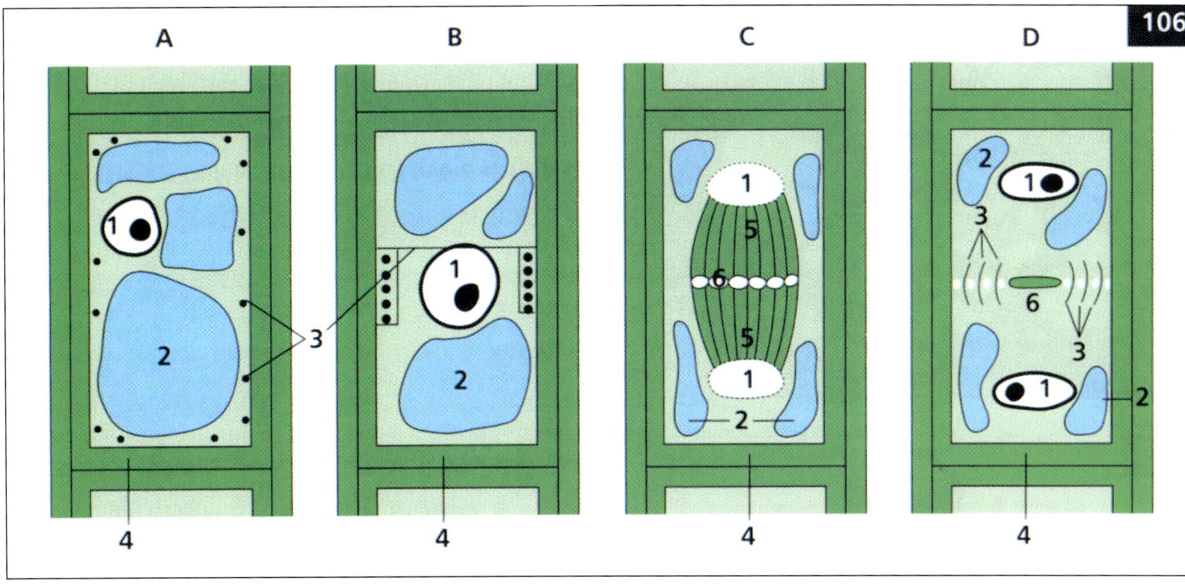

106 A-D: 유세포의 분열을 보여주는 모식도. A: 간기 핵(1)은 커다란 액포(2) 사이의 주변부 세포질에 위치하며, 미세소관(3)은 세포벽(4)에 인접하여 위치한다. B: 핵(1)은 중앙 세포질로 이동하고 미세소관(3)은 세포벽(4) 바로 안쪽에서 이른 전기의 적도면을 향해 배열되어 있다. C: 유사분열의 말기에 두 딸핵의 외막(점선)은 유사분열 방추사의 양극에서 다시 형성되는 반면에, 적도면의 딕티오솜 소포는 융합하여 세포판(6)을 형성한다. 주변부의 미세소관은 더 이상 존재하지 않지만, 방추사(5)는 미세소관의 다발로 구성된다. D: 딸핵(1)이 완성되고, 방추사는 사라졌지만 세포판(6)이 적도면에 발달하였다. 세포판은 원심적으로 펼쳐지며 가장자리의 격막형성체에서 짧은 격막형성체 미세소관(3)이 딕티오솜 소포들 사이에 위치한다. 그 후에 세포판은 모 세포벽에 합쳐지며 두 딸세포가 형성된다.

---

1 핵	2 액포	3 미세소관
4 세포벽	5 방추사	6 세포판

107, 108 분열 중인 *Pisum sativum*(완두) 뿌리 세포의 종단면. 107 사진은 모세포벽(2) 옆에서 원심적으로 발달하는 세포판(1)을 보여준다. 108 사진은 구슬 모양의 세포판이 각 딕티오솜 소포(3)들의 융합으로 형성되는 것을 보여주며; 격막형성체 미세소관(4)도 관찰된다. (G-Os, 투과전자현미경)

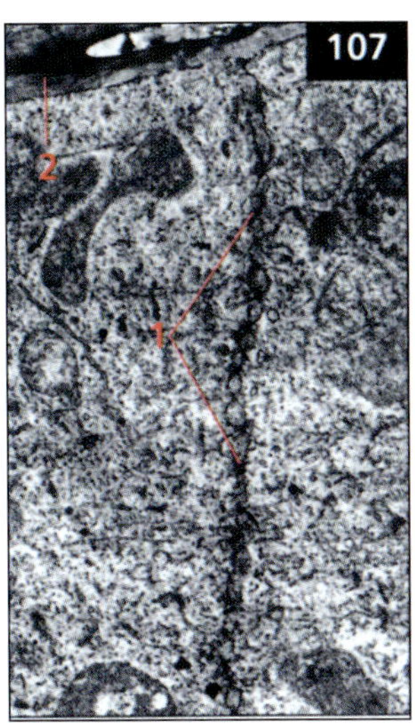

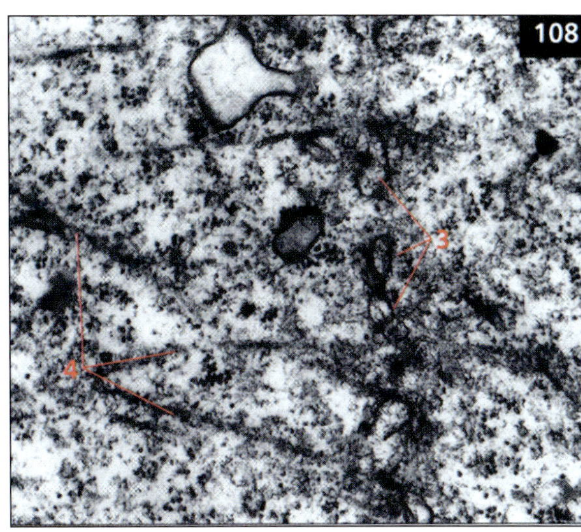

---

1 세포판	2 모세포벽	3 딕티오솜 소포	4 격막형성체 미세소관

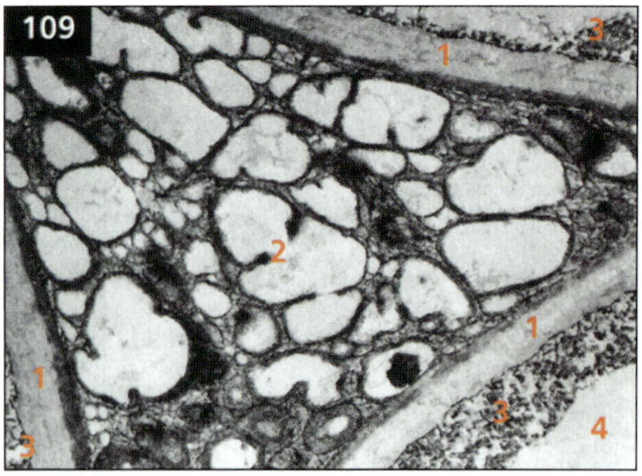

109 *Pisum sativum*(완두) 뿌리의 피층에서 세포간극의 발달. 세 개의 다각형 유세포를 서로 연결된 모서리에서 절단한 부분이며, 얇은 세포벽(1)은 크게 팽창한 중엽에 의해 구분되는데, 이곳에서는 기질이 분해되어 커다란 공간(2)을 형성한다. 세포질(3), 액포(4). (G-Os, 투과전자현미경)

1 세포벽	2 공강
3 세포질	4 액포

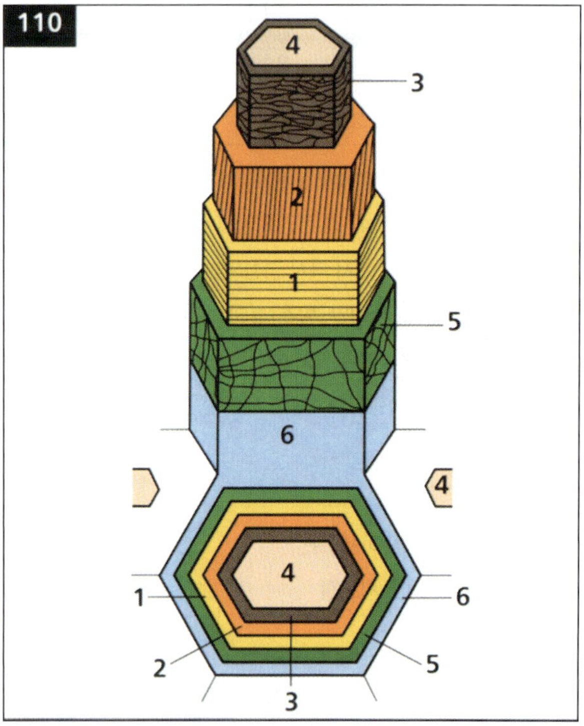

110 횡단면(아래)과 3차원(위) 상의 섬유 세포벽 구조의 모식도. 두꺼운 2차벽(1-3)은 죽어있는 세포 내강(4)을 싸고 있다. 2차벽(1과 3)의 S1과 S3 층에서는 평행한 섬유소 미세원섬유가 대부분이 횡으로 배열하지만, S2 층(2)에서는 미세원섬유가 거의 수직으로 배열한다. 1차벽(5)에서는 섬유소 미세원섬유가 2차벽보다 덜 풍부해서 불규칙적으로 배열한다. 인접한 섬유의 1차벽은 섬유소가 없는 얇은 중엽(6)에 의해 분리된다. 단순벽공이 인접한 섬유와 연결시키지만, 여기서는 표시하지 않았다.

1-3 2차벽	1 S1 층
2 S2 층	3 S3 층
4 내강	5 1차벽
6 중엽	

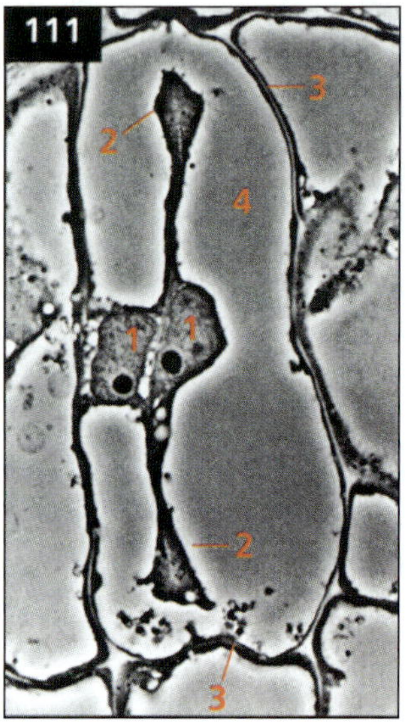

111 *Pisum sativum*(완두)의 뿌리에서 심하게 액포화된 유세포의 종단면. 세포는 최근에 유사분열이 일어났으며 두 딸핵(1)이 얇은 세포판에 의해 분리되어 있다. 이것은 각 면이 얇은 세포질 층으로 덮여 있으며, 세포판의 양 끝 부위에서는 세포질이 팽창하여 격막형성질(phragmosome, 2)을 형성한다. 모 세포벽(3), 액포(4). (G-Os, 위상차현미경)

1 핵	2 격막형성질
3 모 세포벽	4 액포

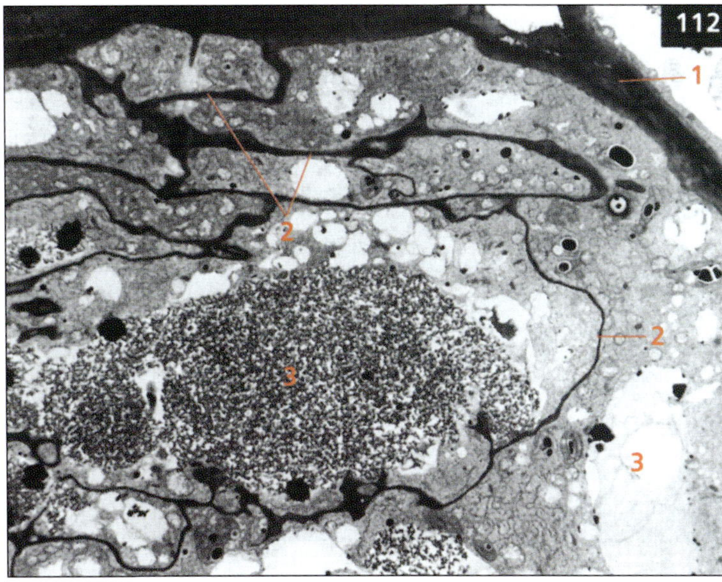

112 *Phaseolus vulgaris*(강낭콩)의 유합 중인 자엽에서 저장세포. 두꺼운 모 세포벽(1)은 얇고 구불구불하게 제멋대로 형성되는 세포벽(2)에 연결되어 있으며, 이 세포벽은 시험관에서 발달한 것이다. 단백질체가 가수분해된 후에 발달한 커다란 액포(3)가 관찰된다. (G-Os, 투과전자현미경)

1 모 세포벽 2 제멋대로 형성되는 세포벽
3 액포

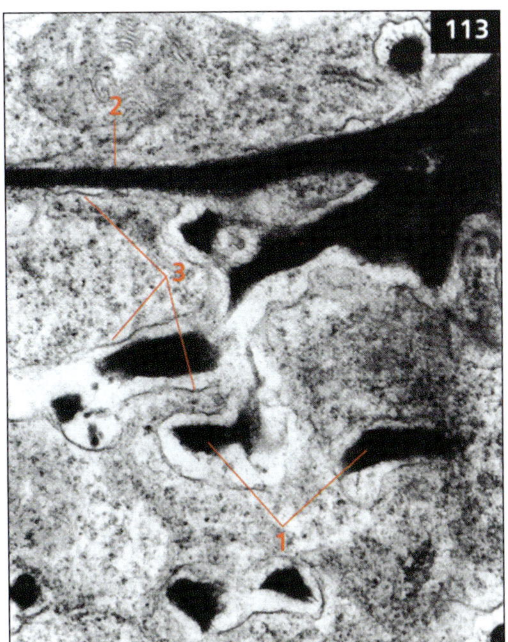

113 *Linum usitatissimum*(아마)의 줄기에서 전달세포. 아래의 세포는 주 세포벽(2)이 짙은 세포질 내로의 막다른 침입생장을 보여주는 많은 세포벽의 종단면(1)을 보여준다. 짙게 염색된 원섬유로 된 침입생장의 중심부는 원형질막(3)에 의해 세포질에서 분리된 비교적 투명한 부위(유합조직일 것으로 생각됨)로 둘러싸여있다. (G-Os, 투과전자현미경)

1 세포벽의 침입생장 2 주 세포벽
3 원형질막

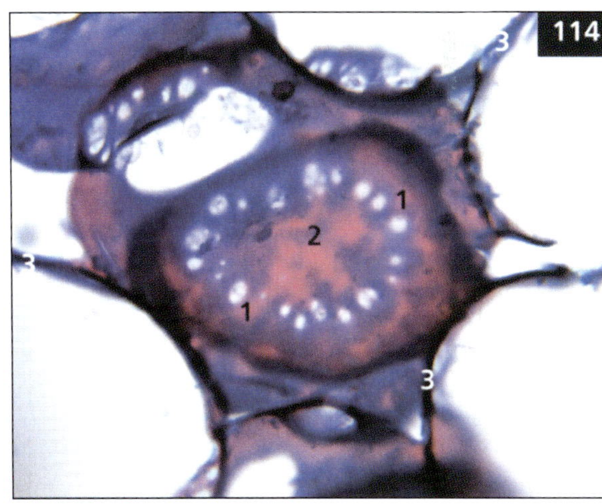

114 두 1차벽이 서로 압박하는(접선면 1) 곳에서의 단면은 둥근 벽공역(2)을 보여주고 있다. 벽공역은 마치 구멍인 것처럼 희게 나타나지만, 실제로는 벽이 매우 약한 부위이다. 주변 세포의 세포벽(3)은 단면에 수직으로 있어서 그들의 얇기를 알 수 있다. (광학현미경)

1 접선면 2 1차 벽공역
3 세포벽의 종단면

115 *Lycopersicon esculentum*(토마토) 원형질막의 표면상에서 나타난 벽공역. 원형질막의 표면이 많은 작고 아마도 단백질성인 입자(참조, 64)를 보여주는 동안, 수많은 횡으로 파열된 원형질연락사(1)가 나타난다. 이 선상의 구조는 원형질막의 하부(세포질) 표면에 인접한 통상의 소포체에서 형성된 원형질막(2)이 팽출된 것으로 생각된다. 음영처리 방향(화살표)에서 관찰. (F-F, 투과전자현미경)

---

1 원형질연락사 2 원형질막의 팽출

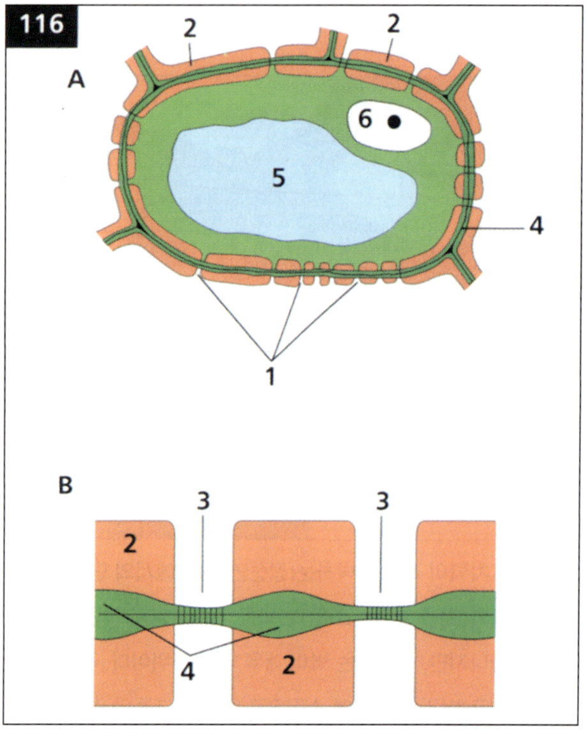

116 A, B: 목부 유세포의 모식도. A는 두꺼운 2차벽(2)에서 수많은 단순벽공(1)을 보여준다. B는 벽공역에 2차벽(2)이 침적되지 않은 것을 보여주며(3, 횡선은 원형질연락사를 나타냄) 일정한 직경을 가진 단순벽공이 형성된다. 1차벽(4), 액포(5), 핵(6)

---

1 단순벽공 2 2차벽 3 벽공역
4 1차벽 5 액포 6 핵

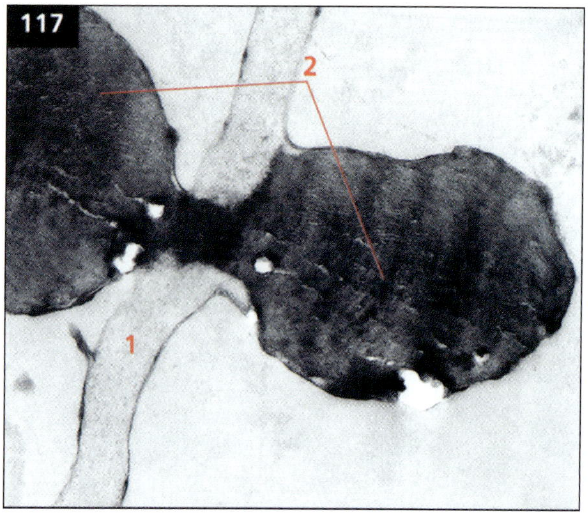

117 *Taraxacum officinale*(서양민들레) 뿌리에서 일년생 원생목부의 종단면. 좁게 구멍 뚫린 1차벽(1)과 짙게 염색되고 목질화된 2차벽 비후(2)가 관찰된다. (G-Os, 투과전자현미경)

---

1 1차벽 2 2차벽 비후

118 꽃피는 식물에서 사관과 동반세포의 발달. A: 사요소의 선구세포; 얇은 1차벽(1), 커다란 중앙 액포(2), 두 개의 핵(3)과 두 핵 사이에 발달 중인 세포판(4)이 관찰된다. B: 성숙한 사요소와 동반세포. 선구세포로부터 형성된 가장 큰 세포는 사요소로 되는데, 핵은 없지만 원형질막, 변형된 색소체(5), 미토콘드리아, 소포체와 단백질성 소섬유(6) 등은 남아있다. 사요소 벽의 끝은 이제 세포판을 형성하며, 종종 소섬유에 의해서 뚜렷하게 막히는 소공에 의해 천공되어 있다. 사판에서 세포벽은 비후되어 있으며, 소공 주변에는 무정형의 캘러스를 갖는다. 짙은 세포질성으로 핵을 갖는 두 개의 동반세포는 A에서 보여주는 선구세포의 작은 유도체의 분열 후에 형성된다. 동반세포의 핵(7).

1 1차벽
2 중앙 액포
3 핵
4 발달 중인 세포판
5 색소체
6 단백질성 소섬유
7 동반세포 핵

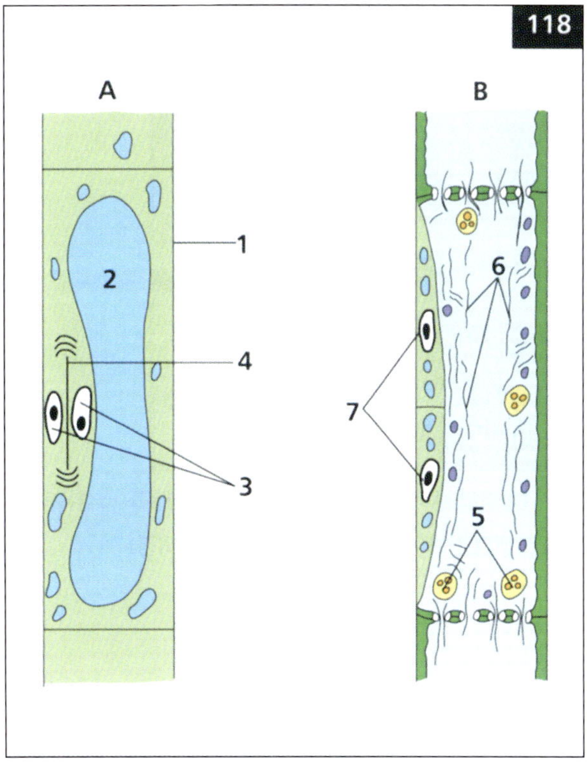

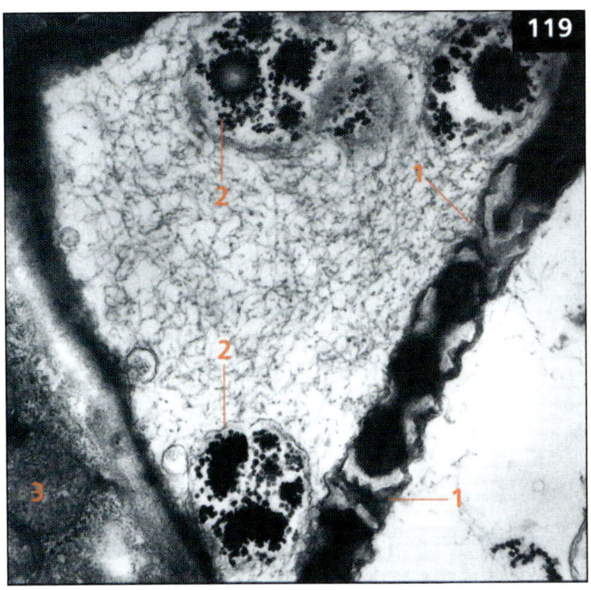

119 *Linum usitatissimum*(아마)의 줄기에서의 사관. 사공(1)을 둘러싼 백색의 캘러스 부위를 갖는 비스듬히 기울어진 사판을 볼 수 있다. 전분을 함유하는 여러 색소체(2)가 사관에서 관찰되며, 많은 P-단백질의 소섬유가 내강을 채우고 있다. 동반세포(3). (G-Os, 투과전자현미경)

1 사공
2 색소체
3 동반세포

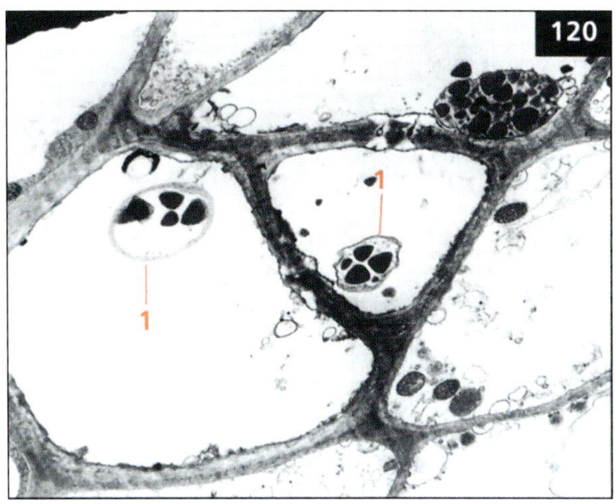

120 단자엽식물 *Dracaena*(드라케나속) 식물의 줄기에서 2기 사부(비후된 2기 분열조직에서 형성됨)의 종단면. 사공 주변에 캘러스(백색 부위)를 갖는 비스듬한 사판을 볼 수 있다. 전분립을 갖는 색소체(1)가 세포 루멘에 존재하지만, P-단백질은 존재하지 않는다. (G-Os, 투과전자현미경)

1 색소체

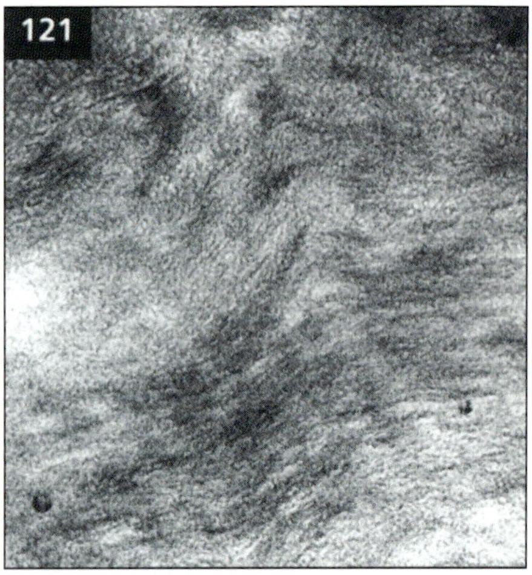

121 1차벽의 반사되는 면은 그 구성성분인 섬유소 소섬유의 평행한 배열을 보여준다. (G-Os, 투과전자현미경)

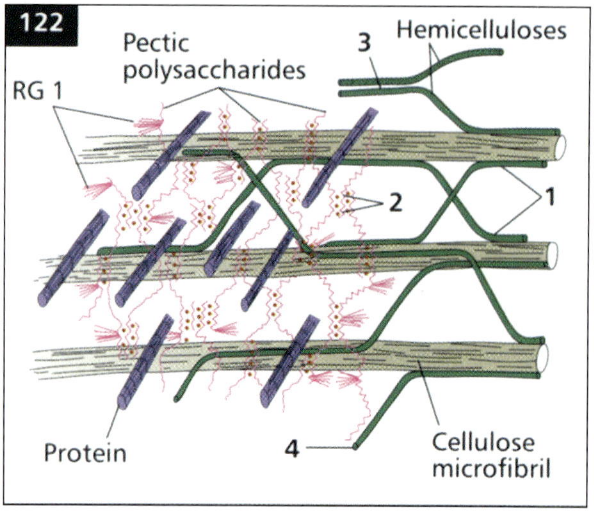

122 1차 세포벽 분자구조의 모식도. 섬유소는 β-1,4-글루칸의 긴 사슬들로 구성되며, 30개 이상의 사슬은 평행하게 배열하여 소섬유를 구성하는데 이 사슬들은 수많은 수소결합에 의하여 붙어있으며, 중심부에 결정체 구조를 형성하고, 바깥쪽에도 부분적으로 결정체 구조를 형성한다. 소섬유는 서로 결합되어 있지 않지만, 기질 중합체(주로 헤미셀룰로오스)는 수소결합으로 서로 붙어있다. 세포벽 기질 또한 섬유소-헤미셀룰로오스 망을 둘러싸고 있는 펙틴 망을 함유하고 있지만, 그들 사이에는 비교적 적은 공유 및 비공유결합을 갖는다. 인접한 섬유소 소섬유(1)에 결합된 헤미셀룰로오스, 음전하를 띠는 펙틴 분자(2)와 교차결합한 칼슘이온, 헤미셀룰로오스 분자 간의 결합(3), 헤미셀룰로오스-펙틴의 공유결합(4). RG 1: 람노갈락투로난 1 (Rhamnogalacturonan 1). (CT Brett과 KW Waldron의 게재 허락을 얻은 모식도, *Physiology and Biochemistry of Plant Cell Walls,* 2nd ed, 1996, Chapman and Hall, Oxford)

---

1 인접한 섬유소 소섬유에 결합된 헤미셀룰로오스
2 음전하를 띠는 펙틴 분자와 교차결합한 칼슘이온
3 헤미셀룰로오스 분자 간의 결합
4 헤미셀룰로오스-펙틴의 공유결합 RG 1: 람노갈락투로난 1

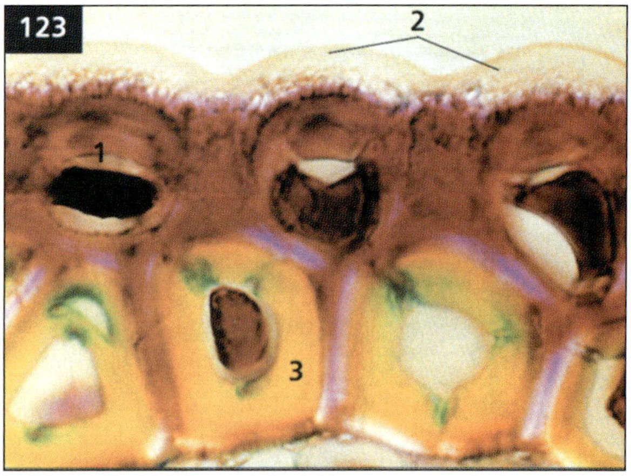

123 송백류 *Pinus monophylla*(잣나무 종류)의 건생엽 표면을 세밀하게 보여주는 횡단면. 바깥이 두꺼운 각피(2)로 덮이고, 두꺼운 세포벽으로 되어 목질화된 표피세포(1)를 볼 수 있다. 하피성 후벽조직(3). (광학현미경)

---

1 표피세포 2 각피
3 하피성 후벽조직

3장

식물 조직학

세포와 조직의 분포

관속식물은 표피조직계, 기본조직계, 관속조직계 등으로 구성되어 있다(**124 – 127**). 사부(체관부)와 목부(물관부)는 관속계를 형성한다. 즉 이 두 조직은 복합조직으로서, 이들의 통도요소들(**57, 119, 120**)은 다른 유형의 세포들과 함께 존재한다(**10, 20, 128**). 기본조직계는 관속조직을 둘러싸며(**124-127**), 유조직(parenchyma), 후각조직(collenchyma), 후벽조직(sclerenchyma) 등으로 구성되어 있다(**129 – 134**). 표피조직계는 처음에 여러 가지 유형의 세포들(**126, 135**)을 포함하는 표피(**125, 126**)로 되어 있다. 이 구조는 5장에서 다시 고찰된다.

비대생장을 하는 목본식물에서, 표피는 보통 코르크나 이와 관련된 조직들(주피, **136, 137**)로 대체되며, 이들의 구조는 6장에서 논의된다. 분비세포들은 보통 뚜렷이 구별되는 조직으로 발달하지 않고(꿀샘은 예외적인 경우임) 다른 조직의 표면(**135**) 또는 속에 있는 구조(**127**)로 발생한다.

유조직

이 세포들은 일반적으로 얇은 세포벽과 큰 액포를 가지고 있다(**71, 126, 129**). 이 세포들은 피층과 수(**40, 127**) 및 잎의 엽육조직(**126**)에서는 연속적인 조직을 형성하는 반면에, 관속조직에서는 수직적으로는 가닥 모양이고 수평적으로는 방사상인 유조직이 생긴다(**8, 138, 139**). 어린식물체(seedling) 및 작은 초본식물의 잎과 줄기는 유조직 세포들의 전체적인 팽압에 의해서 곧게 서 있게 되며(**126**), 근계로부터 증산작용으로 소실될 때까지 물이 충분하지 않으면 슈트는 시든다(**21**).

유조직 세포들은 흔히 다면체이거나 신장되어 있지만(**126, 129**), 별모양이나 불규칙한 형태도 있다(**140**). 잎의 엽육조직 세포는 광합성을 위해서 특수화되어 있으며 수많은 엽록체를 갖고 있는(**126**) 반면, 뿌리와 줄기의 유조직 속에는 흔히 녹말이 저장되어 있다(**23**). 습한 환경이나 물속에서 자라는 식물에서 슈트 및 뿌리의 유조직에 때로 넓은 세포간극이 발달되는데, 이런 유조직을 통기조직이라고 한다(**140**; 참조, 6장, **369**).

줄기와 뿌리의 성숙한 유조직 세포들은 분열활성을 회복하여(**141**) 코르크형성층 및 관속형성층(**128**)과 같은 측재분열조직을 형성하기 위해서 부분적으로 탈분화(dedifferentiation)한다. 이러한 분열조직으로부터 코르크 및 2기 관속조직이 발생한다(**136, 137, 142**). 어떤 경우에는, 유조직 세포들이 미분화된 분열조직 상태로 되돌아가서(**50**) 식물의 여러 부위에서 새로운 측근 및 부정근(**143**) 또는 부정 슈트 등을 발생시킨다(**144, 145**).

이러한 부정 기관들의 발달은 흔히 삽목에서처럼 상처와 관련되어 있으며(**143**), 이러한 식물의 재생 능력은 여러 가지

원예 기술에서 광범위하게 활용되고 있다(제8장 참조). 그래서 유조직 세포들은 잠재적으로 분화전능성(totipotency)을 지니고 있는 것으로 보인다. 여러 종에서 유래된 세포를, 시험관 속에서 생장물질이 첨가된 적당한 영양 배지에서 배양하면 완전한 새로운 식물이 생긴다.

유조직 세포의 세포벽은 보통 얇으며, 이 세포벽의 생장은 세포의 액포화 과정의 말기에 종료된다(**71, 126, 140**). 그러나 씨의 저장 조직에서 세포벽은 비섬유성인 저장 탄수화물에 의해서 대단히 두꺼워질 수 있는 [*Coffea*(커피나무속), *Phoenix*(휘닉스속, 야자나무과), *Phaseolus*(강낭콩속) 등에서와 같이, **104**] 반면에, 목부 및 수(pith)의 유조직 세포들에서는 흔히 두껍게 목질화된 2차벽이 발달된다(**8, 116**). 전달세포(transfer cell)에서, 세포벽이 세포 속으로 미로처럼 자라는, 세포벽의 내생장(ingrowth, **113**) 구조는 원형질막의 표면을 크게 증가시키는 반면에, 많은 송백류 잎의 주름진 엽육조직 세포들의 세포벽에서는 보다 단순한 수직적 내생장이 일어난다(**146**).

후각조직

이 조직의 세포들은 살아 있으며 세포벽은 두껍지만 비교적 유연하고(**130**), 기본조직의 바깥쪽에 위치한다(**147, 148**). 후각 조직은 어린 슈트를 기계적으로 지지하는 데 매우 중요하지만 뿌리에는 드물다. 이 세포들의 원형질은 보통 액포화 되어있는 반면에(**130**), 1차벽은 물을 많이 포함하고 있으며 불규칙하게 두꺼워져 있고(**148**) 펙틴과 헤미셀루로오스를 많이 포함하고 있다. 후각조직 세포들은 보통 신장되어 있고, 횡단면에서 흔히 세포의 모서리가 두꺼워져서 모난 모양이지만(**130, 148**) 이러한 비후가 절선면 세포벽(tangential wall)에만 나타나기도 한다. 때로는 세포간극이 생기기도 하며, 오래된 세포에서는 세포벽이 목질화되기도 한다.

후벽조직

이 조직은 특징적으로 두껍고 목질화 된 2차벽을 가지며, 원형질은 성숙하였을 때 흔히 죽는다. 후벽조직은 식물 기관들을 기계적으로 지지하는 중요한 조직이며(**149, 150**), 보강세포(**131, 132, 149**)와 섬유세포가 있다(**10, 24, 134, 150-152**).

보강세포는 흔히 한 개씩(**131**), 또는 조그만 집단(**132**)으로 생기며 식물의 내부에서는 물론 표피에서 발달하기도 한다. 이 세포들은 거의 직경이 같으며 뚜렷한 단순벽공(simple pit)을 갖는 석세포로부터 끝으로 갈수록 가늘어지며 분지되는 성상보강세포(astrosclereid)에 이르기까지 매우 다양하다(**131, 133, 149**). 보강세포는 일부 식물의 잎, 견과 또는 핵과 등 딱딱한 열매의 세포벽이나 많은 협과의 종피 등에 나타난다.

섬유는 보통 가닥을 이루어서 집단으로 생긴다(**125, 134, 150, 151**). 각 세포는 가느다랗고 매우 길며, 뾰족한 끝부분에서 중첩되어 있는데; 단순벽공에 의해 인접한 섬유(**134**)와 연결되어 있다. 섬유세포의 세포벽은 2차벽으로 집적되어 있고(**54, 110, 150**), 세포의 내강은 일반적으로 목부의 도관요소보다 훨씬 좁다(**151 – 153**). 성숙한 섬유의 세포벽은 목질화 되어 있고 단단하여 확장될 수 없어서 신장이 정지된 식물 부위에서만 성숙한다.

일부 쌍자엽식물에서, 섬유는 몇몇 비후되지 않은 횡단 세포벽으로 나누어지는데; 이들을 격벽섬유(septate fiber)라고 하며, 이들은 흔히 원형질을 가지고 있다. 섬유세포는 가운데 부분에 2차벽이 형성된 후에도, 흔히 얇은 세포벽을 가진 끝부분은 신장을 계속한다(**10, 54**). *Linum*(아마속)에서 섬유의 세포벽이 두꺼워지지만 목질화 되지는 않는다. 이 섬유들의 끝은 이웃한 유조직 세포들 사이로 자라서(**155**), 그 길이가 6cm에 이르기도 한다.

옷을 만드는 섬유는 많은 쌍자엽식물 줄기에 생기는 1기 사부 섬유에서 얻는데; 이 섬유는 보통 알맞게 목질화 되어 있거나[예, *Boehmeria*(모시풀속), *Corchorus*(황마속)], *Linum*(아마속)처럼 목질화 되어 있지 않기 때문에 유연성이 매우 좋다(**10, 125**). 그러나 *Agave*(용설란속), *Phormium*(포그미움속), *Sansevieria*(산세비에리아속, **150**) 등과 같은 단자엽식물 잎의 섬유는 매우 목질화 되어 있어서 거칠고 뻣뻣하다.

분비조직

분비모 및 분비선(제5장 참조)은 흔히 표피와 표피 아래 조직에서 발달한다. 식충식물인 *Drosera*(끈끈이주걱속)의 잎은 길고 복잡한 다세포 털로 덮여 있다(**135**). 분비선이 있는 머리 부분에서 곤충들이 포획되며, 이 부분은 소화효소를 포함하는 여러 가지 분비물로 덮여 있다. 꿀샘은 당질의 액체 즉 당액(nectar)을 분비한다. 이런 분비선은 식물체의 표면에 위치하고 있으며, 슈트의 여러 부위(꽃밖 꿀샘, **156**)나 꽃(꽃꿀샘)에 생긴다. *Euphorbia*(대극속)의 화서에서(**157**), 동합(同合, connate)된 하나의 포(苞)는 네 개의 타원형 꿀샘을 갖고 있다. 여러 층으로 된 분비세포들은 높은 밀도의 세포질을 갖고 있으며, 이런 꿀샘에는 관속조직이 발달되어 있다. 꿀샘의 표면층 세포들이 꿀을 분비하여 수분에 효과적인 여러 가지 곤충을 유인한다.

배수구조(hydathode)는 흔히 잎에 생기며 잎의 가장자리와 끝에서 물을 배출한다(**158**). 배수구조는 변형된 엽육조직으로 이루어져 있으며, 그 속으로 물이 가도관으로부터 방출된다. 표피는 열려져 있는 기공을 갖고 있으며 그 곳을 통해서 물이 분비(배수)된다. 이러한 배수현상은 근압이 높은 상황에서 슈트 조직들이 물에 잠기지 않도록 보호하는 기작일 것이다. 그러나 많은 배수구조들은 전달세포를 갖고 있는데, 이것은 무기물질들이 이 구조 속에 공급되어 물이 배출됨과 동시에 잎의 생장에 이용될 수 있음을 암시한다.

또한 아주 다양한 분비구조들이 식물체 속에서 생긴다(**127, 142**). *Pinus*(소나무속)와 다른 송백류에서 수지도(resin canal, **142, 146**)는, 각 세포가 중앙 관을 형성하기 위해서, 이웃해 있는 세포들이 서로 분리됨으로써 이생적으로 형성된다. 다양한 테르펜(terpene)을 함유하는 수지는 피막세포(epithelial cell)들로 덮여있는 관 속으로 분비된다. 벌채된 송백류 줄기에서 때로 수지 분비물이 흐른다(**159**). 점액관(**127, 160**) 또한 이생적으로 형성된다.

유관(乳管, laticifer)은 다양한 대사 부산물이 집적된 유액(latex, **160**)이라고 하는 우윳빛 분비물을 생산한다. 유관은 약 900 속에 이르는 피자식물들에서 생성되는데, 흔히 분지되어 여러 조직들 속에서 식물체 전체로 벋어간다. 육질성이고 주로 유조직으로 된 *Taraxacum*(민들레속)의 뿌리에서, 2기 사부에는 유관이 특히 잘 발달되어 있다(**162**). 이런 유관은 사부 유조직이 끼워져서 분리된, 동심원상으로 생기는 사관(sieve tube)과 밀접하게 관련되어 있다(**163**). *Hevea*(고무나무속, 상업용 고무의 주원료), 민들레속, 그리고 많은 다른 속에 있는 유절유관(articulated laticifer)은 연속적인 세포들 사이에 있는 세포벽이 분해되어서 생긴다. 그러나 무절유관(nonarticulated laticifer)은 흔히 다핵성으로 되는 하나의 세포에서 형성된다. 이 두 유형의 유관은 분지되기도 하고 다른 유관과 합쳐질 수도 있다(**164**).

사부

사부는 사요소(sieve element), 동반세포, 유조직, 후각조직 등으로 구성된 복합조직이며(**10, 20, 165**), 때로 유관이 생기기도 한다. 양분을 운반하는 사부요소(**119, 120**)는 일반적으로 단 몇 달 동안만 작용하지만, *Vitis*(포도속) 및 *Tilia*(피나무속) 등에서는 여러 계절 동안 기능을 수행하며(**165 – 167**), 종려나무에서는 여러 해 동안 양분을 운반한다. 대조적으로 원생사부에서는 이들을 거의 찾아볼 수 없다(**49**).

피자식물의 사관(sieve tube)은 사판(sieve plate)에서 끝이 서로 연결된 사관요소(sieve tube member)들로 구성된다(**118, 168**). 각 사관요소의 길이는 50 – 150μm이며 폭은 40μm이고, 세포벽은 두꺼워도 1차벽을 갖는다. 사관요소를 구획화하는 사판은 많은 구멍이 뚫려 있다(**53**). *Cucurbita*(호박속, **169**)에서 횡으로 놓여 있는 사판에 있는 구멍들의 직경은 15μm에 달한다. 끝벽(end wall)이 기울어져 있는 종들에서, 사판은 복합적이며(**170**) 많은 사역(sieve area)들로 이루어져 있다. 이 사역은 작은 구멍들이 모여 있는 부분을 말하며 이 구멍의 폭은 1 내지 수μm이다.

사관요소는 살아 있으나 매우 변형되어 있고 핵이 없는 세포이다(**118**). 사관요소가 성숙하는 동안 액포의 막과 대부분의 세포소기관들이 소실된다(**118 – 120**). 원형질연락사들이 매우 큰 사공으로 발달하지만(**53, 169**), 원형질막은 사공과 세포벽의 가장자리에 그대로 남아 있다(**53**). 사역은 길이(종)로 위치한 측면에 있는 세포벽(측벽)에도 생기지만(**170**) 사판에서보다 덜 뚜렷하며 사공의 크기도 더 작다.

양분을 활발하게 이동시키는 사관에서, 사공들은 일반적으로 열려져 있는 것으로 보인다(**171**). 그러나 쌍자엽식물로 준비한 대부분의 절편에서 보면, 사공은 P-단백질(P-protein)에 의해 막혀 있으며(**53, 119, 168**), 사공의 가장자리(**169**)에 캘로스(callose)가 집적되어서 직경이 매우 줄어든다. 이와 비슷한 사관의 밀폐는 식물의 상처 난 조직에서 생기는 것으로 생각된다. 단자엽식물에서(**120**), 사관부-단백질은 드물며 나자식물에서는 확실히 존재하지 않는다. 꽃이 피지 않는 관속식물들에서는 불연속적인 사세포(sieve cell)라고 하는 요소에 의해서 양분이 이동되는데; 이 세포들은 매우 길며 측부 세포벽과 뾰족한 끝 벽 모두에 분포된 작은 사역을 갖고 있다.

사관은 유조직 세포 및 더 짙은 세포질을 갖는 동반세포 등과 함께 존재한다(**170**). 사관요소와 동반세포는 공동의 모세포로부터 생기며(**118**) 많은 원형질연락사가 이 세포들 사이를 연결하며, 동반세포에 있는 원형질연락사는 보통 분지되어 있다(**171**). 동반세포는 확실히 사관에 ATP를 공급한다. 잎의 세맥에서 동반세포들은, 유세포와 함께 광합성산물을 축적하거나 사관 속으로 실어주는 중계세포(intermediary cell)로서 작용한다.

영양물질의 이동에 관한 압류가설(pressure-flow hypothesis)은 당과 다른 영양물질이 분자 펌프에 의해서 잎의 사관 속으로 실어지는 것을 시사한다(**171**). 이 기작은 사관 속에서 음(−)의 삼투압이 발생하여 결국 물이 흡수된다. 즉 팽압이 증가되어 열려 있는 사공을 통해서 하나의 사관으로부터 다른 사관으로 흐름이 일어난다. 식물의 생장하는 부위(49) 및 저장 부위(23)에서, 당은 사관으로부터 이웃한 조직 속으로 퍼 내보내지며 물이 이를 따라 이동함으로써 공급부로부터 수용부로 영양물질의 대량 흐름이 이루어진다(**171**). 사부 이동으로 영양물질이 빠르게 이동할 수 있으며(보통 1m/hr) 이 수액은 250mg/l에 이르는 당, 기타 영양물질 및 식물 호르몬 등을 함유한다.

2기 조직이 생기는 식물 기관에서, 더 오래된 사부는 다른 부가적인 역할을 한다. 즉 나무를 보호하는 수피의 기본 구성요소이며(**136, 137, 167**), 작은 슈트와 가지에서 사부 섬유는 상당한 기계적 지지력을 제공한다(**165**). 2기 사부의 유조직(**165**)은 중요한 저장 조직으로 작용한다. 낙엽성 목본식물 종에서 눈(bud)이 틀 때, 다량의 탄수화물과 질소 함유 물질이 사부 유조직에서 이동된다. 그리고 수용성 물질들은 충분한 광합성 작용이 일어나기 전까지 자라나는 새로운 잎으로 공급된다. 분비조직은 흔히 사부 속에서 생기며, *Hevea*(고무나무속)에서 사부의 유관은 다양한 폴리테르펜(polyterpene)을 분비한다. 나무에 칼자국을 냈을 때 흘러나오는 우윳빛 액체(유액)를 정제하여 고무를 얻는다.

자라고 있는 뿌리 또는 줄기의 둘레가 증가함에 따라 가장 바깥쪽의 2기 사부는 유조직의 분열이 회복되고 생장하여 옆으로 확장된다. 이런 팽창을 확장생장(dilatation growth)이라고 하며, 관속형성층으로부터 기능이 상실된 바깥쪽 사관부를 향해서 넓어지는 방사조직에서 흔히 볼 수 있다(**165**). 대부분의 목본식물 종에서, 최초의 코르크형성층(phellogen)은 기능을 상실한 후, 새로운 형성층들이 더 깊은 안쪽(피층)에서 그리고 결국은 2기 사부 유조직에서 점진적으로 생긴다. 이런 2기 사부는 횡단면에서 흔히 연속되어 있지 않고 중첩된 층으로 보인다(**167**). 이렇게 오래된 사부는 여러 층과 함께 형성된 벗겨지는 수피 층에서 떨어져 나가게 된다.

목부

목부는 다음과 같은 두 가지 중요한 역할을 하는 복합조직이다. 즉 통도요소(tracheary element)에 의해서 대량의 물을 뿌리에서부터 슈트로 이동시키며(**21**), 식물을 기계적으로 지지한다(**172**). 이 지지 작용은 도관요소와 (흔히 두꺼운 세포벽을 갖는) 비통도요소인 섬유에 의해서 이루어진다(**8, 153**). 부가적으로 2기 목부에 있는 주축 및 방사 유조직은 영양물질과 물을 저장한다(**8, 138, 173**).

성숙한 통도요소들(**20, 142**)은 죽어서 원형질이 소실된다(**56, 57**). 이들의 2차벽은 1차벽에 비하여 두꺼워지며(**55, 57**), 목질화 되기 때문에, 1차벽이 있는 벽공(**57**)을 제외한 곳은 불투과성이다. 통도요소들은 신장되며, 물이 증산의 흐름을 통하여 이들 내강을 따라서 뿌리로부터 슈트까지 이동한다(**21**). 원형질막이 없어서 물이 수많은 벽공을 통해서 하나의 도관요소에서 다음으로 매우 자유롭게 통과한다(**174**).

거의 모든 피자식물에서, 도관요소들은 가도관(tracheid)과 도관(vessel)으로 이루어져 있지만(**175**), 나자식물 및 하등 관속식물에서는 일반적으로 가도관만 생긴다(**142, 151, 176**). 가도관은 하나의 세포에서 유래되고 천공이 없으며; 길고 끝이 뾰족하며(**175**), 송백류에서는 길이가 1cm 이상인 것도 있다(**177, 178**). 이와는 대조적으로, 도관은 끝과 끝이 연속되어 관처럼 생긴 많은 도관요소(vessel element)들로 이루어져 있다. 도관요소들은 천공판(perforation plate)에 의해서 직접 연결되어 있다(**175, 179 – 181**). 천공판은 원래 끝 벽의 일부가 남은 것이다. 도관요소는 가도관보다 길이가 더 짧지만 폭은 더 넓은 경향이 있다(**175**).

천공판은 하나의 큰 천공(단천공판)이 있거나(**175, 180**) 또는 보통 계단상인 다수의 신장된 천공(복합천공판)을 갖기도 한다(**181**). 이렇게 열려 있는 천공 때문에, 도관은 일반적으로 닫힌 벽공이 물의 흐름을 방해하는 가도관보다 물의 이동에 대한 저항이 더 낮다. 환공재(環孔材, ring porous wood, **201**)에서 넓은 도관은 수간을 따라 수 미터에 이른다. 도관의 끝은 천멍이 없지만 수많은 벽공에 의해서 이웃 도관요소로 물을 이동시킨다.

도관요소에 있는 벽공의 유형은 다양하다(**175 – 184**). 슈트에서 원생목부(protoxylem)는 환상 또는 나선상으로 2차벽이 두꺼워진다(**184**). 두꺼워진 2차벽 사이에 있는 1차벽은, 원생목부가 죽은 후에 비섬유성 성분이 소화되는 동안, 매우 늘어나게 된다. 늘어난 세포벽은 투과전자현미경 하에서 흔히 구멍 뚫린 것처럼 보이며(**117**) 파열되어서 원생목부강(protoxylem cavity)을 남겨놓기도 한다(**20**). 식물의 신장되지 않는 부위에서, 후생목부(metaxylem) 요소들은 여러 가지 유형으로 훨씬 더 많은 2차벽 집적을 보인다(**183**).

계단상(scalariform)으로 집적되는 경우, 최소한 1차벽의 절반은 2차벽으로 덮이며 벽공은 수평으로 신장되고 보통 테두리(border)가 생긴다(**183, 184**). 망상(reticulate)으로 집적되는 경우에는 더 불규칙하게 두꺼워지는 반면, 벽공형의 경우에 2차벽이 더 많은 비율로 집적된다(**175, 176, 183**). 이들의 벽공은 수평 배열(대생 벽공, **183**) 또는 대각선 배열(호생 벽공, **177**)로 발생한다.

이와 같이 다양한 2차벽 비후 유형에서, 벽공은 테두리를 갖는 유연벽공(bordered-pit)이다(**57**). 송백류의 가도관에서, 벽공막(pit membrane)의 중앙부(원절, torus; **176**)는 두꺼워지고 목질화 되지만, 가장자리 부분 즉 주변부(margo)는 느슨한 섬유소로 이루어져 있어서 물질을 투과시킬 수 있다. 도관요소들 사이에 유연벽공이 많으나(**56, 57, 174**), 섬유와 연결된 것은 드물다. 유조직 세포와 연결된 벽공은 도관요소 쪽에 있는데 단순벽공(simple pit) 또는 반-유연벽공(half-bordered pit)이다(**174**).

목재의 구조

목본 식물에서 2기 관속조직은 관속형성층이 좋지 않은 환경 조건에서 휴면하게 되기 때문에 주기적으로 형성된다. 이런 이유로 나무의 2기 목부에 보통 생장륜(growth ring)이 생긴다(**172, 173**). 열대지역이 아닌 곳에 사는 종에서, 형성층의 활성은 온도에 의해 제한을 받으며 나이테는 매년 증가한다(**142, 167, 172, 173**). 일반적으로 온대지역에 사는 종에서 한 생장륜에 있는 목부에서 늦게 형성된 층(추재)은 더 일찍 생긴 목재(춘재)보다 더 두꺼운 세포벽을 가진, 보다 좁은 세포들로 이루어지기 때문에(**185**), 생장륜은 흔히 육안으로 볼 수 있다(**172, 173**). 많은 열대 수목(186)과 사막의 다육식물들의 생장륜은 뚜렷하지 않다.

나무에서 물의 이동은 변재(邊材, sapwood)를 통해서 일어나며 뿌리에서 슈트로 흐른다. 이런 힘은 잎 표면의 기공을 통해서 물이 증산됨으로써 생기며(**21**), 그 결과 각 도관요소 속에 있는 물기둥을 끌어당기게 된다. 물은 목질화 되지 않고 투과할 수 있는 1차벽이 있는 벽공을 통해서 가도관에서 가도관으로 이동한다. 도관은 보통 가도관보다 더 길지만, 도관의 길이도 한없이 길지는 않으며 물은 측벽에 있는 벽공을 통해서 도관에서 도관으로 흐른다. 물의 이동은 더 좁은 도관/가도관에서보다 넓은 도관(일부 도관의 직경은 360 μm에 달한다)을 따라 흐를 때 훨씬 빠르다.

Quercus(참나무속) 및 *Fraxinus*(물푸레나무속) 등에서, 각 도관의 길이가 나무의 축 방향으로 1m 또는 그 이상으로 길지만, *Acer saccharum*(설탕단풍나무)에서 도관의 길이는 약 30cm를 넘지 않는다. *Eucalyptus*(유칼립투스속) 및 *Sequoia sempervirens*(세쿼이아)와 같은 온대지방의 송백류 등 일부 식물들에서, 물기둥은 지상에서 100m 이상 되는 높은 곳에 있는 잎에 의해서 끌려올라간다. *Acer*(단풍나무속), *Betula*(자작나무속), *Juglans*(호두나무속) 등과 같은 일부 낙엽수에서, 싹이 트기 몇 주 전에 목재 속에서 양(+)의 압력이 생긴다. 이것은 당과 무기물질이 목부의 도관요소들 속으로 분비되기 때문이며; 물이 삼투압으로 목부로 들어가서 당을 포함하는 수액이 나무 위로 올라가게 된다. 동북 아메리카 지역에서는 설탕 단풍나무의 수액을 받아 달여서 단풍나무 시럽을 만든다.

변재에서 새로 형성된 통도요소들은 비교적 단기간 동안 물을 통도한다. 스트레스를 받기 쉬운 환경(예를 들면, 영양이 결핍된 상태)에서, 새로 형성된 도관요소들은 흔히 첫 해의 말경에 기능이 정지된다. 그러나 열대지역의 나무에서는 새로 형성된 도관요소들이 더 오랫동안 활성을 유지한다. 한 도관요소에서 물 수송이 정지되면 공동(空洞)현상이 생긴다.

표 3.1. 현미경의 유형

광학현미경

1. 해부(입체)현미경[dissecting(stereo) microscope]은 좌우 두 개로 분리된 빛의 경로를 사용하는데, 이 경우 좌우 눈에 들어오는 시야의 각도가 약간 달라서 3차원 상을 만든다(135).
2. 복합현미경(compound microscope)은 하나의 빛의 경로를 갖는다. 명시야현미경(brightfield microscope)은 시료를 지난 넓은 범위의 광선을 이용하며, 이 시료의 조직이 원래 색깔이 없거나 옅으면 염색을 한다(139, 208). 위상현미경(phase microscope)은 염색되지 않은 살아 있는 세포의 밀도 차이에 따른 상을 형성한다(141, 169).
3. 공초점(共焦點)현미경(confocal microscope)은 좁은 범위의 광선을 두꺼운 시료에 주사(走査)하여, 컴퓨터에 의해서 상이 형성된다. 서로 다른 구조를 특수한 착색제로 표시하여 3차원 지도를 만든다.

전자현미경

1. 투과전자현미경(transmission electron microscope, TEM)은 넓은 범위의 전자를 시료에 조사하는데, 고분해 상을 형성하기 위해서 전자(電磁, electromagnetic) 렌즈를 사용한다(48, 163).
2. 주사전자현미경(scanning electron microscope, SEM)은 시료에 전자를 주사하여, 컴퓨터에 의해서 시료가 두꺼워도 초점이 맞게 모든 부분의 3차원 상을 형성한다(237, 529).

124 화석 종자 고사리 *Lyginopteris*(리기노프테리스속) 식물의 석화(石化)된 줄기 횡단면. 이 석탄기 식물에서에서 오늘날 현화식물들과 동일한 조직계가 존재한다. 기본조직은 뚜렷한 수(1)와 바깥쪽의 섬유망(2)으로 나타나는 피층으로 이루어져 있다. 그러나 표피계와 엽저(leaf base)는 보존되어 있지 않다. 2기 목부(3)의 환상 구조는 방사 방향으로 열을 이룬 가도관으로 구성되며 관속계를 형성하는 사부(4)는 그렇게 잘 보존되어 있지 않다. 엽적(leaf trace, 5)도 뚜렷하다.

1 수　　2 섬유망　　3 2기 목부　　4 사부　　5 엽적

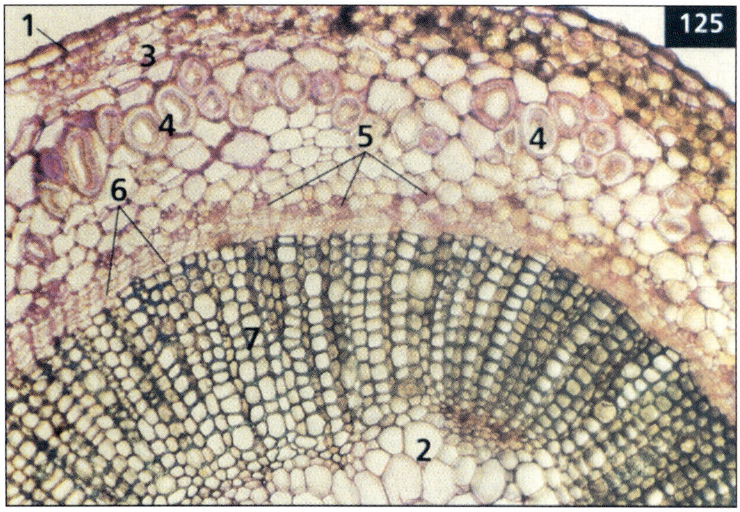

125 관속계, 기본조직계, 표피계의 분포를 보여주는 쌍자엽식물 *Linum usitatissimum*(아마)의 줄기. 표피계는 한 층으로 된 표피(1)로 이루어지지만 기본조직계는 유조직으로 된 수(pith, 2)와 피층(cortex, 3)으로 구성된다. 관속계의 바깥쪽 경계는 넓은 사부 섬유(4)들에 의해 구별되며, 안쪽에는 통도요소들(5)이 사부 유조직 속에 위치해 있다. 뚜렷한 관속형성층(6)이 사부와 2기 목부(7) 사이에 있다.(광학현미경)

1 표피　　2 유조직성 수　　3 피층　　4 사부 섬유
5 사부 통도요소　　6 관속형성층　　7 2기 목부

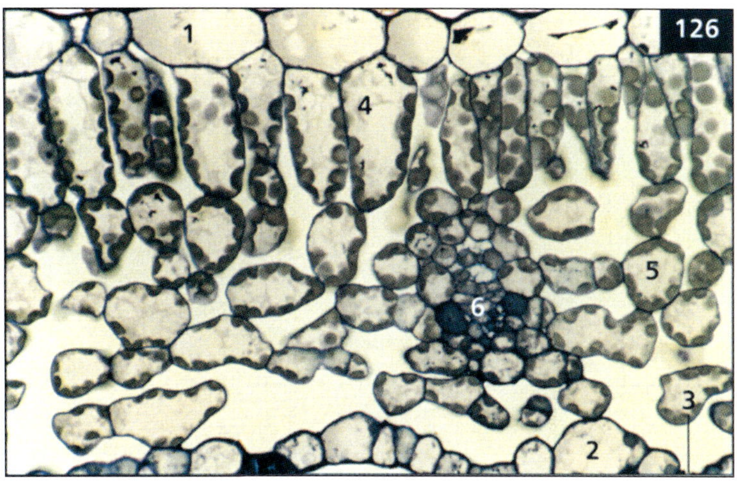

126 쌍자엽식물인 *Glechoma hederacea*(병꽃풀 종류) 엽신의 횡단면으로 양면성 잎(bifacial leaf)의 구조를 보여준다. 표피계는 향축면 및 배축면의 표피(1, 2)로 이루어져 있고 배축면 표피는 기공(3)을 갖고 있다. 동화조직인 기본조직은 한 층의 책상조직(울타리조직, 4) 및 두꺼운 층의 해면 엽육조직(갯솜조직, 5)으로 구성된다. 많은 커다란 엽록체들이 엽육조직에서는 볼 수 있지만, 표피에는 없다. 관속계는 세맥(6)으로 나타난다. (G-Os, 광학 현미경)

1 향축면 표피　　2 배축면 표피　　3 기공　　4 책상조직　　5 해면조직　　6 엽맥

127 단자엽식물인 *Monstera*(몬스테라속) 기근(氣根)의 횡단면. 중앙의 다원형(多原型) 관속계는 확실히 넓은 도관(1)을 보여주고, 기본조직은 두꺼운 세포벽을 가지며 목질화 된 수(2) 및 넓은 유조직성 피층(3)으로 이루어져 있다. 내피(4)에 의해서 피층과 관속이 구분된다. 점액도(5). (광학현미경)

1 도관　　2 목질화 된 수
3 유조직성 피층　　4 내피
5 점액도

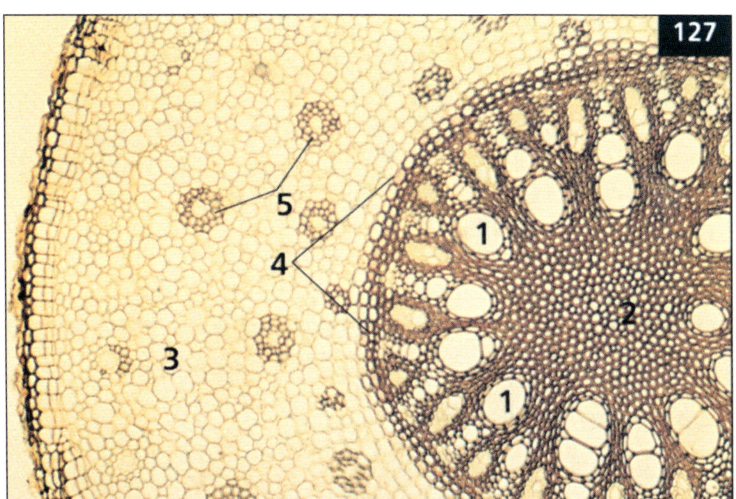

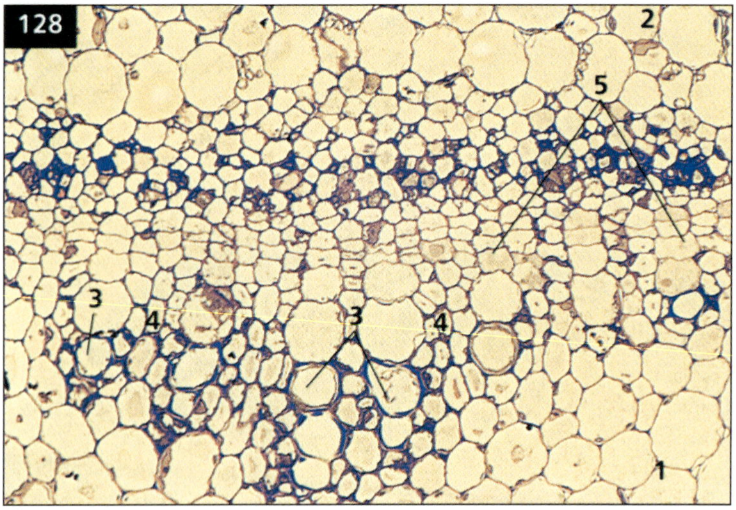

128 쌍자엽식물인 *Zinnia*(백일홍속)의 초본성 줄기의 횡단면으로 관속을 세밀하게 보여준다. 이 관속은 유조직성 기본조직인 수(1) 및 피층(2)에 의해 둘러싸여 있다. 목부에는 넓은 내강과 두꺼운 세포벽을 갖는 다수의 성숙한 통도요소들(3)이 있고 이들 사이에 주축 유조직(4)이 있다. 관속형성층(5)은 구심적으로는 목부를, 원심적으로는 사부를 형성한다. 사부는 주축 유조직, 짙게 염색된 동반세포, 그리고 속이 빈 사관 등으로 구성된다. (G-Os, 광학 현미경)

1 수 2 피층 3 통도요소 4 주축 유조직 5 관속형성층

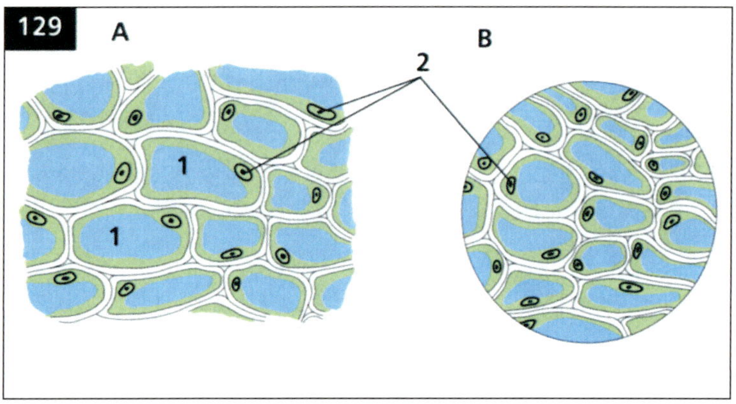

129 줄기를 종단면(A) 및 횡단면(B)에서 본 유조직 세포의 모식도. 액포(1)와 핵(2) 및 다른 소기관들이 포함되어 있는 주변의 세포질 등을 볼 수 있다. 섬유소로 된 얇은 1차 세포벽이 원형질을 둘러싸고 있으며 작은 세포간극이 중엽이 분해된 부위에 있는 세포의 모서리에 생긴다.

1 액포 2 핵

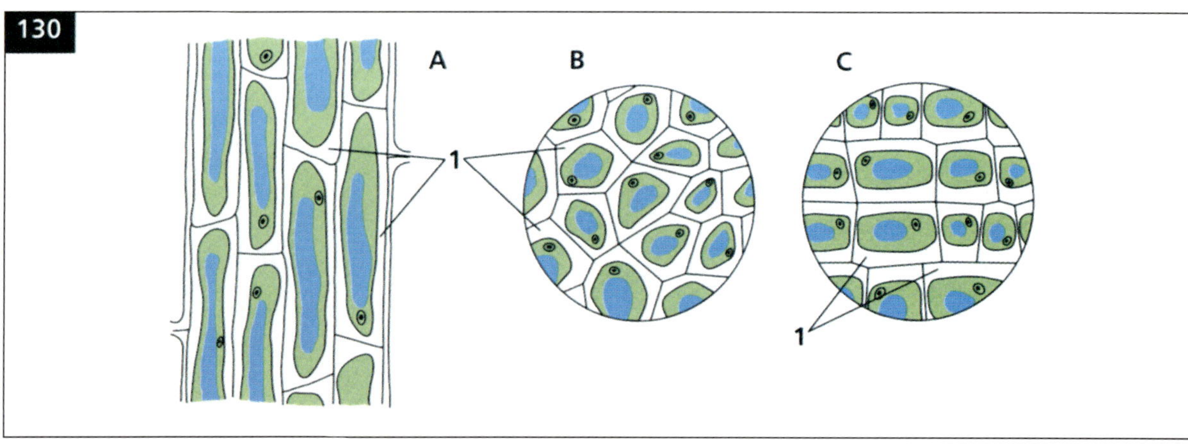

130 줄기를 종단면(A)과 횡단면(B)에서 본 후각조직의 모식도. 이들의 원형질은 유조직 세포의 것과 비슷하나(참조; 129A, B), 1차벽(1)은 불규칙하게 두꺼워져 있다. 두 종류의 후각조직 즉 각우후각조직(A, B) 및 판상후각조직(C)을 나타내었으며 이 두 후각조직은 세포간극을 갖고 있지 않다.

1 1차벽

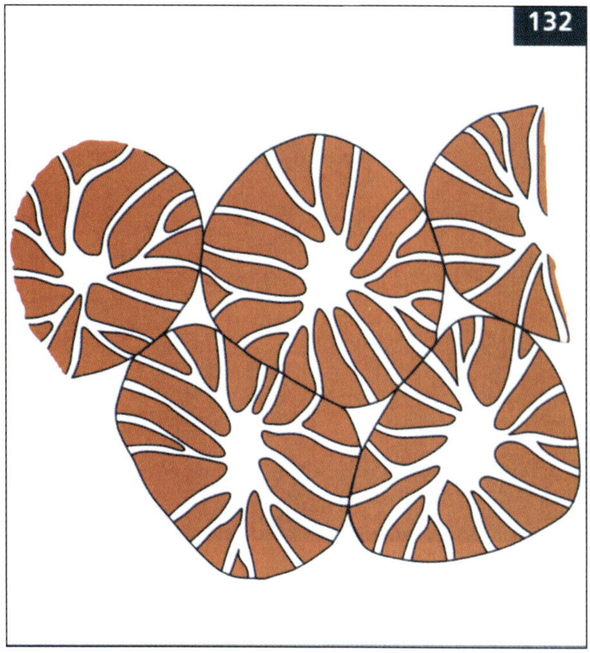

131, 132 두껍고 목질화 된 2차벽을 가진 후벽조직 세포의 모식도. 성숙한 세포들은 일반적으로 죽어 있으며 원형질은 퇴회되어 아무것도 없으며 내강만 남아 있다. 131 많은 가지가 달린 성상(星狀)보강세포. 132 분지된 단순벽공을 갖고 있는 직경이 같은 석세포(石細胞) 무리.

133 투명처리한 *Nymphaea*(수련속, 기저 피자식물) 식물의 잎. 투명처리 기술은 대부분의 세포를 투명하게 만들었지만, 많은 성상보강세포를 염색하였다. 각 성상보강세포는 여러 개의 가지를 갖고 있는 하나의 세포이다. (광학현미경)

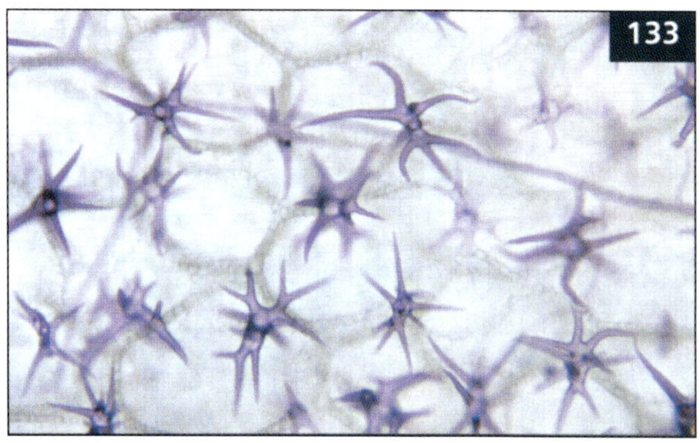

134 후벽조직의 하나인 섬유세포(두껍고 목질화 된 세포벽을 갖는)를 종단면(A) 및 횡단면(2)에서 본 모식도. 이렇게 크게 신장된 세포는 끝이 뾰족하며(흔히 분지된) 세포벽에 단순벽공이 흔하다. 섬유는 슈트에서 기계적 지지 작용을 하는 주요 구성요소이다.

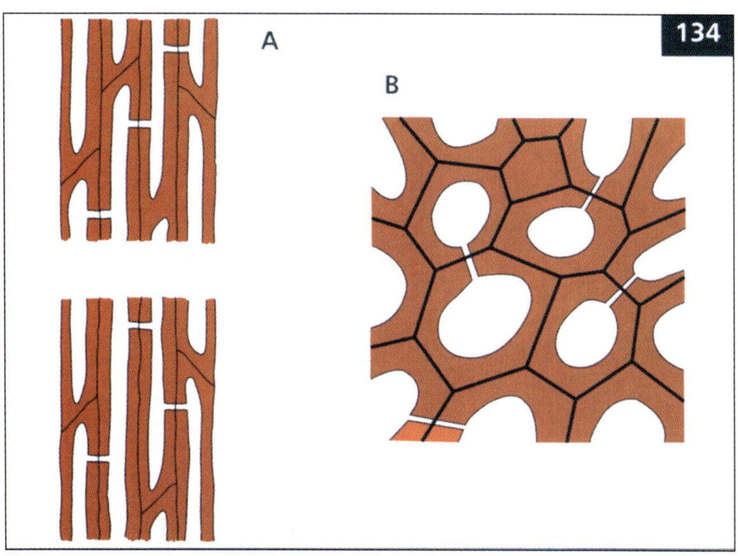

135 쌍자엽 식충식물인 *Drosera rotundifolia*(끈끈이주걱)의 잎. 끈적이는 물질을 분비하며 긴 털(분비모)이 많은 부분은 특히 잎의 향축 표면에 많다. 이런 표피의 분비모는 복잡한 다세포 구조로서 긴 자루의 중앙에 도관요소가 있다. 분비모의 표피 세포들은 점액을 분비하여 조그만 곤충을 포획하면 이웃한 털들이 그 곤충을 향하여 굽는다. 분비물 속의 효소가 곤충의 조직을 소화시키며, 가용성 산물이 분비모에 의해 흡수되어 그 식물의 잎이나 다른 곳으로 이동된다. (저작권, T. Norman Tait)

136 쌍자엽식물인 *Quercus suber*(코르크참나무)에서 수확한 코르크. 이 코르크는 어린 줄기의 표피가 대치된 것으로서 나무의 표피계에 해당한다.

137 코르크가 수확되고 있는 코르크참나무. 약 10년 간격으로 수 센티미터 두께의 층(연속적인 코르크형성층에 의해서 형성된 코르크로 구성된)이 나무에서 벗겨지지만, 새로 형성된 얇은 코르크 층은 그 안에 있는 사부를 보호하기 위해서 줄기에 남겨진다. 상업적으로 쓰이는 코르크는 매우 내수성(耐水性)이 높으며 뛰어난 단열재를 제공한다.

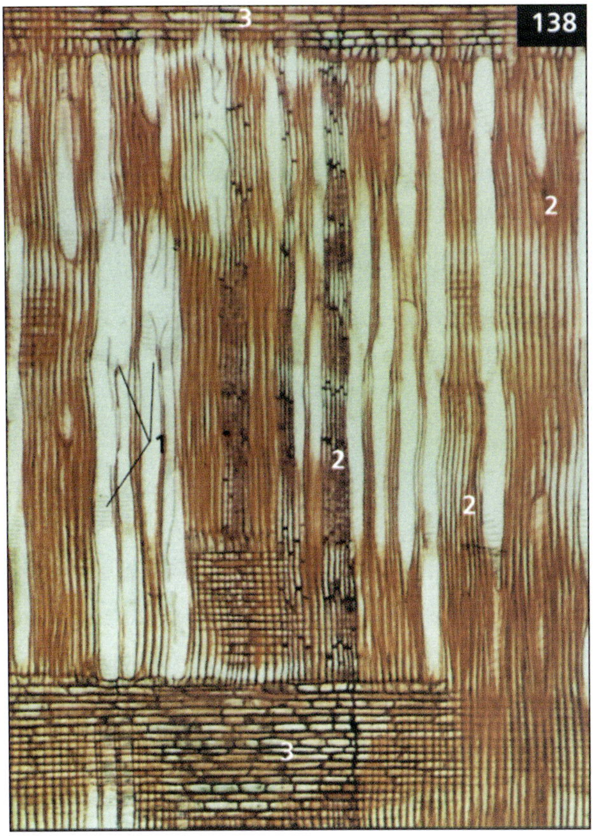

138 목련속의 *Magnolia grandiflora*(태산목) 산공재의 방사단면. 계단상 천공판(1)을 가진 넓은 도관과 좁은 섬유(2)를 볼 수 있다. 넓은 유조직성 방사조직(3)이 있으며 주축 유조직도 명백히 보인다. (광학현미경)

1 계단상 천공판 2 좁은 섬유
3 넓은 유조직성 방사조직

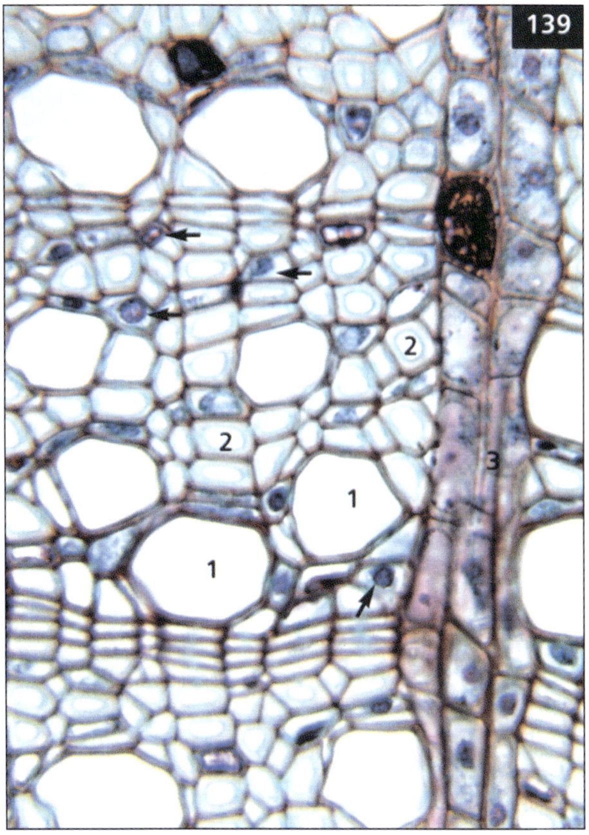

139 쌍자엽식물인 *Platanus*(버즘나무속) 목재의 횡단면으로, 목재에서 핵을 갖고 살아 있는 많은 세포들(화살표)이 특히 도관(1) 근처에 많으며 또한 섬유(2) 사이에도 있다. 또한 방사조직(3)도 살아 있는 유조직 세포들로 구성되어 있다. (광학현미경)

1 도관 2 목재 섬유
3 방사조직

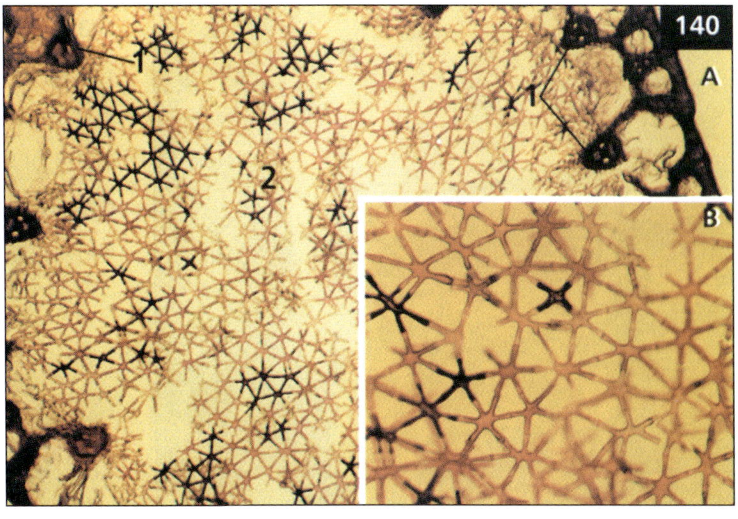

140 단자엽 수생식물인 *Juncus communis*(골풀) 줄기의 횡단면. A: 단자엽식물이지만 관속(1)은 줄기의 주변에 분포되어 있으며, 통기 기본조직(2)이 줄기의 대부분을 차지하고 있다. B: 별모양의 구조(세포벽)로 이웃 세포들이 연결되어 있는 통기조직 세포들을 확대한 사진. 세포간극과 세포벽에 의해서 거대한 전세포벽계(apoplastic system)를 형성하고 있는 것을 볼 수 있다. (광학현미경)

1 관속 2 통기 기본조직

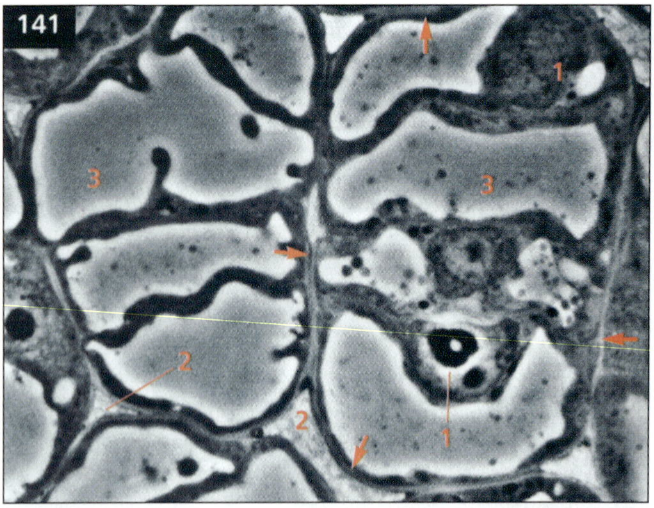

141 *Pisum sativum*(완두) 뿌리의 시험관 속 배양에서 재활성화 된 피층의 유조직 세포들. 유조직의 모세포(세포벽이 화살로 표시되었음)는 네 개의 작은 세포로 분열되었으며 이들 세포의 핵들(1)을 볼 수 있다. 왼쪽의 다른 세포도 비슷하게 분열되었지만 핵들은 보이지 않는다. 세포간극(2), 액포(3). (G-Os, 위상차현미경)

1 핵 2 세포간극
3 액포

142 나자식물 *Pinus*(소나무속)의 어린 줄기의 횡단면. 2기 관속조직 및 코르크가 각각 관속형성층 및 코르크형성층에서 기원되는 것을 볼 수 있다. 2기 목부(1)는 여러 개의 생장륜을 보여주며, 통도(도관)요소는 가도관 만으로 구성되어 있고 여러 개의 방사조직(2)이 횡으로 배열되어 있다. 피층(3), 수(4), 수지도(5), 2기 사부(6) 관속형성층(7), 코르크형성층(8). (광학현미경)

1 2기 목부 2 방사조직 3 피층 4 수 5 수지도 6 2기 사부 7 관속형성층 8 코르크형성층

143 쌍자엽식물인 *Kalanchoe*(칼랑코에속, 돌나물과)의 줄기 끝 부분을 잘라서 삽목하여 퇴비에서 6주 동안 기른 후에 줄기 아래쪽에 수많은 부정근(adventitious root)이 형성되었다. 이 뿌리들은 관속을 구성하는 유조직 세포들의 분열 및 탈분화(참조, 141)에 의해서 내생적으로 기원되어, 결국 새로운 뿌리가 되었다.

144 *Begonia rex*(베고니아, 쌍자엽식물)에서, 잎이 달려 있는 부정아(adventitious bud, 1)가 모식물의 잎(2) 기부에서 새로 생기고 있다. 이 속의 식물에서는 부정아가 오직 분리된 잎에서만 발달하는 것이 정상적인데, 이 잎은 아직도 모식물체에 붙어 있다.

1 부정아 2 모식물의 잎

145 시험관 속에서 수주일 동안 배양된 쌍자엽식물인 *Armoracia rusticana*(겨자무)의 절단된 뿌리 조각들. 뿌리의 코르크형성층에서 생긴 여러 개의 잎이 달린 부정아를 볼 수 있다. 또한 부정근들도 코르크형성층에서 생긴다.

146 송백류인 *Pinus*(소나무속)에서 표피 및 엽육조직을 보여주는 건생형 잎의 횡단면. 엽육조직 세포의 얇은 세포벽은 많은 수직적 내생장(ingrowth, 1) 구조를 갖지만, 이 세포들의 원형질은 세포벽으로부터 분리되어 있다. 표피에서 엽육조직에 있는 수지도(2)와, 부세포들(4) 아래로 움푹 들어가 있는 공변세포(3)를 볼 수 있다. (광학현미경)

1 세포벽 내생장 2 수지도
3 공변세포 4 부세포

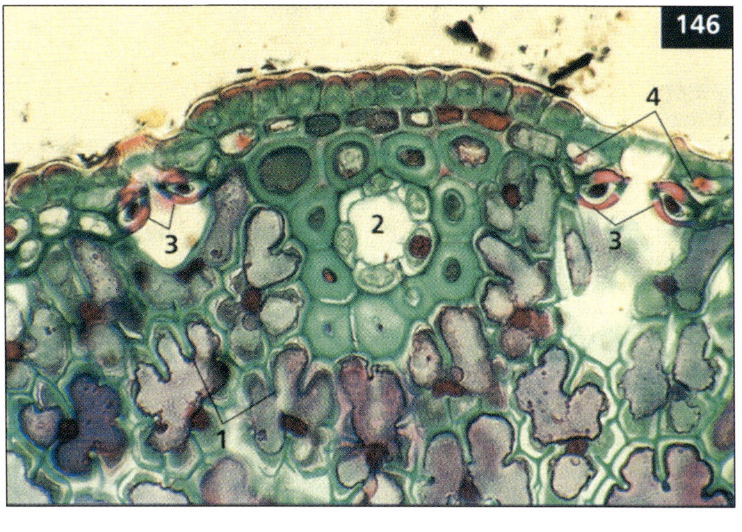

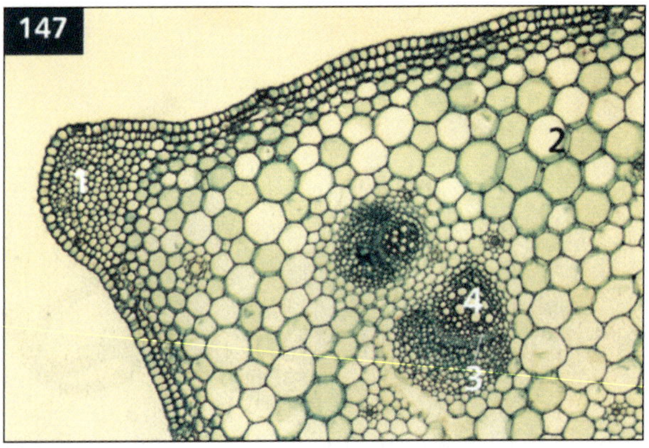

147 쌍자엽식물인 *Sanicula europea*(유럽참반디) 엽병의 횡단면으로, 후각조직이 주변에 위치하고 있다(1). 이 살아 있는 조직은 두꺼워진 세포벽이 가장자리에 있어서 어린 잎을 지지하는 작용을 한다. 유조직(2), 1기 사부(3), 1기 목부(4). (광학현미경)

1 후각조직　　2 유조직
3 1기 사부　　4 1기 목부

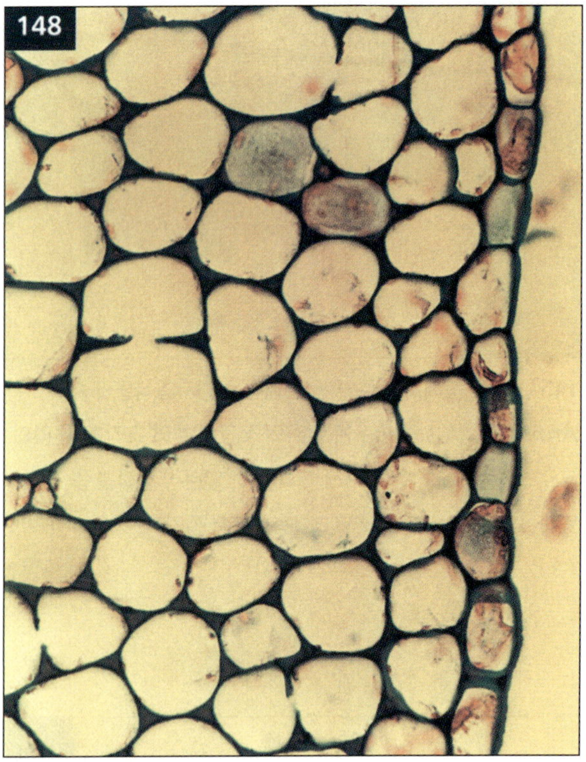

148 *Coleus*(콜레우스속, 쌍자엽식물) 식물 줄기의 횡단면으로 후각조직을 세밀하게 보여준다. 이런 주변 조직(참조, 147)에서 세포들의 모서리에 부가적인 섬유소 및 펙틴이 집적되어 각진 모양을 갖는다(참조, 130). (광학현미경)

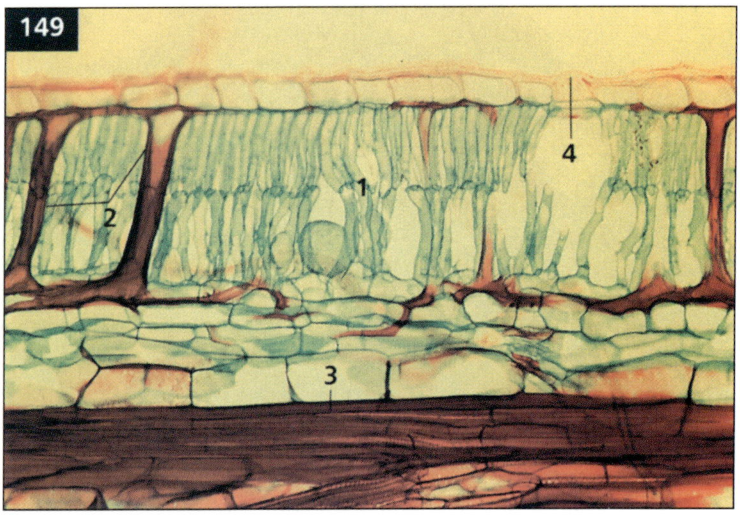

149 *Hakea*(하케아속) 건생형 잎의 횡단면으로 원주형 보강세포를 보여준다. 이 잎의 엽육조직에서 책상조직(1)은 붉게 염색된 보강세포들(2)에 의해서 강화된다. 이 보강세포들의 말단 가지는 표피 아래 및 관속초(3) 등에서 끝이 난다. 표피의 두꺼운 각피(4)를 볼 수 있다.

1 책상조직　　2 보강세포
3 관속초　　4 각피

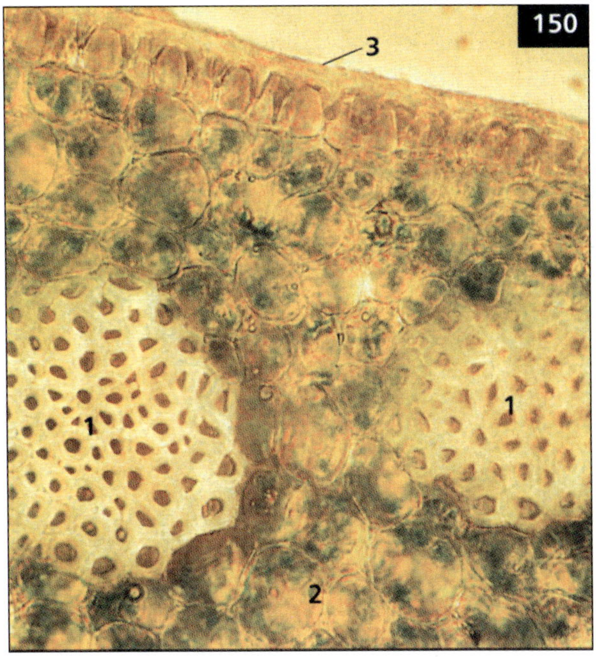

150 단자엽식물인 *Sansevieria trifasciata*(산세비에리아속 일종) 건생형 잎의 횡단면. 종으로 배열된 두꺼운 세포벽을 가지며 목질화 된 섬유(1)가 엽육조직(2) 속에 있는 것을 볼 수 있다. 이 섬유들은 상업적으로 밧줄에 이용된다. 두꺼운 각피(3)가 표피를 덮고 있다. (염색하지 않은 생체절편, 광학현미경)

1 목질화 된 섬유 2 엽육조직
3 각피

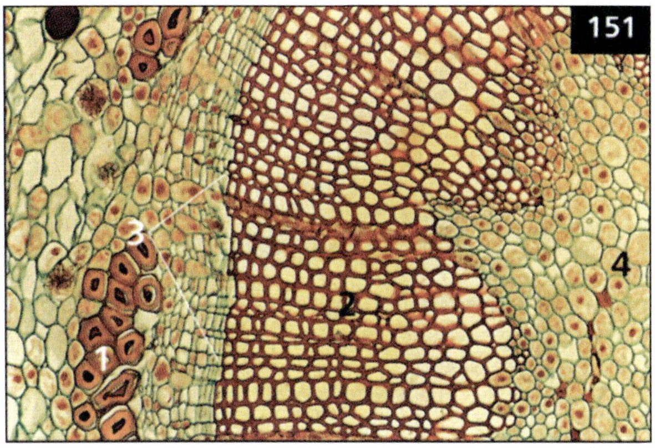

151 나자식물인 *Ginkgo biloba*(은행나무) 어린 소지(twig)의 횡단면. 두꺼운 세포벽을 갖는 사부 섬유들(1)과 얇은 세포벽을 갖는 2기 목부(2)의 가도관을 볼 수 있다. 관속형성층(3), 수(4). (광학현미경)

1 사부 섬유 2 2기 목부
3 관속형성층 4 수

152 쌍자엽 교목식물인 *Homalium*(호말리움속)의 해리된 목재로 많은 길고 가느다란 섬유(1), 두 개의 천공 중 하나가 보이는(화살표) 큰 도관요소(2), 여러 개의 작은 유조직 세포(3) 등을 보여준다. 유조직 세포들의 일부는 도관요소에 붙어 있고 다른 것들은 서로 붙어서 떠 있다. (광학현미경)

1 섬유 2 도관요소
3 목재 유조직 세포

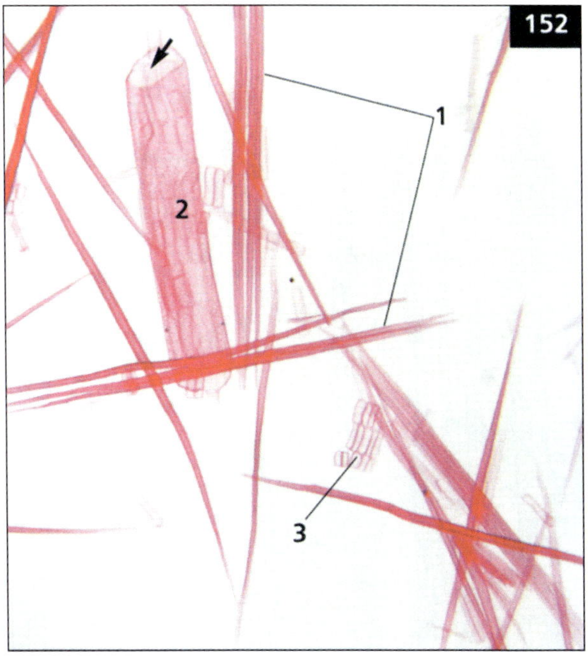

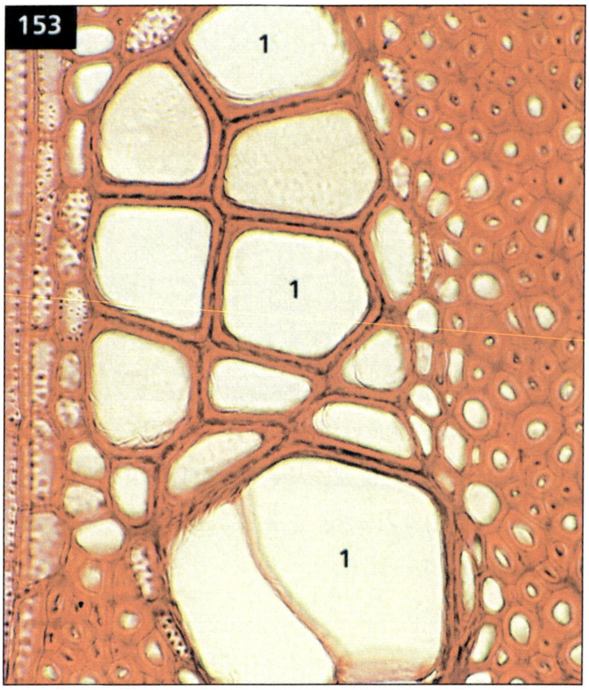

153 쌍자엽식물인 *Robinia pseudoacacia*(아까시나무) 목재의 횡단면. 폭이 넓은 도관들(1)이 아주 작은 내강을 가지며 폭이 (도관보다) 훨씬 좁은 섬유들로 둘러싸여 있다. (광학현미경)

1 넓은 도관들

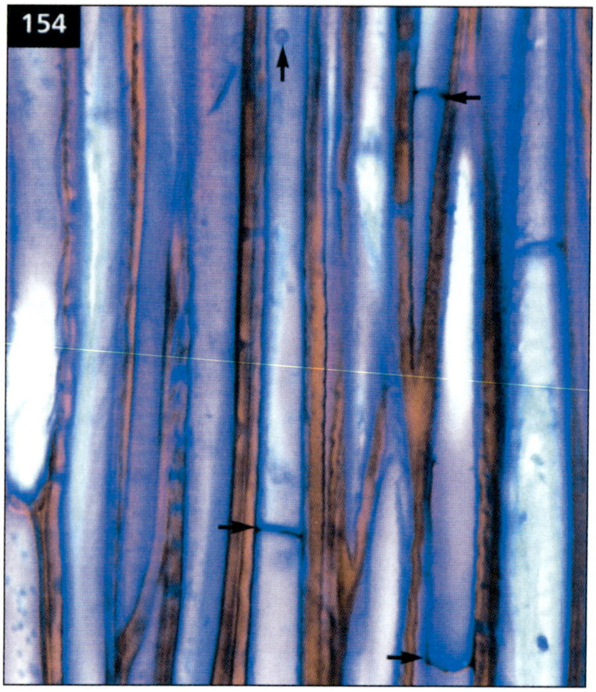

154 *Acanthocereus tetragonus*(가시선인장, 쌍자엽식물) 목재의 횡단면으로; 목재의 섬유가 집적되고 2차벽이 목질화 된 후에, 1회의 핵분열과 세포분열을 거친다. 여기의 살아 있는 섬유는 두 개의 핵을 가지며(그러나 여기서는 하나의 핵만 보임, 수직 화살표), 1차벽으로 된 격벽을 갖는다(수평 화살표). (광학현미경)

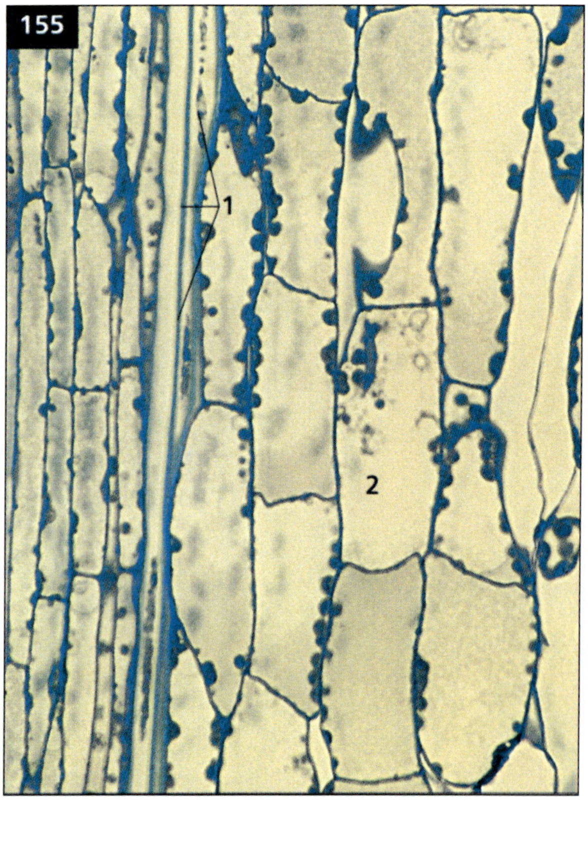

155 쌍자엽식물인 *Linum usitatissimum*(아마)의 어린 줄기의 종단면으로 관입생장(intrusive growth)을 하는 섬유를 보여준다. 얇은 세포벽을 가진 섬유들(1)이 인접한 동화조직 세포들(2) 사이로 자라고 있다. 아마의 섬유는 일반적으로 목질화 되어 있지 않고 다핵성 원형질을 지니고 있다. 성숙했을 때 이 섬유들은 매우 두꺼운 세포벽을 가지며(참조, 54) 이 섬유로 아마포(린넨)를 만든다. (G-Os, 광학현미경)

1 섬유 2 동화조직 세포

156 *Ferocactus*(센갈고랑이선인장 종류)에서 무리지어 있는 어린 가시의 근접 사진. 각 무리에 있는 세 개의 가시는 곧 단단하고 후벽화 되어 죽은 섬유들로 이루어진 보통의 가시로 발달하지만, 다른 가시의 원기들(화살표)은 꽃밖 꿀샘으로 발달한다: 이 가시들의 세포는 유조직 상태로 살아 있으며 당액을 분비한다. (이 선인장은 B. Barth 박사가 재배한 것임)

157 쌍자엽식물 *Euphorbia cyparissias*(솔대극)의 무리지어 있는 꽃차례. 각 '꽃'은 실제로는 그 기부에 있는 한 쌍의 포(bract, 1)와 함께 있는 작은 화서이다. 한 개의 컵 모양인 포는 네 개의 노란 꿀샘(2)을 갖고 있으며, 가운데에는 뚜렷하게 보이는 자방(3)이 위치하고 그 끝에는 세 개의 암술대가 있다. 이것은 자성 단정화로서 화피(perianth)가 없다. 자성화가 달려 있는 작은 꽃자루 즉 소화경(小花梗, pedicel, 4)의 기부에, 수술이 하나인 웅성화(5)가 있다.

1 포　　2 꿀샘　　3 자방
4 소화경　　5 웅성화

158 일액(溢液)현상(guttation)을 보여주는 쌍자엽식물인 *Alchemilla*(알케밀라속)의 잎. 물은 잎의 가장자리에 있는 많은 배수구조(변형된 기공)에서 배출된다. 일액현상은 지나친 근압에 의해서 잎의 세포간극계가 물에 잠기게 되는 것을 방지하는 기작인 것으로 보인다. (저작권, T. Norman Tait)

159

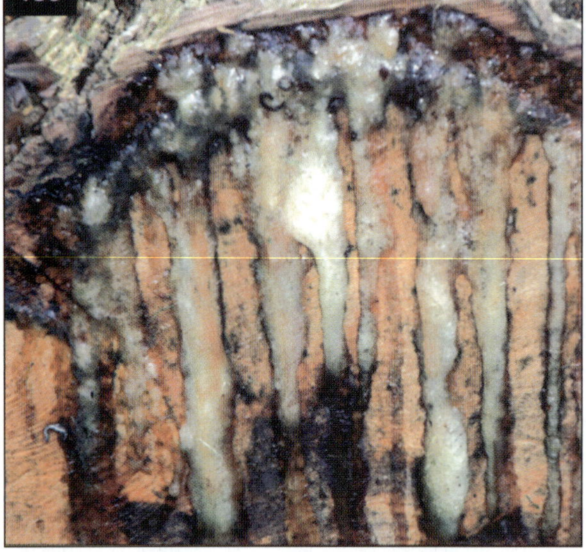

159 송백류 식물인 *Araucaria araucana*(칠레소나무)의 벌채된 줄기로 엄청나게 흘러나온 수지(지금은 굳어 있다)를 보여준다. 이 수지는 주로 2기 사부에 있는 수지도(樹脂道, resin canal)가 절단되어서 나오게 된다.

160

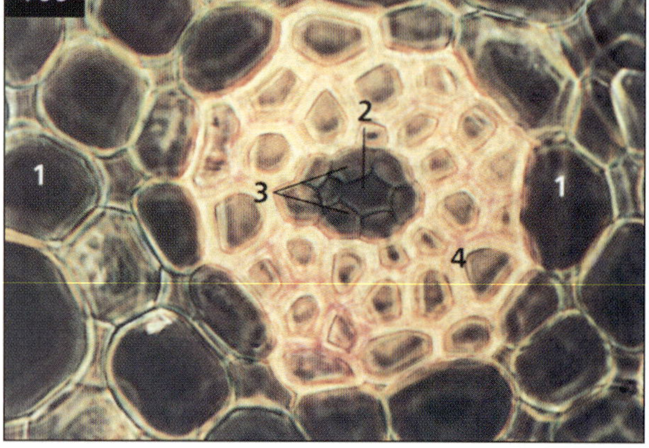

160 단자엽식물인 *Philodendron sagittifolium*(우호덩굴 종류; 천남성과, 역자 주)의 기근에서 피층 점액도(mucilage duct)의 횡단면. 이 점액도는 유조직성 피층(1; 참조, 127)에서 생기며, 각 점액도는 한 층의 분비세포들(3)로 둘러싸인 좁은 한 개의 관(2)으로 구성된다. 점액도 자체는 여러 층의 섬유들(4)에 의해서 싸여 있다. (광학현미경)

1 유조직성 피층　2 중앙 관　3 분비세포　4 섬유

161

161 가시로 축소된 잎을 가진 쌍자엽식물인 *Euphorbia canariensis*(카나리대극)에서 건생형태의 슈트계. 줄기는 잘 만들어진 유관계를 가지며, 화산이 굳거나 덤불이 자라는 곳에서 상처 난 줄기는 유액(1)을 생산한다.

1 유액

162

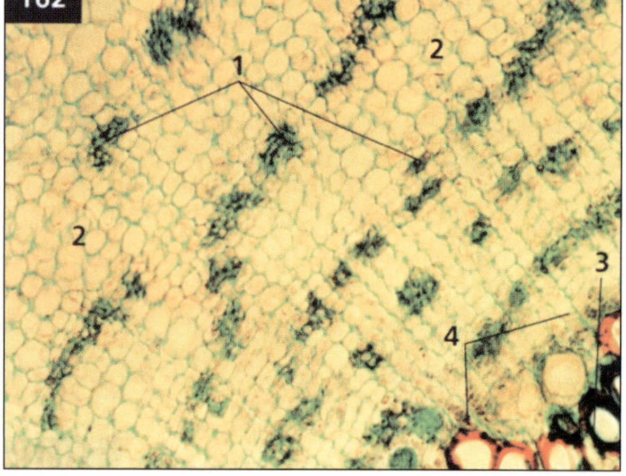

162 쌍자엽식물인 *Taraxacum officinale*(서양민들레)의 뿌리에서 2기 사부의 횡단면. 사부는 통도요소(1; 참조, 163)와 함께 있는 수많은 유관을 갖고 있다. 풍부한 유액이 식물체 속에 들어 있으며, 어떤 민들레속의 종이 2차 세계대전 동안 고무나무에서 나오는 고무의 대체 자원으로 재배되었다. 사부 유조직(2), 2기 목부(3), 관속형성층(4). (광학현미경)

1 사부 통도요소　2 사부 유조직
3 2기 목부　4 관속형성층

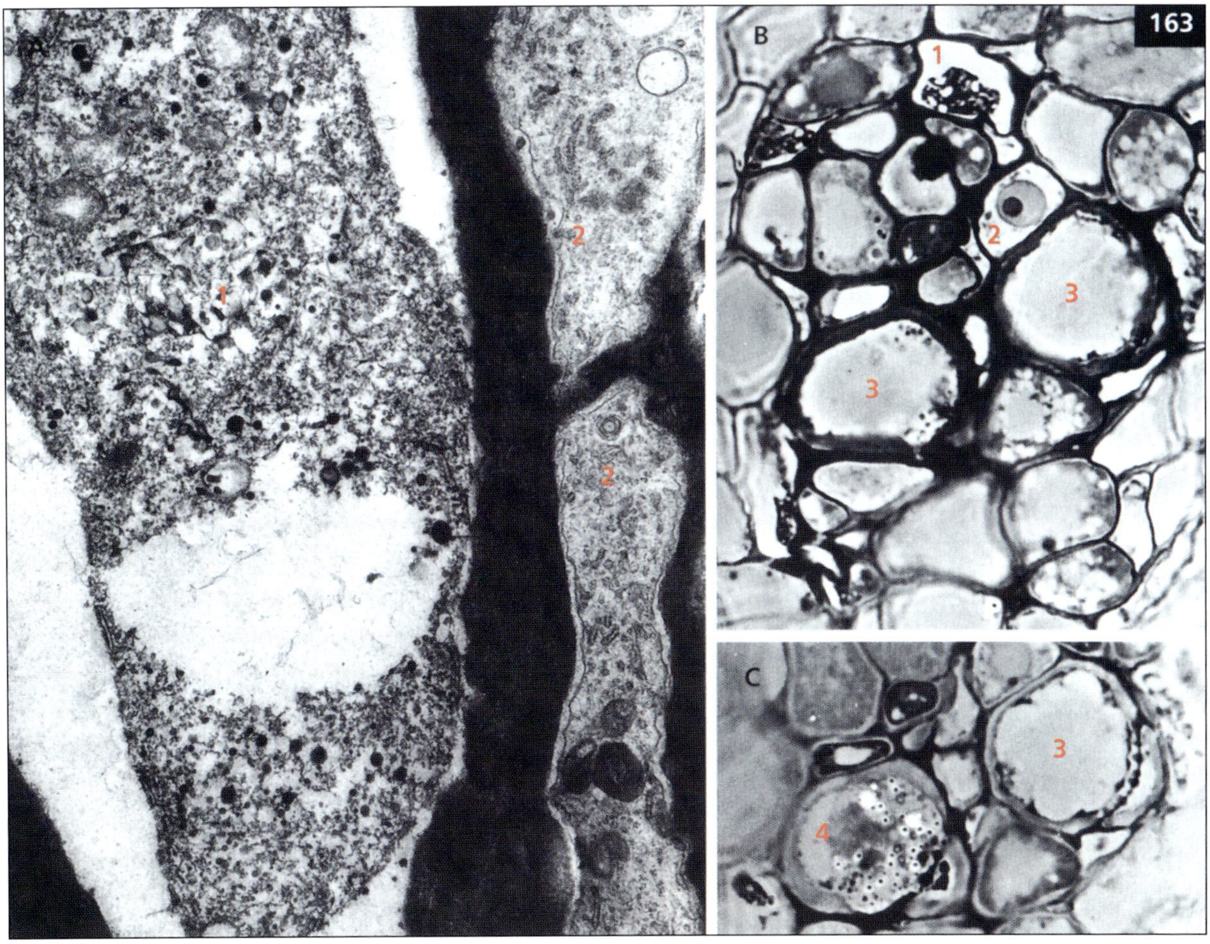

163 *Taraxacum officinale*(서양민들레) 뿌리에 있는 유관. A: 유관 속의 유액(1) 및 한 쌍의 동반세포(2)를 보여주는 세밀한 사진. B, C: 2기 사부의 횡단면에서 동일한 통도요소의 절편들. 두 개의 사관(3)이 뚜렷하게 보이고 하나에서는 사판이 절단되었으며(4); 이 통도요소들은 유관(1) 및 동반세포들(2)과 함께 존재한다. (A: G-Os, 투과전자현미경; B: G-Os, 위상차현미경)

1 유관 2 동반세포 3 사관 4 사판

164 쌍자엽식물인 *Euphorbia*(대극속)에서 피층의 횡단면으로 유액을 함유하는 여러 개의 긴 관상 세포들(유관세포, 1)을 가지며, 이 세포들은 분지되어서 피층의 유조직 세포들(2) 사이로 자란다. 각 유관세포는 많은 핵을 갖는다(여기서는 보이지 않음). 여러 개의 피층 세포들이 붉은 색으로 염색된 타닌(3)으로 채워져 있다(광학현미경).

1 유관세포 2 보통의 피층 유조직 세포
3 피층의 타닌 세포

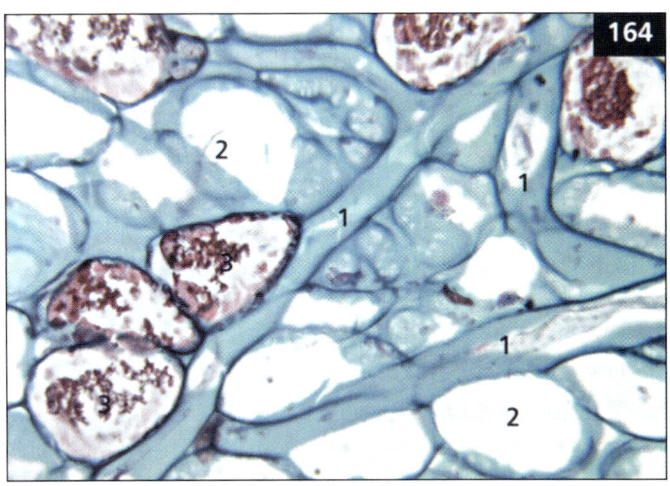

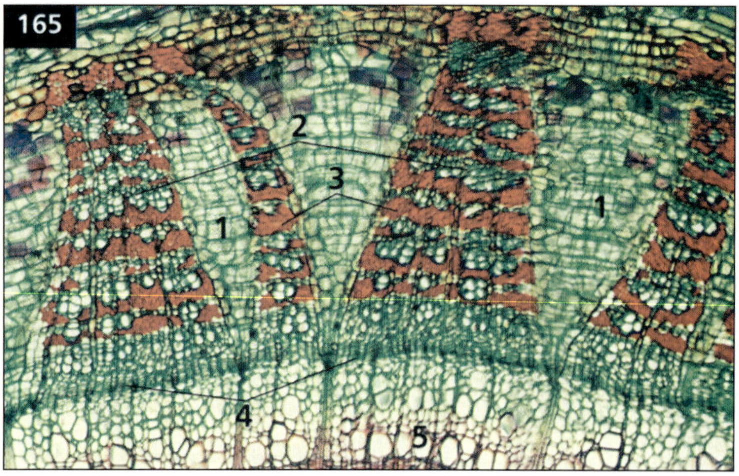

165 쌍자엽식물인 *Tilia cordata*(피나무) 어린가지의 횡단면으로 2기 사부를 보여준다. 이 사부는 바깥쪽으로 폭이 넓어지는 방사 유조직 세포들(1)을 지닌 복합조직이다. 이 유조직 세포들은 절선방향(직경에 수직)으로 분열하여 2기 비후 과정에서 줄기의 둘레 증가를 수용한다. 양분을 통도하는 사부 요소들(2)은 여러 계절에 걸쳐 기능을 수행하며 절선 방향에서 띠를 형성하는 두꺼운 세포벽을 지닌 섬유들(3) 사이에 퍼져서 위치한다. 관속형성층(4), 2기 목부(5). (광학현미경)

1 방사 유조직 2 사부 요소 3 섬유 4 관속형성층 5 2기 목부

166 쌍자엽식물인 *Tilia cordata*(피나무) 사부(참조, 165)의 횡단면을 확대한 사진. 넓은 사관들(1)이 매우 두꺼운 세포벽을 가진 섬유들(2) 사이에 끼어 있다(광학현미경).

1 사관 2 섬유

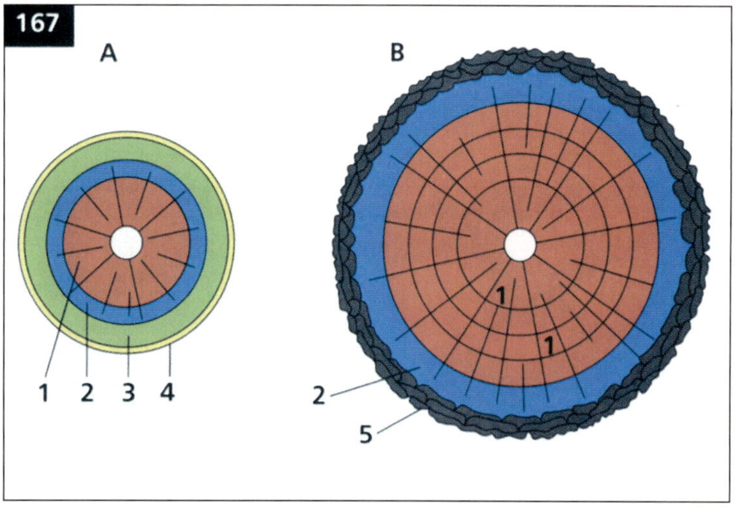

167 목본 쌍자엽식물 줄기에서 수피(bark)의 형성을 나타낸 모식도. A: 2기 목부(1)와 2기 사부(2)가 형성되었으나 피층(3)과 표피(4)는 아직 남아 있다. (1기 관속조직은 보이지 않음) B: 표피가 두꺼운 수피(5) 층으로 대치 되어서, 2기 사부(2)를 보호한다. 처음에 형성된 코르크형성층은 일반적으로 하피에서 생기지만 짧은 기간만 살며; 안쪽으로는 연속적인 형성층이 남아 있는 피층이나 그 후에는 2기 사부로부터 발생한다. 이 코르크형성층은 보통 불연속적이며 중복되어 있는 오목한 껍데기 층을 형성한다. 가장 밖에 있는 통도 기능이 없는 2기 사부는 여러 층으로 벗겨지는 수피와 함께 떨어져 나간다.

1 2기 목부 2 2기 사부 3 피층 4 표피 5 수피

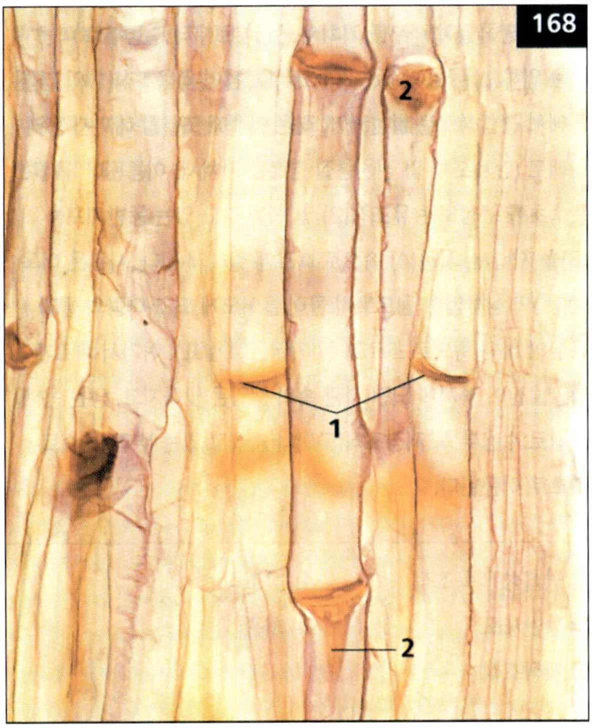

168 쌍자엽식물인 *Cucurbita*(호박속) 줄기에서 사부의 종단면으로 다수의 넓은 사관들을 볼 수 있다. 사판(1)은 횡으로 있거나 또는 약간 기울어져 있다. 섬유 모양인 P-단백질은 상처를 입었을 때 엉겨 붙어서 사판(sieve plate)에 있는 구멍, 즉 사공(sieve pore)을 막는 마개(2)를 형성한다. (광학현미경)

1 사판 2 P-단백질 마개

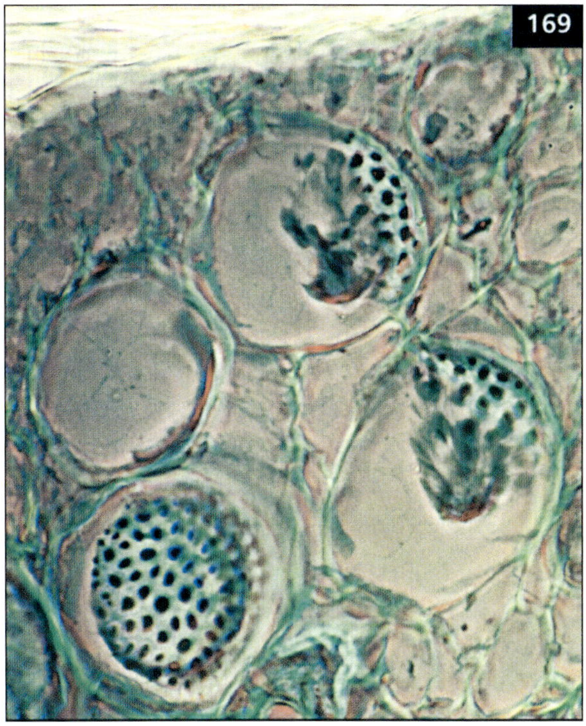

169 *Cucurbita*(호박속) 사부의 횡단면으로 여러 개의 넓은 사판에 있는 큰 구멍을 가진 사공의 가장자리에 캘로스(callose)가 집적되어 있다. (위상차현미경)

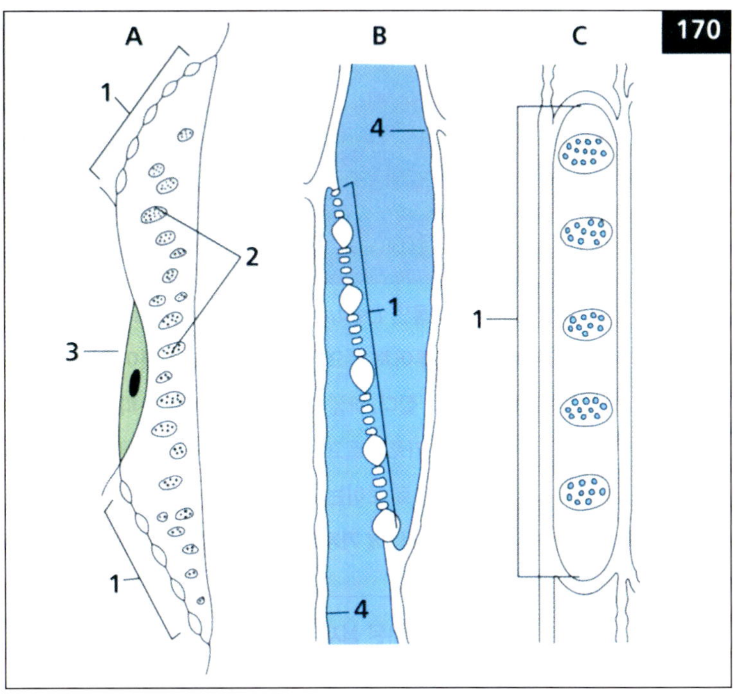

170 복합사판을 갖고 있는 통도요소의 모식도. A: 끝 벽에 있는 경사진 사판(1) 및 측부 세포벽에 있는 사역(2, 정면에서 본 것임)을 보여주는 종단면. 동반세포(3)는 핵을 갖고 있다. B: A에 있는 복합사판을 확대한 자세한 모습. 복합사판이 염주를 꿰어 놓은 것처럼 보이며; 사부요소의 핵은 퇴화되며 남아 있는 일부 소기관들은 크게 변형되지만, 원형질막(4)은 그대로 남아 있다. C: 정면에서 본 복합사판의 자세한 모습.

1 기울어진 사판 2 사역(정면에서 본 모습)
3 동반세포 4 원형질막

175

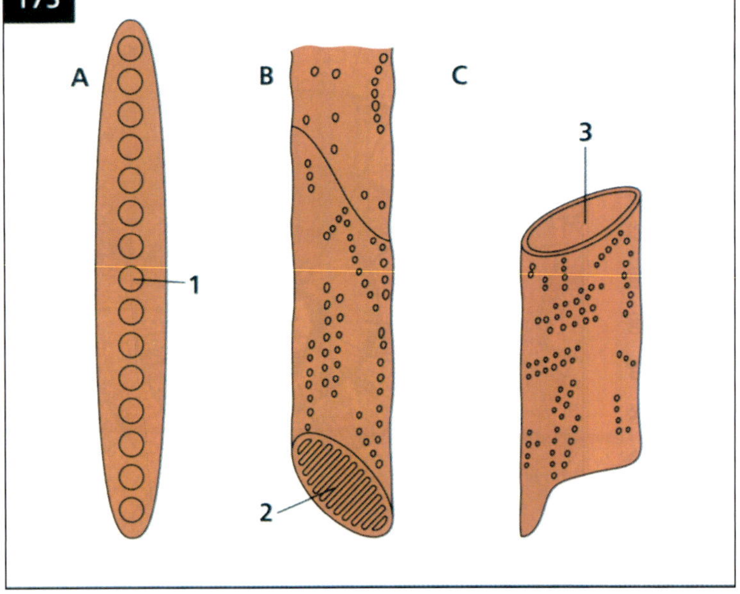

175 해리된 목재에서 볼 수 있는 분리된 도관요소들을 나타낸 모식도. 많은 벽공(1)이 도관요소의 측부 세포벽에 있으며, 다른 도관요소와 연결되는 곳에 있는 벽공들은 일반적으로 테두리(border)가 있다. A: 두꺼운 세포벽을 가지며 긴 하나의 세포로 된 가도관은 끝으로 갈수록 뾰족하다. B: 벽공이 있는 하나의 도관에서 경사진 계단상 천공판(2)을 정면에서 볼 수 있다. 이 도관요소는 비스듬한 선으로 보이는 천공판에 의해서 다른 도관요소와 연결되어 있다. C: 분리된 도관요소의 끝에 거의 횡으로 위치하는 단천공판(3)을 보여주고 있다.

1 벽공 2 계단상 천공판 3 단천공판

176

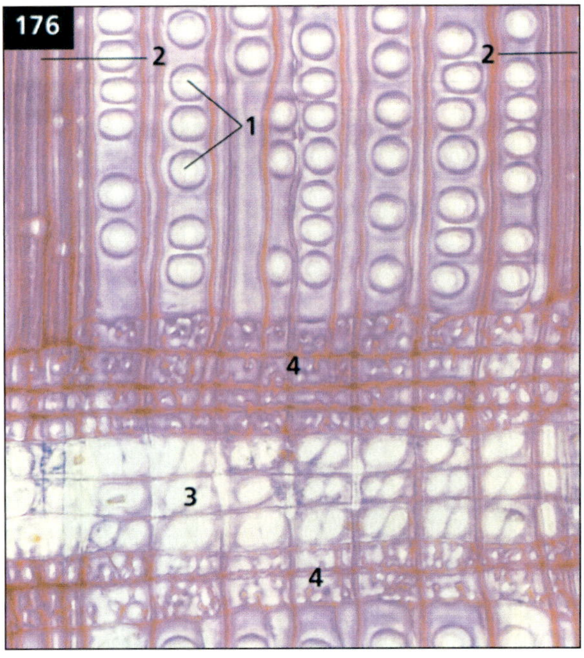

176 송백류인 *Pinus ponderosa*(폰데로사소나무) 줄기 목재의 방사단면. 다수의 커다란 유연벽공(1)이 일찍 형성된 가도관의 방사면 세포벽을 따라서 일렬로 나 있다. 만재 가도관(2)의 좁은 띠를 분명하게 볼 수 있다. 키가 큰 방사조직이 장축의 가도관에 직각으로 재를 가로지르며, 방사 유조직(3) 및 방사 가도관(4)을 볼 수 있다. (광학현미경)

1 벽공 2 만재 가도관 3 방사 유조직 4 방사 가도관

177

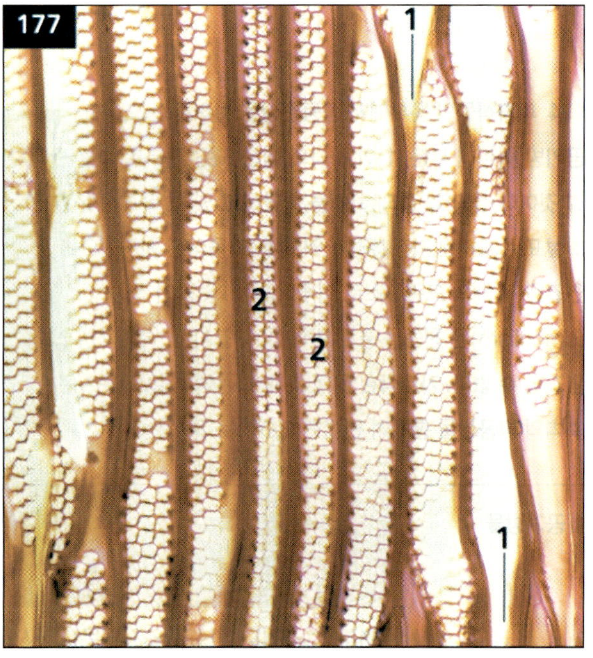

177 송백류인 *Araucaria angustifolia*(브라질소나무) 2기 목부의 방사단면. 긴 가도관의 끝이 뾰족하지만(1) 구멍은 뚫려 있지 않다. 그러나 물은 수많은 벽공(2)을 통해서 하나의 가도관에서 다른 가도관으로 이동한다. 벽공들은 방사면 세포벽에 호생으로 배열되어 있다. (광학현미경)

1 끝이 뾰족한 가도관 2 유연벽공

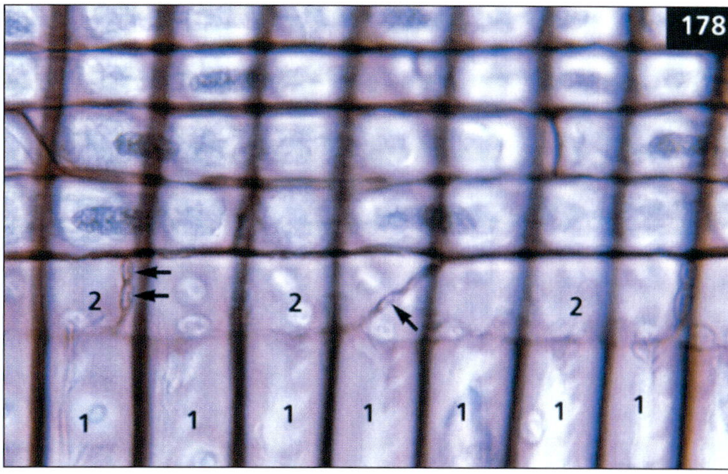

178 *Pinus strobus*(스트로브잣나무)목재의 방사단면으로 수직으로 배열된 주축 가도관을 가로질러 있는 수평 배열된 방사조직을 보여준다. 방사 유조직 세포들이 주축 가도관들(1)과 만나는 곳에 있는 크고 둥글며 옅은 부위가 교차-지역 벽공(cross-field pit)들이다. 또한 이 잣나무는 방사조직의 맨 아래쪽 가장자리를 따라서 수평으로 배열된 방사 가도관(2)을 갖고 있다. 방사 가도관은 끝 벽에 있는 원형 유연벽공(화살표들)에 의해서 서로 연결되어 있으며, 측부 세포벽에 있는 원형 유연벽공에 의해서 주축 가도관에 연결되어 있다. (광학현미경)

1 주축 가도관 2 방사 가도관

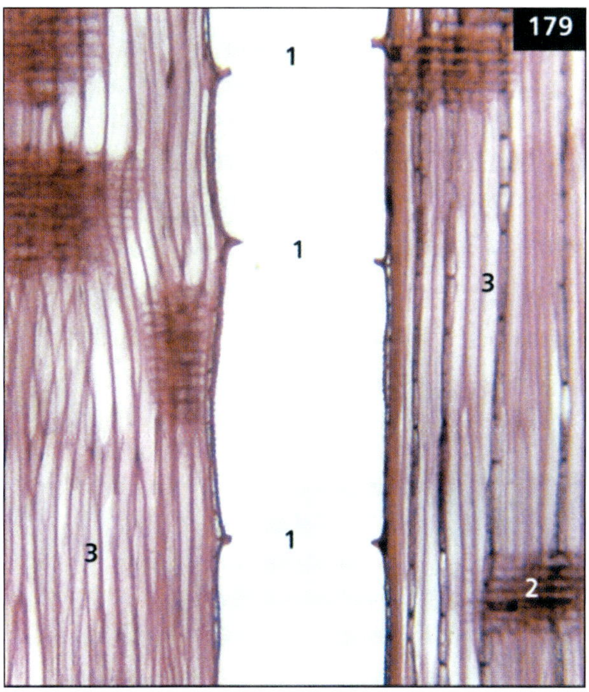

179 쌍자엽식물인 *Juglans cinerea*(백호두나무) 목재의 방사단면으로 중앙에 수직으로 배열된 넓은 도관을 볼 수 있다. 네 개의 도관요소가 천공(1)에 의해 서로 연결되어 있다. 세포에서 천공이 생기는 동안 각 끝 벽이 모두 분해되지 않았기 때문에, 천공판의 좁은 가장자리가 각 천공 주위에 남아 있다. 이 도관요소들의 앞뒤에 있던 세포벽은 잘려 나갔다. 방사조직(2), 섬유(3). (광학현미경)

1 천공판의 테두리가 남아 있는 천공 2 방사조직
3 섬유

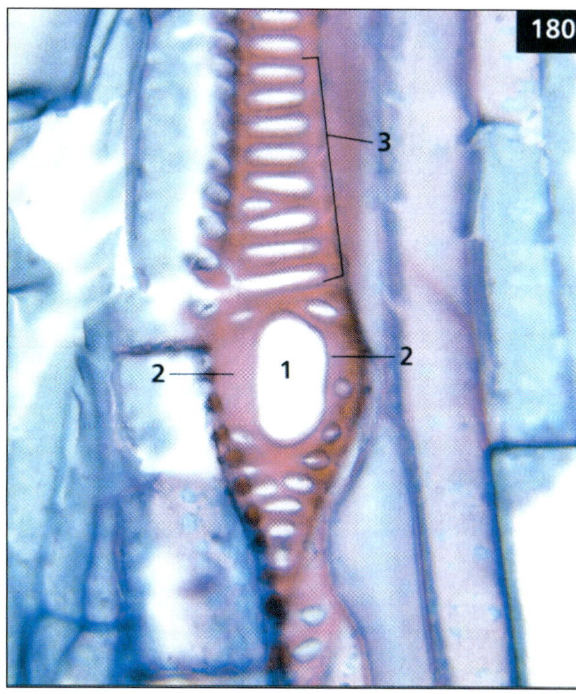

180 쌍자엽식물인 *Euphorbia horrida*(바늘대극) 목재의 방사단면으로 하나의 타원형 천공(1)을 갖고 있는 도관요소에서 경사지고 뾰족한 끝 벽(천공판)을 볼 수 있다. 천공판에서 분해되지 않은 부분은 테두리 같은 가장자리(2)로 남아 있다. 계단상 벽공이 측부 세포벽에 있다(3). (광학현미경)

1 단천공 2 천공판의 가장자리
3 계단상 벽공

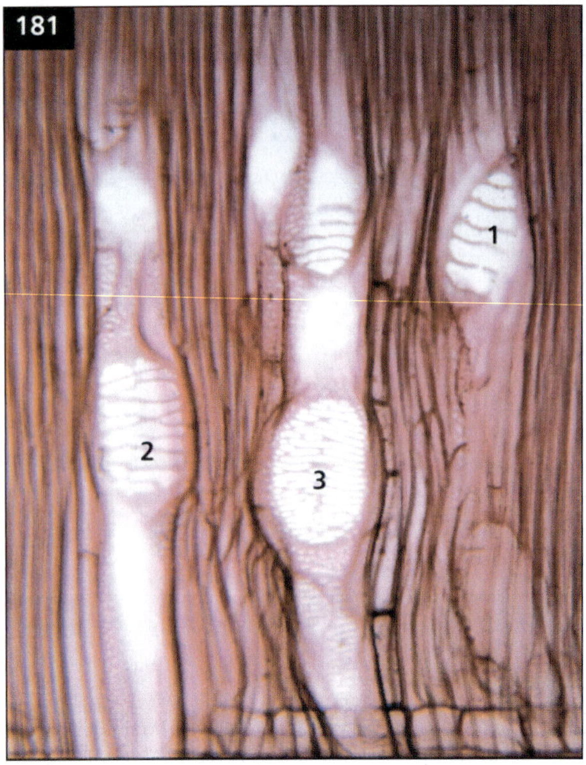

181 쌍자엽식물인 *Schefflera digitata*(쉐플레라속 일종) 목재의 방사단면. 수직으로 배열된 세 개의 도관에서 여러 개의 천공판이 정면으로 보인다. 하나는 계단상 천공판(1)이고 다른 하나는 망상 천공판(2)이며, 또 다른 하나는 거의 계단상이지만 약간의 망상 구조(3)도 보인다. (광학현미경)

1 계단상 천공판　　2 망상 천공판
3 거의 계단상이지만 약간의 망상 구조를 갖는 중간 단계의 천공판

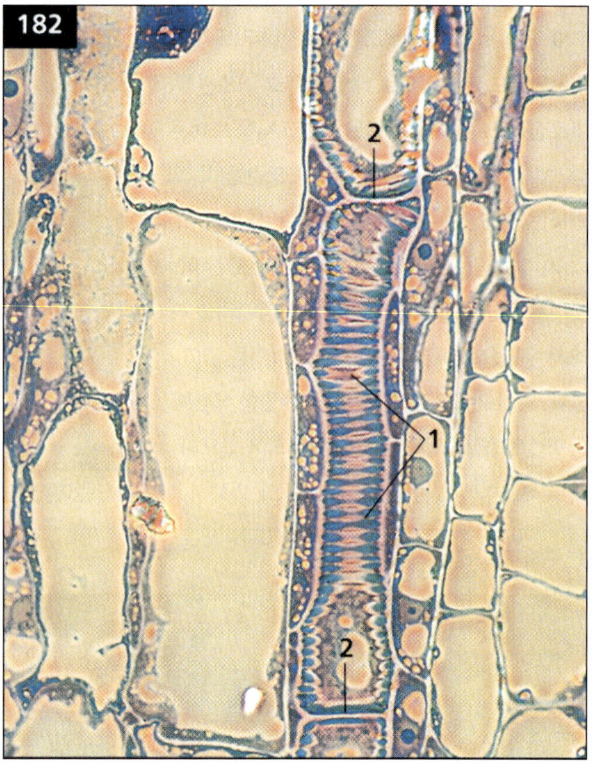

182 쌍자엽식물 *Phaseolus vulgaris*(강낭콩)의 줄기에서, 분화하는 후생목부 요소들 중에서 좁은 것(아직 세포질이 남아 있음; 참조, 55)의 세포벽(측부 세포벽)은 계단상(scalariform)으로 비후되는 것을 보여준다(1). 이 요소의 횡단 세포벽(2)은 나중에 단천공을 형성하기 위해서 파괴된다(참조, 180). (G-Os, 위상차현미경)

1 계단상 세포벽 비후　　2 횡단 세포벽

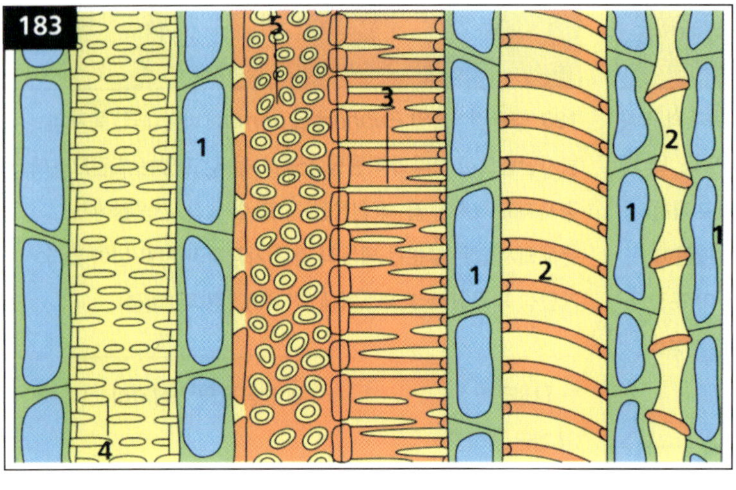

183 쌍자엽식물에서 1기 목부의 종단면을 나타낸 모식도. 목부는 복합조직(참조, 128)이며 살아 있는 주축 유조직 세포들(1)이 죽은 도관요소들 사이에 산재되어 있다. 도관요소들은 원생목부와 후생목부로 구성된다. 원생목부에서 목질화 된 2차벽이 섬유소로 된 1차벽 위에 환상(2) 또는 나선상으로 집적된다. 반면 후생목부에서 목질화 된 2차벽은 훨씬 더 광범위하게 그리고 계단상(3), 망상(4) 또는 벽공상(5)으로 집적된다.

1 주축 유조직 세포　　2 환상 원생목부　　3 계단상 후생목부　　4 망상 후생목부　　5 벽공상 후생목부

184 단자엽식물인 *Dracaena fragrans*(드라케나속 일종; 행운목, 역자 주) 1기 목부의 횡단면. 왼쪽(1)의 도관요소들은 나선상으로 비후된 2차벽을 갖고 있으며; 1차벽은 너무 얇아서 투명한데 여기서는 보이지 않는다. 중앙의 도관요소(2)는 계단상으로 배열된 벽공을 갖고 있다. 사부(3). (광학현미경)

1 나선상 2차벽
2 계단상 2차벽
3 사부

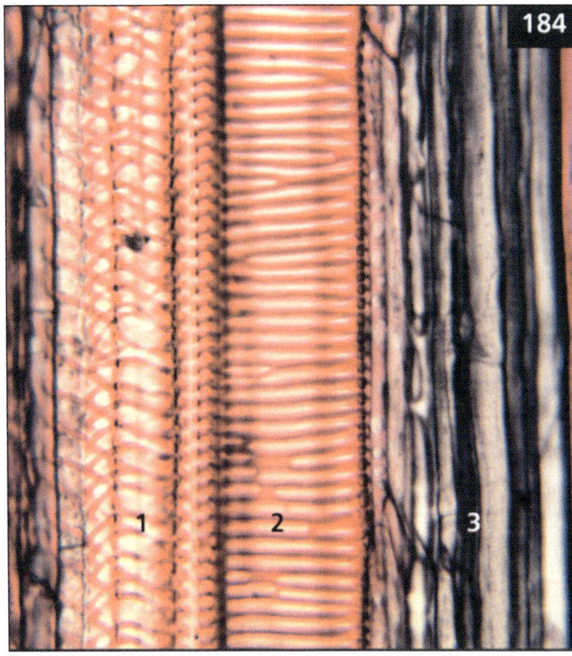

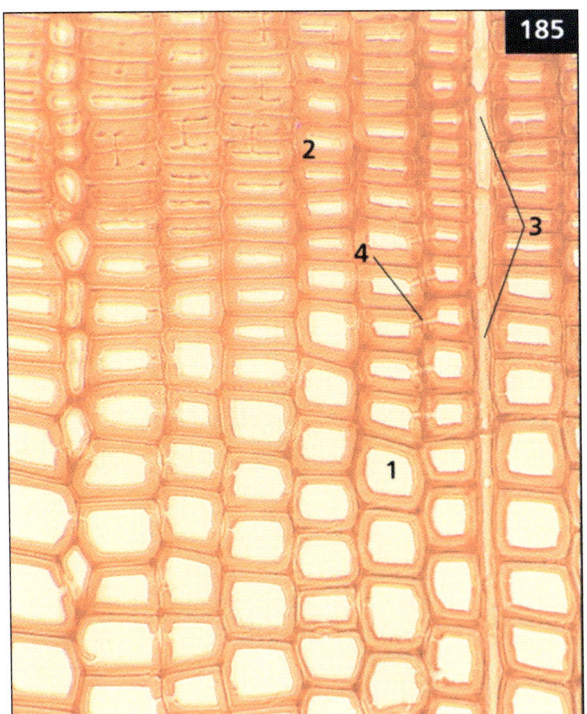

185 송백류인 *Thuja*(측백나무속) 목재의 종단면으로 방사상으로 배열된 가도관을 보여준다. 조재 가도관(1)은 넓고 만재(2)는 좁다. 목재를 가로지르는 좁은 방사조직(3)과 가도관의 방사면 세포벽에 있는 벽공(4)을 볼 수 있다. (광학현미경)

1 조재 가도관 2 만재 3 방사조직 4 벽공

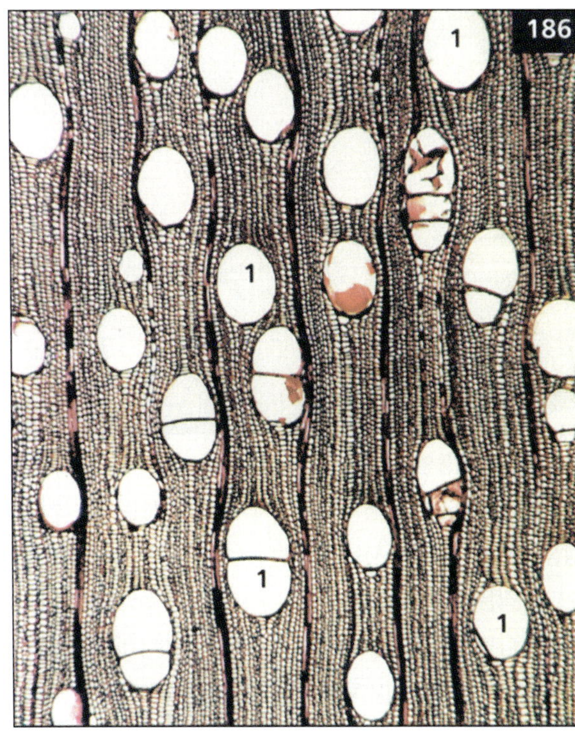

186 쌍자엽식물인 *Aucomea klaineana*(아우코메아속 일종) 2기 목부의 횡단면. 이 식물의 원산지는 서아프리카이며, 열대지방의 많은 교목들에서처럼, 넓은 도관들(1)이 목재 전체에 고르게 분포하기 때문에 생장륜이 뚜렷하게 보이지 않는다. (광학현미경)

1 넓은 도관

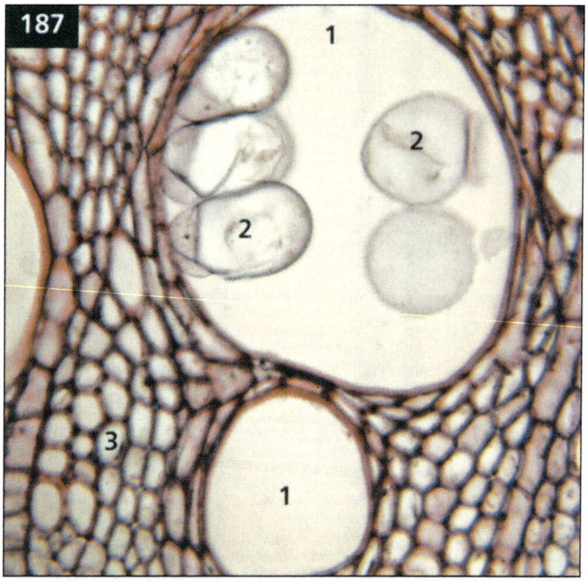

187 쌍자엽식물인 *Machaerium purpurascens*(마케리움속 일종, 콩과) 목재의 횡단면으로 세 개의 도관을 보여주고 있으며; 다섯 개의 전충체(2)가 하나의 도관 속으로 밀고 들어가기 시작하였다. 전충체들은 이 도관이 완전히 밀폐될 때까지 계속 확장된다. 섬유들(3)이 목재의 기질을 구성하고 있다. (광학현미경)

1 도관 2 전충체
3 목재 섬유

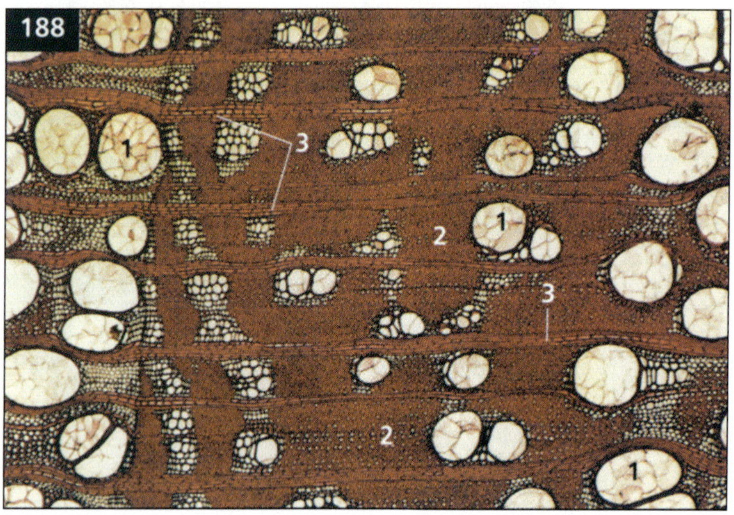

188 쌍자엽식물인 *Robinia pseudoacacia*(아까시나무)의 환공재(2기 목부)를 보여주는 횡단면. 두꺼운 2차벽을 갖고 있는 넓은 소공(도관)은 이른 생장기에 형성된 목재 부분에 제한되어 있으며, 전충체들로 채워져 있다(1). 수많은 작은 도관들은 늦게 형성된 목재 부분에 무리지어 있다. 첫 해에 생긴 만재와 다음 해에 생긴 조재 사이에 경계가 생긴다. 도관들은 좁고 매우 두꺼운 세포벽을 가진 섬유들(2)로 싸여있다. 주축 유조직은 도관 주변에 있는 좁고 얇은 세포벽을 가진 세포들로 이루어져 있다. 수많은 유조직성 방사조직(3)은 여러 세포 두께의 폭으로 되어 있고, 두꺼운 세포벽을 가지며 목재를 가로질러 방사상으로 배열되어 있다. (광학현미경)

1 전충체 2 두꺼운 세포벽을 가진 섬유
3 유조직성 방사조직

189 위 가지를 쳐낸 오래된 *Fagus sylvatica*(너도밤나무 일종)의 수간으로, 가운데가 갈라져 있고, 심재가 썩어서 비어 있다. 부정근들이 썩은 가운데 부분으로 자라 내려와 있으며, 부패시키는 미생물들에 의해 방출된 영양분의 일부를 재사용하고 있다.

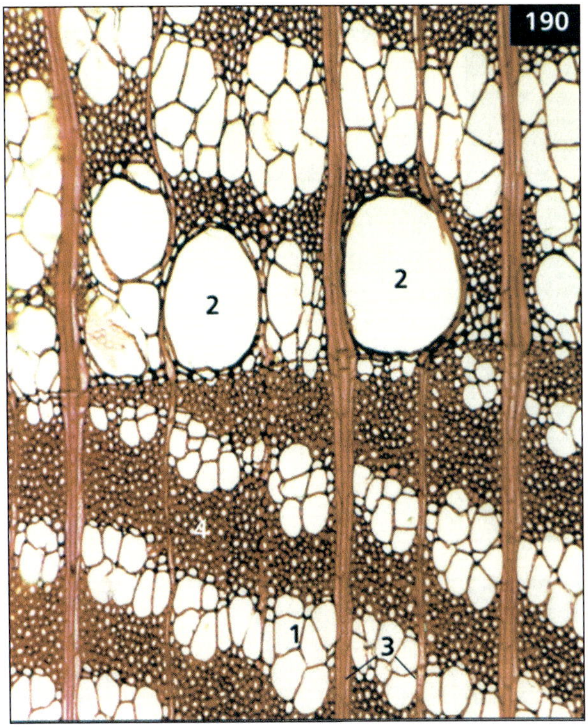

190 쌍자엽식물인 *Ulmus americana*(미국느릅나무) 2기 목부의 횡단면. 이 목재는 환공재이며 지난해의 늦은 생장기에 형성된 좁은 도관(1)과 새로운 생장이 시작되는 시기에 형성된 넓은 도관(2) 사이의 경계를 확실하게 보여준다. 방사 유조직(3), 섬유(4). (광학현미경)

1 늦은 시기의 좁은 도관　2 새로운 시기의 넓은 도관
3 방사 유조직 4 섬유

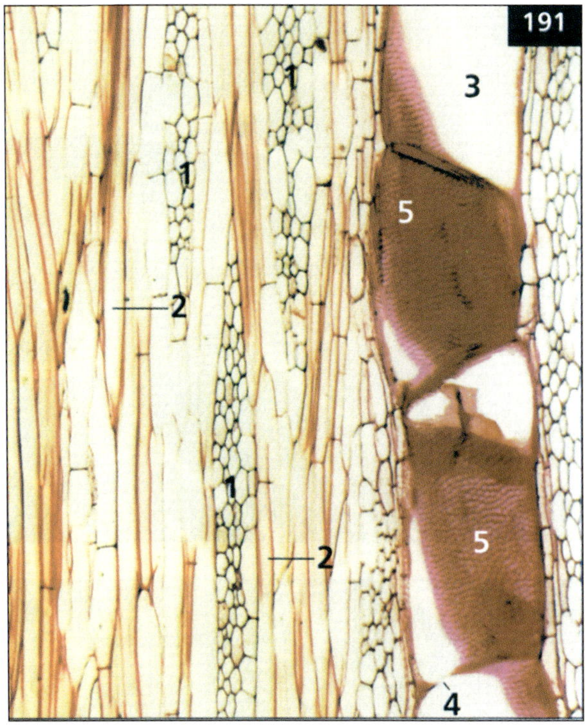

191 쌍자엽식물인 *Ochroma lagopus*(발사나무, 아욱과) 2기 목부의 절선단면. 많고 큰 유조직으로 된 방사조직(1), 얇은 세포벽을 가진 섬유(2), 비교적 적고 얇은 세포벽을 가진 도관(3) 등은 이 목재를 매우 가볍게 만든다(비중, 0.1－0.16). 천공판(4), 도관에서 호생으로 배열된 벽공(5). (광학현미경)

1 유조직성 방사조직　2 얇은 세포벽을 갖는 섬유
3 얇은 세포벽을 갖는 도관　4 천공판
5 벽공

192 송백류인 *Pinus*(소나무속)의 절선단면. 유연벽공(1)이 가도관의 방사면 세포벽에는 있지만 절선면 세포벽(2)에는 없다. 많은 비계층상 방사조직(3)은 세포 한 개의 폭으로 이루어지며 길이로 많은 세포를 갖는다(참조, 176). (광학현미경)

1 방사면 세포벽의 유연벽공
2 절선면 세포벽(벽공이 없음)
3 비계층상 방사조직

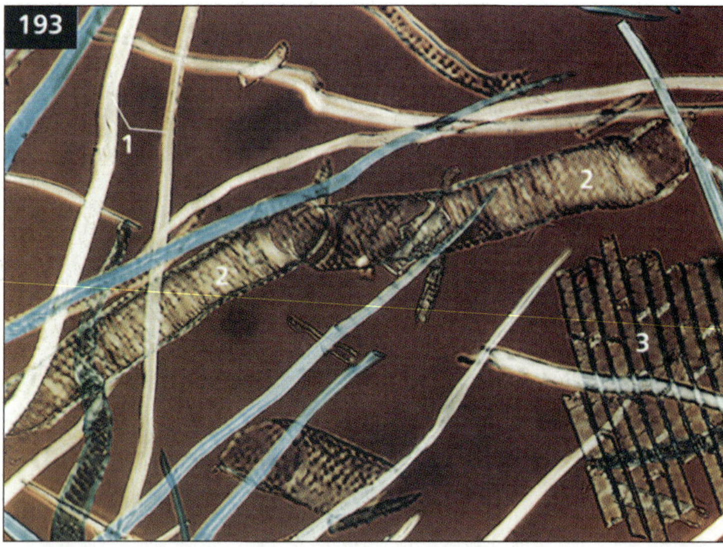

193 쌍자엽식물인 *Quercus alba*(미국참나무)에서 해리된 목재. 길고 좁은 섬유들(1)은 벽공이 없으며; 이와 대조적으로 직경이 넓은 도관요소(2)는 많은 벽공을 보여 준다. 방사 유조직 세포(3)도 명확하게 볼 수 있다. (편광현미경)

1 섬유

2 도관요소

3 방사 유조직 세포

194 쌍자엽식물인 *Fraxinus americana*(미국물푸레)에서 해리된 목재. 해리된 도관요소들은 측부 세포벽에 많은 벽공이 있고 단천공판이 도관요소 끝에 있다. (편광현미경)

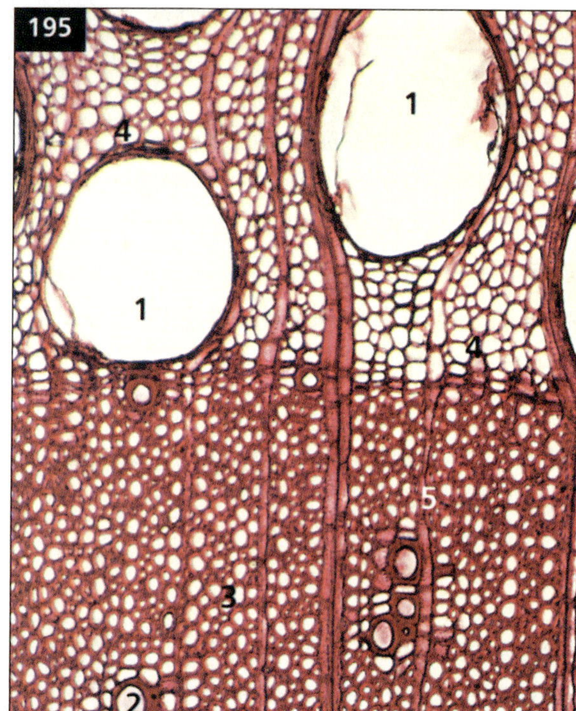

195 쌍자엽식물 *Fraxinus americana*(미국물푸레) 줄기에서 환공재의 횡단면. 매우 넓은 도관들(1)은 조재에서 그리고 좁고 하나 또는 (흔히 쌍으로)모여 있는 일부 도관들(2)은 만재에서 볼 수 있다. 만재는 좁고 두꺼운 세포벽을 가진 섬유들(3) 속에 둘러싸여 있으며, 조재의 섬유 가도관(fiber tracheid, 4)은 얇은 세포벽을 갖고 있다. 좁은 방사조직(5)은 목재를 가로질러 있다. (광학현미경)

1 넓은 도관 2 좁은 도관 3 두꺼운 세포벽의 섬유

4 섬유 가도관 5 방사조직

196 쌍자엽식물인 *Pterygota kamerunensis*(프테리고타속 일종, 아욱과) 2기 목부의 횡단면. 이 목재는 횡으로 배열된 넓은 유조직 띠(1)와 넓은 다열 방사조직(2)을 보여준다. 도관(3). (광학현미경)

1 유조직 2 다열 방사조직
3 도관

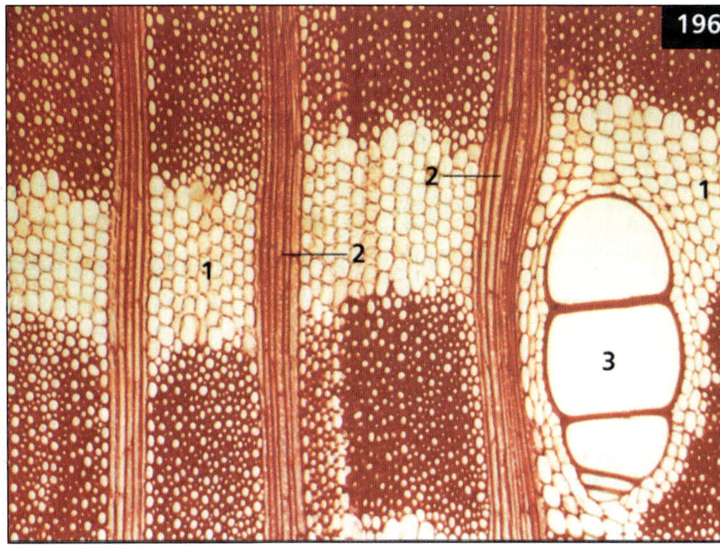

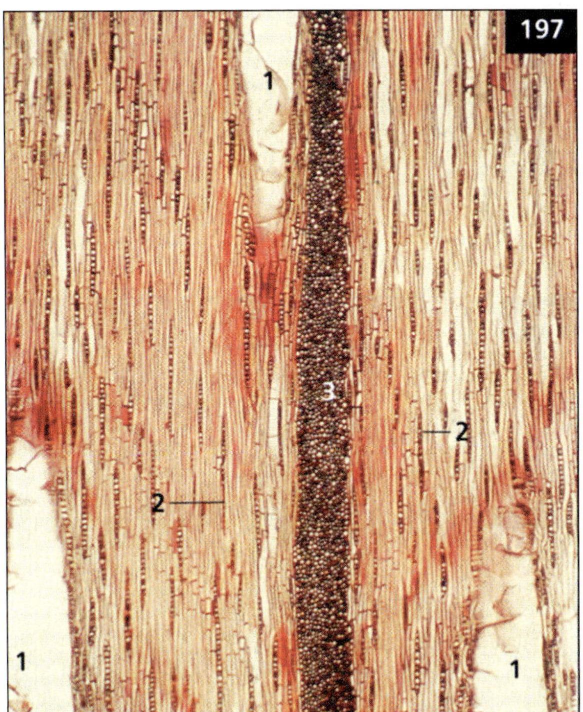

197 쌍자엽식물인 *Quercus alba*(미국참나무) 2기 목부의 절선단면. 다수의 넓은 도관들(1)은 전충체를 갖고 있으며 많은 단열 방사조직들(2)은 짧다. 이와 매우 대조적으로, 대단히 넓은 다열 방사조직(3)도 있다. 또한 주축 유조직의 띠들이 좁은 도관요소 및 섬유 사이에 있다. (광학현미경)

1 도관 2 단열 방사조직
3 넓은 다열 방사조직

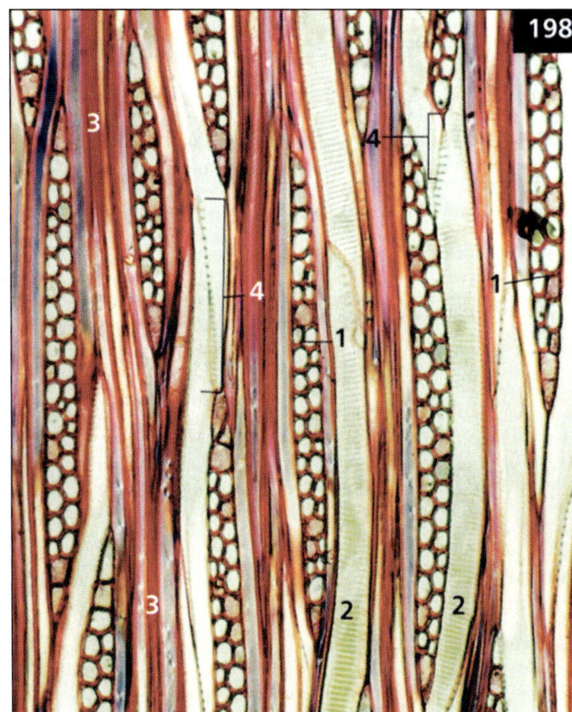

198 *Magnolia grandiflora*(태산목) 2기 목부의 절선단면. 많은 다열 방사조직(1)이 일정한 직경의 도관들(2) 및 좁은 섬유들(3) 사이에 있다. 계단상 천공판(4). (광학현미경)

1 다열 방사조직 2 도관
3 섬유 4 계단상 천공판

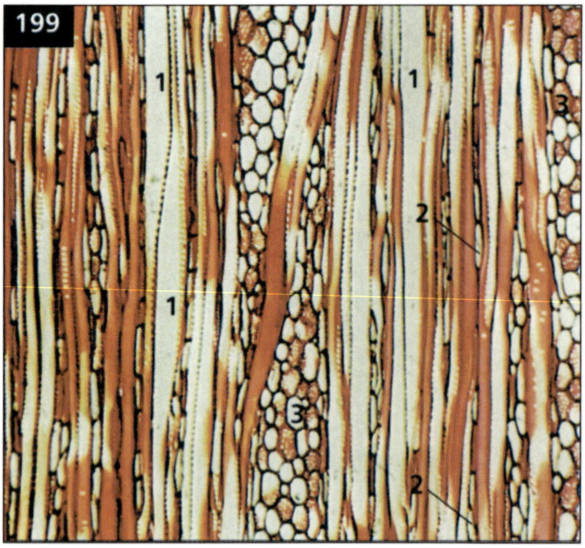

199 기저 피자식물의 하나인 *Drimys winteri*(드리미스속 일종) 2기 목부의 절선단면. 이 원시적인 피자식물은 도관을 갖고 있지 않지만(참조, 200) 많은 가도관(1)이 목부에 생긴다. 단열(2) 및 다열(3) 방사조직이 모두 목재 속에 있다. (광학현미경)

1 가도관　　2 단열 방사조직　　3 다열 방사조직

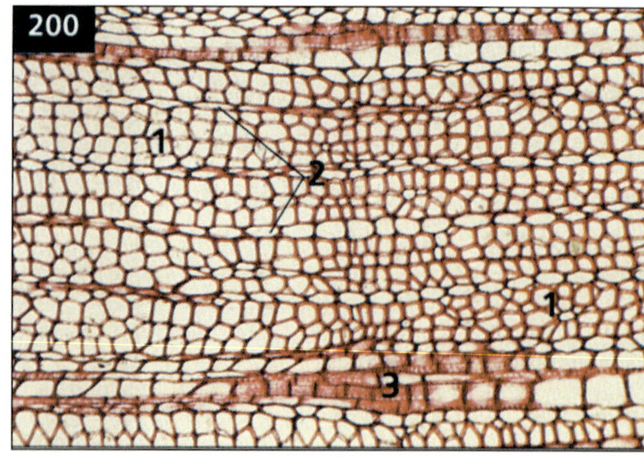

200 원시적인 기저 피자식물 *Drimys winteri*(드리미스속 일종) 목재의 횡단면. 이 목재는 도관이 없으며 일정한 직경의 가도관(1)을 갖고 있다. 단열(2) 및 다열 방사조직(3)이 있다. (광학현미경)

1 가도관　　2 단열 방사조직
3 다열 방사조직

201 쌍자엽식물인 *Quercus alba*(미국참나무) 환공재의 횡단면. 조재의 넓은 도관들(1)이 만재의 좁은 도관과 대조적이다. 만재에 있는 도관들(2)은 다소 방사상의 띠를 이루어 분포하며 그 사이에 매우 좁은 도관요소들이 있다. 또한 수많은 방사조직도 있다. (광학현미경)

1 조재 도관　　2 만재 도관

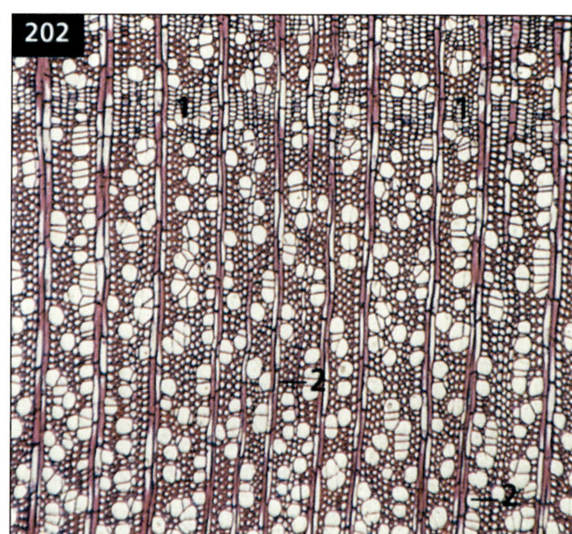

202 *Magnolia grandiflora*(태산목) 산공재의 횡단면. 좁고 아주 일정한 도관들이 만재의 좁은 띠 부분(1)을 제외하고 생장륜 전반에 걸쳐 고르게 퍼져 있다. 수많은 좁은 다열 방사조직이 있다(2). (광학현미경)

1 만재 도관　　2 다열 방사조직

203 *Tilia x europea*(라임나무)의 주축을 이루는 줄기에서 큰 가지들이 약간 기울어져 나와 있으며 그 기부에는 수많은 덤불모양의 부정 슈트들이 형성되어 있다.

204 바람이 센 지역에서 *Populus*(사시나무속) 식물의 누워 있는 수간(trunk)으로 이곳에서 나온 가지들이 직립하는 커다란 수간으로 발달해 있다.

205 거대한 *Cedrus deodora*(개잎갈나무)의 수간으로 커다란 옆 가지의 상처를 볼 수 있다. 나자식물에서, 반응(압축)재는 가지의 아래에 발달한다. 원래의 수(pith)의 위치(1). 상처의 가장자리에서 캘러스가 생겨서 코르크(2)로 상처를 덮기 시작하고 있다.

1 원래의 수의 위치 2 상처 코르크(wound cork)

206 *Castanea sativa*(밤나무 종류, 쌍자엽식물) 줄기의 횡단면; 오래된 밑동에서 발달한 매우 큰 가지들 중의 하나로, 가지의 아래쪽에 두드러지게 발달된 목재를 보여준다. 원래의 수의 위치(1).

1 원래의 수의 위치

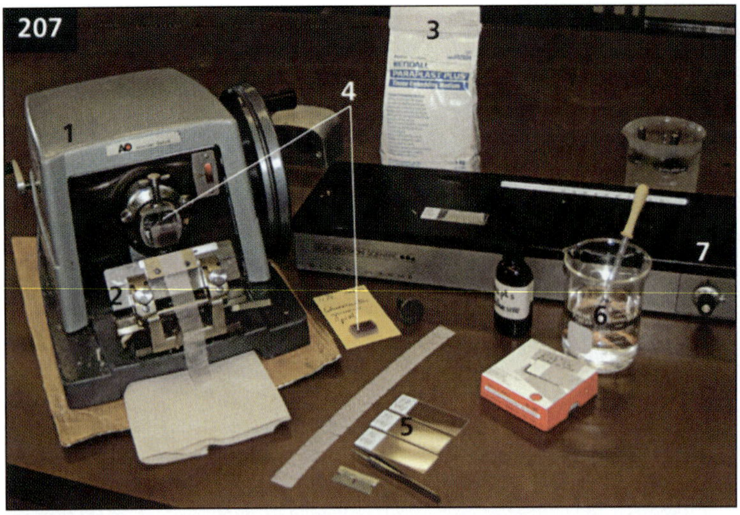

207 식물 재료의 파라핀 절편을 자르기 위한 기구들로, 회전 마이크로톰(1), 칼(2), 파라핀(3), 파라핀으로 포매된 시료(4), 접착제를 입힌 받침유리(5), 증류수(6), 받침유리 보온기(7) 등이 있다.

1 회전 마이크로톰 2 칼 3 파라핀
4 파라핀으로 포매된 시료
5 받침유리
6 증류수
7 받침유리 보온기

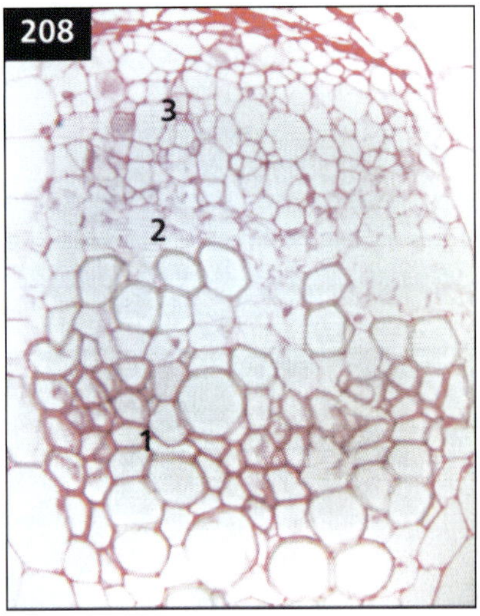

208 *Corryocactus*(코리오선인장속) 줄기의 염색되지 않은 횡단면. 절단된 후에 목재(1), 관속형성층(2), 2기 사부(3) 등을 받침유리에 부착시켜서 파라핀을 제거했다. 염색을 하지 않으면, 조직들을 거의 구별할 수 없다. (광학현미경)

1 목재 2 관속형성층 3 2기 사부

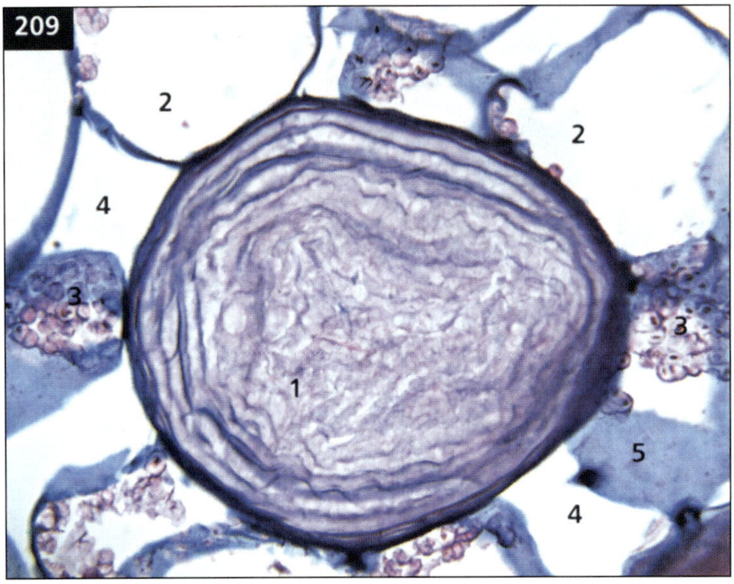

209 *Corryocactus*(코리오선인장속) 줄기의 횡단면. 일부 피층 세포들은 원형질막과 세포벽 사이에 점액을 분비한다. 점액이 축적될 때(1), 원형질은 수축되어 죽고 퇴화된다. 고정 및 탈수 과정에 의해서 이 점액이 안정화되어 그 자리에 남아 있다. 피층 유조직 세포(2), 전분립(3), 세포간극(4), 정면에서 본 1차 세포벽(5). (광학현미경)

1 점액 2 피층 유조직 세포
3 전분립 4 세포간극
5 정면에서 본 1차 세포벽

210 *Corryocactus*(코리오선인장속) 줄기의 횡단면으로 불완전한 고정으로 인하여 생긴 인공 구조물을 보여준다. 즉 중앙 세포에 있는 점액이 고정액에 의해서 완전히 안정화 되어 있지 않다. 이 분비물이 받침유리 위에서 따뜻한 물 위에 떠 있었을 때, 점액 세포의 내용물(자주색으로 염색되었음)이 위쪽과 바깥쪽으로 부풀어서, 받침유리를 건조시킬 때 세포벽 바깥쪽에 위치하게 되었다(화살표). 생체 상태에서는, 점액이 세포간극 또는 세포를 둘러싸는 부분에 있지 않을 것이다. (광학현미경)

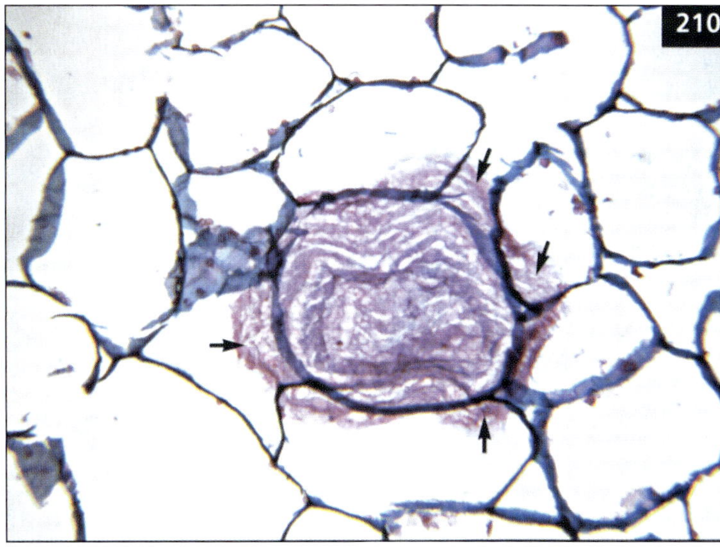

211 *Pinus*(소나무속) 침엽의 횡단면으로 시료를 처리하는 동안 절단 과정에서 생긴 인위적 구조를 보여준다. 즉 기공의 구멍은 너무 넓고 공변세포들(화살표)은 너무 멀리 떨어져 있다. 마이크로톰을 사용하는 동안 이 세포의 앞뒤에서 볼 수 있는 표피가 소실되었다. 따라서 파라핀 이외에 이들 공변세포를 안정화 시킬 수 있는 것은 없는데, 파라핀은 처리 과정 동안에 찢겨졌다. 수지도(1) 엽육 동화조직(2). (광학현미경)

1 수지도 2 엽육 동화조직

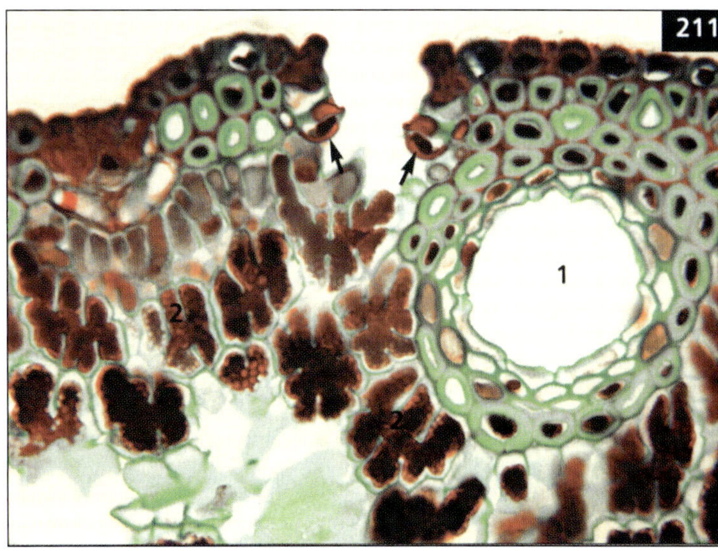

212 *Euphorbia fortuita*(대극속 일종) 줄기의 횡단면. 이 광학현미경 상은 다음과 같이 해석된다: 수 안의 이 관상 구조는 이 시야 속에서 적어도 두 개의 분지관을 가진 하나의 유관(latex duct)이지만, 이 관은 관찰자를 향해서 위로 오르는 또는 뒤로 멀어지는 다른 분지관을 가질 수도 있다. 여기서 보이는 두 개의 측면 분지관은 짧을 수도 있고 또는 더 길지만 절단면의 바깥쪽으로 방향이 바뀌었을 수도 있다. 만약 이 시료가 표시된 선을 따라 절단되었다면, 이 유관은 세 개의 작은 원으로 나타났을 것이다. (광학현미경)

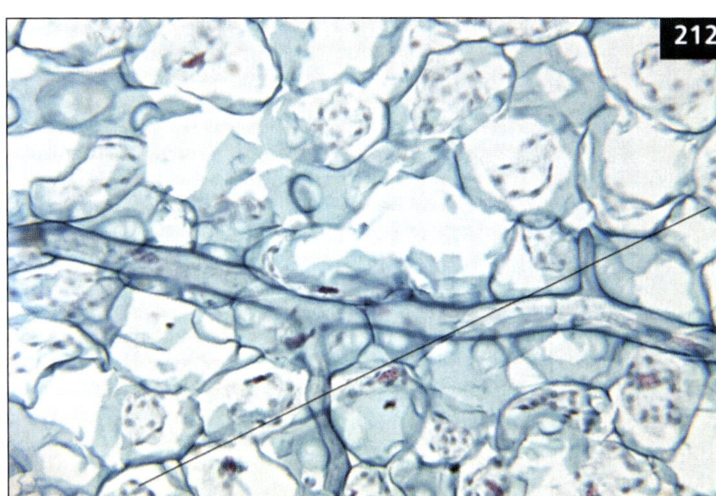

4장 정단 분열조직: 1기 슈트와 뿌리의 발생

서론

발아 중인 어린식물체는 양 극이 있는 배에서 발생하는데, 한 극은 유근(어린뿌리; radicle)이며 다른 한 극은 유경(어린줄기; plumule)이다(**46, 213**). 유경에는 양 쪽에 한 개 또는 그 이상의 자엽이 있다(**32, 46**). 뿌리와 슈트 정단에 있는 분열조직 세포들은(**47, 213-217**) 정단 또는 정단 바로 아래 부분에 있으며(**215-220**) 줄기와 뿌리의 1기 조직으로 분화해 가는 (또 다른 분열조직) 세포들의 기원이 된다. 잎과 눈들은 슈트 정단 주변의 표면층에서 기원되지만(**215, 216, 218, 221**), 측근(곁뿌리)은 뿌리 끝에서 다소 떨어진 곳에서 뿌리 내 깊은 부분으로부터 발생한다(**222**). 세포분열의 속도, 분화 그리고 성숙되는 양상은 뿌리와 슈트 정단의 부위에 따라 매우 다양하다. 분열조직 활성은 보통 정단에서 뒤쪽으로 어느 정도의 거리까지는 나타난다.

영양 슈트 정단

슈트의 정단은 돔 또는 원뿔 모양이며 일반적으로 엽원기(leaf primordia)로 덮여있다(**218, 223-229**). 피자식물 정단의 방사단면에서 바깥쪽에는 1- 수 층의 초층(덮개층, tunica)이 있다. 이 초층은 다소 불규칙하게 배열된 세포 집단인 내체(corpus)를 둘러싸고 있다(**214, 215, 227**). 초층에서 세포들은 주로 수층분열을 하기 때문에 새로 형성되는 세포벽들은 정단 표면에 대하여 수직 방향으로 형성되므로 다른 분열조직 부분과 구분된다. 따라서 초층은 불연속적으로 남아 있으며, 바깥층은 잎, 눈, 어린줄기 등을 덮는 표피로 분화한다(**215, 227**). 슈트 표피는 각피(큐티클, cuticle)로 덮여있는데 줄기 끝 부분도 얇은 각피로 덮여있다(**229**). 나자식물의 경우 정단이 다세포로 되어 있지만 뚜렷한 초층이 나타나지 않는다(**230**).

이처럼 세포가 분열하는 면에 따라 슈트 정단의 부위가 구분되는 것(초층-내체) 외에, 일부 식물 종들에서는 슈트 정단 분열조직 세포들이 세포학 적으로 서로 다른 부분으로 구분된다. 즉 분열조직 중앙부에는 액포가 있는 세포들로 되어있는 늑골형 분열조직이 있으며, 이의 주변부에는 액포가 거의 없고 진하게 염색되는 측면 분열조직이 둘러싸고 있다(**215, 221**). 정단에 있는 일부 세포들은 보다 흐리게 염색이 되며 중앙 모세포 부위를 구성하는데(**221; 215, 227**에서는 보이지 않는다.); 이들은 늑골형 분열조직이나 측면 분열조직 보다 훨씬 느리게 분열하는 것이 확실하다. 늑골형 분열조직은 액포가 만들어지는 세포들이 수직으로 배열하는데(**215, 221**), 이들은 쌍자엽식물의 어린 줄기에서(**218, 219**) 중앙 기본조직 즉 수로 분화한다. 반면에 측면 분열조직은(**215**) 표피, 피층, 전형성층 등을 형성한다(**216, 218, 219, 221**). 그러나 늑골형 분열조직과 측면 분열조직 경계가 확실한 것은 아니어서, 슈트 정단분열조직에서 분화될 때 피층이나 전형성층 조직들이 어느 정도 다양하게 나타난다.

슈트의 정단분열조직은 일반적으로 현미경적인 작은 크기로 폭이 90-300μm 정도이고 수백 개 정도의 세포로 구성된다(**215, 223, 227, 228**). 소철과 많은 선인장 종류에서는 직경이 2500μm 정도로 매우 큰 줄기의 정단분열조직이 있는데(육안으로도 쉽게 관찰됨; **221**), 이들의 초층과 내체 부위는 각각 수천 개의 세포로 되어있다. 분열조직이 좁은 식물들은 수와 피층이 좁고 가늘며 줄기도 가늘게 된다. 이러한 슈트를 가진 식물들은 후에 목재가 형성되어야만 굵게 된다. 이와는 반대로 거대한 정단분열조직에서 생성된 슈트는 폭이 넓은 수, 피층 또는 간혹 이들 모두를 갖고 있어 특별히 넓게 형성된다(**231, 232**). 가는 슈트들은 비교적 가벼워서 그루터기가 많은 수의 가지를 지탱할 수 있기 때문에 수천 개의 작은 슈트 정단 분열조직의 활동으로 많은 수의 가지가 형성된다. 그러나 슈트가 넓은 식물들은 가지가 무겁기 때문에 그루터기는 소수의 가지만을 지탱할 수 있다. 따라서 각 식물들은 소수 또는 한 개의 대형 정단분열조직에서 형성된다(**231, 232**).

잎과 눈의 발달 초기

잎은 슈트 정단분열조직의 가장자리에서 시작되는데, 초층 바깥 쪽 세포들이 수층 분열하고 그 안쪽 조직 내 세포들이 다양한 면으로 분열하여 형성된다(**221, 227**). 슈트 정단과 줄기에 대한 잎의 배열(엽서, phyllotaxy)은 일반적으로 종의 특징이 되며(**224, 226**), 때로는 벼과와 꿀풀과 식물에서와 같이 과의 특징이 된다(**35, 218, 223**). 단자엽식물에서 엽원기는 슈트 정단에서 한 개의 세포로 시작되며, 엽저(leaf base)는 정단의 넓은 둘레까지 확장된다(**35, 36, 228**). 이와는 반대로 쌍자엽식물에서는 엽원기가 일반적으로 정단의 좁은 부분에서 발달하여 처음에는 못 같은 돌기를 형성한다(**224, 225, 229**).

쌍자엽식물에서 엽원기는 슈트 정단에서 한 개로 시작하며 이 후 나선형의 엽서를 만든다(**224, 226**). 이 나선형 엽서는 실제로 두 세트로 구성되어 있는데, 하나는 시계방향으로 다른 세트는 반시계방향으로 배열하며, 두 세트가 서로 교차하는 곳 마다 엽원기를 갖는다(**224, 226**). 대형 슈트 정단분열조직은 한 세트에 55개의 나선이 있고 다른 세트에는 34개가 있는 엽원기 때문에 큰 공간을 갖고 있기도 하다. 많은 종류의 다육성 줄기에서 엽원기는 수직으로 배열하며 슈트는 능선을 형성한다(**231-233**). 엽원기는 마주보는 한 쌍으로 배열하거나(**215, 223**) 또는 세 개 이상의 원기가 윤생엽으로 배열한다(**225**). 벼과식물과 다른 여러 단자엽식물들에서는 잎의 배열이 2열로써(**34**) 보통 180도로 배열한다. 그러나 단자엽식물에서도 나선상 또는 다른 배열형태가 나타나기도 한다.

액아원기는(잎과 줄기사이 겨드랑이 부위에 형성되는 분열조직으로 가지를 형성함, 역자 주) 슈트 정단 가까이에 있는 어린잎과 줄기가 (향축면으로) 연결된 사이에서(엽액 부위) 옆으로 팽창된 분열조직이 형성되면서 시작되며(**215, 223**), 그리고 어린줄기와는 전형성층에 의해서 통도조직이 연결된다(**234**). 그러나 (가지가 형성될 때 액아가 형성되지 않고) 슈트 정단이 똑같이 두 개로 나눠지는(**235**) 차상분지가 여러 피자식물 과에서 나타나기도 하며 비종자 관속식물에서는 차상분지에 의한 가지 형성이 흔히 나타난다. 일부 피자식물에서 액아가 없는 경우도 있고, 또는 슈트 정단 부위에서 떨어진 엽액부위 유조직에서 발달하기도 한다. 많은 종에서 한 개 또는 그 이상의 액아 이외에 부속아가 발달한다(**236**).

슈트에서 부정적으로 눈이 발달하기도 한다(부정아: 원래의 위치가 아닌 다른 위치에서 형성되는 눈, 역자 주); *Linum usitassimum*(아마)의 어린줄기 정단이 상처를 받아 분열조직이 소실되면 이를 대치할 부정아(**237**)가 하배축에서 표피와 피층조직에서 분화가 일어나 형성된다(**238**). 부정아는 흔히 줄기 그리고 때로는 뿌리나 잎(**144, 145**)에서 형성된다. 목본식물의 슈트는 수간이나 큰 가지에 있는(**239**) 휴면중인 눈에서 발달하기도 하며; 일반적으로 이들은 부정아이며 통도조직에 있는 유조직이나 형성층조직에서 내생적으로 기원된다. *Artocarpus altilis*(빵나무, 영명: breadfruit; 뽕나무과), *Ficus*(고무나무속), *Theobroma cacao*(코코아) 등 많은 열대 식물들은 줄기 개화성 식물(cauliflorous plants)로, 성숙한 그루터기에 남아있는 눈 복합체(persistent bud complex)에서 꽃이 핀다(**240**).

많은 열대식물에서 액아는 정아 바로 아래에서 측지로 발달한다. 그러나 또 어떤 종류는 정아(연속생장, sylleptic growth)가 액아에 대하여 정단우세 현상을 나타내기 때문에; 액아는 싹이 트기 전에 인편으로 싸여 휴면시기를 보낸다(주기생장, proleptic growth; **241**).

생식 슈트 정단

많은 현화식물의 종들에서 영양 슈트의 정단이 생식생장단계로 전환되어 꽃이나 화서의 정단으로 변형될 때, 영양 슈트의 정단은 크게 변형되고 결국 완전히 고갈되게 된다. 그러나 일부 식물에서는 영양 눈 대신에 액아인 화원기를 형성할 때에도 슈트 끝이 구조적으로 변화하지 않는다. 예를 들면 *Glechoma hederacea*(병꽃풀 종류)는 다년생의 포복경이 있어서 토양이 흘러가지 않게 유지시켜는 초본류이다. 늦은 봄에, 수평인 슈트는 위로 자라서 각 마디 부위에 작고 많은 자청색의 꽃을 피운다(**242**). 그러나 보통 정단부(**215**)와 화원기(floral primordia, **243**)를 만드는 정단부 사이에 뚜렷한 차이는 없다. 생식단계의 끝이 되면 슈트 정단은 다시 활성을 재개하고 포복경의 말단에 있는 눈으로 계속 자란다. 슈트의 정단부가 생식단계에서 옆으로 자라는 화원기를 형성함에도 불구하고(**244, 245**) 일반 중심 줄기가 계속 자라는 단축생장을 유지하는 종들도 많다.

어린 줄기의 조직 분화

정아에서 전형성층(미성숙 관속 조직)은 기부에 있는 보다 오래된 전형성층 조직에서 정단부로 구정적(求頂的, acropetal; 기부에서 말단부로; 역자 주) 발달을 한다(**216, 243**). 정단 내에서 전형성층은 내부에 있는 측면분열조직으로부터 분열되는데 각 잎은 줄기와 부착하는 부분에서 전형성층과 연결된다(**215, 216**). 전형성층 가닥 내에서 최초의 통도조직은 정단부 가까이에서 분화되기 시작한다(**49, 219**). 원생목부는 일반적으로 목부 가닥의 안쪽 주위에서 발달하는 반면에, 원생사부는 표피근처인 바깥쪽 주위에 형성된다(**20**).

원생사부는 엽원기 기부에 있는 전형성층 가닥들 내에서 처음 분화되는데(**228**), 전형성층은 통도요소들이 짧게 세로로 쌓이면서 양방향으로 분화한다: 위로는 잎 쪽으로 분화하고 아래로는 어린 마디사이(절간) 쪽으로 분화하는데, 마디사이에서 보다 오래되고 큰 목부 가닥들과 연결된다(**246**). 전형층에서 원생사부 분화의 종적인 경로는 정상적으로는 어린 줄기와 엽원기 쪽으로 구정적 분화를 하고, 보다 오래된 눈에 있는 사부요소들과 연결된다. 후생사부는 보다 늦게 분화하는데 원생사부보다 안쪽에 위치하는(구심적) 반면에 후생목부는 원생목부에서 원심적으로 발달한다(**247**). 많은 쌍자엽식물과 나자식물에서 전형성층의 얇은 띠가 목부와 사부사이에 미분화된 상태로 남아있으며 속내 관속형성층(**128**)을 구성하게 되지만, 단자엽식물에는 없다(**20**).

대부분의 쌍자엽식물에서 커다란 유조직성 수가 1기 줄기의 중앙에 자리 잡고 있고, 이들은 불연속적인 관속의 환으로 둘러 싸여 있으며, 그 바깥쪽에는 좁은 피층이 위치한다(**41, 211, 231, 232**). 단자엽식물에서는 명확한 수가 흔하지 않고, 관속은 일반적으로 기본조직 전체에 걸쳐서 복잡한 삼차원적 망(network)으로 배열한다(**40, 228**).

뿌리 정단

대부분의 식물 종에서 뿌리의 정단이 보호조직인 뿌리골무로 덮여있기 때문에, 실제로 정단은 그 기부 쪽에 있으며(**248**), 일부 수생식물들에서는 뿌리골무가 없다. 바깥쪽의 뿌리골무를 구성하는 세포들은 다량의 골지체가 활동하여(**66**) 토양의 근권(根圈, rhizosphere; **249**)으로 다량의 점액겔(mucigel)을 분비한다. 또한 뿌리 정단부의 뒤쪽에 발달하는 뿌리털들(**250**)이 더 많은 점액겔을 분비한다. 옥수수 같은 일부 식물에서는 뿌리골무가 자기만의 뚜렷한 시원세포를 가지고 있다(원뿌리골무, calyptrogen; **248**). 초기의 표피(원표피)와 피층도 원뿌리골무 근처에 있는 한 개의 세포층까지 기원을 추적하는 것이 가능하다. 또한 전형성층 중심주(**217**)도 확실하게 원표피-피층(**248**) 안에 있는 세 번째 시원세포 층에서 기원된다. 그러나 일부 분류군에서는 원표피와 뿌리골무가 같은 시원세포 층에서 기원되지만, 또 다른 종류에서는 뿌리골무와 다른 모든 부위가 공통의 시원세포군으로 모이게 된다(**251**).

활발하게 생장하는 뿌리의 정단부는 분열정지부(**252**)로 나타나서, 앞에서 설명한 정단시원세포군의 양상은 뿌리원기가 활발하게 생장을 시작하기 전에 이미 정단부의 구조를 나타낸다. 옥수수에서 원표피, 피층, 전형성층의 시원세포들(**248**)은 모두 넓은 분열정지부 안에 있는데, 이 세포들은 원뿌리골무세포들이 열두 시간마다 한 번씩 분열하는 것과는 대조적으로 평균 174시간에 한번 분열한다. 원뿌리골무로부터 멀리 떨어진 분열정지부의 표면에서는 세포들이 빠르게 분열하며, 원표피, 피층, 전형성층의 진정한 시원세포가 된다. 만일, 이온을 발생시키는 방사선으로 뿌리 끝에서 분열하는 세포들이 손상을 입으면, 여기에 저항성이 있는 분열정지부 세포들이 다시 활성을 나타내어 새로운 정단을 재생하게 된다.

뿌리 정단은 정상적으로는 측근을 만들지 않지만; 대신에 뿌리털 부위의 기부(**250**)인 정단에서 수 mm 떨어진(**222**) 성장 중인 뿌리에서는 정상적으로 발달한다.

어린 뿌리의 조직 분화

전형성층 내에서 목부와 사부의 종적인 분화는 구정적으로 일어난다. 이들 관속 조직들은, 활발하게 길이생장을 하는 뿌리보다 느리게 생장하거나 휴면상태의 뿌리에서, 보다 정단에 가까운 곳에 발생한다. 처음 성숙한 원생사부요소들은 전형성층 중심주의 주변에 나타나며, 처음 성숙한 원생목부(**220**)보다는 뿌리 정단에 더 가깝게 분화한다. 반대로 앞으로 후생목부가 될 세포들은 원생사부보다 더 정단에 가까운 곳에서, 뚜렷한 액포화 생장(**217**)을 함으로써 구분된다. 원생사부에서 어느 정도 떨어진 곳에서, 성숙한 원생목부요소들이 원생사부층 사이에서 발달한다. 후생사부와 후생목부는 원생사부와 원생목부(**220**)에 의해서 구분되는 반경에서 구심적으로 성숙이 진행되어(**253**), 성숙한 1기 뿌리의 통도계가 형성된다(**254**). 전형성층의 바깥층은 유조직성 내초로 발생한다(**220, 254**).

쌍자엽식물 뿌리에서 목부와 사부사이에 있는 조직은 관속형성층을 형성하는데(**254**), 후에 원생목부 극을 지나 옆으로 퍼져서 연속된 분열조직을 형성한다(**38**). 관속 중심주는, 흔히 뚜렷한 세포간극을 갖는, 유조직성 피층으로 둘러싸인다(**42, 253**). 내초는 한 층의 내피로 둘러싸이는데(**42, 254, 255**), 내피의 방사면 벽과 횡단면 벽에 목질소와 슈베린이 침투되어 카스파리 띠를 형성한다(**256**). 옆으로 연속된 띠는 불투수성이기 때문에, 물과 용질이 이 층을 건너 이동할 때는 전원형질(symplast)로만 이동하게 된다(**256**). 많은 종, 특히 단자엽식물의 뿌리에서 내피의 목질화(木質化, lignification)와 목전화(木栓化, suberization)는 후에 전체 벽으로 확장되고, 추가적으로 섬유소에 의한 비후가 일어나기도 한다(**255**). 그러나 이러한 세포들은 원형질연락사를 통해서 피층에서 중심주로 전원형질 이동을 하게 만든다.

내피는 중요한 선택적 장벽이지만, 토양에서 흡수한 유용한 이온들(칼륨, 인산염)이 관속 중심주로 능동적 수송을 하도록 한다. 그러나 칼슘의 경우 확실히 전세포벽으로 이동하므로 내피를 통하여 관속 중심주로 들어갈 수 없지만, 대신에 카스파리 띠가 발달하지 않은 거의 성숙하지 않은 뿌리에서는 관속 중심주로 통과한다. 관속 중심주로 이온이 능동적 수송을 하는 것은, 슈트로 물이 이동할 때 증산작용에 대하여 보조적인 역할을 하는, 근압설을 증명한다.

일부 뿌리에서 바깥쪽의 피층이 하나 내지 여러 층의 외피로 분화하지만(**42**), 방사면 벽에 있는 카스파리 띠는 보통 원형질체에 인접해서(**257**) 목전화된 판이 쌓여 덮여진다. 정단 바로 위에 있는 흡수부위에서는 뿌리털이 표피로부터 발달하며(**250**); 또한 물의 흡수는 뿌리털이 없는 표피 표면에서도 일어나고 어떤 종에서는 뿌리털이 없는 경우도 있다. 일부 착생식물인 난과와 토란 종류의 기근(aerial root)에서는 다층 표피가 근피로 발달하며(**257, 258**), 근피의 세포벽은 섬유소의 띠에 의해서 두꺼워진다. 이러한 근피는 열대숲의 다습한 공기로부터 물을 흡수할 수 있도록 적응된 것으로 보인다.

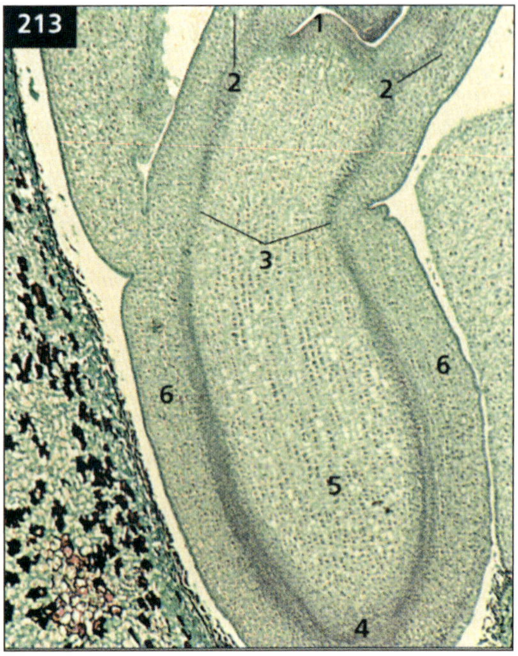

213 쌍자엽식물인 *Phaseolus vulgaris*(강낭콩)에서 양극성 배의 방사단면. 반구형이며, 진하게 염색되고 작은 세포들로 되어있는 슈트 정단(1)에는 한 쌍의 엽원기(2)가 발생하는데, 여기에서 뚜렷한 전형성층 가닥들이(3) 아래로 유근(4)까지 뻗는다. 수(5), 피층(6). (광학현미경)

1 슈트 정단	2 엽원기	3 전형성층
4 유근	5 수	6 피층

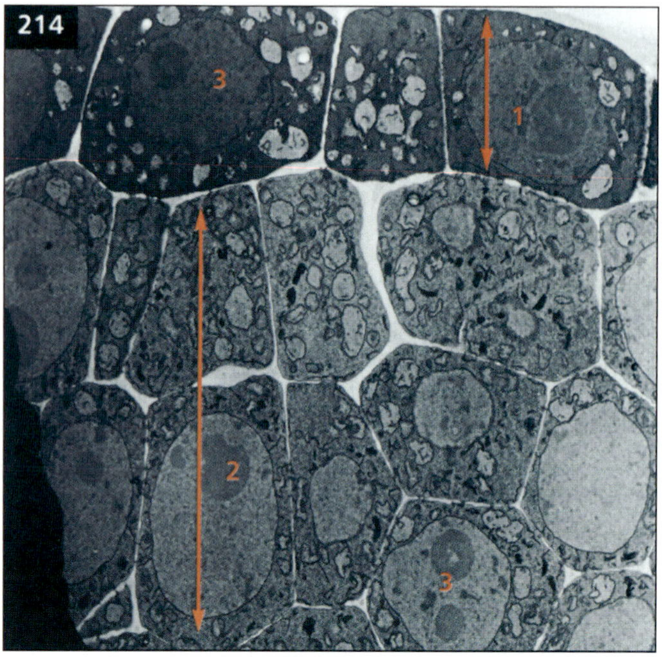

214 쌍자엽식물인 *Glechoma hederacea*(병꽃풀 종류)에서 슈트 정단분열조직의 방사 단면. 초층은 한 층이며(1) 수층분열만 일어나고, 아래에 있는 내체(2)는 여러 면으로 세포분열이 일어나는 것을 볼 수 있다. 작고 벽이 얇은 세포는 핵(3)이 크지만 세포질은 액포화가 비교적 덜 이루어져 있다(참조, 215). (KMn, 투과전자현미경)

1 초층	2 내체	3 핵

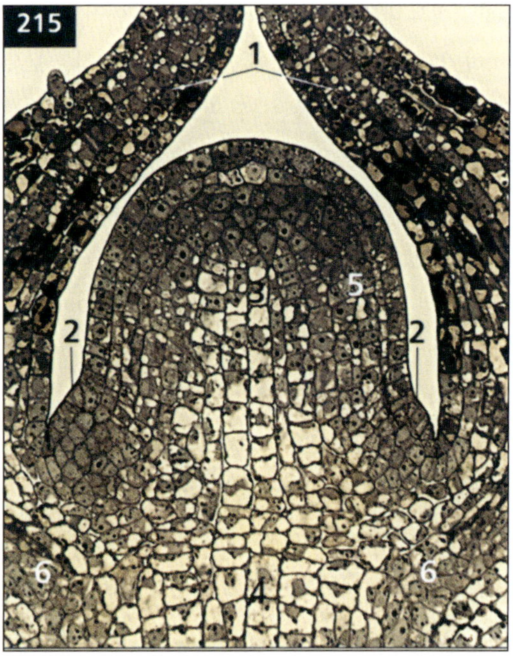

215 쌍자엽식물인 *Glechoma hederacea*(병꽃풀 종류)에서 슈트 정단분열조직의 방사단면. 기부에 한 쌍의 엽원기가 있고(1) 그 엽액에 한 쌍의 아원기(bud primordia, 2)가 있다. 정단분열조직의 가장 끝은 (214에 해당하는 부분) 작고 세포질이 밀집해 있는 세포들로 되어있다. 그러나 아래에 있는 늑골형 분열조직 세포는(3) 액포화가 되고 있으며 어린줄기의 수(4)가 된다. 정단분열조직의 가장자리에는 진하게 염색되는 측면 분열조직 세포(5)가 있다. 전형성층(6). (G-Os, 광학현미경)

1 엽원기	2 아원기	3 늑골형 분열조직
4 수	5 측면 분열조직	6 전형성층

216 쌍자엽식물인 *Glechoma hederacea*(병꽃풀 종류)에서 슈트 정단부의 종단면. 이 단면은 앞 그림(참조, 215)의 같은 정단에서 다소 절선 방향으로 잘린 것이다. 좁고 조밀한 전형성층세포(1)가 슈트 정단 내에서 측면 분열조직(2)과 합쳐지는 것을 볼 수 있다. (G-Os, 광학현미경)

1 전형성층　　2 측면 분열조직
3 피층

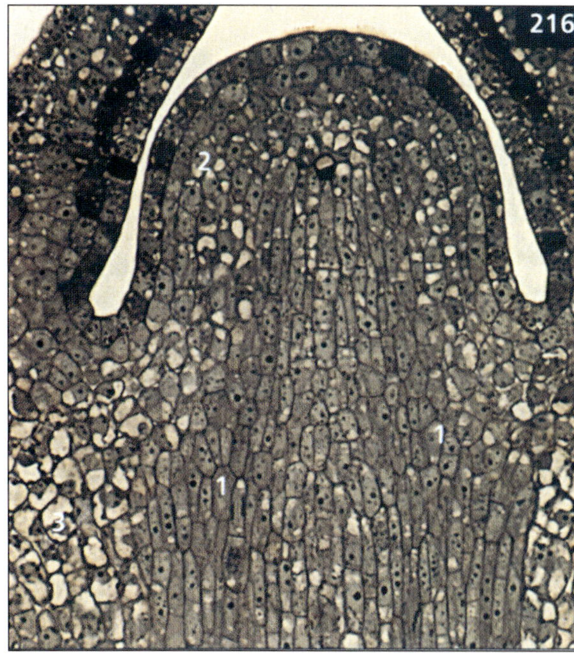

217 단자엽식물인 *Zea mays*(옥수수)에서 근단 바로 이전 부위의 횡단면. 직경이 작고, 세포질이 조밀한 전형성층(1)의 중앙부 안에 여러 개의 큰 세포들(2)이 후생목부 요소들로 분화해 가는 것을 볼 수 있다. 전형성층은 큰 세포들로 되어 있는 넓은 피층에 둘러싸여 있고 세포간극(3)이 뚜렷하게 보인다. (G-Os, 광학현미경)

1 전형성층 세포　　2 장래의 후생목부
3 세포간극

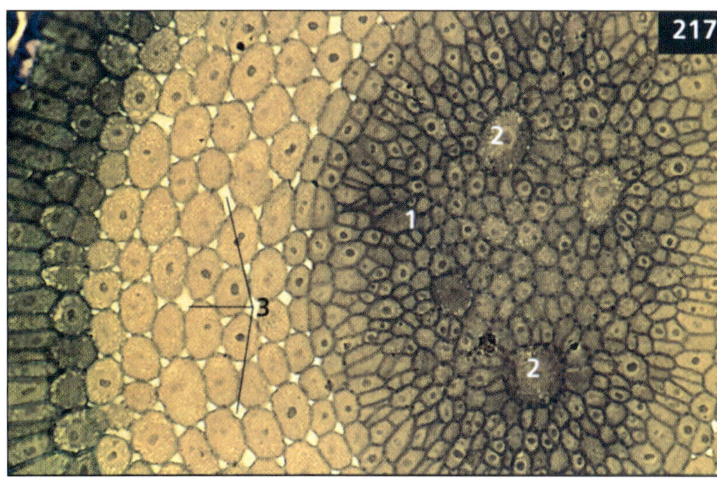

218 쌍자엽식물인 *Glechoma hederacea*(병꽃풀 종류) 정아의 횡단면. 가장 어린 한 쌍의 잎의 엽병들(1)이 확장되어 줄기 둘레에 옷깃모양 유조직(2)이 된다. 액아 원기(3)와 전형성층(4) 의 진하게 염색되는 세포들이 줄기에서 잘 나타난다. 잎의 표면은 수많은 털로 덮여있다. (광학현미경)

1 엽병　　2 옷깃모양 유조직
3 액아 원기　　4 전형성층

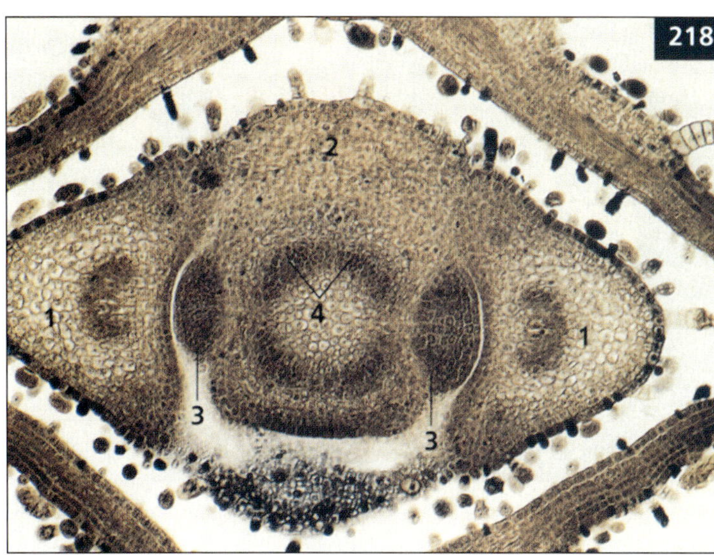

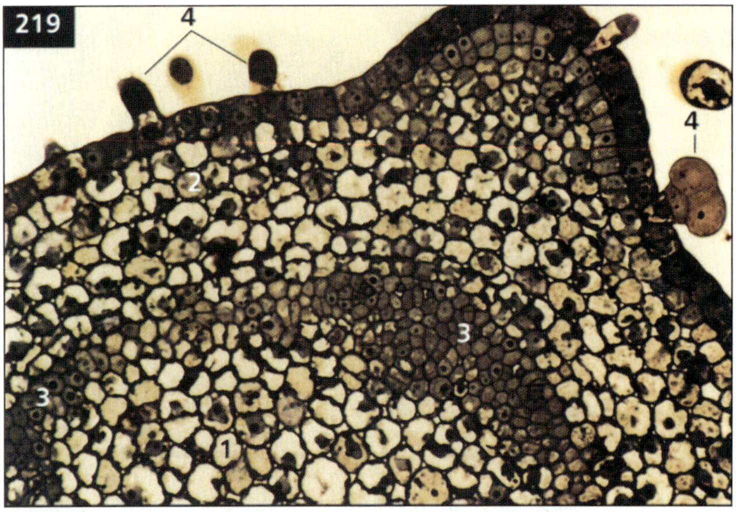

219 쌍자엽식물인 *Glechoma hederacea*(병꽃풀 종류)에서 어린 줄기의 횡단면. 크기가 크고 액포가 많은 세포들로 되어있는 수(1)와 피층을(2) 볼 수 있으며; 이들 사이에 작고 세포질이 밀집해 있는 전형성층 세포들(3)이 명확하게 보인다(참조, 49). 표피는 줄기 끝에 있는 한 층의 초층이 수층분열하여 형성된 것이다(참조, 214). 다만 선 돌기물(glandular trichome, 4)은 병층분열하여 형성된다. (G-Os, 광학현미경)

1 수 2 피층
3 전형성층 세포 4 선 돌기물

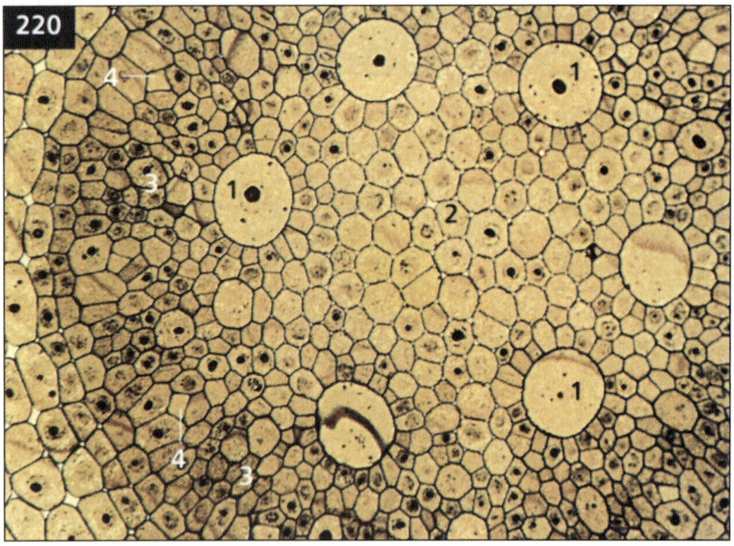

220 단자엽식물인 *Zea mays*(옥수수)에서 어린 뿌리 정단 부근의 횡단면. 직경은 넓으나 세포벽이 얇은 앞으로 후생목부 요소가 될 세포들(1; 참조, 217)이 수(2)의 주변에 있다. 미발달 원생목부(3) 또한 뚜렷이 원심적으로 분열하지만, 분화해서 먼저 성숙하는 통소 요소는 원생사부 사관이다(4). (G-Os, 광학현미경)

1 미발달 후생목부 2 수
3 미발달 원생목부 4 원생사부 사관

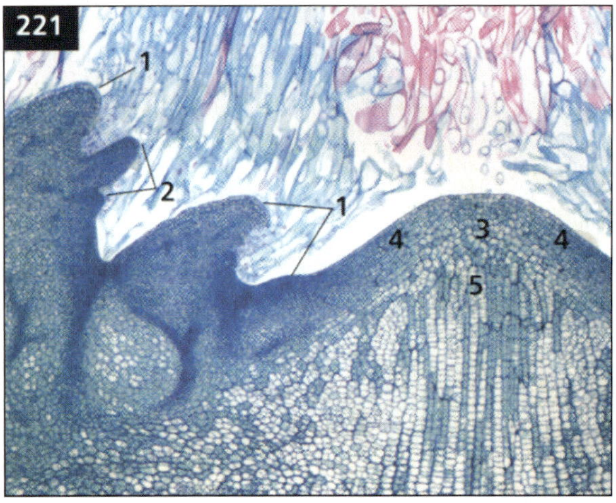

221 *Oroya peruviana*(선인장 종류). 직경이 약 1500μm인 대형 선인장 줄기 끝의 방사단면으로; 내체에 있는 각 부위는 대부분의 다른 분류군의 줄기 끝 보다 훨씬 크다. 세 개의 엽원기가 보이고(1) 왼쪽에 있는 두 개는 거의 다 발달하였다. 가장 왼쪽에 있는 잎의 액아에서는 두 눈(bud)의 인편 원기(bud scale primordia, 2)가 발달하기 시작하였으며(2), 이들은 모두 가시로 발달하게 된다. 중앙모세포(3), 측면 분열조직(4), 늑골형 분열조직(5). (광학현미경)

1 엽원기 2 눈의 인편 원기
3 중앙모세포 4 측면 분열조직
5 늑골형 분열조직

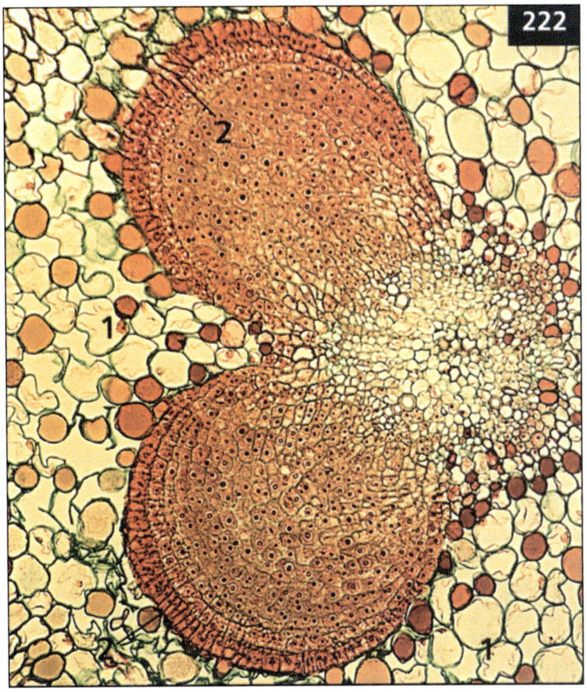

222 쌍자엽식물인 *Salix*(버드나무속) 뿌리의 횡단면. 모 뿌리의 피층(1) 안에 뿌리골무(2)로 싸여있는 한 쌍의 측근을 볼 수 있다. 이들은 부모 뿌리에 있는 5원형 목부의 끝에 있는 내초 유조직 세포의 탈분화와 분열로 형성된다. (광학현미경)

1 모 뿌리의 피층 2 뿌리골무

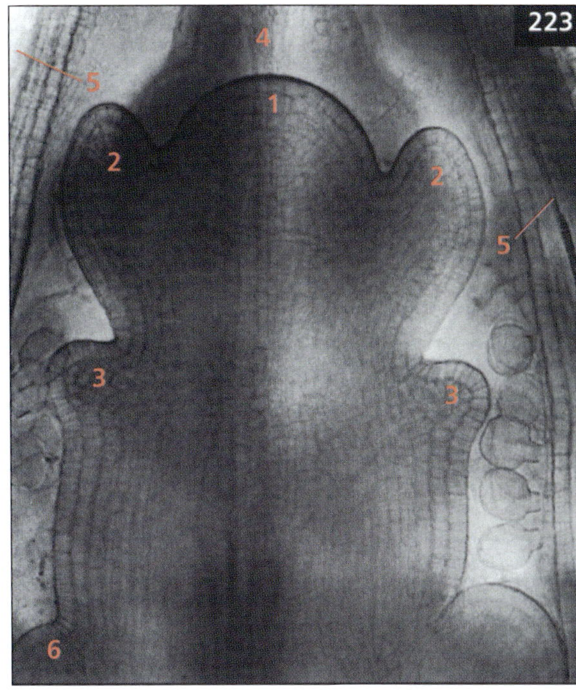

223 쌍자엽식물인 *Glechoma hederacea*(병꽃풀 종류)의 투명처리한 눈에서 정단 부위의 국소 해부도. 반원형인 슈트 정단(1)에는 가장자리에서 가장 어린 한 쌍의 엽원기(2)가 보이는 반면에, 다음 잎의 옷깃모양의 잎(3; 참조, 218)이 정단의 기부에서 보인다. 이들 한 쌍의 잎 끝은 정면으로 보인다(4). 한 쌍의 오래된 잎(5)은 측면에서 보이며; 이들은 한 쌍의 액아(6)에 대생한다. (광학현미경)

1 슈트 정단 2 엽원기 3 옷깃모양의 잎
4 잎의 정면 5 오래된 잎 6 액아

224 쌍자엽식물인 *Solanum tuberosum*(감자)에서 영양눈의 횡단면. 슈트 정단(1)과 이를 둘러싸고 있는 엽원기(2)가 나선상 배열하는 것을 볼 수 있다. (광학현미경)

1 슈트 정단 2 엽원기

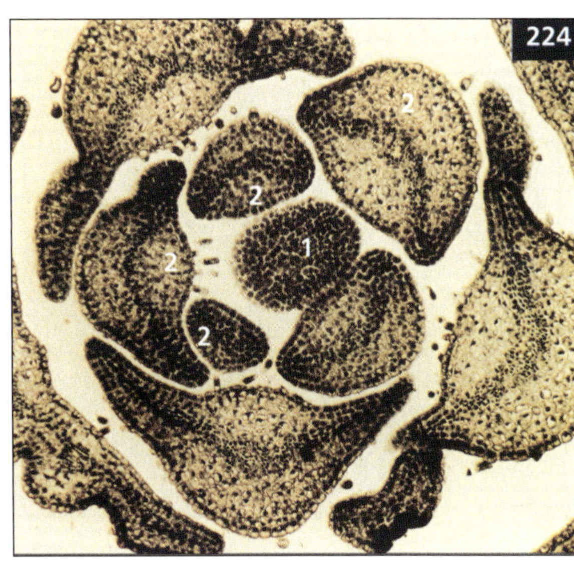

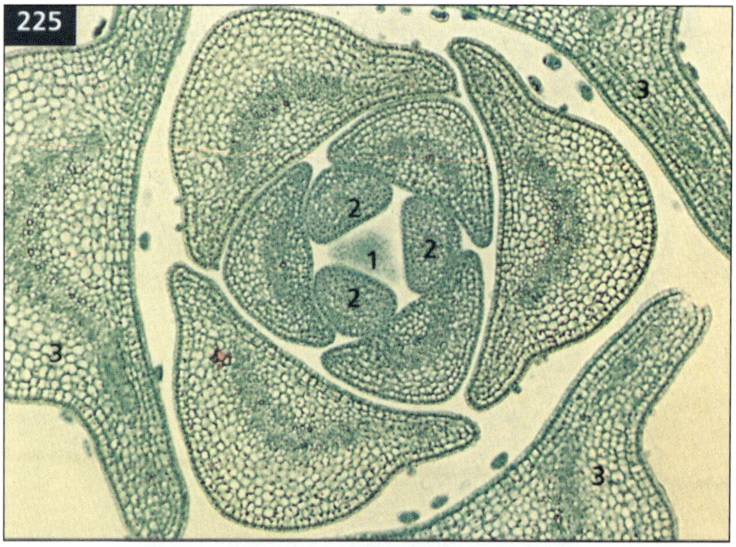

225 쌍자엽식물인 *Ligustrum vulgare*(쥐똥나무) 정아의 횡단면. 일반적으로 십자대생이지만 이 눈에서는 세 장의 윤생엽이 슈트 정단(1)에서 발생한다. 오래된 잎(3)이 두 마디 아래에서 발생하는 것과 같이, 가장 어린 윤생엽의 원기(2)가 상대적으로 같은 위치에 있는 것을 볼 수 있다. (광학현미경)

1 슈트 정단　　2 가장 어린 엽원기
3 오래된 잎

226 다육성 쌍자엽식물인 *Aeonium*(흑법사 종류)의 슈트 정단. 나선상 엽서로 배열된 조밀하게 모여 있는 잎들을 볼 수 있다(참조, 224). (저작권, T. Norman Tait)

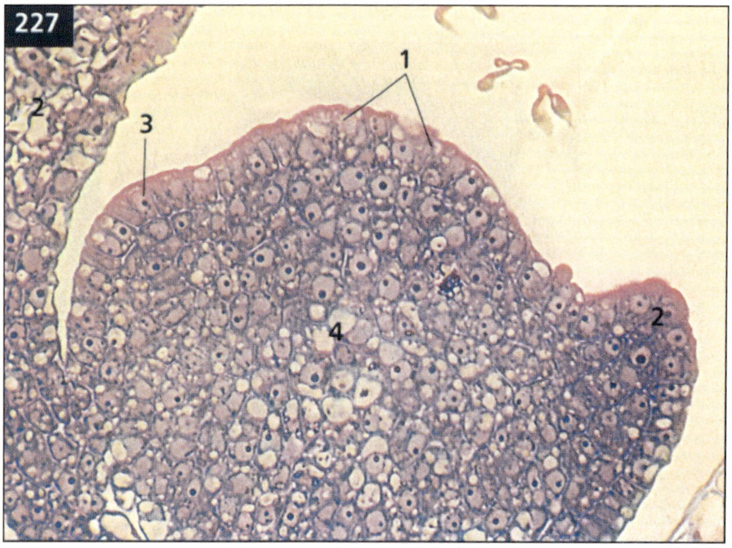

227 쌍자엽식물인 *Phaseolus vulgaris*(강낭콩)에서 액아 정단의 방사단면. 정단에는 한 층의 초층(1)과 두 개의 엽원기(2)가 있으며 잎의 지지구조(3)도 비교적 명확하게 보인다. 늑골형 분열조직(4)은 정단의 기부에 있다. (G-Os, 위상차 현미경)

1 초층　　2 엽원기
3 잎의 지지구조　　4 늑골형 분열조직

228 단자엽식물인 *Zea mays*(옥수수) 슈트 정단부위의 종단면. 슈트 정단(1)에서 잎들은 이전 잎(3)에서 180도로 새로운 원기(2)의 발생이 시작되지만, 엽저는 옆으로 자라서 곧 정단을 둘러싸게 된다(참조, 35). 잎을 담고 있는 정단 바로 아래 약간 비스듬한 가장자리를 볼 수 있으며; 이곳에서 1기 비후 분열조직의 세포들(4)은 주로 병층분열하여 형성된 세포들이, 잎을 만들게 될 전형성층(5) 가닥으로 나뉘는, 유조직으로 분화한다. (광학현미경)

1 슈트 정단 2 새로운 잎
3 이전 잎 4 1기 비후 분열조직
5 전형성층 가닥

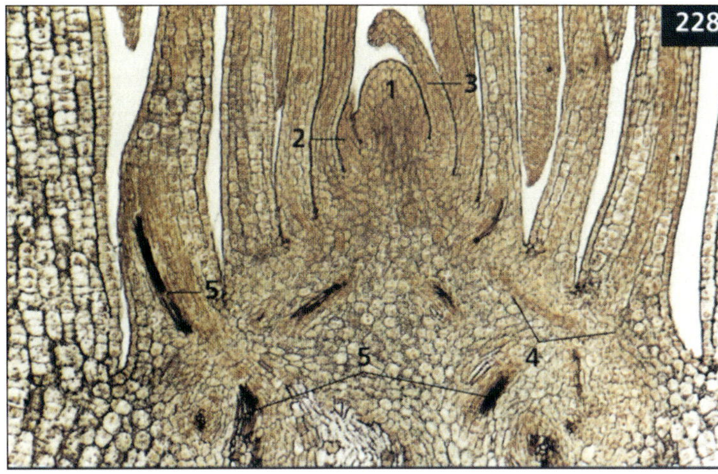

229 쌍자엽식물인 *Glechoma hederacea* (병꽃풀 종류) 슈트 정단의 횡단면으로 십자대생인 엽서를 보여준다. 슈트 정단(1), 가장 어린 엽원기(2), 각피(3). (G-Os, 광학현미경)

1 슈트 정단 2 가장 어린 엽원기
3 각피

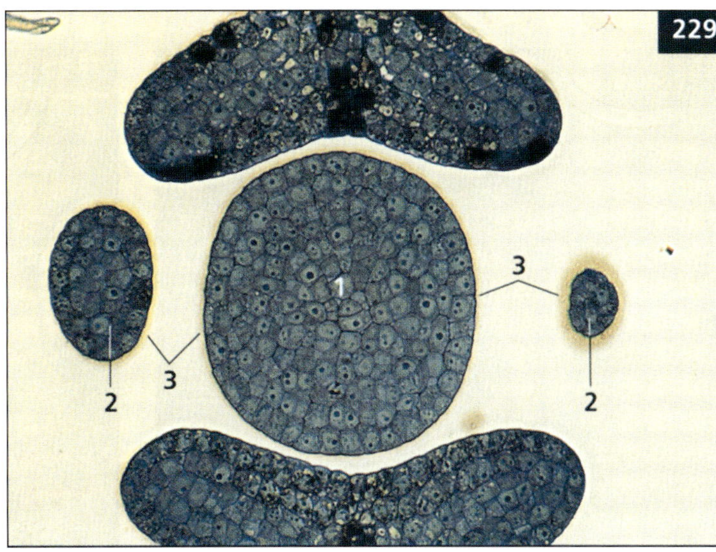

230 구과식물인 *Pinus*(소나무속) 슈트 정단 분열조직의 방사단면으로, 병층면 세포벽(화살표)을 형성하는 세포 분열이 세포가 가장 바깥층에서 일어나는 것을 보여준다. 이어서 가장 바깥층은 식물체의 내부 조직으로 세포를 형성한다. 병층면 세포벽(1), 중앙세포(2), 측면 분열조직(3), 늑골형 분열조직(4). (광학현미경)

1 병층면 세포벽 2 중앙세포
3 측면 분열조직 4 늑골형 분열조직

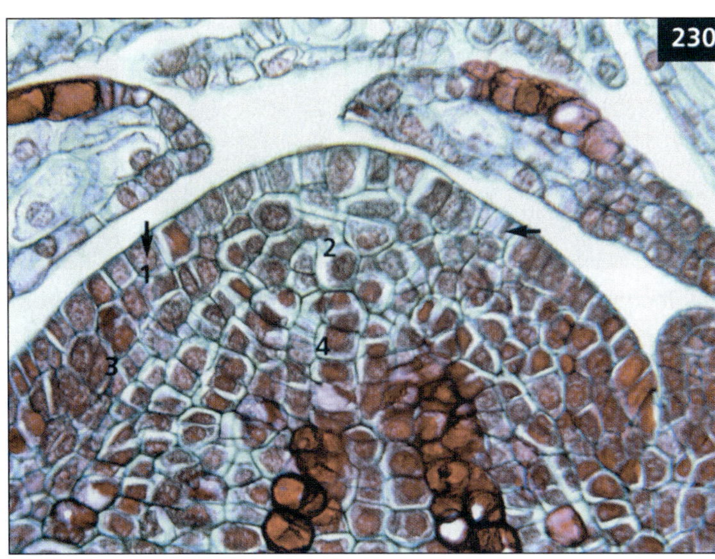

231 *Echinocactus platyacanthus*(금호 종류). 이 선인장의 거대한 슈트 정단은, 많은 양의 수와 피층을 번갈아 생성하는, 커다란 측면 분열조직과 늑골형 분열조직으로 구성된다. 이 선인장의 폭은 오직 1기 조직만이 확장된 것이다[참조, 옆에 있는 팔로버디나무(palo verde, 미국 남서부, 멕시코 북서부 사막지역에서 자라는 콩과식물의 일종, 역자 주; *Cercidium microphyllum*)의 많은 소지 끝에 나타나는 좁은 1기 생장].

232 *Trichocereus pasacana*(선인장 종류). 거대 선인장의 정단분열조직에서 생성되는 넓은 슈트는 무겁고, 수년간 목부를 거의 발달시키지 않기 때문에 처음에는 약하다. 그 결과 대부분의 교목들이 가지를 많이 형성하는 것과는 달리 드물게 가지를 형성하고 정단분열조직도 극히 소수이다.

233 *Browningia candelaris*(선인장 종류). 이 선인장 줄기에 있는 검은 점들은 액아이며, 이와 대생하는 잎과 같이(너무 작아서 보이지 않음) 이들도 서로 시계방향과 반시계방향인 엽서의 나선구조가 만나는 곳에 나타난다. 많은 다육성 슈트에서처럼 수직으로 배열하는 엽저는 이들이 발달하면서 능선구조 내로 결합된다(이 능선구조는 슈트가 물을 얻으면 팽창하고 잃으면 수축할 수 있게 해준다.).

234 쌍자엽식물인 *Glechoma hederacea*(병꽃풀 종류)의 정아의 절선단면. 액아 원기는(1) 진하게 염색되는 전형성층 가닥(2)에 의하여 마디사이(절간) 아래의 관속계에 연결된다. 수(3), 피층(4). (광학현미경)

1 아원기 2 전형성층 가닥
3 수 4 피층

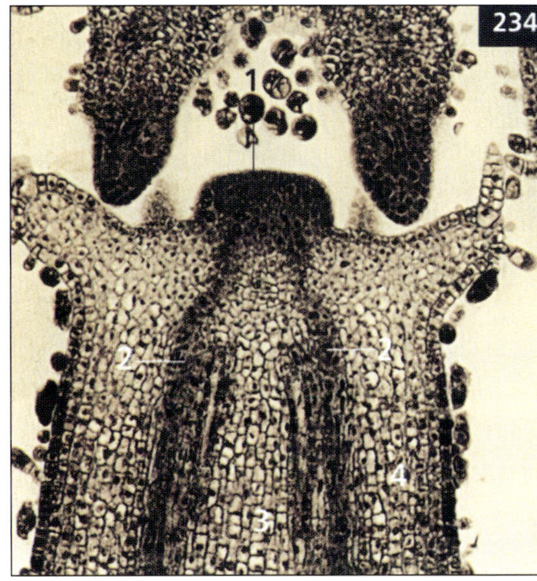

235 쌍자엽식물인 *Pelecyphora aselliformis*(선인장 종류)의 슈트 정단으로 차상 분열을 막 완료하였다. 흰 색의 빗살 모양 구조는(1) 짧고 납작한 가시의 집합체이며; 각 집합체는 현미경적인 보통잎의 엽액에서 발생하여, 모든 집합체는 엽서를 이루는 잎 배열을 나타내게 된다. 두 개의 중심(화살표)은 새로운 슈트 정단분열조직의 위치를 나타낸다.

1 가시의 집합체

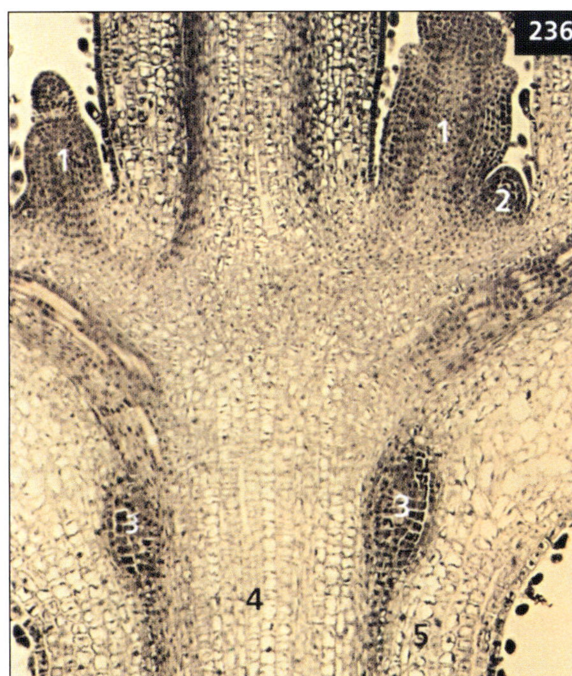

236 쌍자엽식물인 *Glechoma hederacea*(병꽃풀 종류) 정아 기부의 종단면. 한 쌍의 액아(1)가 있지만 이들이 주축의 관속계가 연결되는 것이 이 단면에서는 명확하게 보이지 않는다(참조, 234). 커진 정아는 배축면 가장자리에 부속아(accessory bud, 2)를 가진다. 부정근 원기(3) 한 쌍을 마디(절, node)에서 뚜렷이 볼 수 있다. 수(4), 피층(5). (광학현미경)

1 액아 2 부속아 3 뿌리 원기
4 수 5 피층

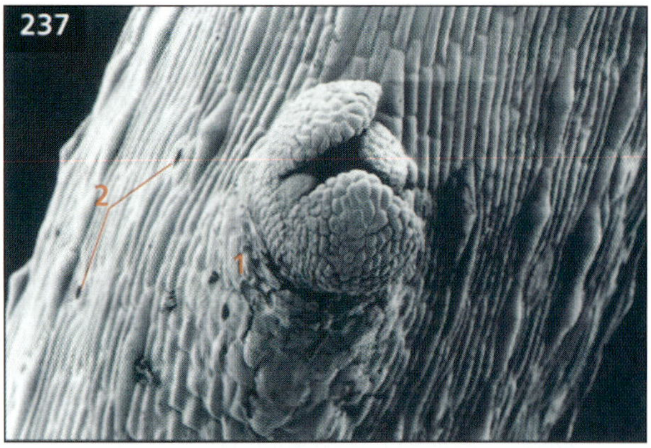

237 부정아(1)를 보여주는 쌍자엽식물인 *Linum usitatissimum*(아마) 하배축의 표면 사진. 기공(2)이 하배축 표피에서 나타나는 것을 볼 수 있다. (주사전자현미경)

1 부정아 2 기공

238 부정아 원기를 갖고 있는 쌍자엽식물인 *Linum usitatissimum*(아마) 하배축의 종단면. 아래에 있는 피층에서 새롭게 형성되는 수많은 세포를 볼 수 있으며; 계속 분열하여 엽원기(1)를 하배축의 관속 조직(2)에 연결시키는 전형성층 가닥으로 생성한다. (G-Os, 광학현미경)

1 엽원기 2 하배축의 관속 조직

239 쌍자엽식물인 *Aesculus hippocastanum*(칠엽수) 수간의 기부. 새롭게 싹트는 잎을 가진 많은 소지를 볼 수 있으며; 이들은 부정적 기원을 하고, 수피 내의 유조직으로부터 발생한다.

240 쌍자엽식물인 *Cercis canadensis*(캐나다박태기)의 가지는 수년이 되었지만 아직도 오래된 액아에서 꽃을 피우고 있다. 이 액아는 이와 유사한 다른 것들과 같이 가지가 굵어진 후에도 매년 꽃을 피운다.

241 낙엽성 쌍자엽 교목인 *Acer pseudoplatanus*(단풍나무 종류)의 싹이 트는 정아. 이 새싹은 마디 아래에 있는 휴면중인 액아(1)에 대하여 정단우세를 나타내고 있다. 십자대생 배열을 하는 인편엽(2)을 볼 수 있지만, 이들은 곧 시들게 되고 광합성을 하지 않으며 보통엽이 자라 나오게 된다(3). (저작권, T. Norman Tait)

1 액아 2 인편엽
3 보통엽

242 쌍자엽식물인 *Glechoma hederacea*(병꽃풀 종류)의 직립한 꽃이 핀 슈트로 엽액에 있는 화원기에서 발달한 자청색의 꽃이 많이 피어 있다.

243 쌍자엽식물인 *Glechoma hederacea* (병꽃풀 종류)의 수직으로 자라는 꽃 슈트에 있는 정아의 방사단면으로, 엽액에 형성된 화원기(1)는 영양 슈트의 정단으로부터 명확하게 변화하지 않은 슈트 정단(2)을 갖고 있는 것을 보여준다(참조, 215). (광학현미경)

1 화아 2 슈트 정단

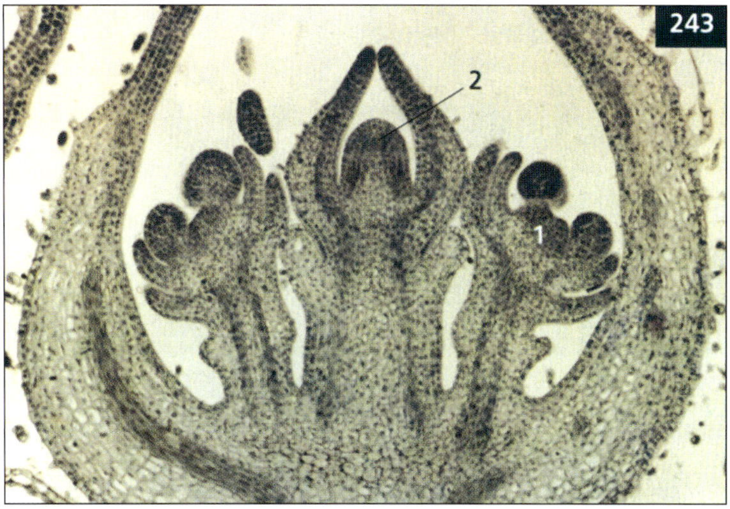

244 단자엽식물인 *Ananas comosus*(파인애플)의 다화과는 영양 슈트 끝에 형성되며; 다화과 과실에는 영양엽의 술이 있는데, 이 술은 영양 생식을 통하여 보다 많은 파인애플 과실로 번식시키는데 사용되기도 한다.

245 *Melaleuca*(멜랄루카속, 소귀나무과, 쌍자엽 목본식물)의 소지는 슈트가 영양 생장을 다시 시작한 후에도 오랫동안 남아 있는 줄기에 난 과실을 볼 수 있다.

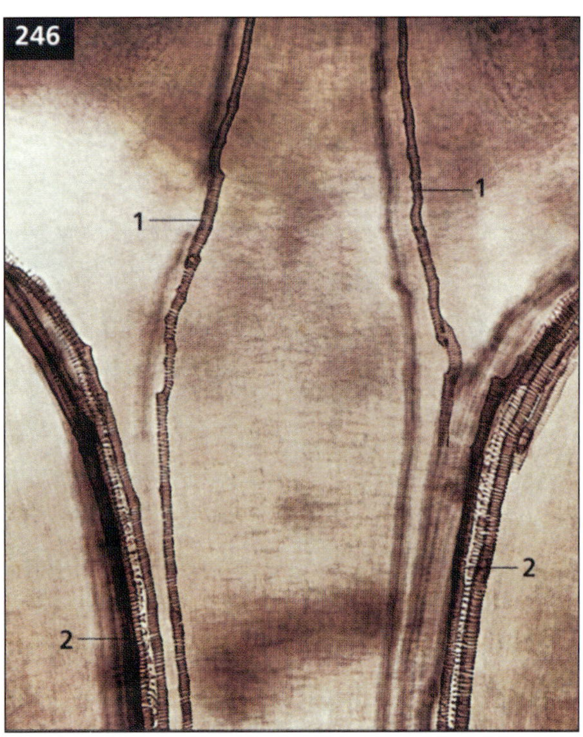

246 쌍자엽식물인 *Glechoma hederacea*(병꽃풀 종류)에서 투명처리한 정아의 오래된 마디 부위. 어린 슈트(한 열의 짧은 도관요소로 구성)의 원생목부(1)가 오래된 줄기의 넓게 발달한 목부 가닥(2)에 연결된 것을 볼 수 있다. (광학현미경)

1 원생목부 열　　2 목부 가닥

247 *Ranunculus*(미나리아재비속) 줄기의 관속 횡단면. 이 초본성인 쌍자엽식물은 후생목부(2)와 후생사부 사이에 속내 형성층(1)이 있지만 2기 비후를 하지 않는다. 후생사부는 뚜렷한 사관의 배열을 볼 수 있는데 사관은 내강(3)이 넓고 작은 동반세포(4)가 있으며 단자엽식물의 관속과 유사하다(참조,20). 주축 유조직(5), 원생목부(6), 원생사부 섬유(7). (광학현미경)

---

1 속내 형성층
2 후생목부
3 사관
4 동반세포
5 주축 유조직
6 원생목부
7 원생사부 섬유

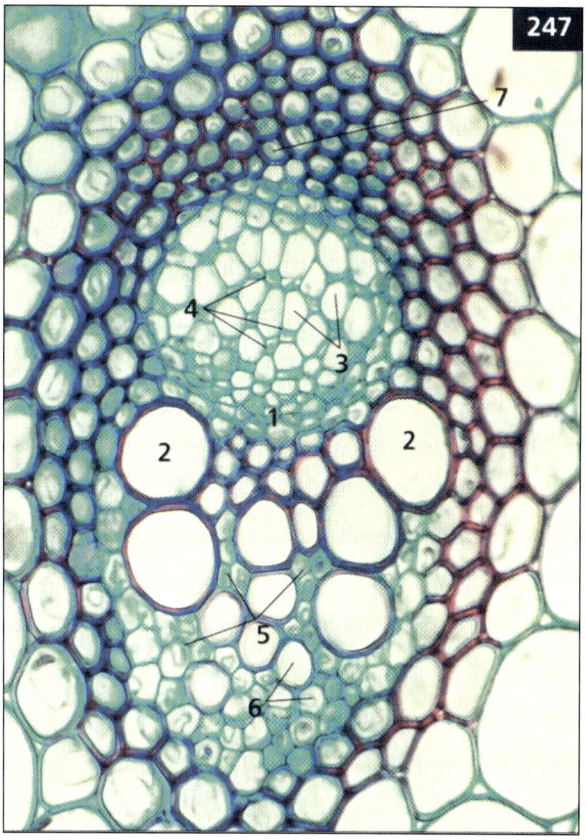

248 단자엽식물인 *Zea mays*(옥수수) 뿌리 끝의 방사단면으로 끝을 덮고 있는 뚜렷한 뿌리골무를 볼 수 있다. 뿌리골무(1)는 자신의 시원세포를 가지고 있으나(원뿌리골무, calyptrogen; 2) 표피와 피층은 원뿌리골무에 인접한 공통의 시원세포(3)에서 형성된다. 전형성층의 중심주는 자신의 시원세포(4)를 가지고 있다. 앞으로 후생목부가 될 전형성층 내의 확장된 세포의 열(5)이 뚜렷하게 구분되는 것을 볼 수 있다(참조, 220). (광학현미경)

---

1 뿌리골무
2 뿌리골무 시원세포
3 표피와 피층의 시원세포
4 전형성층 시원세포
5 미성숙 후생목부

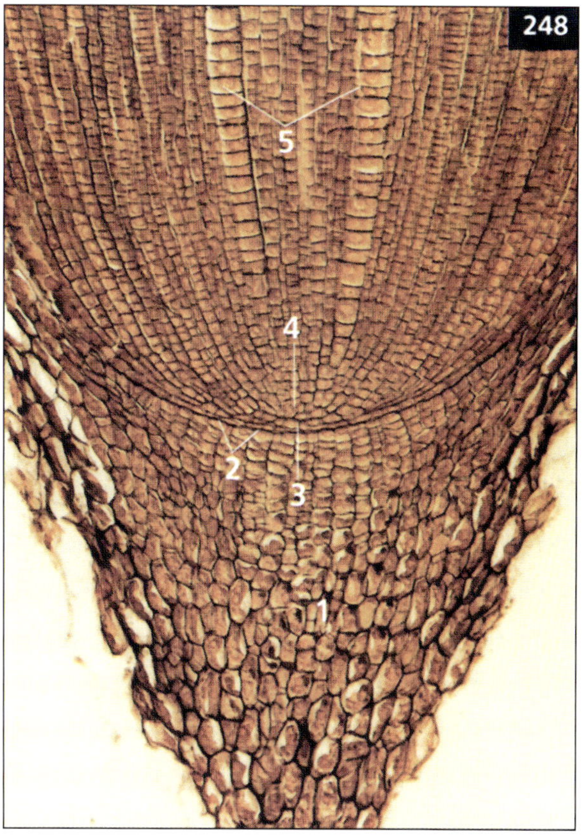

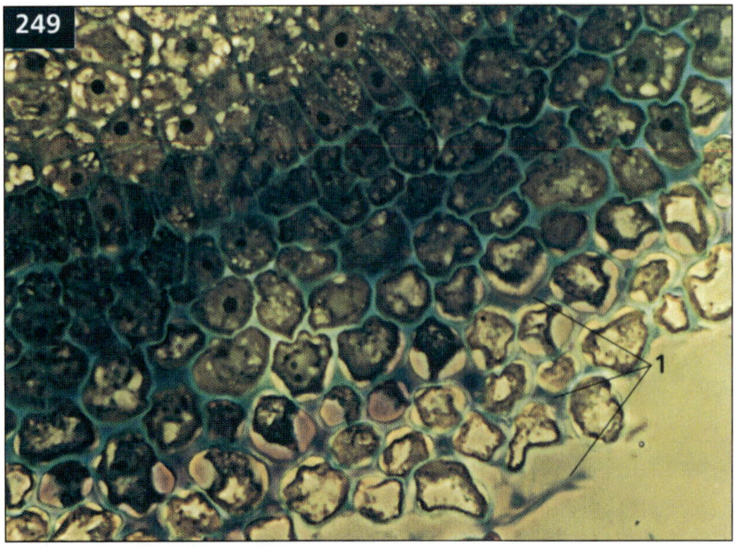

249 단자엽식물인 *Zea mays*(옥수수) 뿌리골무의 세부구조를 보여주는 횡단면. 뿌리골무의 가장자리로 가면 갈수록 세포벽이 점차 두꺼워지는 것을 볼 수 있다. 여기에서 세포들은 파괴되고 점액성인 세포벽이 벗겨지며 흙속으로 분비되는 점액겔(mucigel, 1)을 형성한다. (G-Os, 광학현미경)

1 점액겔

250 쌍자엽식물인 *Saintpaulia ionantha*(아프리칸 바이올렛) 잎에서 자라는 부정근. 잎을 잘라내어 멸균하지 않은 무기 염류 배지에서 기내 배양하면 잘린 엽병의 기부에서 많은 뿌리가 형성된다. 부드러운 뿌리털이 밀집해서 덮여있는 것을 볼 수 있다.

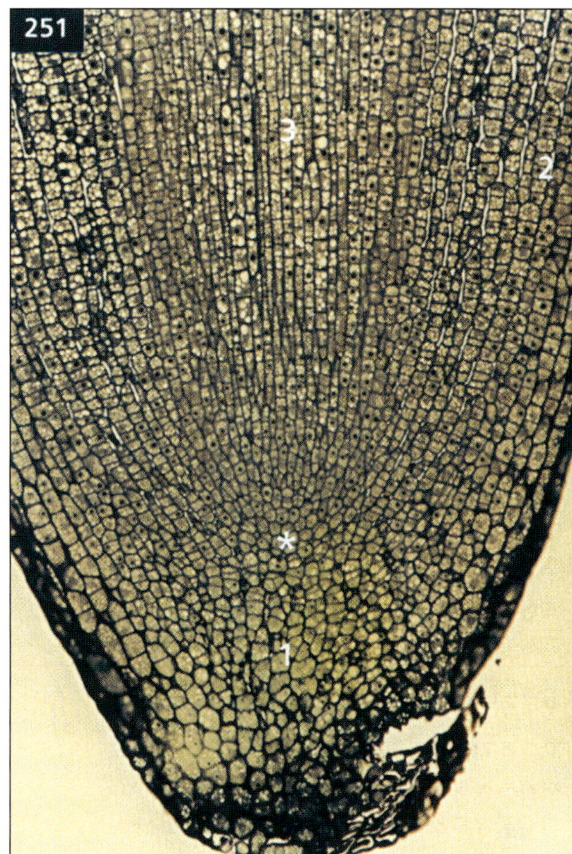

251 쌍자엽식물인 *Phaseolus vulgaris*(강낭콩) 어린뿌리의 방사단면. 시원세포 군이 뿌리골무(1), 피층과 표피(2) 그리고 중심주(3)와 공통으로 섞여 있어서 구분이 잘 되지 않는다. (G-Os, 광학현미경)

1 뿌리골무 2 표피와 피층 3 중심주

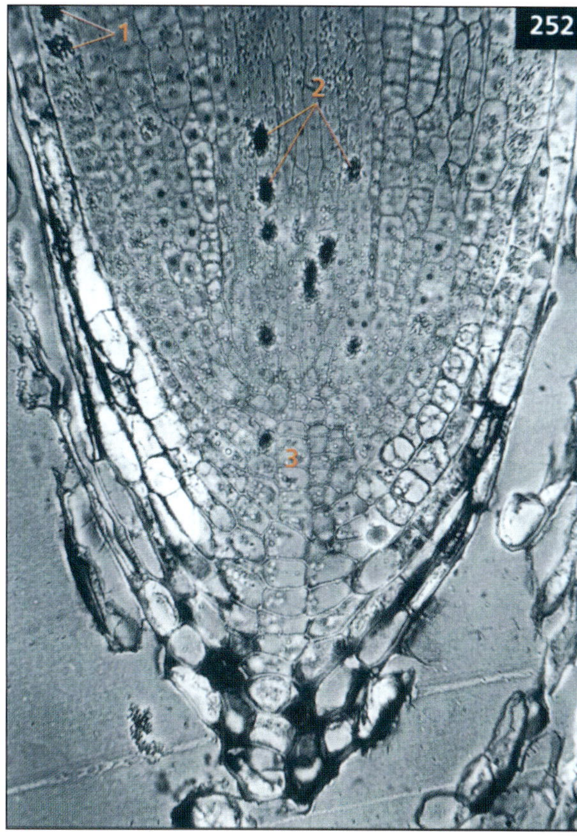

252 쌍자엽식물인 *Comptonia peregrina*(고사리소귀나무) 뿌리 끝의 오토래디오그라피(자기방사 사진). 콩과식물이 아닌 이 질소고정 식물 종에서 뿌리혹이 때로 정상적인 뿌리 안으로 늘어난다. 이러한 뿌리에 삼중수소 티미딘(tritiated thymidine)을 공급하면 이 후 자기방사사진에서 피층(1)과 전형성층(2)에서 핵에 무거운 원소로 표지된 것이 나타난다. 분열정지부(3). (G-Os, 위상차현미경)

1 표지된 피층 핵 2 표지된 전형성층 핵
3 분열정지부

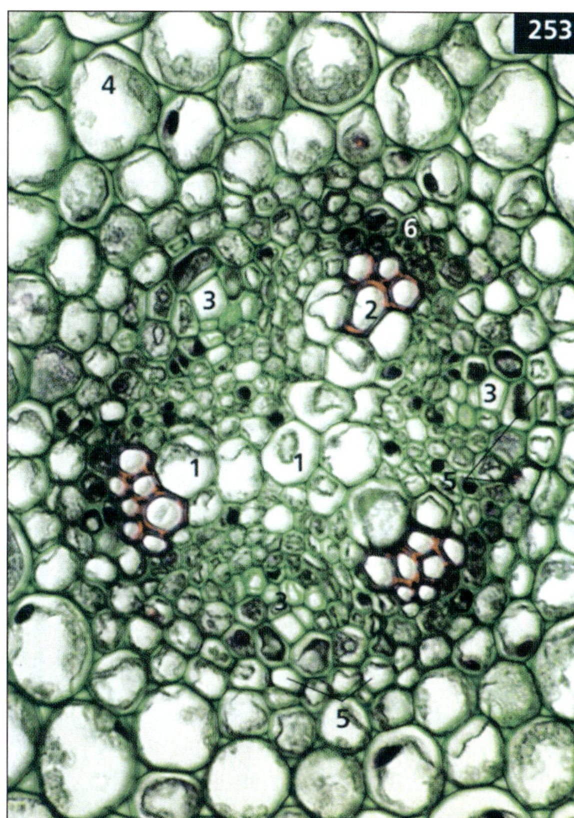

253 쌍자엽식물인 *Ranunculus*(미나리아재비속) 어린 뿌리 횡단면. 3원형으로 배열된 목부가 있고 중앙에 벽이 얇은 세포들은 후생목부 요소(1)로 분화하고 있으며; 극에서 원생목부 요소(2)는 이미 2차벽이 쌓이고 있고 원형질이 소실되었다. 원생사부 사관(3)은 원생목부 극 사이에서 분화하였다. 피층(4), 미성숙 내피(5), 내초(6). (광학현미경)

1 분화하는 후생목부 2 원생목부 요소
3 원생사부 사관 4 피층
5 미성숙 내피 6 내초

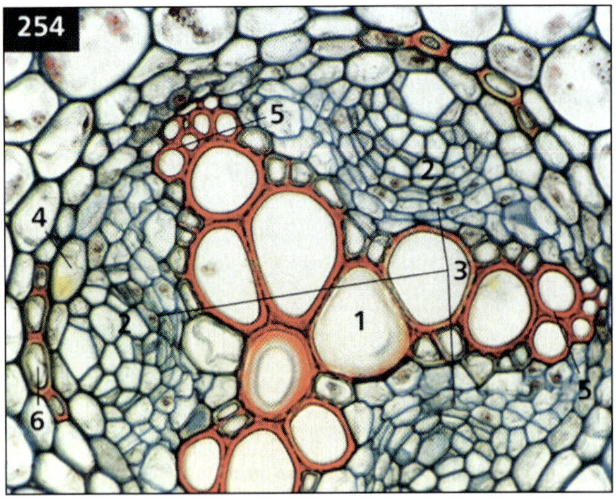

254 쌍자엽식물인 *Ranunculus*(미나리아재비속)의 1기 뿌리에서 성숙한 관속 조직의 횡단면. 넓고 벽이 두꺼운 후생목부 요소(1)는 중앙에 위치한 전형성층에서 분화되었다(참조, 253). 그리고 여러 개의 후생사부 사관요소들이 뚜렷하게 보인다(2). 관속형성층(3)은 목부와 사부 사이에서 세 개의 불연속적 호(arc)로 나타난다. 한 층의 내초(4)는 원생사부와 원생목부 극(5)의 바깥에 위치한다. 내피(6). (광학현미경)

1 후생목부 요소　2 후생사부　3 관속형성층
4 내초　5 원생목부　6 내피

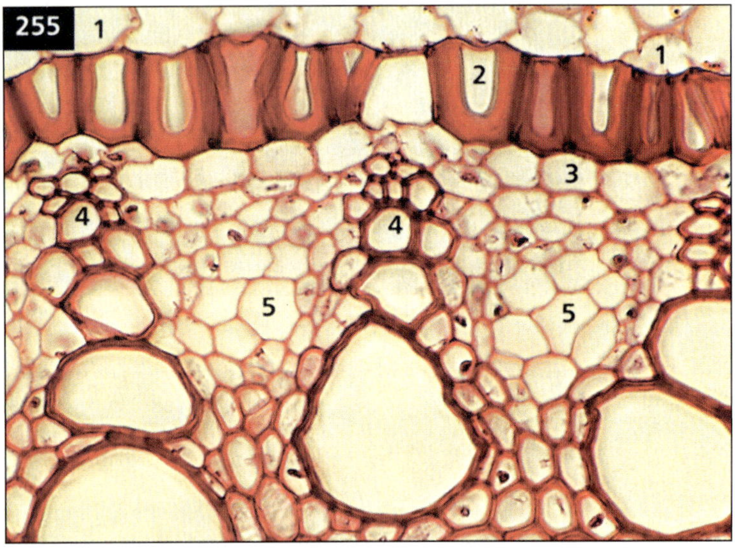

255 단자엽식물인 *Iris*(붓꽃속) 뿌리의 성숙한 내피와 관속조직의 세부구조를 보여주는 횡단면. 피층(1)에서 전세포벽과 전원형질을 통한 물과 용질의 이동이 일어난다. 그러나 내피(2)를 통한 이동은 바깥쪽 절선면 세포벽에서 원형질 연락사를 통하여 전원형질로 이루어진다. 내초(3), 원생목부(4), 사부 사관(5). (광학현미경)

1 피층　2 내피
3 내초　4 원생목부
5 사관

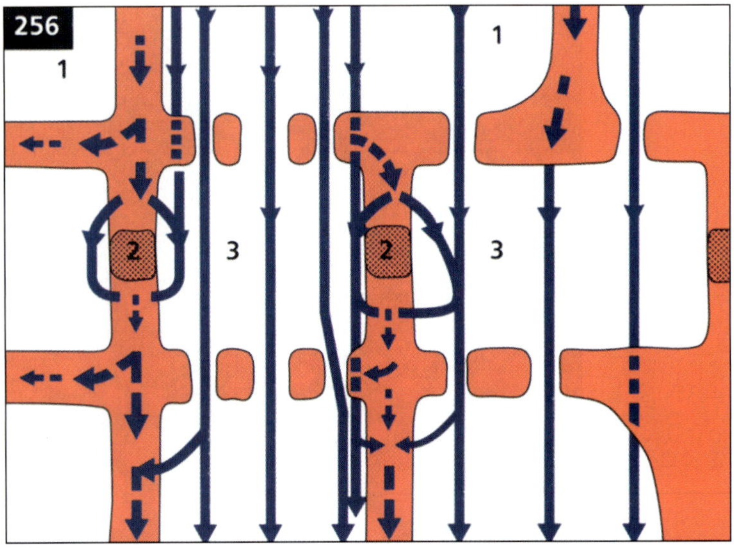

256 어린 내피를 통한 물과 용질들의 이동을 나타낸 모식도. 흙에서 피층(1)을 통하여 물과 용질의 이동은 전세포벽과 전원형질 모두를 통하여 이루어진다(각각의 점선과 실선으로 된 화살표). 그러나 내피의 방사벽에 있는 카스파리 띠(2)는 불투수성이기 때문에 전세포벽을 통한 이동을 억제하며; 물과 용질은 반드시 원형질체(3)를 통과해야만 하지만, 원형질연락사를 이용한 전원형질이나, 전세포벽을 통하여, 관속 중심주로 이동할 수 있다.

1 피층　2 카스파리 띠
3 내피 원형질체

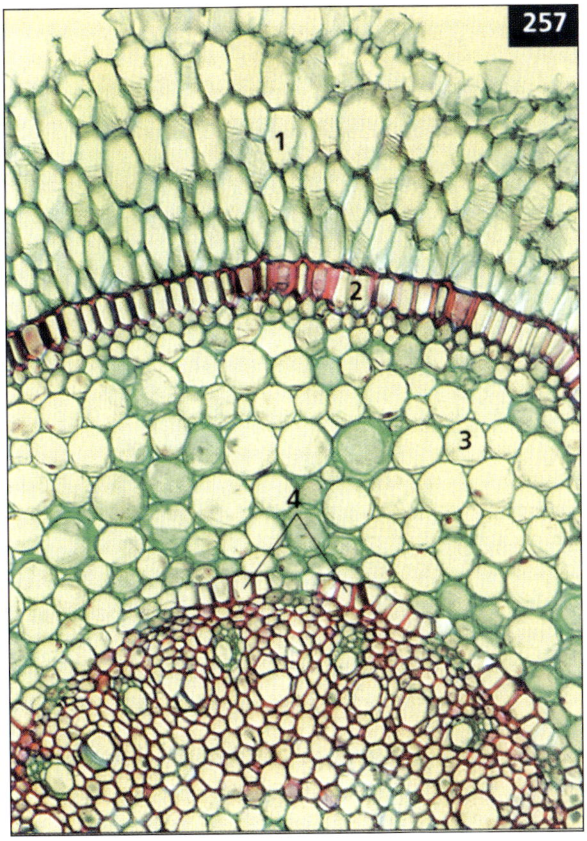

257 난과식물인 *Dendrobium*(석곡속, 단자엽식물) 기근의 횡단면. 여러 층의 근피(1)가 표피에서 발생하며; 근피의 죽은 세포들은 밴드형으로 섬유소가 두꺼워져서 튼튼하게 되고 또한 습기가 많은 열대지방의 공기에서 물을 흡수할 수 있는데; 내부에는 한 층으로 된 두꺼워진 외피(2)가 있고 피층(3)으로 들어오는 모든 물은 먼저 이 장벽을 지나 원형질 내로 이동해야만 한다. 내피(4). (광학현미경)

1 근피	2 외피
3 피층	4 내피

258 난과식물인 *Neofinetia falcata*(풍란, 단자엽식물)의 뿌리 끝. 착생하는 대부분의 난과식물들은 이 종류처럼 기근을 형성하는데 기근은 공기 중에 자유롭게 매달려 있거나 숙주가 되는 나무의 표면을 따라 자란다. 슈트 끝은 엽록체를 갖고 있어 녹색이지만 뿌리털에는 없다. 그리고 표피세포가 병층분열을 하고 계획된 세포가 죽음으로써, 근피(velamen)로 알려진 흰색의 다층피를 형성한다.

5장

녹색 잎

서론

성숙한 잎의 크기와 형태가 매우 다양할지라도(**27, 29, 135, 241, 259, 260**), 그것들은 모두 공통적으로 슈트 정단의 주변부에서 자라나온다(**213, 223**). 꽃피는 식물의 생활환 동안 일반적으로 여러 유형의 잎이 발달하지만, 이번 장에서는 보통엽(foliage, **261-266**)에 대해서만 자세히 다루도록 하겠다. 주기생장(proleptic growth)을 하는 식물에서는(4장 참조), 포가 꽃과 화서를 싸고 보호하는 반면에(**267**), 인편엽(scale leaf)은 영양눈(**241, 268**) 내에서 미성숙한 보통엽을 싸고 보호한다. 자엽은 배발생 초기만 나타나며(**46**), 성숙한 종자 내에서 발아 중인 어린식물을 위하여 양분을 저장하는 잎(**89, 104**)이다.

형태 및 엽맥상

보통엽은 흔히 평평한 엽신을 갖는다(**259, 261-264**). 대부분의 단자엽식물에서는 잎이 줄기에 직접 달리는 반면에(**266**), 많은 쌍자엽식물과 일부 단자엽식물에서는 엽신이 엽병(**262, 270**)에 달린다. 때로는 많은 단자엽식물에서 잎의 기부가 줄기를 감싸거나(**35, 36, 218**), 뚜렷한 엽초가 발생하기도 한다(**269-271**). 쌍자엽식물에서는 엽병의 기부나 기부 근처에 탁엽 쌍이 발생하기도 하며, 때로는 대형으로 되어 관속을 갖기도 한다. 많은 벼과 식물 엽신의 기부에서 측부에는 한 쌍의 귓바퀴형 조직(auricle)이, 그리고 중앙에는 막질의 엽설이 존재한다(**271**). 부챗살 모양의 잎을 가진 야자수에서는 이와 비슷한 위치의 중앙에 하스튤라(hastula)가 존재한다(**272**). 단엽은 흔히 전열하거나 중열하는 한 개의 엽신을 갖는다. 복엽에서는(**29, 264, 272**) 여러 개에서 다수의 소엽을 갖는데, 이것들은 전열하거나 더욱 깊게 갈라지게 된다.

잎은 표피계, 기본조직 및 흔히 목부가 향축면 쪽에 위치한(**275**) 관속 조직으로 구성된다. 많은 피자식물 잎의 횡단면에서 엽원기(**224**)의 기본조직이 향축면 쪽으로는 책상조직을, 배축면 쪽으로는 해면 동화조직 층을 분화시킴으로써 양면성(bifacial)을 나타낸다(**273**). 또한 향축면과 배축면 표피는 흔히 각피(cuticle)의 두께와 기공 및 돌기물(trichome)의 빈도에 있어서 차이를 나타낸다(**273, 274**). 이와는 대조적으로 어떤 잎들은 등면성(isobilateral)인데; 향축면과 배축면이 구성에 있어서 유사하지만 목부가 향축면 쪽에 위치한다(**275**). 또 다른 종에서의 잎은 향축면 또는 배축면의 기원 표피가 다른 조직들을 둘러싸고 있는 단면성이며, 흔히 원주 형태(**265**)이거나, 칼 모양(**34, 266, 276**)을 하고 있지만, 이 잎들도 기부는 보통 양면성이다.

Iris(붓꽃속), *Sansevieria*(산세비에리아속) 및 이와 유사

한 단자엽식물의 칼 모양 엽신은 접힌 잎의 향축면이 유합되기 때문에, 배축면 기원 표피에 의해서만 형성된다(**34, 276**). 엽신의 두꺼운 부위에는 흔히 2열의 관속이 뚜렷하며, 양열 모두에서 목부는 표면에서 멀리 위치한다(**276, 277**). 많은 단자엽식물의 잎은 기본적인 분열조직을 가지며, 이로부터 오랜 기간 동안 새로운 조직이 형성되는데(**260**); *Dracaena*(드라케나속, 야자나무 종류; 역자 주), *Cordyline*(코딜라인속, 야자나무 종류; 역자 주) 및 *Pandanus*(판다누스속)와 두꺼운 줄기를 가진 다년생 식물에서는, 기본분열조직의 유도체 내에서 새로운 엽맥이 분화함으로써 엽저의 폭이 증가하게 된다.

대부분의 단자엽식물에서 주맥은 엽신과 서로 평행하게 달리고(**278**) 점차적으로 엽선에서 합쳐지는 반면에, 작은 엽맥들은 보통 가지를 치지 않으며 주맥과 연결되어 있다(**37**). 이와는 대조적으로 대부분의 쌍자엽식물과 일부 넓은 잎을 가진 단자엽식물에서는 복잡한 망상맥의 특징을 나타낸다(**262, 279-281**). 많은 쌍자엽식물의 잎은 2차맥이 분지하고 흔히 엽연까지 확장된 두꺼워진 중륵을 가지는 반면에, 3차 또는 그 이상의 차수를 갖는 엽맥들은 망목을 형성하는데(**281**), 이 엽육조직 내에서 가장 가는 엽맥은 막다른 끝을 형성한다(**279, 280**).

나자식물에서는 잎의 엽맥 구조가 다양한데; (소철속을 제외한) 소철류와 그들의 화석 조상은 소엽에서는 차상분지를 보이고(**282**); 이것은 대형의 인편엽을 갖는 구과류(conifer)에서도 나타난다[*Araucaria*(아라우카리아속), *Agathis*(아가티스속), **283**]. 침상엽을 갖는 구과류에서는 한 개 또는 한 쌍으로 된 분지하지 않은 중앙맥이 발생한다(**284, 285**). 일부 나자식물(예, 소철속, 주목속)에서는 두꺼운 세포벽을 가지며, 신장된 가도관 다발이 동화조직 내의 중앙맥에서 갈라져 나온다(**284, 285**). 대부분의 양치류는 차상분지 엽맥상을 나타낸다(**264**).

엽신의 해부구조

잎 표피

피자식물에서 표피는 슈트 정단의 가장 바깥층인 초층(tunica)에서 직접 유래된다(**215**). 일부 속[예, *Ficus*(무화과나무속), *Nerium*(협죽도속), *Peperomia*(페페로미아속)]에서는 미성숙한 향축면 표피가 병층분열을 하여 다층의 표피를 형성하지만, 성숙한 잎에서 정상적인 하피(hypodermis)로부터 형성된 것과 구별하기가 어렵다(**273, 274**). 표피는 오래 사는 상록성 잎에서는 숙존하며, 보통 바깥쪽에는 비교적 불투수성인 각피와 납질 층으로 덮여있다(**150, 286, 289**).

표피는 항상, 기공을 감싸고 있는 공변세포와 함께 일반 유세포를 포함한다(**277, 287-289**). 그러나 기공은 양면성 잎에서 흔히 배축면에만 분포하기도 한다. 또한 그 밖의 다른 세포들, 특히 공변세포와 붙어있는 부세포(**290-292**)와 다양한 모상체(毛狀體, emergence) 및 돌기물(trichome; **135, 327**)이 자주 나타난다. 일반적으로 백색체가 표피 내 어디든지 분포하는 반면에, 엽록체는 보통 공변세포 내에만 존재한다(**288**). 그러나 음지성 식물과 수생식물에서는 엽록체가 일반 표피세포에서 분화하기도 한다(**293, 294**).

잎 표피에서 일반 표피세포의 수층 세포벽은 때로 S자형이다. 대부분의 단자엽식물에서는 표피세포의 장축이 잎의 장축에 평행하다(**291**). 쌍자엽식물에서는 세포가 무작위적 배열을 하지만(**292**), 중륵과 주맥 상에서는 표피세포가 서로 평행하게 배열한다. 많은 건생형태의 벼과식물에서는(건조한 생육지에 적응한 종), 크고 얇은 세포벽을 갖는 물집형 세포[bulliform cell, 기동세포(moto cell); 역자 주]가 향축면 표피에서 발생한다(**295, 296, 299**). 이 세포들은 물이 소실되면 잎이 말리는 작용을 한다. 건생형태의 식물에 있어서 기공은 흔히 홈과 패인 구멍에서 발생하고(**146, 297**), 표피의 돌기물이 자주 나타난다(**273, 296, 327**). 기공은 보통 엽연 또는 큰 엽맥에 붙은 넓은 부위에 발생하는 하피성 후벽조직(**297, 300**) 위에 분포하는 표피에는 존재하지 않는다. 기공과 부세포는 때로 덩이 형태로 발생한다(**298**).

양면성 잎에서 기공은 보통 배축면에 주로 분포한다. 한편, 부엽(**261**)을 갖는 수생식물의 잎은 보통 대기에 노출된 향축면에 분포하는 반면에, 침수성 잎에서는 일반적으로 기공이 없다(**293, 294**). 기공은 흔히 무작위적으로 배열하지만(**292, 298**), 신장된 잎에서의 공변세포는 보통 잎의 장축에 평행하다(**291**). 벼과 및 사초과 식물에서는 한쌍의 아령형(dumbell shape)의 공변세포가 기공을 싸고 있는 반면에(**290, 291**), 대부분의 다른 종에서는 초생달 모양(crescent shape)의 공변세포가 발생한다(**292**).

초생달 모양의 공변세포에서, 기공에서 먼 수층 세포벽은 비교적 얇지만, 기공에 인접한 세포벽은 흔히 두껍게 되어 있다(**288, 290**). 이들 세포에서 두께의 차이와 병층면 세포벽에서 섬유소의 미세원섬유(microfibril)가 방사방향으로 분포하는 것은 공변세포가 팽창할 때 기공이 열리는 것과 명백하게 관련되어 있다. 벼과 식물의 아령형 공변세포에서 옆쪽의 세포벽은 두꺼운 반면에 양 끝은 얇은 세포벽을 갖는다(**290**). 공변세포에서 팽압의 증가는 양 끝을 부풀어 오르게 하며 옆쪽의 수층 세포벽은 기공에서 당겨져 떨어지게 된다.

각피는 공변세포(**288, 289**)의 병층면 세포벽의 바깥에 항상 존재하며, 각피가 덮인 벽의 모서리는 때로 기공을 향해 돌출된다. 부세포가 있는 대부분의 종들에서 부세포는 조직학적 형상으로는 일반 표피세포와 구별되지 않지만, 공변세포와 관련하여 모양과 위치로써 구별된다(**290-292, 298**). 부세포는 공변세포와 같은 선구세포에서 기원하기도 하며[중생 발달(中生 發達), mesogenous development], 인접한 표피세포에서 기원하기도 한다[위생 기원(圍生 起源), perigenous origin)]: 이 두 가지 유형은 상동이 아니며, 계통적으로 중요성을 가진다. 부세포가 기공 운동에 특유의 역할을 하는지와 많은 종의 잎에 부세포가 없는 것에 대하여는 알려져 있지 않다.

잎과 줄기 위에는 보통 돌기물(trichome)이 있는데; 단세포성에서 다세포성 구조까지 다양하고(**273, 296, 327**), 가지를 친 것도 있다. 많은 것들은 분비성이며, 흔히 자루와 선상두부(腺狀 頭部, glandular head)로 구성된다(**135, 218, 219**). 분비물은 *Lavandula*(라벤더속)의 정유에서부터 *Drosera*(끈끈이주걱속, **135**)와 같은 식충식물 잎의 가수분해 효소까지 다양하다. 어떤 선에서는 분비물이 바깥쪽의 병층 세포벽과 그것을 덮고 있는 각피 사이에 일시적으로 축적되기도 한다. 같은 잎 위에 여러 가지 유형의 돌기물이 나타나기도 한다(**218**). 비선상 돌기물은 바람의 운동을 방해하여 증산 속도를 늦추기도 하고, 곤충의 공격을 못하게 하기도 하며 과도한 햇빛을 막아주는 등 잎에서 여러 가지 기능을 한다.

잎 표피의 가장 바깥쪽 벽은 큐틴으로 차 있는 반면에, 외부는 각피가 덮고 있다(**286, 289, 301**). 큐틴은 소수성이 강한 고분자량의 지질 중합체이다. 각피는 건생식물에서 특히 두껍다(**150, 286, 297, 301**). 또한 각피는 두께가 6mm에 달하기도 하며, 특히 아래 엽육의 세포간극에 인접한 곳에는 흔히 얇은 침적물이 수층 세포벽과 가장 안쪽 표피의 병층 세포벽에 나타나기도 한다. 한편 수생식물의 침수된 슈트(**293, 294**)에서는 각피가 매우 얇거나 없다. 양면성 잎에서 향축면의 각피는 보통 배축면보다 두껍다(**302**). 왁스는 보통 각피의 표면에 필라멘트, 과립 또는 박편의 형태로 나타난다. 그러나 왁스는 흔히 고정이나 현미경 하에서의 관찰 과정 동안에 표면에서 용해된다(3장).

엽육조직과 후벽조직

대부분의 양면성 잎에서는 책상조직 층이 향축면 쪽에 발생한다(**274, 302**). 크게 액포화 되어 있는 이 원주형 세포들은 수층으로 신장되어 있으며 세포벽에 인접한 주변 세포질 내에 수많은 엽록체를 가지고 있다(**71, 126**). 광합성이나 증산과 관련되어 전세포벽(apoplast)을 통한 기체의 확산이 이루어질 수 있도록 세포간극이 잘 발달되어 있다. 책상조직은 여러 세포층으로 배열하며, 등면성 잎에서는 보통 향축면과 배축면 양쪽에 발생한다(**275**). 건생형태의 잎은 흔히 세포간극이 줄어들어 보다 조밀한 엽육을 나타낸다(**150, 295, 296, 325**).

양면성 잎에서 해면 엽육조직은 배축면 쪽에 발생한다(**274, 289**). 이 균일하지 않은 조직은 커다란 세포간극을 갖고 있어서 보통 전세포벽의 부피가 전원형질(symplast)보다 크다. 그러나 이 조직 내의 세포벽 표면적은 흔히 책상 엽육조직보다 현저히 적다.

Pinus(소나무속)와 여러 구과식물에서 엽육세포는 주름져있으며(**146**); 주 세포벽에서 함입하여 원형질로 돌출됨으로써 엽록체가 들어있는 세포질의 표면적을 증가시킨다. 많은 열대 벼과식물과 다른 여러 분류군들은 C4 경로를 통한 광합성을 하며, 이 잎들은 엽맥을 감싸는 관속초로부터 바깥쪽으로 방사상 배열을 하는 엽육세포를 갖는 크란쯔(Kranz; 고리 모양) 해부구조를 보여준다(**303**). 관속초 내의 엽록체는 보통 그라나가 없으며 일반적으로 그라나를 갖는 엽육조직 엽록체보다 크다.

많은 잎의 엽연부는 섬유 다발로 강화되어 있으며, 후벽조직의 가닥이 엽육조직 내에 침투해 있기도 한다(**150, 297, 300**). 아울러 보강조직이 엽육조직 내로 침투해 있기도 한다(**149, 301**). 후벽조직과 후각조직은 주맥이나 중륵으로 발달한 엽맥에 흔하게 나타난다(**302, 303**).

관속 조직

쌍자엽식물의 엽신에서 세맥의 극미한 가지는 망목극을 형성하지만(**279**), 단자엽식물에서는 망목이 덜 분명하다(**37, 278**). 세맥은 광합성 엽육조직의 관속초에 싸여있지만(**126**), 더 굵은 엽맥은 흔히 엽록체가 거의 없는 기본조직에 싸여있다(**277, 302, 304, 305**). 엽맥은 전형적으로 목부가 향축면에 위치한 병립형이지만(**276B, 302**), 그 위치 배열은 다양하다(**304**). 일부 쌍자엽식물과 구과식물의 잎에서 제한적으로 2차 비후가 일어나기도 한다(**284, 302**).

세맥은(**279-281**) 광합성에서 형성된 당류를 사부로 실어 나르는 일과(**171**), 목부에서 엽육으로 물을 내려주는 일을 한다. 관속 유조직과 전달세포(**113**)는 사부와 관련되어 특히 잘 발달되어 있으며, 일부는 동반세포로 나타난다. 세맥은 조밀한 관속초로 싸여있어서(**126, 280**), 일반적으로 엽육조직의 세포간극으로 직접 노출되지 않는다. 관속초는 흔히 유조직으로 구성되지만, 때로 여러 층의 관속초가 유조직과 후벽조직으로부터 형성되기도 한다. 세맥에는 보통 원생목부의 가도관이 있고(**279, 280**) 도관이 없는 반면에, 보통 극미한 엽맥에는 사요소가 존재하지 않는다.

엽병의 해부구조

많은 잎에 있어서 관속은 줄기로부터 엽병을 거쳐서 엽신으로 물질을 공급한다(**262, 263, 270**). 가장 단순한 관속의 배열은 향축면에 목부를 가진 한 개의 커다란 초생달 모양의 엽맥이지만, 흔히 여러 개의 엽맥이 존재한다(**306**). 주변부의 기본조직은 보통 후각조직과 후벽조직을 내포한다. 많은 식물의 잎은 낮에는 넓게 펼쳐져 있지만(**307**), 밤에는 다양한 안팎의 자극에 반응하여 천천히 늘어지게 된다(**308**). 이러한 운동은 엽병의 기부나 복엽의 소엽병 기부에 있는 관절 모양의 비후부[엽침(葉枕); pulvinus)에 위치한 넓은 주변부 유조직에서 팽압이 감소하여 생긴 결과이다. *Mimosa pudica*(미모사) 잎의 접촉에 대한 보다 빠른 반응도 수많은 엽침의 활동이 그 원인이다.

낙엽성과 상록성 식물 모두에 있어서 엽병의 기부에 떨켜 부위(abscission zone)가 발생한다(**309**). 이 부위의 목부는 흔히 가도관이나 좁고 불연속적인 도관으로 제한되어 있다(**310**). 이러한 도관요소들은 잎이 바람이나 먹잇감으로 인한 손상과 낙엽이 질 때 공기 색전이 형성되는 위험성을 감소시킨다. 떨켜 부위의 기부면에서는, 엽병이 떨어져 나갔을 때 형성되는 엽흔(**311**)을 덮어주는 코르크질의 보호층이 발달한다. 일부 다년생 단자엽식물에서도 떨켜 부위가 발생하며, 야자나무에서는 엽병과 엽신이 떨어져나간 뒤에도 엽저 부위가 남아있기도 한다(**312**).

잎의 변형

포충 잎

여러 피자식물의 과 가운데 질산염과 암모니아가 부족한 환경(예: 습지, 습원, 313)에서 자라는 식물은 잎의 다양한 변이로 곤충을 잡을 수 있다(**314-318**). 그렇지만 잎의 기공과 엽육을 통하여 정상적인 광합성도 일어난다. 식충식물 잎 표면의 선(**135**)이 먹이 곤충을 소화시킬 수 있는 단백질분해효소를 분비함으로써, 잎을 통하여 용해된 아미노산과 뉴클레오티드를 흡수한다. *Drosera*(끈끈이주걱속), *Dionaea*(파리지옥속) 그리고 *Urtricularia*(통발속)와 같은 여러 속에서는 잎의 벌레잡이가 능동적이지만(잎이 곤충을 잡을 때 운동을 한다; **315**), *Pinguicula*(벌레잡이제비꽃속), *Nepenthes*(벌레잡이풀속) 그리고 *Sarracenia*(사라세니아속)와 같은 다른 속에서는 수동적이다(**314, 316-318**).

Drosera(끈끈이주걱속)에서 잎의 향축면은 길고, 복잡한 다세포성 털로 덮여있는데(**135**), 이 털의 선상 두부는 이곳에 곤충이 들러붙도록 점성과 향기가 있는 물질을 분비한다. 엽신이 안쪽으로 휘어서 곤충이 확보되어 있는 동안에, 곤충이 도망가려하면 다른 선모와 접촉하게 되어서 더욱 견고하게 붙들게 된다. 점액은 선상 두부의 고밀도 세포질성 세포의

주변층에서 생성되어 선의 각피에 있는 많은 소공을 통해 표면으로 이동한다. 선은 중앙에, 어린 뿌리에 있는 유형의 카스파리 띠를 가진 내피에 의하여 분비세포로부터 분리된 가도관 가닥을 가진다(4장 참조).

Dionaea(파리지옥속)에서 평평한 향축면 잎의 표면은 여러 방아쇠 모양의 털을 가지며 엽연은 수많은 긴 치아상 돌기물을 가진다(**315**). 어떤 곤충이 잎을 기어가다 이 털을 건드리면, 어떤 때는 수주일 동안, 잎의 두 반쪽이 탁 닫혀서 치아상 엽연부가 맞물려 잠가지게 된다(포획된 곤충이 잎 표면의 많은 표피 선모에서 분비되는 가수분해효소를 받는 동안). 포충 잎의 닫히는 메커니즘은, 닫히지 않은 잎에서는 물로 팽창되어 있는 중륵의 상면에 위치한 운동세포가 팽창하였던 것이 급속히 소실됨으로써 일어난다. 후에 운동세포는 다시 팽창되고 잎도 다시 평평한 형태를 찾게 된다.

Sarracenia(사라세니아속), *Nepenthes*(벌레잡이풀속, **316-318**)와 이들과 유사한 다른 속의 주전자 모양의 잎은 잎 내면의 선에서 분비된 소화액을 함유한다. *Sarracenia*(사라세니아속)에서 주전자모양의 잎으로 들어간 곤충이 입구의 수많은 하향한 털과 매끄러운 잎 내면 때문에 잡히는 반면에, *Nepenthes*(벌레잡이풀속)에서는 주전자의 테두리와 내부가 매우 미끄럽다. *Pinguicula*(벌레잡이제비꽃속)에서는 작은 곤충이 잎의 향축면 위의 선에서 끈적이는 분비물로 잡히는 반면에, 또 다른 선은 단백질분해효소를 분비한다. 그러나 *Drosera*(끈끈이주걱속)와는 달리 *Pinguicula*(벌레잡이제비꽃속)의 엽연(**314**)은 곤충 먹이를 잡은 후에 안으로 휘는 일이 거의 일어나지 않는다.

키메라 잎

차별적인 색깔의 양상은 보통 잎, 특히 장식용 엽상식물에서 나타나며, 여기에는 여러 가지 원인이 있을 수 있다. 그러나 얼룩무늬의 키메라 잎(chimeral leaf; **266, 319**)은 보통 돌연변이가 일어난 세포의 유도체가 엽록체의 발달을 방해하는 슈트 정단에서 핵 돌연변이로부터 생겨난다. 초층의 안쪽과 내체에서 돌연변이가 일어난다면, 정상적인 녹색의 엽육이 있는 곳에 엽록소가 없는 조직이 형성될 것이다(**320, 321**).

키메라는 접목기술로도 만들어질 수 있으며, 다른 두 종 심지어는 다른 속에서 유래한 조직들로 구성된 혼합 식물로 나타난다(**322**). 작은 목본인 +*Laburnocytisus adamii*(아담금사슬나무)는 *Laburnum anagyroides*(금사슬나무, 콩과)의 대목(臺木)에 *Cytisus purpureus*(양골담초 종류, 콩과)의 눈을 접목한 비정상적인 슈트로 1825년에 처음 만들어졌다. 이 변이체(병층면 키메라로 알려짐) 잎의 기공과 털의 분포는 *Cytisus purpureus*와 매우 흡사하지만, 목본의 습성은 덤불인 *Cytisus purpureus*보다는 *Laburnum anagyroides*와 더 유사하다. 이 키메라는 관습에 따라 CLL로 지정되었는데; 슈트 정단에서 T1(바깥쪽 초층)은 *Cytisus purpureus*(CLL)에서 유래한 반면, T2(안쪽 초층)와 내체 층은 *Laburnum anagyroides* 조직(L)으로 구성되어있다. 잎과 줄기의 표피는 T1에서 유래한 반면, T2와 내체는 잎의 엽육, 줄기의 피층과 안쪽의 조직을 생성한다. 그러나 키메라가 그렇게 안정적이지는 못해서 때로는 노랑색의 *Laburnum*(LLL), 자주색의 *Cytisus*(CCC)와 암적색의 +*Laburnocytisus*(CLL)가 모두 한 나무에 열리기도 한다(**322, 323**). T1에서 일상적인 병층면 키메라는 (C)에서 T2로 전이되어, 키메라가 일어나지 않은 CCC 구조(순수한 *Cytisus purpureus*)의 슈트 정단에서 병층분열이 일어난다; 한편 순수한 LLL의 슈트 정단에서는 반대로, 원래의 T2(L) 층에서 병층분열이 일어나 T1(C) 구성요소를 대치한다.

다육성 잎

많은 사막식물은 1기 또는 2기 조직을 이용하여 다육성인 잎, 줄기 또는 뿌리에 물을 저장한다. 저장된 물의 용도나 저장 부위는 생육지의 상태에 따라 다양하다: 짧은 가뭄 동안에는 잎에 저장된 물이 동화조직을 수화시켜 광합성을 계속 할 수 있다. 극심한 가뭄에는, 잎은 탈락하고 줄기나 뿌리에 저장된 물이 눈과 가는 도관이 마르지 않도록 한다.

다육성 잎은 단순한 면에서 일반 광합성 잎과는 다르다. 다육성 잎은 두껍고(**324**), 커다란 세포와 퇴화된 세포간극으로 된 많은 엽육조직 층을 가지며, 관속이 둘 이상의 층(**325**)으로 발생하기도 한다. 적당히 두꺼운 잎에서는 책상 동화조직이 뚜렷하지 않기도 하며; 대신 모든 세포가 동화조직의 역할을 하여 물은 광합성 세포에 직접 저장되고 이산화탄소의 저장 공간도 제공한다. 매우 두꺼운 반지중성 잎은 위쪽에 창문 같은 표피를 가지며 바깥쪽에는, 땅속에서 광합성을 수행할 수 있도록 빛을 전달시켜 주는 투명한 중심부를 감싸는 엽록소 층을 갖는다(**326**). (많은 단자엽식물의) 다년생 잎은 잎의 아래쪽에 관속을 싸고 있는 섬유를 갖는 경향이 있지만, (많은 쌍자엽식물의) 단명하는 잎은 대부분이 후벽조직을 갖고 있지 않다.

단자엽식물의 인경(bulb)은, 적당한 크기와 일반적인 세포간극의 유조직 세포로 된 일정한 형태의 엽육을 가진, 지중성이며 비광합성 다육성 잎 안에 탄수화물과 물을 저장하며; 기공은 드문드문 나있다.

고산식물과 잎

고산 생육지는 (늪지, 초원 및 해변과 같은 저지대 생육지와 마찬가지로) 적은 수의 생장형에 의하여 우점되어 있지만, 다음과 같은 공통적인 특징을 가지고 있다: 잎은 흔히 작고, 두꺼우며, 혁질이고, 다년생이다(**327**). 목본식물은 키가 낮거나 포복성으로 바람이나 다른 변화에 영향을 덜 받고, 눈피해를 피할 수 있는 지면에서 가까운 미소 생육지 내에서 잎과 눈을 보호한다(**328**). 다년생 초본류도 흔히 로제트(rosette) 형태로 잎을 지면 가까이 유지시켜 자라며, 꽃눈은 지면 또는 그 아래의 엽저 가운데 자리잡고 있음으로써 보호된다(**329**). 풀무덤(tussock)을 형성하는 벼과 식물과 사초과 식물은 키가 약간 크지만, 이것들도 눈, 엽저분열조직 및 잎의 살아있는 부위를 지면 가까이 유지시키며; 가장 크고, 노출된 잎의 끝부분은 말라있다(**330**). 방석식물(cushion plant)은 어떤 가지의 작고 두꺼운 잎이 주변 가지에 대하여 매우 조밀하게 모여 있는 1.0m 이내 크기의 관목이다(**331**). 방석식물의 덮개층(canopy)은 전형적으로 바람이 수간과 가지를 피해가는 조밀하고 견고한 잎의 덩이인데; 이러한 구조는 겨울철에는 이롭지만 여름철에 잎이 증산을 할 때에는 흙과 뿌리의 태양열을 저해한다. 고산식물은 흔히 지하의 확대된 뿌리나 굵어진 줄기에 녹말을 저장하며; 이 저장된 양분은 짧은 생장기가 시작하면 빠르게 자랄 수 있도록 한다. 일년생 초본은 드물다.

고산식물은 자연적인 수목 한계선보다 위쪽에서 자라지만, 만년설이나 얼음으로 덮인 고도보다는 아래에서 자란다. 북위나 남위가 높은 지역의 산에서는 해발 수 백 미터의 낮은 고도에서 나타나지만, 열대의 산악지역[고도 기록: *Saussurea gnaphalodes*(취나물속 일종, 국화과)는 에베레스트산의 6400m에서 나타남]에서는 4000m 이상에서 자라기도 한다. 고산 생육지는 지구 육상 표면적의 3% 이상을 이루며, 몇 가지 일반적인 특징을 갖는다: 짧은 생장기, 낮은 기압, 적은 이산화탄소의 양 및 높은 증발율 등. 어떤 곳은 춥고, 바람 불며, 구름이 많고 흐리지만, 다른 어떤 곳은 맑은 하늘, 강렬한 햇빛과 자외선을 갖고 있다. 또한 어떤 곳은 건조하며 다른 어떤 곳은 습하거나 심지어는 물에 잠겨있기도 하다. 미소생육지는 맑은 여름철에 따뜻하다거나, 겨울이라도 반투명한 눈의 층으로 보호된다면 포근해지는 변화를 보이기도 한다.

고산 생육지가 넓고 다양하기 때문에, 많은 과의 식물들이 수목 한계선보다 높은 곳에서 살고 있다. 약 100과의 8000에서 10000종이 고산 생육지에서 나타나며, 어떤 것들은 다른 곳보다 더 잘 적응하여 번성하고 있고, 어떤 것들은 낮은 고도에 극히 일부 종만이 살아남았다. 세 개의 과가 가장 커다란 고산 종을 이루지만—국화과, 벼과 그리고 십자화과—석죽과, 사초과, 장미과, 미나리아재비과 및 선인장과 또한 중요한 식물상의 구성요소이다.

선인장 가시의 해부구조

선인장 가시는 잎의 구조가 광합성보다는 다른 기능을 위하여 변형된 예이다(**332**). 각각의 가시는 액아에서 기원한 엽원기로부터 발달되며(**333**), 처음에는 이를 통하여 발생하여 점차 키가 커지고 폭이 넓어지게 된다. 원기 끝의 세포는 섬유 내로 신장하고, 2차벽을 침적시키며, 목질화한 후 결국 죽게 된다. 그러는 동안에 기저 분열조직 세포는 분열을 계속하여 새로운 세포들을 위쪽으로 밀어내는데, 섬유 내로 신장이 계속되고 죽게 된다. 엽적(leaf trace)은 기저 분열조직으로 벋어있지만 안쪽까지 확장하여 침투하지는 않는다(**334, 335**). 가시가 한계 신장에 도달하면, 세포분열은 멈추고 기저 세포들 역시 신장하여 죽게 된다. 성숙한 가시는 후벽화된 죽은 세포로만 구성되고, 기공과 엽육 섬유는 없으며; 또한 책상조직 또는 해면조직뿐만 아니라 관속 조직을 갖고 있지 않다. 액아의 밑에 있는 세포는 코르크질의 기저부위로 분화하는데, 이것은 동물이 지나가다 건드렸을 때 가시가 슈트 유조직으로 밀려 들어오는 것을 방지한다.

259 *Gunnera manicata*(열대 칡 종류, 역자 주). 이 식물(남아메리카가 원산이지만 현재 정원 식물로 연못이나 냇가에 재배되고 있다.)의 거대한 엽신은 폭이 2m까지 자라며, 질소고정 시아노박테리아 *Nostoc*을 함유하는 혹이 있으며 튼튼하고 가시가 있는 엽병으로 지지된다.

260 *Xanthorrhoea preisii*(그래스 트리). 이 호주 원산의 관목성 단자엽식물에서 매우 긴 건생엽은 숙존성 정아에서 발생하였으며; 이 대륙의 건조한 지역을 파괴하는 잦은 산불로부터 엽저가 눈을 감싸 보호한다.

261 *Victoria amazonica*(수련 종류)의 대형 부엽은 보통의 어린아이 무게를 견딜 수 있으며, 연못의 진흙 바닥에서 자라는 뿌리줄기에 긴 엽병이 연결되어 있다. 잎의 기공은 대기에 노출된 향축면에만 분포하며, 배축면 쪽의 해면 엽육조직은 기체교환을 돕기 위하여 매우 넓은 통기 공간을 갖는다. 커다란 갈라진 보강세포는 이 조직을 보강한다. 가시가 배축면 표피의 엽맥에 생겨나며, 이것은 동물에게 먹히는 것을 방지하기도 한다.

262 쌍자엽식물인 *Populus deltoides*(미루나무)에서 엽병이 있는 단엽은 뚜렷한 중륵과 여러개의 측맥을 가지며, 보이지 않는 수많은 세맥이 있다. 엽연은 전연이라기보다는 톱니모양이다.

263 단자엽식물인 *Licuala grandis*(야자나무과 일종)에서 넓은 부채모양의 잎. 이 야자나무는 동남아시아와 호주가 원산이며 긴 엽병에 단엽이 달린다.

264 양치식물인 *Angiopteris*(용비늘고사리 종류, 역자 주) 복엽의 일부. 각 우편(羽片, pinna)에서 긴 중륵을 볼 수 있으며, 여기에서 차상의 형태로 분지된 맥은 엽신에 물질을 공급한다.

265 조밀하게 달려있는 열대 착생 현화식물인 *Tillandsia usneoides*(단자엽식물의 일종, 스페인이끼라고 함). 뿌리가 없지만 수많은 원통형의 잎이 습기가 있는 대기로부터 물을 흡수한다.

266 *Chlorophytum comosum*(거미식물)의 알록달록한 잎. 긴 칼모양의 잎은 전형적인 단자엽식물의 특징이다. 꽃차례 자루에서 부정적(adventitious) 발달을 한 작은 다엽식물(1).

1 작은 다엽식물

267 쌍자엽식물 *Digitalis purpurea*(디기탈리스)의 화서. 각 꽃은 작은 녹색 포에 끼워져 있는 반면에, 다섯 장의 꽃받침 잎은 꽃의 기부에 있다. 꽃잎은 자주색의 종모양으로 합쳐지며, 꽃의 반점은 방문 곤충을 꿀로 안내하는 역할을 하는 것으로 알려져 있다.

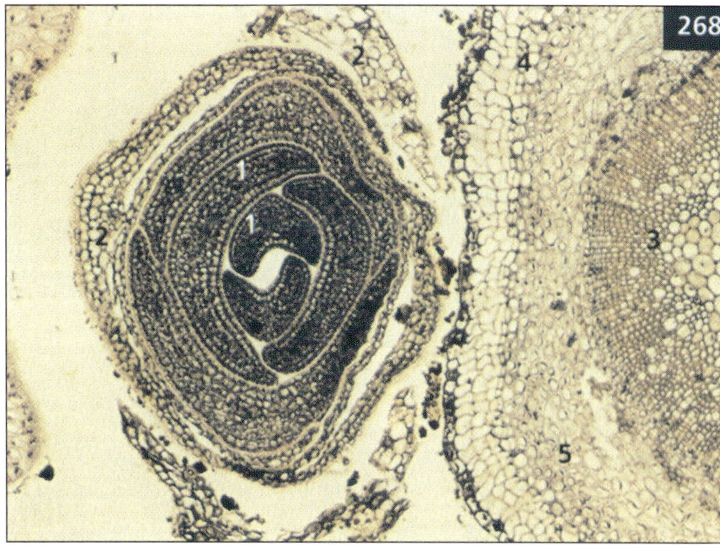

268 휴면 액아를 보여주는 쌍자엽식물인 *Ligustrum vulgare*(쥐똥나무) 슈트의 횡단면. 이 십자대생(十字對生) 배열하는 보통엽의 엽원기(1)는 인편엽으로 싸여있다(2). 줄기는 2기 목부(3)를 가지며 코르크(4)가 이미 발달되어 있다. 피층(5). (광학현미경)

1 보통엽의 엽원기 2 인편엽
3 2기 목부 4 코르크
5 피층

269 단자엽식물인 *Musa*(파초속)에서 오래된 슈트의 그루터기. 줄기(1)는 커다란 보통엽의 기부로 싸여있으며; 엽초 안의 횡으로 평행한 수많은 섬유 가닥이 화서의 축을 크게 보강시키는데, 화서는 성숙하면 수 미터의 길이에 도달하고, 그 끝에 매우 무거운 바나나가 열린다.

1 줄기

270 단자엽식물인 *Archontophoenix alexandrae*(알렉산더야자나무)의 수간. 커다란 엽신과 수간을 감싸고 있는 엽초(2) 내로 확장되는 엽병(1)의 복합적인 성질을 알 수 있다.

1 엽병 2 엽초

271 초상 엽저(sheathing base, 1)를 가진 벼과식물 엽신의 마디(절)에서, 측면에 한 쌍의 귓바퀴형 잎(2)이 있다. 중앙에는 막질의 엽설(3)이 마디(절)의 윗면에서 돌출하여 줄기(4)에 눌러 붙어 있어서, 먼지와 포자가 엽초와 줄기 사이의 공간으로 씻겨 들어가는 것을 막아준다.

1 초상 엽저　　2 귓바퀴형 잎
3 엽설　　4 줄기

272 하스툴라(hastula, 1)는 야자나무에서 엽신과 연결되는 가까운 곳의 엽병 윗면에 위치하는 돌출된 조직이다.

1 하스툴라

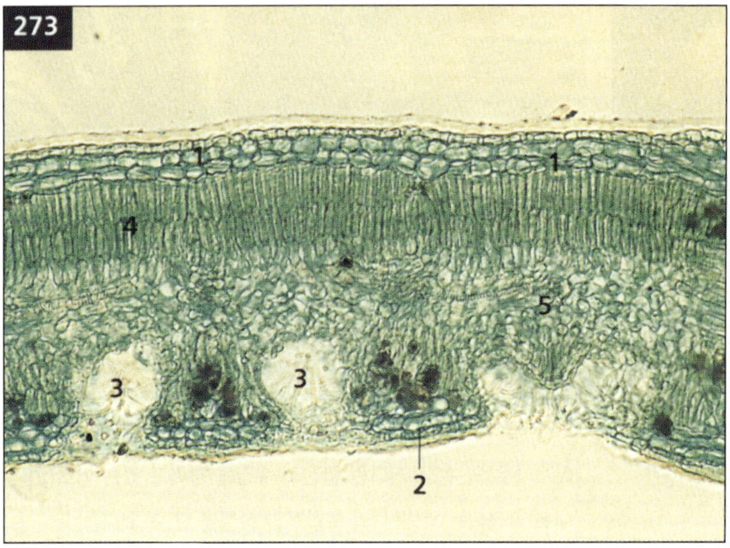

273 쌍자엽식물 *Nerium oleander*(협죽도)에서 양면성 잎 엽신의 횡단면. 이 건생형태의 종에서 향축면에는 기공이 없으며, 다층표피(1)는 매우 두꺼운 각피로 덮여있다. 한 층의 배축면 표피층(2)은 각피가 보다 얇고 기공은 헤어라인처럼 파인 곳(3)에 한정되어 있다. 엽육조직은 해면조직(5) 층을 덮고 있는 향축면의 책상조직(4) 내로 분화된다. (광학현미경)

1 향축면 다층표피
2 배축면 표피
3 헤어라인처럼 파인 곳
4 책상 엽육조직
5 해면조직

274 목련분계군(Magnoliid)인 *Peperomia*(페페로미아속) 잎의 횡단면; 이것은 일반 하면 표피(1), 해면 엽육조직(2) 및 책상 엽육조직(3)을 갖는다. 잎의 위쪽 2/3 이상을 구성하는 명확한 조직이 다층표피(4)이다: 커다란 저수 세포들과 위쪽의 일반 표피세포로 나타나는 것(5)은 원표피에서 병층 분열에 의해서 만들어진다. (광학현미경)

1 하면 표피 2 해면 엽육조직
3 책상 엽육조직 4 다층표피
5 상면 표피(다층표피의 일부분)

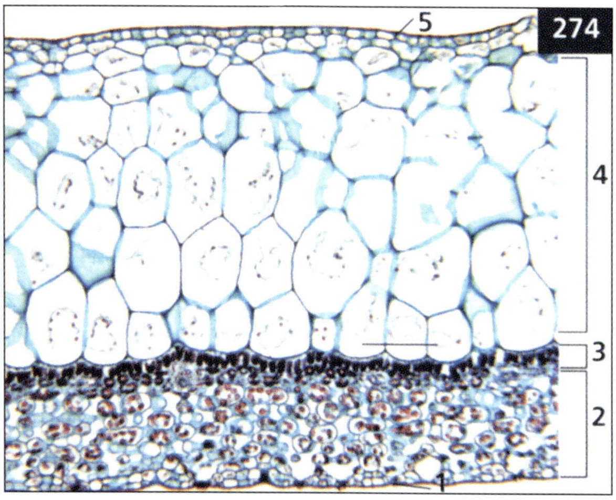

275 쌍자엽식물인 *Eucalyptus*(유칼립투스속)에서 등면성 잎의 횡단면. 책상 엽육조직(1)이 향축면과 배축면 모두에서 나타난다. 목부(2)는 향축면에 있다. (광학현미경)

1 책상 엽육조직 2 목부

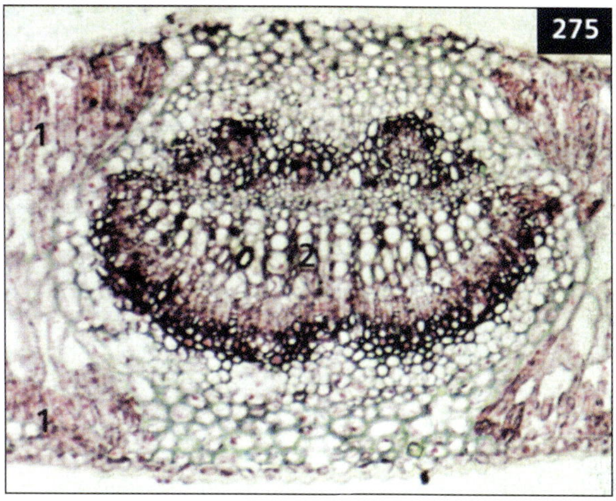

276 단면성 엽신(A)과 양면성 엽초(B)를 보여주는 단자엽 식물인 *Iris*(붓꽃속) 잎의 횡단면. 수많은 엽맥에서 사부(파랑색)가 배축면에 가깝게 있는 반면에, 목부(빨강색)는 향축면(B)이나, 향축면이 합쳐진 곳을 향하여 있는 것을 볼 수 있다(A).

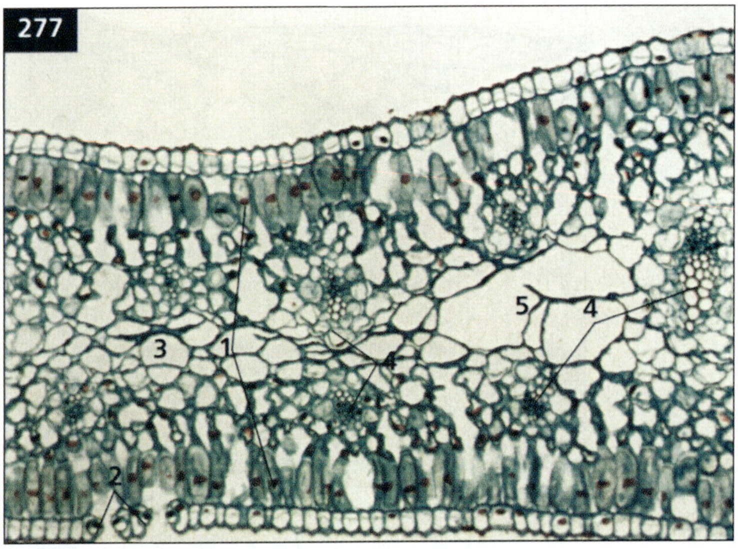

277 단자엽식물인 *Narcissus*(수선화속)에서 단면성 엽신의 횡단면. 양면에 위치한 한 층의 책상조직(1)과 많은 기공(2)을 갖는 배축면 표피를 관찰할 수 있다. 비광합성 유조직(3)인 중앙 층 내에서는 두 열의 엽맥이 발생하며, 반대편 열의 목부(4)가 서로 마주보고 있다 (참조, 280). 점액강(5). (광학현미경)

1 책상 엽육조직 2 기공
3 비광합성 유조직 4 목부
5 점액강

278 단자엽식물인 *Hosta*(비비추속) 잎의 엽맥상. 평행한 주맥은 비스듬히 가로지르는 많은 접합 세맥에 의하여 연결되어 있다.

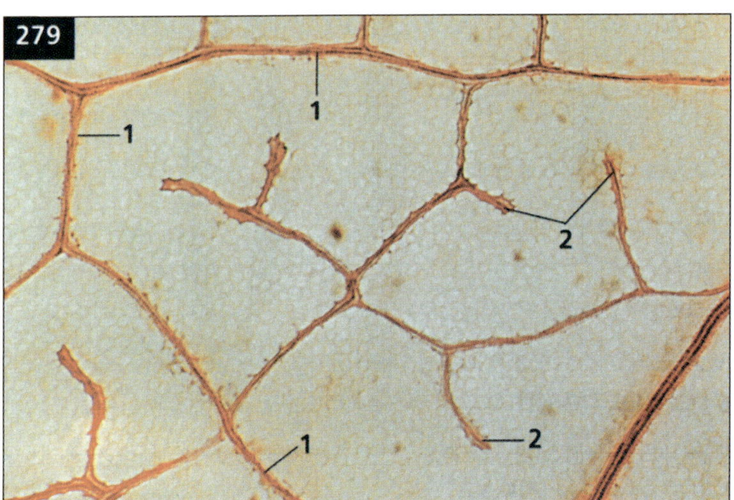

279 목부와 망상 엽맥을 보여주는 투명처리된 쌍자엽식물의 잎. 세맥(1)으로 싸여진 엽육 내의 망목극의 경계와 막다른 끝을 가진 분지맥(2)을 볼 수 있다. (광학현미경)

1 망목극을 싸고 있는 세맥
2 막다른 끝을 가진 세맥

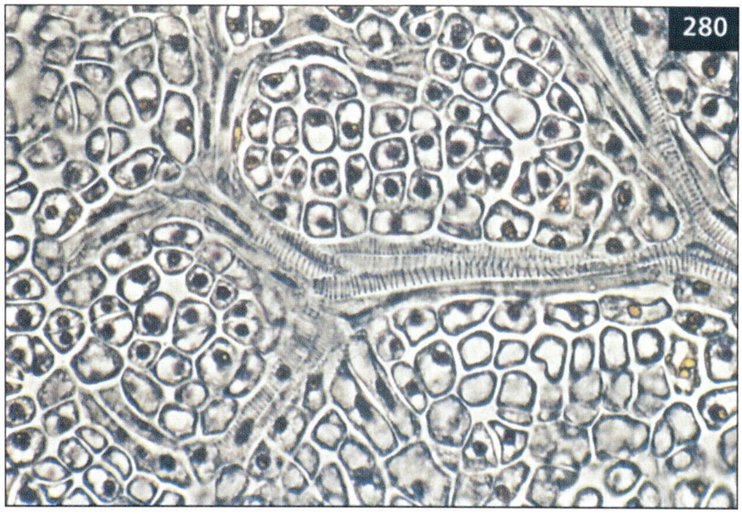

280 쌍자엽식물인 *Ligustrum vulgare*(쥐똥나무) 잎 표면의 평행 단면. 세맥의 뚜렷한 원생목부요소와 망목극 내의 수많은 통기 공간을 볼 수 있다. (위상차현미경)

281 목련분계군인 *Magnolia*(목련속) 잎의 엽맥상. 우상 배열하는 측맥은 3차맥으로 서로 연결되어 있으며, 더 분지하여 망목을 형성한다.

282 소철류인 *Nilssonia*(닐스니아속) 복엽의 화석화된 잔존물. 소엽의 평행맥을 볼 수 있으며; 이 엽맥은 어느 정도의 차상분지를 나타낸다.

283 구과식물인 *Agathis silbai*(아가티스속 일종)의 거대 인편엽. 대부분의 구과식물은 침상엽 또는 작은 인편엽을 갖지만, 어떤 것은 커다란 혁질의 인편엽을 갖는다. (사진제공, Montgomery식물원)

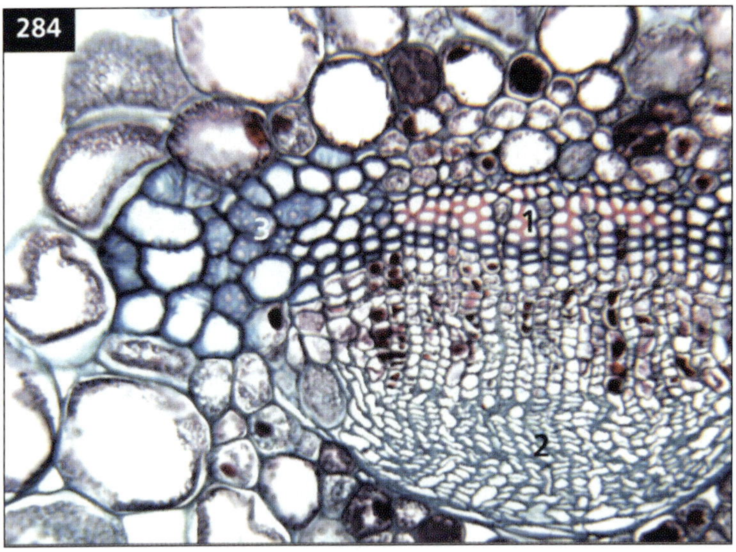

284 구과식물인 *Taxus baccata*(주목)에서 잎 중앙 관속형성층의 횡단면으로 향축면의 목부(1), 배축면의 사부(2) 그리고 주변부의 주입 조직(transfusion tissue, 3)을 보여준다. 단면성 관속형성층이 2기 사부는 생성하고 2기 목부는 생성하지 않아서 사부가 많은 것을 볼 수 있다. (광학현미경)

1 목부
2 사부 (대부분이 2기 사부)
3 주입 조직

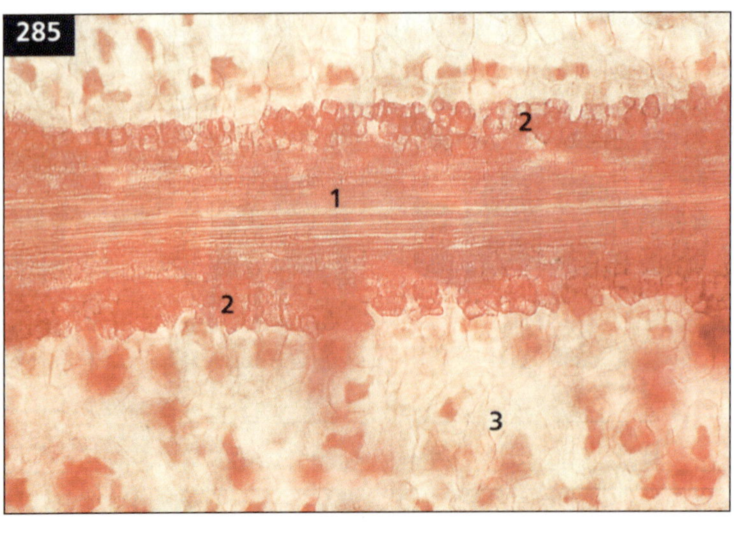

285 구과식물인 *Taxus baccata*(주목)에서 투명 처리된 잎으로 중륵을 세밀하게 보여준다. 중앙 맥(1)과 해면 엽육조직(3)까지 확장된 주변의 주입 가도관(transfusion tracheid, 2)을 볼 수 있다. (광학현미경)

1 중앙 맥
2 주입 가도관
3 해면조직

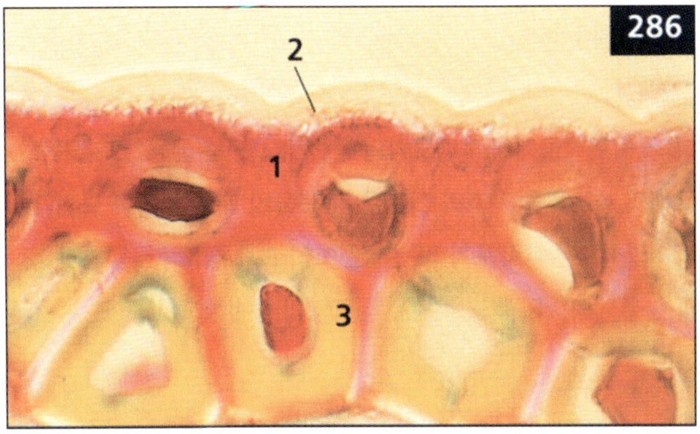

286 구과식물인 *Pinus monophylla*(잣나무 종류)에서 건생엽 표면을 세밀하게 보여주는 횡단면. 외부에 두꺼운 각피(2)가 쌓인, 두꺼운 세포벽의 목질화된 표피세포(1)와 하피의 후벽조직(3)을 볼 수 있다. (광학현미경)

1 표피세포 2 각피
3 후벽조직

287 사막에 살고 있는 쌍자엽식물인 *Mesembryanthemum crystallinum*(Aizoaceae과, 석죽목; 역자 주)의 일반 표피세포는 크게 부풀어서 풍선처럼 된다. 공변세포와 기공은 이 거대한 세포 사이의 함몰된 부위에 위치한다.

288 기공을 세밀하게 보여주는 쌍자엽식물인 *Phaseolus vulgaris*(강낭콩) 어린 줄기의 횡단면. 공변세포는 고밀도의 세포질과 전분엽록체(amylochloroplast, 1)를 갖는 반면에, 일반 표피세포는 커다란 액포(2)를 가지며 엽록체는 갖고 있지 않다. 기공에 인접한 수층면 세포벽과 병층면 세포벽은 비후되어 있으며, 병층면 세포벽의 바깥쪽은 기공 위로 돌출한 선반형태로 확장된다. 엽육조직 내에서 기공 밑 공간(3)과 엽록체(4)를 볼 수 있다. (G-Os, 광학현미경)

1 전분엽록체 2 액포
3 기공 밑 공간 4 엽육조직 엽록체

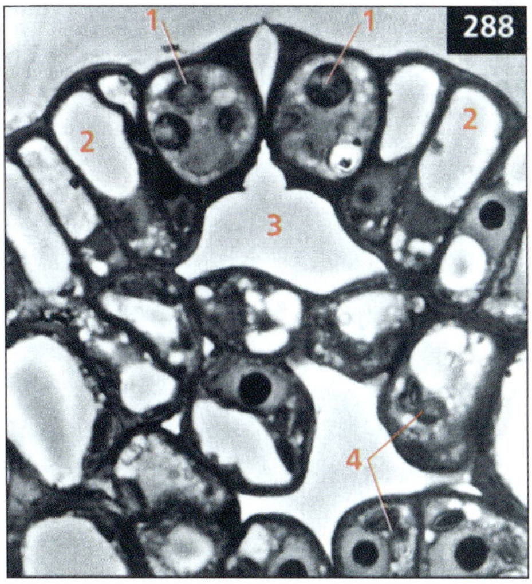

289 단자엽식물인 *Clivia miniata*(군자란)에서 배축면 잎의 횡단면. 표피가 각피(1)로 덮여 있으며, 각피는 공변세포(2) 위에도 존재하는 것이 관찰된다. 해면 엽육조직은 커다란 세포간극(3)을 보여준다. (G-Os, 광학현미경)

1 각피 2 공변세포
3 세포간극

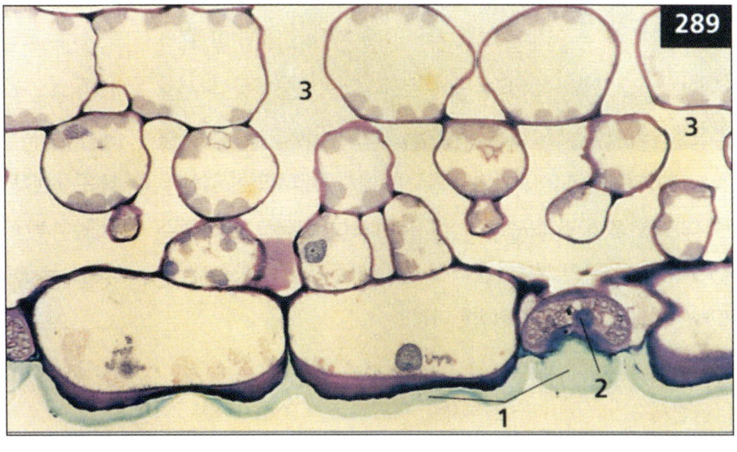

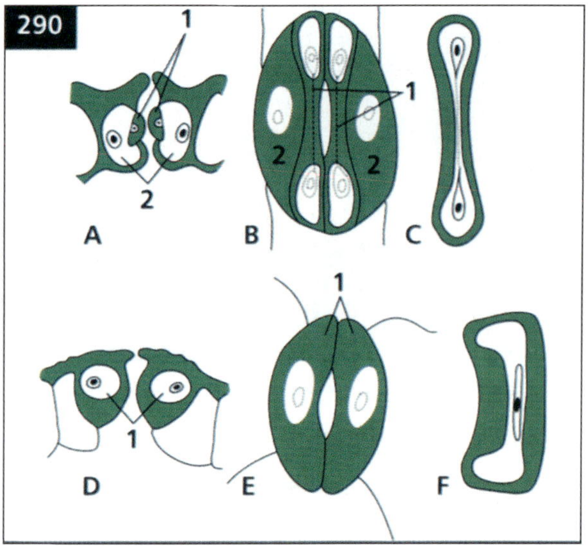

290 벼과식물(A-C)과 쌍자엽식물(D-F) 기공의 모식도. B와 E는 공변세포의 표면상, A와 D는 횡단면이며, C와 F는 종단면이다. 벼과식물에서 아령모양의 공변세포(1)는 균등하지 않은 두께의 세포벽을 가지며 커다란 부세포(2) 때문에 작아 보인다. 쌍자엽식물은 부세포가 없는 그림이며(292 참조); 균등하지 않은 두께의 세포벽을 갖는 신장모양의 공변세포(1)를 볼 수 있다.

1 공변세포 2 부세포

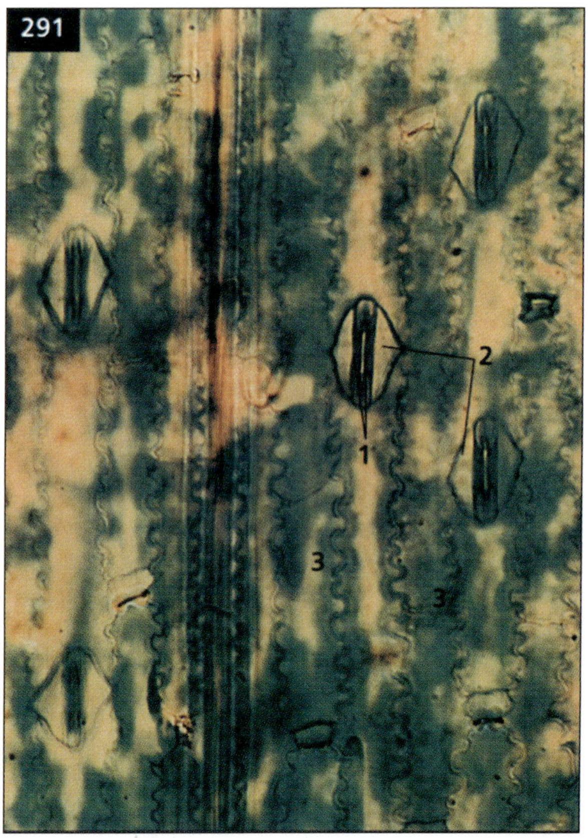

291 단자엽식물인 *Zea mays*(옥수수)에서 투명처리된 엽신 기공의 표면상. 공변세포(1)의 장축, 부세포(2) 그리고 일반 표피세포(3, 파상굴곡의 세포벽을 가진 세포) 모두가 잎의 장축에 평행한 것을 볼 수 있다. (광학현미경)

1 공변세포 2 부세포 3 표피세포

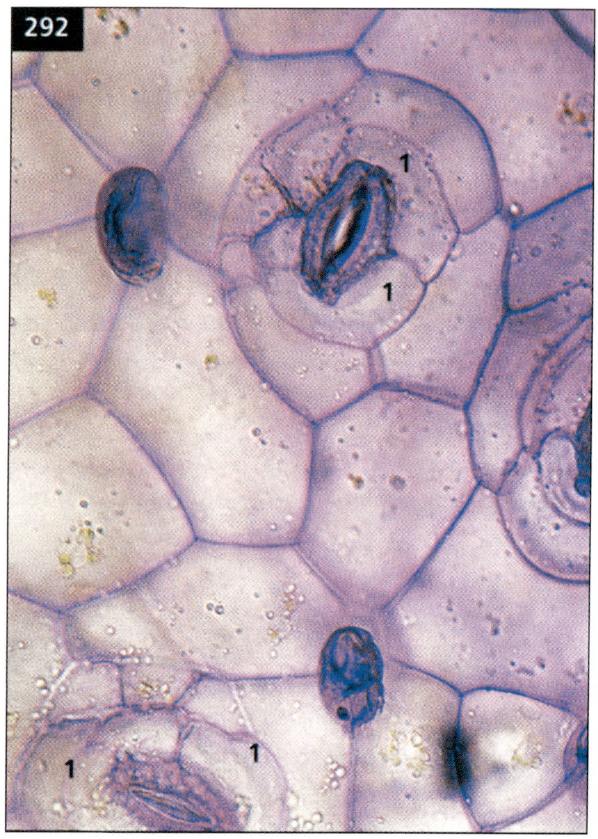

292 목련분계군인 *Peperomia argyreia*(페페로미아속 일종)의 배축면 잎. 부세포(1)와 기공의 장축이 서로 다양한 방향으로 놓여있는 것을 볼 수 있다(참조, 291). (광학현미경)

1 부세포

293 단자엽식물인 *Potamogeton illinoensis*(가래 종류)의 침수성 잎. 잎은 흔치 않게 뚜렷한 연결 맥이 있는 평행맥이며, 엽맥 사이의 엽신은 특별히 얇고 기공이 없다 (참조, 294).

294 단자엽식물인 *Potamogeton illinoensis*(가래 종류)에서 침수성 잎의 확대상으로 연결 맥(1)과 기공이 없는 엽신(2)을 보여준다. 이 상에서는 보이지 않지만, 엽신은 세 층의 세포 두께를 갖는다: 한 층의 상면표피, 한 층의 엽육조직, 한 층의 하면표피. 모든 층의 모든 세포는 잘 발달된 엽록체를 가진다.

1 연결 맥 2 엽신

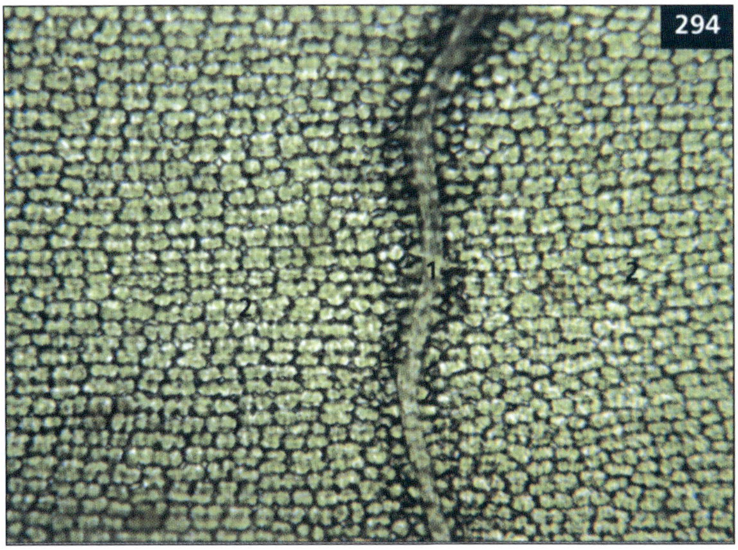

295 단자엽식물 *Ammophila arenaria* (물대 종류)에서 건생형태의 양면성 엽신의 횡단면. 평활한 배축면(1)이 바깥쪽에 있고, 안으로 말린 향축면(2)이 종으로 갈라진 분열홈을 가지고 있어서 대기의 습도와 이용 가능한 물에 따라 엽신이 말리는 정도가 다양하다(참조, 296). (광학현미경)

1 배축면 2 향축면

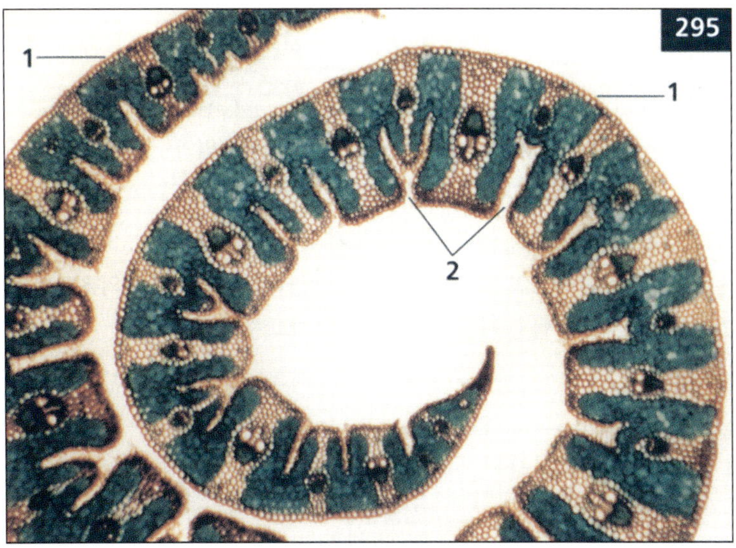

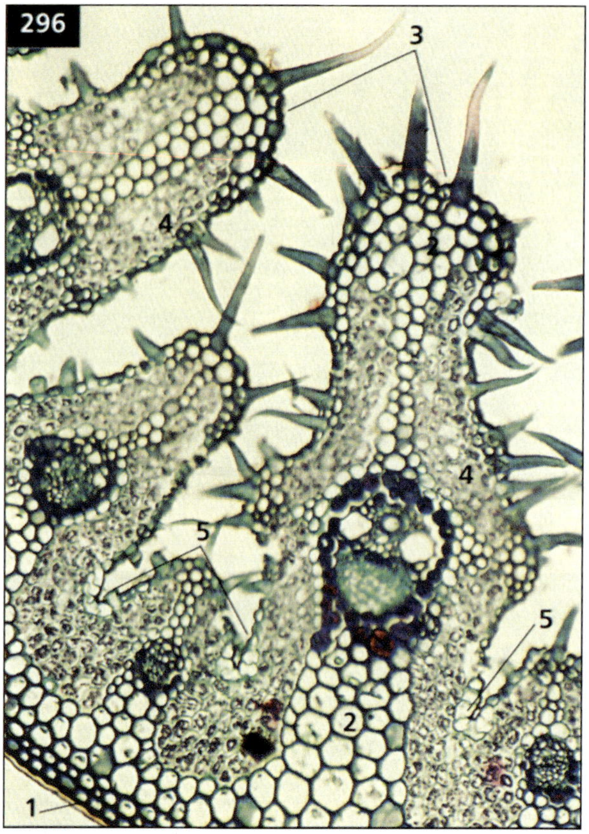

296 엽신의 세밀한 구조를 보여주는 *Ammophila arenaria*(물대 종류)의 횡단면. 이 단자엽식물의 배축면 표피(1)는 두꺼운 각피로 덮여 있고 기공이 없다. 후벽조직의 하피 층(2)은 향축면의 능선(ridge, 3)까지 확장되어 있다. 엽육조직(4)은 향축면에 한정되어 있으며, 많은 긴 털이 표피에서 확장되어 있다. 향축면의 각피는 얇다. 기공은 향축면 능선의 가장자리에 있으며, 분열 홈에는 물집형 세포(bulliform cell=기동세포, motor cell; 역자 주; 5)가 명확하게 보인다. (광학현미경)

1 배축면 표피
2 후벽조직
3 향축면 능선
4 엽육조직
5 물집형 세포

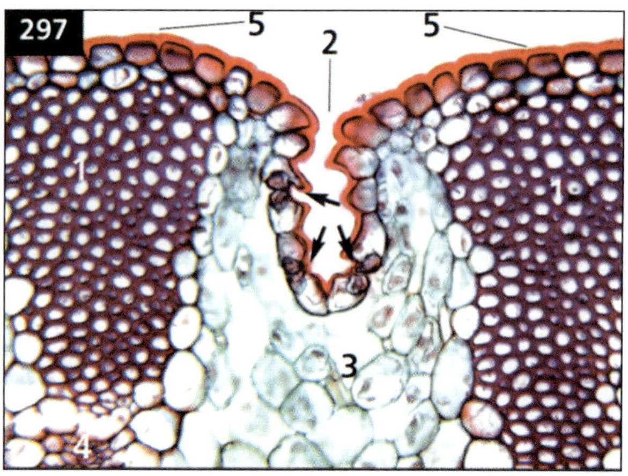

297 건생형태의 단자엽식물인 *Yucca*(유카속) 일종에서 잎의 횡단면. 표피 밑의 섬유 다발(1)이 놓여있는 곳에는 기공이 없지만, 섬유 다발 사이의 표피는 함입되어 기공(화살표)이 많은 홈(2)을 형성한다. 기공의 안쪽에는 통기조직성 엽육조직(3)이 있다. 관속 조직(4), 빨강색으로 염색된 두꺼운 각피(5). (광학현미경)

1 표피 아래의 섬유 다발
2 기공을 포함한 표피로 정렬된 홈
3 통기조직성 엽육조직
4 관속 조직
5 각피

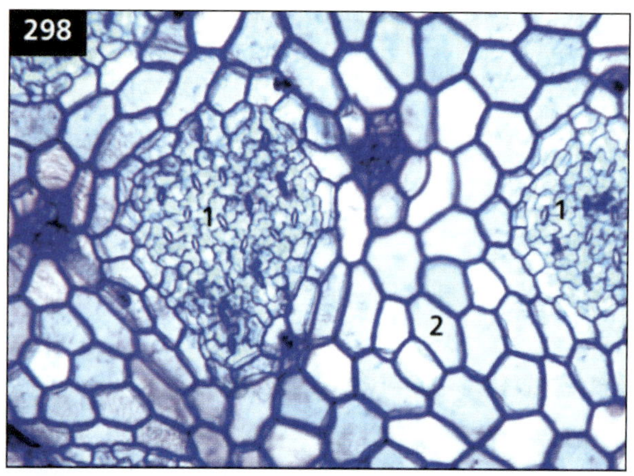

298 쌍자엽식물 *Saxifraga sarmentosa*(바위떡풀 종류)에서 벗겨낸 배축면 표피. 이 종에서는 공변세포와 부세포가 밀집하여 덩이로 있으며(1), 기공이 없는 일반 표피세포(2)에 의해 다른 덩이와 분리된다. (광학현미경)

1 기공과 부세포 덩이
2 기공이 없는 표피

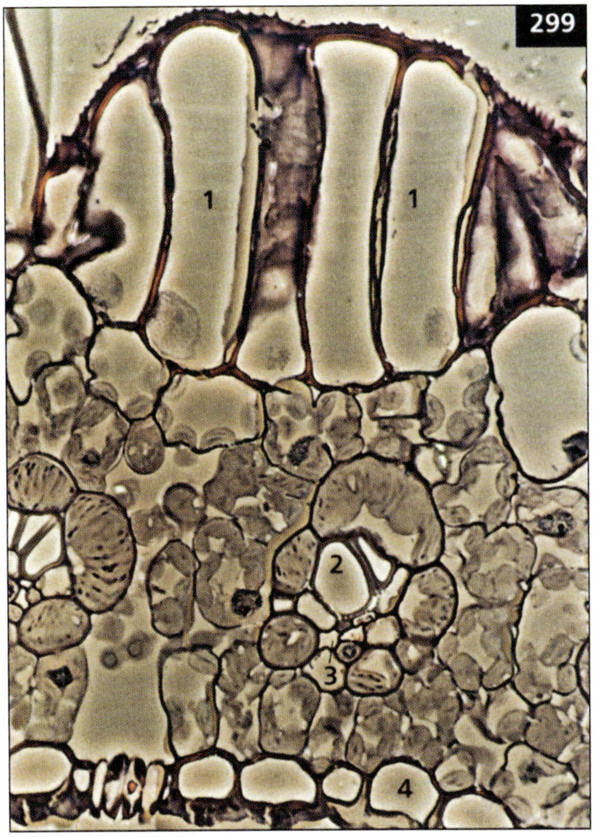

299 벼과식물인 *Zea mays*(옥수수)의 (엽신의 횡단면에서) 물집형 세포(bulliform cell)의 종단면. 이 단자엽식물의 크고, 얇은 세포벽을 가지며, 크게 액포화된 물집형 세포(1)는 향축면 표피에만 존재한다. 이 세포들은 물이 없어지면 잎이 말리게 한다. 도관요소(2), 사관(3). (위상차현미경)

1 물집형 세포　　2 도관요소
3 사관　　4 배축면 표피

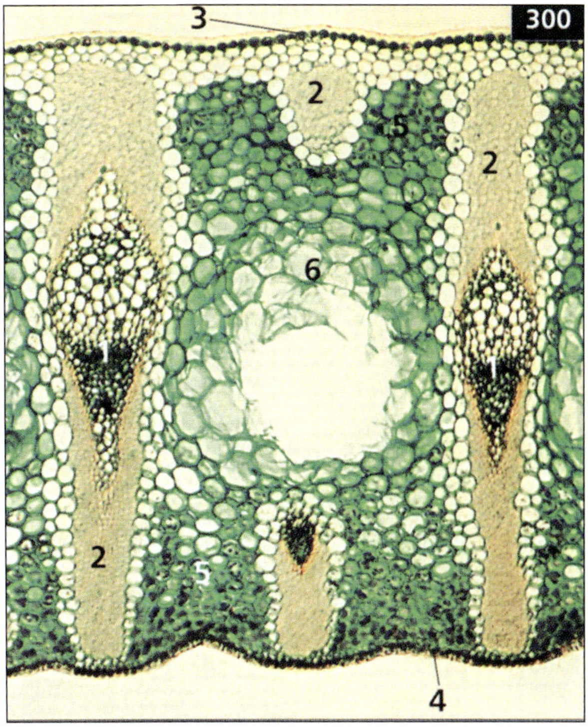

300 단자엽식물 일종인 *Phormium tenax*(뉴질랜드삼)에서 등면성 잎의 횡단면. 엽맥(1)은 두꺼운 벽을 가지며 고도로 목질화된 섬유(2)에 묻혀있는데, 이 섬유는 향축면(3)과 배축면(4)을 연결하는 일련의 지지대를 형성한다. 이 섬유는 상업적으로 밧줄을 만드는 데 이용되며 각 섬유는 길이가 15mm에 이른다. 엽육조직(5), 비광합성 유조직(6). (광학현미경)

1 엽맥　　2 목질화된 섬유
3 향축면　　4 배축면
5 엽육조직　　6 비광합성 유조직

301 쌍자엽식물인 *Olea europaea* (올리브) 건생엽의 횡단면. 엽육조직 내에서 분지한, 두꺼운 세포벽을 가진 수많은 보강세포(1)와 향축면 표피를 덮고 있는 매우 두꺼운 각피(2)를 볼 수 있다. (광학현미경)

1 보강세포　　2 각피

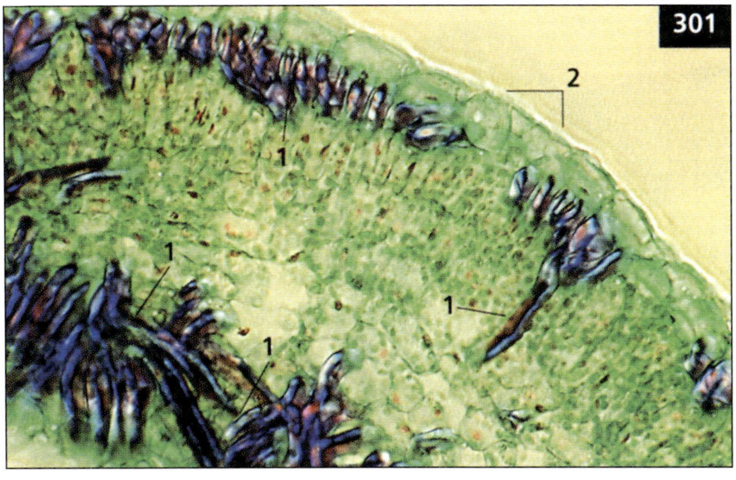

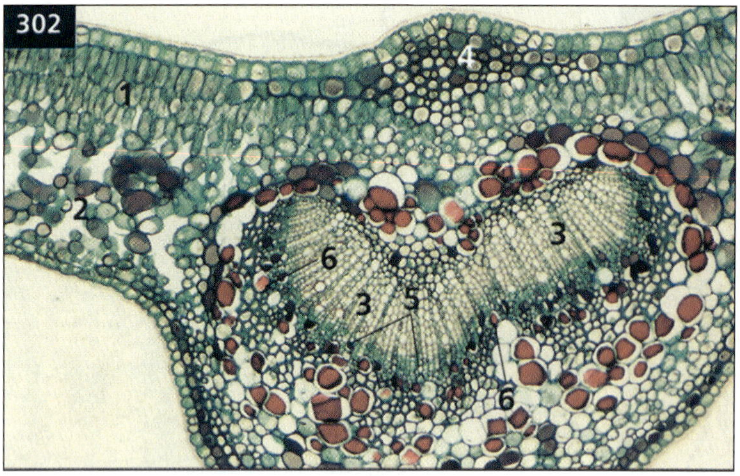

302 쌍자엽식물인 *Prunus laurocerasus*(월계수벚나무)에서 양면성 잎 중륵의 횡단면. 엽신은 조밀한 향축면의 책상 엽육조직(1)과 배축면의 불규칙한 해면조직 층(2)으로 구성된다. 양면은 모두 뚜렷한 각피로 덮여 있다. 중륵은 향축면의 목부(3)를 가진 한 개의 커다란 엽맥을 보여주며, 후각조직의 가닥은(4) 향축면에 낮은 능선을 형성한다. 형성층상 유조직 층(5), 사부(6). (광학현미경)

1 향축면 책상 엽육조직　　2 해면조직 층　　3 목부
4 후각조직 가닥　　5 형성층상 층(cambial-like layer)　　6 사부

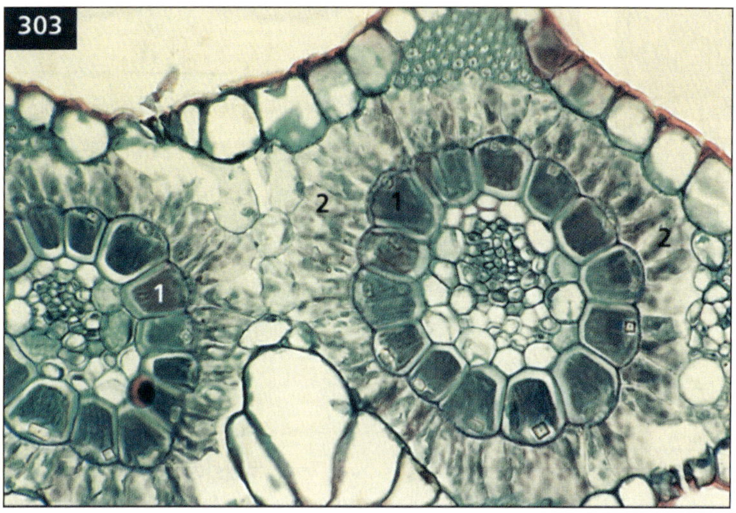

303 벼과식물인 *Panicum turgidum*(기장 종류) 잎의 횡단면. 이 사막식물 종은 전형적인 크란쯔 해부구조를 보여주며, 커다란 엽록체 집합체를 함유하고 있는 뚜렷한 관속초(1)의 유조직을 갖는다. 엽육조직의 세포(2)는 관속에서 방사상으로 벋어나가며 작고 불연속적인 엽록체를 함유한다. (광학현미경)

1 관속초　　2 엽육조직의 세포

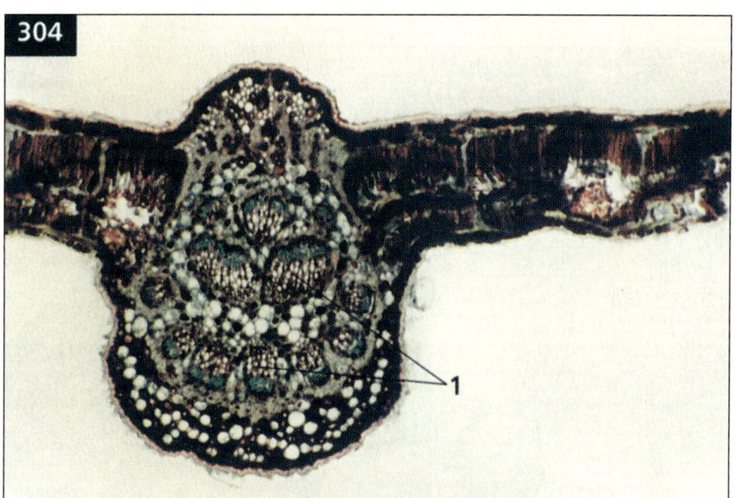

304 쌍자엽식물인 *Banksia*(방크시아속)에서 양면성 잎의 횡단면. 이 호주의 고유 속 식물에서 건생형태의 잎은 양면이 모두 두꺼운 각피로 덮여 있으며, 엽육조직 내에 많은 타닌이 존재한다. 중륵에서 많은 불연속적인 엽맥이 존재하며, 목부 가닥(1)의 방향은 다양하다. (광학현미경)

1 목부 가닥

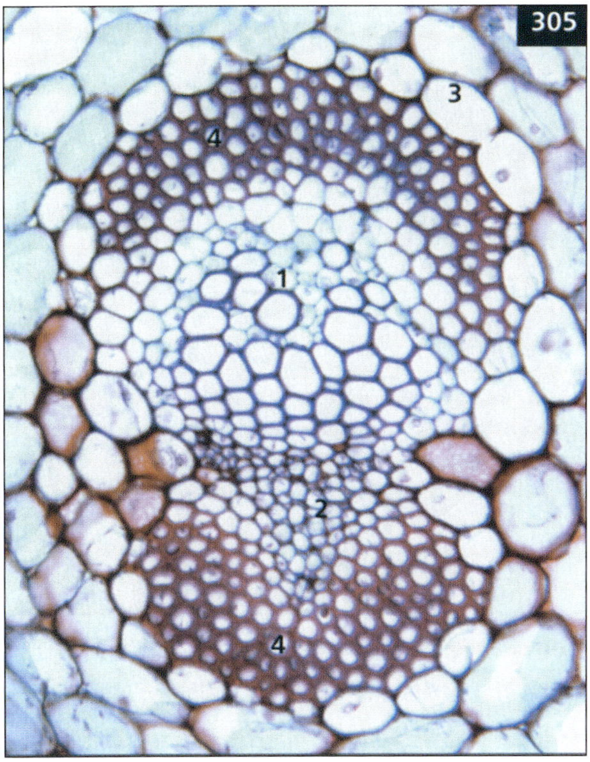

305 건생형태의 단자엽식물인 *Yucca*(유카속) 일종의 잎에서 커다란 관속의 횡단면. 관속형성층은 향축면에 위치한 목부(1)와 배축면에 위치한 사부(2)의 사이에서 발견되지 않는다. 엽맥은 섬유(4)로 된 관속초에 의해서 부분적으로 엽육조직(3)으로부터 분리된다. (광학현미경)

1 향축면의 목부　　2 배축면의 사부
3 엽육조직　　4 섬유

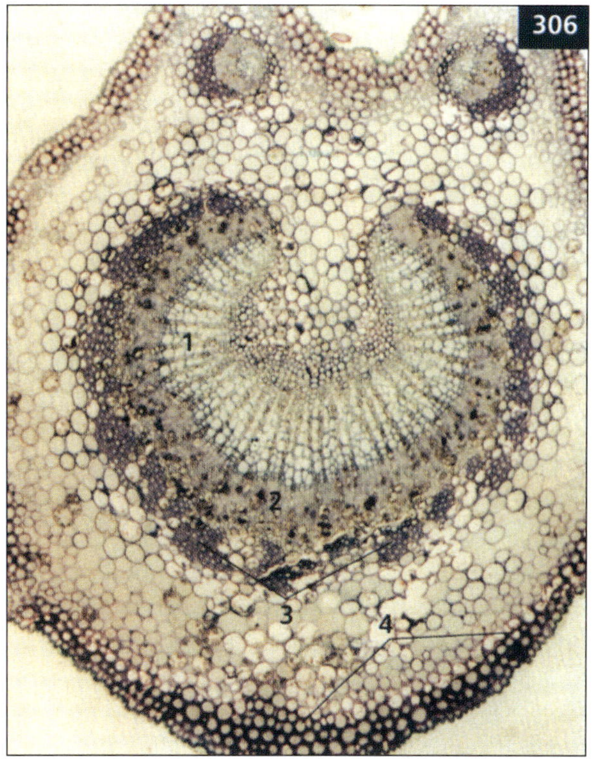

306 쌍자엽식물인 *Phaseolus vulgaris*(강낭콩) 엽병의 횡단면. 커다란 초생달 모양의 엽맥과 작은 한 쌍의 측맥이 나타난다. 커다란 엽맥의 넓은 목부(1)가 향축면에 위치하는 반면에 사부(2)는 섬유 가닥들(3)에 의해 제한적으로 분포한다. 넓은 하피의 후벽조직(4) 띠가 보이며 나머지 기본조직은 유조직이다. (G-Os, 광학현미경)

1 목부　　2 사부
3 섬유 가닥　　4 후벽조직

307, 308 화분에 심어 놓은 쌍자엽식물인 *Oxalis angularis*(괭이밥 종류)로 수면운동을 보여주고 있다. 낮 시간에는(307) 각 잎의 세 장의 소엽이 팽창되어 있지만 밤에는(308) 축 늘어진다. 이 운동은, 소엽 바로 아래의 엽병 끝에 있는 관절 모양의 비후부[엽침(葉枕); pulvinus)에 위치한 매우 넓은 유조직 부위에서, 팽압이 감소하여 일어난다.

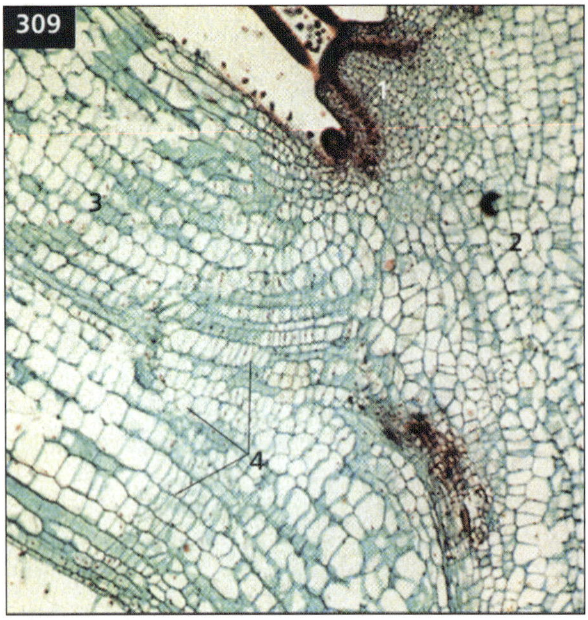

309 쌍자엽식물인 *Coelus*(콜레우스속, 꿀풀과) 마디의 종단면. 줄기(2)와 엽병(3) 사이의 액아(1)를 볼 수 있으며; 잘 발달된 떨켜 부위(4)가 엽병을 향하여 위치한다. (광학현미경)

1 액아　2 줄기　3 엽병　4 떨켜 부위

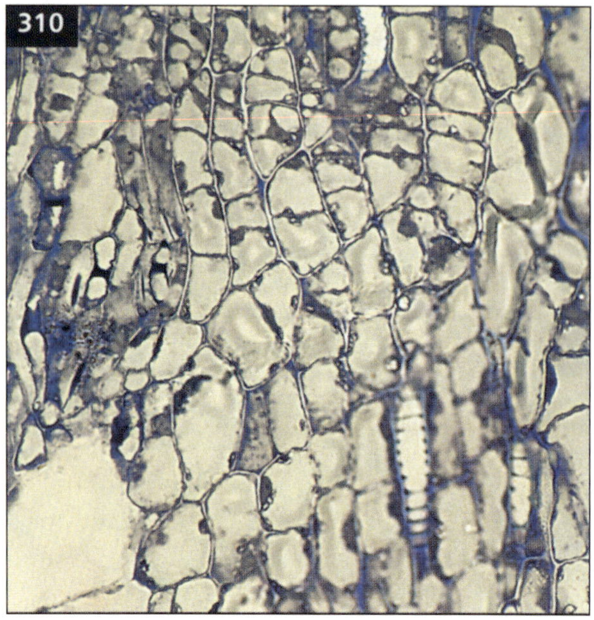

310 *Phaseolus vulgaris*(강낭콩)의 자엽에서 떨켜 부위의 세밀한 형상. 떨켜층이 엽맥을 향하여 위치하는 곳에는 도관요소가 좁고 뚜렷이 불연속적이며; 이러한 형상은 잎이 떨어질 때 목부가 공기 색전(embolism)이 형성되는 것을 감소시키는 것으로 보인다. 떨켜 부위의 세포들은 일련의 형성층 횡분열에 의하여 선구 유조직 세포로부터 발생한다. (G-Os, 광학현미경)

311 단자엽식물인 *Monstera*(몬스테라속) 줄기의 코르크성 엽흔의 세밀한 형상. 작은 엽맥흔(1)도 볼 수 있다.

1 엽맥흔

312 *Corypha elata*(야자나무 일종)에서 성숙한 수간의 기부. 잎이 시들어 없어진 후에도 수 년 동안 남아있는, 가시가 있는 엽저를 볼 수 있다.

313 영국, 캠브리아의 늪지와 습원에서 같이 자라는 *Pinguicula vulgaris*(벌레잡이제비꽃)와 *Drosera rotundifolia*(끈끈이주걱, 화살표)의 현지 표본. 두 식물 모두 잡은 곤충에서 질소와 무기물질을 얻는다.

314 꽃이 핀 *Pinguicula vulgaris*(벌레잡이제비꽃)의 현지 표본. 잡힌 여러 마리의 작은 곤충들이 오른쪽 잎의 향축면에 놓여있는 것을 볼 수 있다.

315 *Dionaea muscipula*(파리지옥)의 현지 표본. 이 식충식물은 미국의 고유종으로, 남북 캐롤라이나 해안가의 소나무 초원 지역의 산성이고 축축하지만 배수가 잘 되는 땅에서 잘 자란다. 어떤 곤충이 향축면 잎 표면의 털을 건드리면, 중륵의 팽창된 세포가 물을 잃게 되어 덫 잎의 두 반쪽이 닫히고 치아상 엽연부가 잠가지게 되어 곤충을 잡는다.

316 *Sarracenia*(사라세니아속)의 현지 표본. 주전자 모양의 잎을 가진 여러 종의 식충식물은 흔히 북미 지역의 늪지 또는 습원의 산성 토양에서 나타난다.

317 *Sarracenia*(사라세니아속). 주전자형 잎의 입구에 아래로 향한 털을 보여주며, 이것은 곤충이 덫으로 점점 더 깊게 빨려 들어가도록 한다. 안쪽 표피는 반질반질하고 미끄러워 곤충이 붙들 것이 없어서 덫의 웅덩이로 떨어지게 된다.

318 *Nepenthes*(벌레잡이풀속)의 현지 표본. 주전자형 잎을 갖는 수많은 식충식물의 종들이 인도와 남동아시아의 다양한 다습 지역에서 자란다. 이들은 산지의 숲속에서 착생 식물로 자라거나(위 사진), 숲속의 이탄 습원의 바닥에서 자란다.

319 쌍자엽식물인 *Pelargonium*(제라늄)의 병층면 키메라 잎. 이 얼룩무늬의 잎은 슈트 정단에 있는 한 개의 내체 세포의 돌연변이로 생겨나며; 이 세포의 유도체는 엽록체로 분화할 수 없는 전색소체를 갖는다. 엽원기의 엽육조직은 안쪽의 초층과 내체로부터 발달하지만 먼저 생성된 세포들만이 녹색의 세포로 발생할 수 있다: 엽연에서 이 조직의 증식이 녹색의 부위를 만들게 된다.

320 쌍자엽식물인 *Glechoma hederacea*(병꽃풀 종류)의 얼룩무늬 양면성 잎을 세밀하게 보여주는 횡단면. 이 키메라 잎에서 광합성 책상 엽육조직은 한 층의 쪼그라든 세포로 쇠퇴하는 반면에(1), 하피의 책상조직 층(2)은 전혀 엽록체를 갖고 있지 않다. 배축면의 해면 엽육조직(3)은 엽록체를 함유하지만 얼룩무늬 세포가 아닌 잎보다 더 조밀하다(참조, 126). 양 표피에 엽록체가 없는 것을 볼 수 있다. (G-Os, 광학현미경)

1 광합성 책상 엽육조직 2 하피의 비광합성 책상조직
3 해면 엽육조직

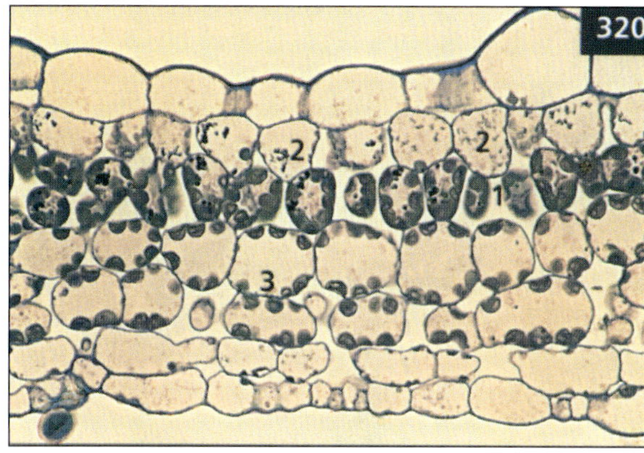

321 *Glechoma hederacea*(병꽃풀 종류)의 얼룩무늬 잎에서 흰색 엽신의 횡단면으로; 엽육조직에 엽록체가 없는 것이 명백하며, 이 조직은 해면조직과 책상조직 층으로 분화하지 않는 것을 보여준다(참조, 126, 320). (광학현미경)

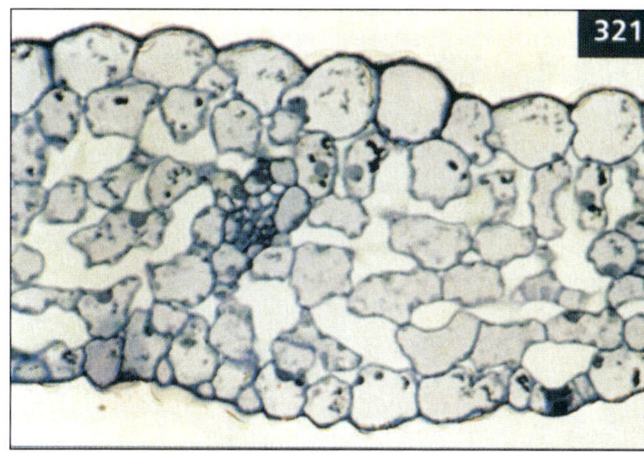

322 *Laburnum anagyroides*(금사슬나무, 콩과)의 노랑색 꽃과 *Cytisus purpureus*(양골담초 종류, 콩과)의 적자색 꽃이 동시에 같은 나무에서 피는 것을 보여주는, 글래스고 식물원에서 자라는 +*Laburnocytisus adamii*(아담금사슬나무)의 현지 표본.

323 *Laburnum anagyroides*(금사슬나무, 왼쪽), *Cytisus purpureus*(양골담초 종류, 중앙) 그리고 +*Laburnocytisus adamii*(아담금사슬나무, 오른쪽) 꽃의 세밀한 형상으로 모두 +*Laburnocytisus adamii*의 같은 나무에 달린다.

324 *Pleiospilos nelii*(플레이오스필로스속 일종, Aizoaceae). 슈트는 한 번에 단 두 개의 매우 두껍고 다육성의 잎을 가지며; 오래된 잎들은 새 잎이 확장되기 시작하면 죽는다. 슈트와 슈트 정단분열조직은 땅속에 위치하지만 성숙한 잎은 대부분이 지상에 위치한다.

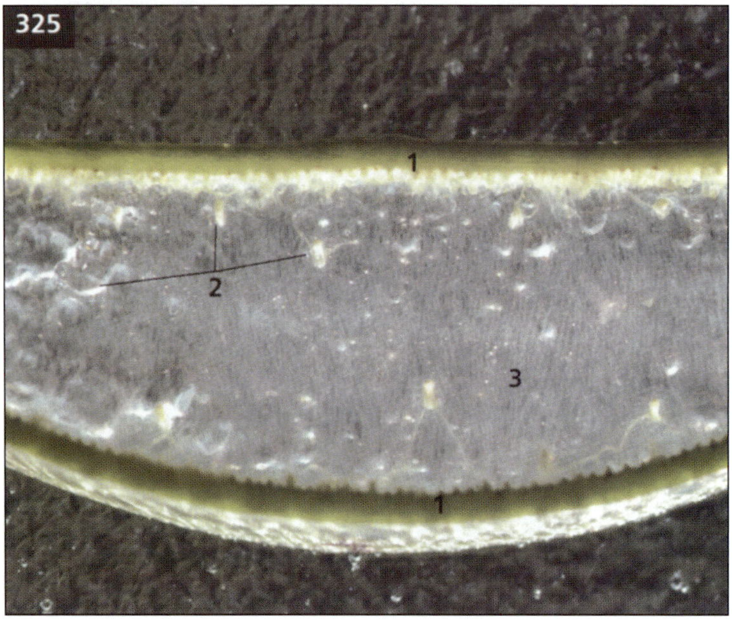

325 *Aloe vera*(알로에) 잎의 횡단면. 이 잎은 약 15mm 두께의 동화조직(1)을 상, 하면 표피를 따라 가지며, 관속(2)은 엽육조직(3)을 통하여 발생한다. 다육성 잎은 세포간극이 거의 없어서 물의 증발이 줄어들고, 빛의 전달은 증가한다. [비다육성 잎에서 빛이 세포에서 세포간극으로 반복적으로 통과할 때 굴절되며, 이것은 수, 피층 및 엽육조직(마치 계란 흰자의 거품처럼)이 희게 보이는 원인이 된다].

1 동화조직　　2 관속
3 엽육조직

326 *Haworthia cooperi*(십이지권 종류, 역자 주)와 몇몇 다른 속 식물들은 지하에 창문 같은 잎을 갖는다. 이 영양 식물의 부위는 잎의 끝을 제외하면 지중성이다. 잎의 끝은 투명하며, 중앙의 엽육조직은 유리 같고, 광합성은 지면 아래에 있는 동화조직에서 일어난다.

327 *Espeletia*(에스펠레시아속, 국화과). 이 고산의 안개지역에서 자라는 식물의 어린 잎은 털이 매우 많고 슈트 정단분열조직 주위에 엉성하게 뭉쳐나는데; 털은 표피에 안개 물방울이 떨어지는 것을 막아주며, 기공이 막히고 슈트 정단이 물에 잠기게 되는 원인이 되는 수막이 형성되지 못하게 한다. (베네수엘라 해안지역)

328 *Salix arctica*(버드나무 종류). 이 성숙한 나무는 완전한 포복성으로 지면이나 바위의 표면에 납작하게 붙어 있으며, 1m^2 정도의 면적을 덮는다. 작고 두꺼운 잎이 대기 중으로 약간 돌출하지만, 모든 눈과 분열조직은 따듯하고 바람이 덜 부는 지표면에 누워있다. 눈은 이끼류가 덮고 있어서 잘 보호된다. (로키산맥, 콜로라도)

329 *Ranunculus glacialis*(미나리아재비 종류). 지면 위로 벋어 올라오지 않는 슈트 상에 로제트 형태로 모든 잎이 모여 달리는, 일반적인 고산지대의 생장형을 보여준다. 꽃이 약간 높이 피어 있지만 비교적 온화한 계절에 형성된다. (알프스산맥, 스위스)

330 어떤 고산지대의 생육지는 센 바람을 막아낼 것이 없는 넓고 비교적 평탄한 지대이다. 사진에서 볼 수 있는 *Stipa*(나래새속)와 같은 벼과식물의 풀무덤(tussock; 근경으로 퍼지는 것 보다는 조밀한 덩어리 형태로 자라는 것)을 흔히 볼 수 있다. 대부분의 잎은 죽은 끝 부분으로 구성되며 광합성은 잘 보호된 엽저 부분에서 일어난다. 방석모양의 선인장 종류인 *Maihueniopsis*(마이후에니옵시스속) 식물도 이곳에서는 흔하게 볼 수 있다(화살표). (안데스산맥, 아르헨티나)

331 *Azorella*[아조렐라속, 미나리과(Apiaceae); 역자 주]. 이 방석식물은(고산 벼과식물과 같이 자람, 화살표) 포복성이라기 보다는 작은 직립형 나무이다. 그러나 이들은 고도로 분지하여 어떤 소지의 잎들은 인접한 소지의 잎들을 향하여 단단하게 눌리게 됨으로써, 매서운 바람에도 견딜 수 있는 견고한 표면을 형성한다. 노랑색의 작은 반점들이 꽃이다. (안데스산맥, 칠레)

332 *Epithelantha bokei*(선인장 종류).
잎이 변형된 이 가시는 성숙하였을 때 모두 죽은 세포로 구성되며, 단순히 대형 초식동물이 못 뜯어 먹게 하는 것 이외에도 많은 면에서 식물학에 영향을 주었다. 이것들은 햇빛에 의한 화상이나 자외선 손상으로부터 살아있는 조직을 보호하고, 증산된 물이 슈트 표면 가까이에 머물 수 있도록 하며, 슈트 정단을 보호한다. 선인장 가시는 광합성을 거의 수행하지 않거나 전혀 수행하지 않는다.

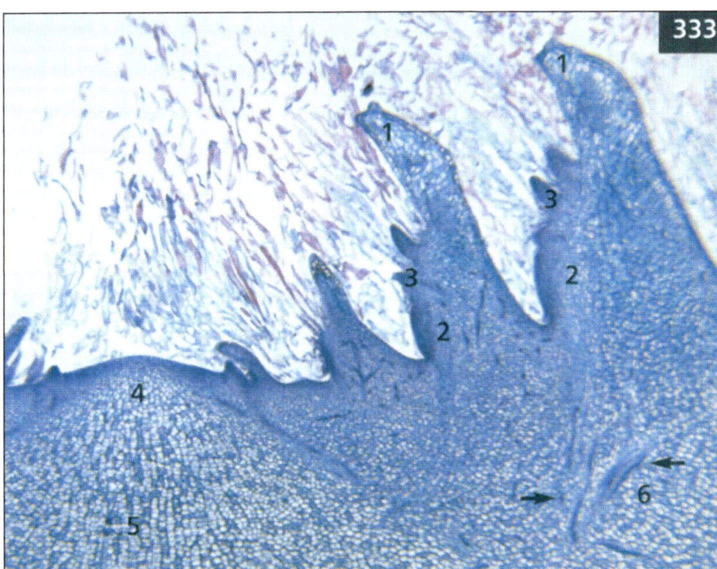

333 작은 현미경적 보통엽을 가진 선인장인 *Matucana*(마투카나속) 슈트 정단의 방사단면. 각 엽원기(1)는 가시로 발달할 아린원기(bud scale primordia, 3)를 생성하는 액아 분열조직(2)을 갖는다. 넓은 늑골형 분열조직(rib meristem)에서 발달한 커다란 슈트 정단(4)과 넓은 수(5), 그리고 넓은 측면 분열조직(flank meristem)에서 형성된 두꺼운 피층(6)을 볼 수 있다. 현미경적 구조이긴 해도 보통엽은 후각조직과 관속조직을 갖는다. 피층에서 엽적(leaf trace), 아적(bud trace)과 피층 관속(화살표)이 발생한다. (광학현미경)

1 보통엽	2 액아 분열조직	3 아린원기(가시 원기)
4 슈트 정단분열조직	5 수	6 피층

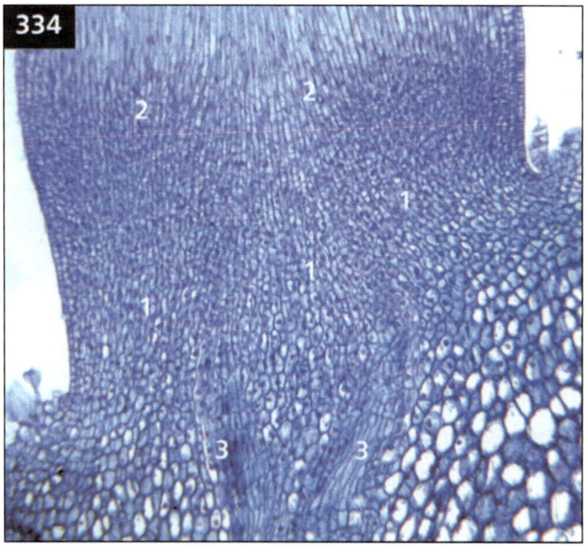

334 *Morawetzia doelziana*(선인장 종류). 기저분열조직(1)과 가시의 신장/섬유 생장(2)이 일어나는 가장 아래 부분의 방사단면. 기저분열조직은 단열성의 원표피를 가지며, 그 밖의 다른 모든 세포는 기본 분열조직에서 형성된다. 대부분의 세포분열은 횡분열을 하여 가시의 신장에 도움을 주지만, 일부 종분열은 가시의 끝이 다소 가늘어지는 원인이 된다. 엽적(3)은 오직 기저분열조직의 기부에서 분열하지만 침입하지는 않는다. (광학 현미경)

---

1 가시의 기저분열조직

2 세포가 섬유로 신장하고 분화하기 시작하는 부위

3 엽적

335 발달 중인 어린 액아를 가진 *Gymnocalycium chiquitanum*(선인장 종류)의 슈트 정단. 완전히 성숙하여 죽은 섬유가 검은 색으로 보이는 반면에 가시의 기저분열조직은 빨간 색의 기부로 보인다. 가장 어린 액아는 몇 개의 작은 가시만 갖지만, 오래된 눈은 더 길고 더 많은 가시를 갖는다. 가시 원기(spine primordia)의 발생이 끝나면 한 개의 액아 분열조직이 화원기(floral primordia)를 생산하는데, 화아(flower bud, 1)가 발생하여 보이기 시작한다.

---

1 화아

6장 줄기

1기 생장

지상의 줄기는 전형적으로 녹색의 광합성 잎과 생식기관을 갖고 있는 반면(**26, 336, 337**), 지하의 줄기는 흔히 여러 해를 사는 양분의 저장기관이다(**338**). 대부분의 비후되지 않은 줄기는 원통형이지만, 능각이 있고 사각형인 것도 있으며(**339, 340**), 일부 종에서는 납작하기도 한데, 이러한 잎과 같은 구조를 엽상경(phylloclade)이라고 한다(**341-343**). 매우 건조한 지역에 생육하는 많은 식물에서는, 잎이 인편과 같이 줄어들어 숙존성 줄기의 엽록소를 가진 피층이 주된 광합성 부위이다(**344, 345, 347, 362**). 다육성 줄기는 광합성을 수행할 수 있을 뿐만 아니라 물을 저장할 수 있으며, 흔히 선인장에서는 잎이 변한 가시(**362-364**)로, *Euphorbia*(대극속)에서는 액생 가지가 변한 가시(**347, 368**)로 보호를 받는다. 전분은 보통 줄기의 유조직성 기본조직에 저장되며, 특히 구경, 괴경, 근경 등과 같은 다육성 지하경의 확장된 줄기에 풍부하다(**338**). 로제트형 종의 압착된 슈트에서(**226**), 잎은 모여 있고 절간(internode)은 짧지만, 화기에는 *Agave*(용설란속)에서 극적으로 보이는 것과 같이 절간이 보통 매우 넓은 공간을 차지한다(**337**).

성숙한 1기 줄기의 해부구조

어린 절간의 관속계는 일반적으로 분리된 관속으로 구성되는데(**339, 340, 348, 349**), 전형적으로 쌍자엽식물에서는 주변에 원주형 관속을 형성하지만(**41**), 단자엽식물에서는 산재 관속을 형성한다(**40**). 피층은 바깥쪽에서 관속까지 놓여있으며, 흔히 기공과 돌기물을 갖는 표피와 접하고 있다(**340, 344**). 관속이 묻혀있는 기본조직은 기본적으로 유조직이며, 피층은 흔히 광합성을 한다(**343, 344, 349, 362-366**). 쌍자엽식물에서는 일반적으로 유조직성 수(pith)가 존재하지만, 때로 관속이 중앙에 있을 때도 있다(**348, 350**). 대부분의 단자엽식물에서는 관속이 기본조직 전반에 발달하지만(**40**), 때로 수가 존재한다(**339**). 후벽조직인 섬유는 기본조직 내에 발달하며(**339, 344, 348**), 유조직은 목질화되기도 한다. 후각조직은 흔히 표피 바로 아래에 발생하며, 특히 줄기의 모서리에 위치한다(**340**). 어떤 줄기에서는 돌출한 전분초가 피층 가장 안쪽에 발생하며, 지하경에서는 이것이 비후하여 내피(endodermis)로 발달하기도 한다.

줄기 내에서 관속은 보통, 사부가 표피에 가깝게 위치하고 목부가 같은 축 상에서 내부에 위치하는 병립형이다(343,

348). 또한 사부가 목부의 안팎으로 위치하는 복병립관속이 발생하기도 한다(**349**). 많은 단자엽식물에서는 관속이 중앙의 사부 가닥을 목부가 싸고 있는 목부포위형(amphivasal)이다(**351**). 목부가 사부에 싸여있는 사부포위형(amphicribral) 관속은(**352**) 양치류나 일부 피자식물에서 나타나는 반면에, 어떤 식물에서는 관속에 목부가 없기도 하다. 대부분의 쌍자엽식물 줄기에서는 형성층이 목부와 사부 사이에 위치하지만(**343, 349**), 단자엽식물에서는 형성층이 없다(**351**).

마디에서의 관속 해부는 주축 관속에서 잎이나 액생 가지로 나가는 관속적(vascular trace) 때문에 절간에서 보다 복잡하다(**234, 236, 246, 353**). 마디에서 갈라지는 것과는 달리, 주축 관속은 일반적으로 절간을 따라 다양한 높이에서 인접한 관속과 서로 연결되어 있다. 단자엽식물에서 주축 관속은 흔히 절간 내에서 어느 정도 비스듬히 위치하며, 각 잎으로 통과하는 많은 엽맥(엽적)과 서로 연결되어 있다(**354**). 주축 관속 사이에 연결이 거의 되어있지 않은 종에서는, 일부 주축계의 손상은 손상부위의 위 아래로 위치한 식물 부위로 물과 양분이 공급되는 것이 심하게 방해받는다.

대부분의 줄기에서, 원생목부(protoxylem)와 원생사부(protophloem) 요소는(**49**) 길이 및 부피 생장(**20**) 동안에 손상을 받아서, 보다 성숙한 줄기에서는(**128, 184, 348, 349**) 단지 후생목부와 후생사부만이 정상적으로 기능을 수행한다. 내초(pericycle) 섬유는 흔히 바깥쪽의 전형성층(procambium)에서 발달하며(**10, 125**), 부서지고, 고립된 원생사부를 대치하는 반면, 원생목부는 때로 통도요소의 1차벽이(**117**) 과신장 된 후, 공강을 형성하기도 한다. 쌍자엽에서는 종종 후생목부의 도관이 유조직이나 후벽조직(**128**)에 의해 분리되어 방사 방향으로 배열한다. 단자엽식물에서는 도관이 비교적 적지만 보통 넓으며, 이들 사이에 흔히 유조직 또는 후벽조직이 발생한다.

1기 줄기의 변형

수생 및 염습지/해변(염생) 식물

수생식물(hydrophyte)은 많은 시간 또는 대부분의 시간 동안 생육지로 정수 혹은 유수역을 갖는 식물이다. 많은 비수생식물이 짧은 홍수에 살 수 있는 반면에, 대부분의 수생식물체는 대부분의 생활을 부분적으로 혹은 완전히 잠겨서 지내는데; 이와는 달리, *Lemna*(좀개구리밥속, **3**)와 *Eichhornia*(부레옥잠속, **355**)처럼 식물이 물 표면을 자유롭게 떠다니는 것도 있다. 부유성 수생식물은 뿌리를 물 속으로 내리며, 대부분은 *Eichhornia*의 부풀어진 엽병과 같이 저기조직으로 된 부유기구를 가지는데, 이것들은 거의 완전하게 커진 세포간극으로 구성된다.

고착성 수생식물은 흔히 물 밑에 묻힌 근경을 갖는다(**356**). 이것은 종과 물의 깊이에 따라 다양하게 나타나는 엽병의 길이와 같은 여러 가지 잎의 형태에 영향을 준다. 어떤 종은 짧은 엽병을 가지고 있어서 항상 잠겨있으며(*Potamogeton*, 가래속; **293**); 다른 종들의 엽병 또는 엽저는 물 표면으로 똑바로 나오기도 하고(*Typha*, 부들속; *Sagittaria*, 보풀속); 수련은 천천히 흐르는 물이나 정수의 표면에 잎을 띄울 수 있다(**261**). 엽신의 위치는 기공의 분포에 영향을 준다: 기공은 정수성 식물에서는 정상적인 분포를 가지며, 수련의 부엽에서는 노출되어 있는 표면에만 나타나고, 물에 잠긴 잎에서는 나타나지 않는다(의외로, 잠긴 잎에서도 전형적으로 표피 안에 엽록체를 갖고 있다). 조용한 물에 사는 식물이 *Victoria amazonica*(수련 종류)의 부엽처럼 크고 전연(全緣)일 수 있는 반면에(**261**), 유속이 빠르거나 소용돌이에 사는 식물은 신장되거나(**356**) 전열(全裂, dissected)의 잎을 갖는다. 잎의 지지는 커다란 기실에 의한 부력으로 최소한만 필요하지만, 후벽조직이 존재하기도 하는데; 예를 들어, *V. amazonica*의 거대한 잎은 직경이 2m까지 자라고, 대부분이 저기조직과 부력을 갖지만, 또한 이들은 엽병이 있는 부위에서 방사상으로 벋어나간, 잎 표면의 돌출된 많은 엽맥에 의해 크게 보강되어 있다.

침수된 기관은 저산소 환경에 놓여있으며, 전형적으로 산소의 공급이 필요하다. 이것은 잎, 엽병, 근경 등에 있는 기실에 의해서 잎으로부터 확산되어 내려온다(**357**). 근경의 관속조직은 목부와 함께 중심주에 모여 있는데, 원생목부의 공동이 일반적인 반면, 목부는 크게 감소되어 환상 또는 나선상 가도관으로 제한되어 있다(**358**).

해초로 알려진 수생식물은 해수 단자엽식물로 모두 60 종에 달한다. 이것들은 대부분이 온대지역 내지 열대지역의 깨끗하고 얕은 근해에서 번성한다. 예를 들어, 어느 지중해안에서는 *Posidonia oceanica*(포시도니아속 일종, 택사목; 역자주)가 넘쳐난다(**356**). 이 식물은 가지가 많은 근경으로 바다의 고운 모래 바닥에 고착하지만, 흔히 파도가 이들을 찢어 놓기도 한다(**359**). 이들의 꽃은 작고 눈에 띄지 않으며, 실같은 화분은 물속에서의 수분의 성공률을 높이는 것으로 보인다. 이와 유사하게, 호주 시드니 근처의 파라마타강에서 벗어난 얕은 염분이 있는 만은 해초인 *Zostera capricorni*(거머리말속 일종)와 *Halophila ovalis*(할로필라속 일종, 택사과; 역자주)가 풍부한 식물상을 이루는데; 이 식물상은 각 평방미터 당 하루에 10 ℓ의 산소를 방출하는 반면에, 각 헥타르 당 연간 수 톤의 식생을 생산한다.

염생식물은 염분이 있는 육상 늪이나 습지 환경에서 자란다. 토양은 산소가 적거나, 항상 물이 넘치고 염분이 있을 때는 심지어 산소가 없기도 하다. 열대–아열대 홍수림 군집은 높은 밀물에 의해서 범람되는 해안 종이며, 산소가 결합될 수 있도록 잘 발달된 저기조직을 갖는다(제7장 참조). 애기똥풀과(Chenopodiaceae)의 많은 종들은 염습지에 사는 초본 또는 관목이다. *Salicornia*(퉁퉁마디속)가 전형적인 예인데(**360**); 줄기는 다육성이고 반투명하며 융합되고 비늘 모양의 잎은 촘촘히 배열하여 줄기를 둘러싼다(**361**). 잉여 염분이 다육성 유조직 중심부의 액포에 저장되는 반면, 책상 동화조직은 주변부에 위치한다.—이 식물은 식용으로 짠맛이 난다.

선인장에서 슈트의 이형성(二形性)

많은 선인장은 다육성이며, 가시가 있고, 잎이 없는 식물체로 매우 색다르게 보이지만(**346**), 다른 종자식물과 같은 조직체계를 가지고 있다. 중요한 것은 각 선인장 식물체가 긴 슈트(녹색이며 다육성)와 짧은 슈트(가시 무리)로 구성된 이형성이라는 것이다. 긴 슈트의 정단분열조직은 엽원기(leaf primordium), 절(마디, node) 및 절간(마디사이, internode)을 생산하지만, 엽원기는 전형적으로 아직 미시적인 구조를 갖는 기간에 발달을 멈춘다(**362, 363**). 대부분의 다른 식물에서는 엽원기가 아린을 포개진 것과 같이 분화시키는 반면에, 미시적인 보통엽의 액아는 자신의 엽원기를 발생시켜, 선인장의 가시를 형성한다(**156, 333**). 눈의 분열조직은 꽃의 부분을 생성하거나(**364**), 곧 휴면기로 될 영양 가지를 발달시킬 준비를 한다(**232, 365**). 눈과 가시는 짧은 슈트(흔히 선인장에서 아리얼이라고 함)로 된다. 대부분의 관속식물은 짧은 슈트가 없이 긴 슈트만을 갖고 있어, 그냥 이를 슈트라고 부른다. 긴 슈트와 짧은 슈트라는 용어는 선인장, *Larix*(잎갈나무속), 또는 *Malus*(사과나무속) 등에서와 같이 일반적인 긴 슈트와 다른 슈트를 갖는 식물에서 사용된다.

선인장의 종단 해부구조에서 대부분의 선인장이 다른 식물에 비하여 수(pith)가 넓어지더라도 확장된 피층을 가짐으로써 마디사이와 마디가 넓어지는 차이를 보여준다(**366**). 표면의 표피는 각피, 기공 및 공변세포를 갖지만, 드물게 돌기물(trichome)을 갖기도 한다. 다음의 여러 층은 흔히 매우 두꺼운 세포벽을 갖는 세포로 된 질긴 하피(hypodermis)이지만, 기공의 안쪽에는 없다. 많은 선인장의 긴 슈트의 피층은 책상 동화조직, 피층 관속 및 잘 접히는 피층을 갖는다(**333, 369**). 중앙에는 사부와 목부가 있는 병립관속이 수를 싸고 있다. 수피가 형성되지 않아, 수년 심지어는 수 십 년 동안 표피와 광합성 피층이 살아있어 기능을 할 수 있다.

선인장의 횡단 해부구조는 단순하다. 아린은 가시이며, 공변세포가 없는 후벽화된 표피로 덮인 중앙의 섬유집단(관속조직이나 광합성조직은 없음)으로 구성되어 있다(**334**). 가시 기부 사이의 표피는 대부분이 돌기물로 자라나오며(**156**, **362**), 기공은 없다. 짧은 슈트의 마디와 마디사이는 휴면 동안에 미시적으로는 짧고 좁다. 만일 눈이 영양(**365**) 또는 꽃(**364**)의 슈트로 자라나온다면, 피층, 중심주 및 수가 발달할 것이다. *Neoraimondia*(네오라이몬디아속, 선인장 종류)에서 짧은 슈트의 다년생 꽃은 점차 자라나 보다 명확한 슈트의 구조를 갖는다.

다육성 사막식물

다육성 슈트는 사막식물이 물을 잘 저장할 수 있도록 하지만 (**337, 341, 346, 347, 366, 367**), 물의 저장 부위(피층, 수, 목재)와 줄기가 광합성을 하는지 아닌지에 따라 그 구조가 다르다. 만일 식물이 지속적으로 광합성을 하는 잎을 가진다면, 다육성 줄기는 대부분이 물의 저장만을 수행할 것이지만(**337, 367**), 잎이 단명하거나 퇴화하였다면, 줄기는 광합성도 하고 물도 저장하여야 한다(**333, 347, 368**). 광합성을 하지 않는 다육성 줄기는 일반 줄기와 거의 다르지 않으며, 단지 두꺼운 피층과 수를 갖는데 비해, 광합성을 하는 다육성 줄기는 보다 복잡하다. 이것들은 여러 해 동안 기공과 반투명한 표면을 공급하는 표피를 갖는데(**232, 364, 366**); 가장 바깥쪽의 피층 세포들은 몇 층의 광합성 동화조직(책상 피층)으로 발생하기도 하며, 가장 안쪽의 피층 세포들은, 흔히 가뭄 동안에 동화조직, 도관, 액아 등이 스트레스를 받기 전에 쉽게 줄어들어 물을 방출할 수 있도록, 얇고 탄력적인 세포벽을 가진다(**369**). 다육성 줄기는 가시나 독으로 보호된다: 많은 종들은 유관(laticifer, **161, 212**), 타닌 세포(**370**), 침상 결정 세포(**97**), 또는 선정체(**98**) 들이 풍부하다.

선인장은 기본적으로 변형된 구조를 갖고 있는데, 피층 관속은 피층과 표피에 목부를 통해서 다량의 물을 공급함으로써 피층은 어떠한 두께로도 진화할 수 있는 유연성을 갖는다(**231**). 줄기가 다육성인 선인장이 아닌 다른 식물은 피층 관속이 부족하여 최외곽 조직은 확산에 의해서 물을 흡수한다: 피층이 너무 두꺼우면, 확산은 너무 느려서 바깥쪽 조직들이 죽게 된다.

다육성 줄기는 물을 흡수하는가 잃는가에 따라 체적이 변화하지만, 표면적은 일정하다. 대부분은 주름 잡힌 표면이 수직 능각(**347, 363-366**) 또는 나선형 덩어리를 형성한다(원추형의 돌기): 줄기가 물을 흡수할 때, 능각은 부풀고, 바깥쪽으로 넓어지고 밀리며, 줄기가 물을 잃으면 쪼그라든다. 표피와 하피는 능각의 선단과 기부에서 유연성을 가져야 하지만 능각의 옆을 따라서 단단하고 방어적일 수 있다. 부드러운 표피와 하피를 가진 종들은 능각을 가지며 물을 잃으면 단순히 쪼그라든다.

수는 목재에 제한되어 존재하기 때문에, 물이 있을 때 부풀어 오르거나 없을 때 쪼그라들거나 방출하는 능력이 거의 없다. *Pachypodium*(파키포디움속, 협죽도과; 역자 주)과 어떤 선인장은 직경 수 센티미터의 수를 가지며, 어떤 종은 관속을 가진다(수 관속; **350**).

대부분의 종에 있어서는 피층 관속이 없어서 피층의 부피가 제한되어 있는 반면에, 목재(wood)는 자동적으로 관속화 되어 있어 항상 줄기가 물을 보유하는 것의 근거지가 된다. 방사조직은 흔히 크고 얇은 세포벽으로 된 유세포를 갖고 있어 크고 넓다. 도관은 흔히 많은 주축 유조직으로 싸여있다(**370**). 목재에 저장된 물은 도관이 비워지는 위험을 줄일 수 있으며, 수분의 스트레스가 끝나면 다시 도관을 채울 수 있다. 목재에 저장된 물은 또한 아적 도관(bud trace xylem)에 의하여 즉시 액아에 공급될 수 있다. 그러나 목재에 저장된 물이 피층 도관을 가진 선인장을 제외하면 최외곽의 피층에 쉽게 접근할 수 없어서, 목재를 기반으로 하는 다육 줄기 식물은 흔히 커다란, 숙존성의 광합성 잎을 갖는다.

2기 생장

대부분의 쌍자엽식물과 나자식물은 어느 정도의 2기 비후를 한다(**43, 125, 151, 172**). 비후의 양은 성숙한 식물이 초본인지(**371, 372**) 목본인지(**4, 172**)에 따라 생산된다. 관속형성층은, 1기 관속조직이 성숙한 후에도 분열성이 남아 있는, 목부와 사부 사이에 위치한 전형성층의 좁은 띠에서 발달한다. 형성층의 활동이 개시될 때, 분열은 각 관속 내에 정상적으로 위치한다(**41, 128, 371**). 그것들은 결국 관속형성층의 연속적인 원주를 형성하기 위하여, 인접한 관속간 형성층을 통하여 옆으로 펼쳐진다(**43**). 관속형성층은 정상적으로 첫 계절의 생장 말미까지 활동이 개시된다.

일반적인 목본 줄기의 해부구조

관속형성층은 방추형과 방사 시원세포로 이루어져 있다(**373, 374**). 형성층은 흔히 계층상(storied)인데, 절선면에서 볼 때 거의 수평적으로 배열하는 방추형 시원세포를 갖는다. 그러나, 비계층상 형성층에서 방추형 시원세포는 계층상 형성층에서보다 긴 경향이 있으며, 세포벽의 끝은 더 뾰족하게 가늘어진다. 방추형 시원세포는 목본 줄기의 주축계 성분을 발생시킨다: 도관, 가도관, 섬유, 사관, 동반세포 및 주축 유조직 세포. 이들을 형성시킨 형성층의 양상에 따라, 이것들이 계층상 또는 비계층상으로 될 것이다(**192**). 방추형 시원세포의 절선(병층)면의 세포벽은 방사면의 세포벽보다 넓다(**373**). 시원세포는 절선면으로 분열하여, 목부는 구심적으로 사부는 원심적으로 나뉜다(**375, 376**). 생장계절 동안에 형성층 시원세포는 활동적으로 분열한다. 그들은 고도로 액포화된 세포이며, 뚜렷한 격벽형성체에 의해 주변부에서 유사분열이 일어난 후 확장하는 세포판이 형성된다(**111, 373, 375**).

각 형성층 시원세포는 방사면의 유도체를 생산하며, 활동적인 형성층에서는 매우 넓은 면적이 뚜렷이 관찰된다(**371**). 이 부위에서는 잠재적인 목부와 사부 요소 내에서 절선면의 분열도 일어난다(**375**). 나자식물과 일부 피자식물의 목부에서 방사면의 연속적인 배열은 도관요소가 성숙할 때까지 지속된다(**142, 185, 376, 377**). 대부분의 피자식물에서 이러한 방사면의 양상은 매우 넓은 세포 공강을 가진 도관이 성숙할 때 다소 심하게 파괴된다(**201, 202, 371**). 방사 시원세포는 거의 등직경이며, 절선면으로 분열하여(**373**) 2기 관속을 통하여 방사방향으로 배열하는 방사조직을 형성한다(**376, 377**). 2기 비후가 진행할 때, 줄기 둘레의 증가는 때로 방추형 시원세포가 방사방향(수층방향)으로 분열하여 또 다른 방추형 시원세포를 형성함으로써 이루어진다(**376**). 그들은 팽창된 줄기에 물과 양분을 보다 멀리 공급할 수 있도록 새로운 방사조직을 형성할 새로운 방사 시원세포를 발생시킨다.

2기 생장에 의해 만들어진 줄기의 팽창은 다양한 변화를 수반한다. 1기 사부와 목부는 통도와 증산의 기능을 중지한다. 수는 흔히 수 년 동안 어느 정도 그대로 유지되지만, 피층은 보통 보다 빨리 수피로 대치되며(**336**); 다육성 식물에서, 피층은 수십 년 동안 숙존할 수 있다(**346, 347, 366**). 1기 사부와 초기의 2기 사부(**151, 377**)는 흔히 팽창되는 목부에 의해 파괴되며, 심지어 오래된 줄기에서는 2기 사부도 비교적 좁은 층으로 남아있다(**172**). 그러나 2기 사부 내에서 주축 섬유가 잘 발달한다면, 오래된 조직은 불연속적으로 나타난다(**165**). 개재된 방사 유세포는 방사조직이 팽창생장하여 바깥쪽으로 확장되기 위하여 병층분열을 하는데, 이것은 줄기의 둘레를 증가시킨다(**165**).

비정상적인 2기 생장

2기 생장은 위에서 기술한대로 일반적인 양상이거나 여러 비정상적인 유형 가운데 한 가지로 발생한다. 일반적인 관속형성층은 단세포로, 양면성이며, 연속적이고, 방추형과 방사 시원세포로 구성되어 있다. 이것은 안쪽 면으로부터는 2기 목부를, 바깥쪽 면으로부터는 2기 사부를 만들며 모든 조직은 두 계로 구성되어 있는데, 하나는 방사 세포이고 다른 하나는 주축 세포이다. 일부 2기 식물체는 얼핏 보기에 비정상적으로 나타나지만 사실상 형성층은 일반적인 방법으로 작용한다. 예를 들어, 목재는 유조직과 섬유가 교대로 띠를 이루거나(**196**), 방사 시원세포가 방추형 시원세포보다 월등히 많지만(**378**), 이것들은 단지 일반적인 2기 생장의 단적인 형태일 뿐이다.

그러나 진화적 다양화는 비정상적인 관속형성층과 2기 생장의 다양한 유형을 초래하였다:

무방사조직

일부 사막 관목의 관속형성층은 방사 시원세포가 없어서 방사조직이 없는 목재와 사부를 생성한다.

불균등 활동

일반적인 관속형성층의 모든 부위는 같은 양의 목재를 생산하여, 수간, 가지, 및 뿌리가 방사상칭이다(**172, 173**). 일반적인 예외가 있기도 하다: 가지는 밑 또는 위에 두꺼운 목재를 갖기도 하며(**205, 206**), 뿌리에서 새롭게 형성된 관속형성층은 1기 목부의 윤곽을 따라 형성되어 별 모양으로 되지만, 같은 부위에 일시적으로 생성된 많은 목재에 의해서 원주형으로 된다(**427**). 방사상칭인 목재는 향상된 통도기능과 향상된 견고성을 제공하지만, 어떤 식물은 그보다 유연성을 요구하기도 한다. 따라서 일부 열대 교목에서[*Ficus*(무화과나무속), *Xylocarpus*(자일로카푸스속, 멀구슬나무과; 역자 주)] 불균등한 목재의 생성은 최소의 목재를 사용하여 최대의 지지력을 공급한다(**409**). *Bauhinia divaricata*(바우히니아속 일종, 콩과; 역자 주), *B. rubiginosa* 및 *B. sericella*는 리본 모양의 유연한 줄기를 갖는데(**379, 380**), 왜냐하면 두 돌출 면 상의 관속형성층 세포가 많은 넓은 도관을 만들기 위하여 많은 병층

분열을 수행하기 때문이다. 이 두 부위에 직각으로 형성층 세포의 분열이 거의 일어나지 않아 줄기는 좁게 남아있다. 이들 네 부위의 사이에 있는 형성층 세포는 중간의 속도로 세포 분열이 일어나는데; 이들은 목재가 차별적으로 침적될 때, 형성층이 찢겨져 분리되는 것을 방지하기 위하여 충분한 수층분열을 수행한다.

일반적인 목재의 견고성은 비틀림을 견디어야 하는 목본성 덩굴식물에게는 역효과를 낸다. *Ambrosia*(돼지풀속), *Passiflora*(시계꽃속) 및 *Tinospora*(티노스포라속, 방기과; 역자 주) 식물 종의 관속형성층은, 어떤 부위는 일반적인 섬유성 목재를 생산하고 다른 부위는 비틀면 부러지는 주축 유조직을 생산하는 불균등 활동의 한 유형을 가진다(**381, 382**). 상해 수피는 부러진 곳 다음에 형성되고, 줄기는 곧 로프의 형태로 나타난다: 불규칙적으로 짜여 진 가닥들은 줄기의 원기둥을 지지하지는 못하지만, 비틀림에 대하여 견뎌낼 수 있다.

형성층의 부분적 괴사

심각한 물 부족에 직면하면, *Artemisia*(쑥속)나 *Fumana*(푸마나속, Cistaceae과; 역자 주)와 같은 식물은 적은 양의 이용 가능한 물을 몇몇 가닥의 관속형성층과 도관 그리고 여러 액아로 보낸다. 많은 목재와 관속형성층에 이어 대부분의 잎은 괴사하지만, 다시 비가 내리면, 살아남은 눈과 형성층이 다시 살아나고 자라난다. 목재는 완전한 원기둥으로 생성되지는 못하지만, 오래지 않아, 관속형성층의 양상을 보이는 가는 가닥으로 살아나게 될 것이다(**383, 384**). 물을 균일하게 모든 살아 있는 세포로 분배한다면 식물 전체의 괴사가 초래될 것이다.

단면성 관속형성층

오랫동안 살아있는 전형적인 구과식물의 잎에서는 사부를 생성하는 단면성 관속형성층이 발생한다. 사부 요소의 기능은 간단하고 지속적으로 대치가 되는 반면에(**284**), 통도요소의 기능은 무한하거나 비워졌을 때 채워지기 때문에 양면성 형성층은 필요하지 않다. 다년생 잎이 쌍자엽식물에서는 드물지만, 이것의 일부는 역시 단면성 형성층을 갖는다. 오랫동안 살고 작용해 온 선인장의 피층 관속은 많은 사부를 생성하고 드물게 세포나 두 목부를 생성하는 관속형성층을 갖는다. 이것들은 단면성 활동의 긴 기간과 양면성의 짧은 기간 사이에서 반복된다.

매우 이국적인 단면성 관속형성층이 덩굴식물에서 나타난다[능소화과의 *Clytostoma callistegioides*(클리토스토마속 일종)와 *Macfadyena unguis-cati*(맥화디에나속 일종) 및 콩과의 *Machaerium purpurascens*(매케리움속 일종)]. 일반적인 형성층은 어린 줄기에서 나타나지만, 2기 목부의 생성이 멈추고 뚜렷한 사관요소를 갖는 많은 2기 사부의 생성을 계속할 때, 곧 네 가닥의 수직 형성층은 단면성으로 된다(**385, 386**). 네 가닥은 더 이상 2기 목부를 생성할 수 없기 때문에, 일반적인 양면성 형성층의, 바깥쪽으로 2기 목부를 생성하는 것을 방해하는, 부위가 작동할 때 정지 상태를 유지하게 된다. 네 가닥의 단면성 형성층은 그들이 생성한 새로운 사관요소처럼 목재 안에 묻히게 된다: 활동적인 수송력을 가진 사관요소는 잘 보호된다. 계속되는 2기 사부의 생성은 오래된 사부를 정지된 목부를 지나쳐 바깥쪽으로 밀어낸다. 1내지 2년 후 보다 많은 가닥의 관속형성층이 단면성으로 된다.

다수의 관속형성층

대부분의 식물은 휴지기를 제외하고 지속적으로 기능을 하는 단일 관속형성층을 갖는다. 비정상적인 2기 생장의 여러 형태 가운데에는 부가적인 형성층을 포함하는데, 1기 조직 내에 형성되거나(1기 사부 바깥쪽, 피층 관속 또는 엽적 주변에), 또는 2기 조직 내에서 앞선 관속형성층에 의해 생성된다. 그들은 동시에 상호 발생하거나 연속해서 활동하기도 한다. 일반적인 위치에서는 단지 한 형성층만이 형성 활동을 할 수 있기 때문에(관속 또는 관속간 형성층과 같이), 모든 다른 것들은 비정상적인 배치를 한다.

동시적 형성층. *Beta*(무속)의 저장근(및 많은 다른 분류군의 저장근)은 일반적인 관속형성층이 유조직성 목재에 둘러싸인 도관들을 생성할 때, 새로운 형성층이 이들 관속 주변에 발생하고 또한 이미 존재하는 목재 내에서 유조직성 목재를 생성시키기 때문에, 빠르게 자라난다(**387, 432**). 이러한 저장근은 한 개의 일반적인 관속형성층과 비정상적인 배치를 하는 다수의 형성층을 갖는데, 모두 동시에 목재를 생성한다. 많은 소철류는, 앞선 형성층과 새로운 형성층이 발생한 후에도 계속 분열능을 가진 모든 형성층에 의해 생성된, 사부 유조직 내에서 관속형성층을 생성한다. 다수의 구심적 형성층을 갖는다 하더라도, 소철류는 단지 소수의 가도관을 갖는 매우 적은 양의 유조직성 목재(manoxylic)를 생성한다.

연속적인 형성층은 동시에 존재하지 않거나, 활동적이지 않은 다수의 형성층이다. *Iresine*(이레시네속, 비름과; 역자 주)에서, 일반적인 형성층은 초기에 안쪽에는 2기 목부를 바깥쪽에는 2기 사부를 생성하지만, 곧 붕괴된다. 새로운 양면성 관속형성층은 가장 바깥쪽의 2기 사부 유조직 내에 있는 완전한 원주 형태로 발생한다. 이것이 생성한 2기 목부는 첫 형성층의 2기 사부 덩어리의 바깥쪽에 위치한다. 두 목부 덩어리의 사이에 위치한 사부는 '함유된 사부'라고 부른다(내부 사부가 아님). 둘째 형성층 역시 활동을 멈추고 붕괴되며, 셋째 형성층은 이전의 2기 사부 등에서 발생한다. 이 형성층들은 동시에 활동적이지 않다(**388**). *Bougainvillea*(부게인빌레아속, 분꽃과; 역자 주)의 줄기에서 관속형성층은 유사하지만 단지 좁은 가닥의 것은 붕괴되고 완전한 형성층은 붕괴되지 않는다. 새로운 양면성 형성층은 붕괴된 부위의 가장 바깥쪽 사부에서 발생하여, 바깥쪽으로 계속 밀려나는 일반적인 형성층의 부위와 결합한다. 후에 다른 가닥들이 붕괴된다. 여기서 함유된 사부는 좁은 가닥으로 존재하며, 완전한 원주형이 아니다(**389**).

비후된 단자엽식물의 줄기

단자엽식물에서 1기 비후 분열조직

단자엽식물의 대부분은 초본이며 관속형성층이 결여되어 있지만, 대나무나 다른 몇몇 종에서는 1기 비후 분열조직에 의해 줄기가 비교적 넓다(**390**). 여기서는 세포가 횡단면 또는 비스듬히 배열하여, 병층분열을 수행하며(**354**), 안쪽의 유도체는 주축 관속과 기본 유조직을 발생시킨다(**228**). 대부분의 야자수는 기본 유조직 내에서 확산생장과 분열에 의해 줄기가 빠르게 두꺼워지는 반면에, 초기 생장 동안 마디사이는 짧게 남아 있다. 줄기가 성체의 직경에 도달하면(**312**), 마디사이가 신장되어 어떤 종들은 매우 큰 키와 오랜 수명에 도달한다. 야자수와 *Pandanus*(판다누스속; **39, 270**)에서 줄기의 확산생장이 계속되면 기본 유조직 내에서 지속적 분열을 초래한다.

단자엽식물에서 형성층역

소수의 단자엽식물에서[*Xanthorrhoea*(그래스 트리 종류), *Cordyline*(코딜라인속), *Dracaena*(드라케나속), *Yucca*(유카속)의 몇몇 종 등; **33, 391**], 1기 관속의 바로 뒤에 있는 피층 세포가 분열하여 형성층역을 형성한다. 분열은 병층분열이 우세하게 일어나, 새로운 두꺼운 세포층이 형성된다. 좁고, 수직인 가닥 형태의 세포는 다양한 면으로 분열되고, 각각 목부와 사부를 가지며 섬유초로 둘러싸인 2기 관속으로 발달한다(**392, 393**). 이 형성층은 다른 모든 것들과는 매우 다르며; 단자엽식물의 형성층역은 일반적인 쌍자엽식물의 관속 유형과는 공통점이 거의 없고, 그것으로부터 진화한 것 같지는 않다.

주피

나자식물과 목본성 쌍자엽식물에서 줄기의 표피는 정상적으로 코르크 및 이와 관련된 조직으로 대치된다(**137, 142, 167, 172, 394, 395**). 주피의 가장 바깥 부위는 코르크형성층(phellogen, cork cambium)에서 유래한 코르크조직(phellem, cork; **43**)을 생성한다. 이것은 보통 표피 아래에서 발생하는 절선면으로 펼쳐지는 분열층이다. 이것은 표피의 기원이 되기도 하며(**396**), 피층 내에 깊게 형성하기도 한다. 어떤 종에서는 코르크형성층이 안쪽으로 유조직성 조직의 생산을 멈추고(코르크피층, **397**), 바깥쪽으로 보강조직을 생산하기도 한다. 코르크 세포는 흔히 형태를 잘 유지하지만 성숙하면 붕괴될 수 있다(**398**). 코르크는 방사상으로 배열하고, 단단하게 싸여있으며; 죽은 세포인 코르크질로 된 불투수성의 비후된 벽을 가진다. 주피는 손상된 면 위에 형성되기도 하며(**310, 311, 399**), 일부 단자엽식물의 비후된 줄기에 발생하기도 한다(**400**). 코르크형성층은 보통 줄기와 뿌리에서 모두 활동적인데, 보다 균일한 수피를 생성한다. 그러나, 코르크형성층은 어떤 슈트의 부위에서는 조숙하게 형성되기도 하지만, 크고 얇은 코르크 날개를 생성하기도 하고, 코르크 두덩위에 가시를 돌출시키는 등의 인접한 부위에서는 무기한 연기된다(**401, 402**).

상업적인 코르크는 *Qurcus suber*(코르크 참나무)에서 채취되며(**136, 137**), 약 10년 주기로 나무를 벗겨낸다(**395**). 이 종에서 각 코르크형성층은 수 밀리미터의 코르크를 생산하고, 이어 피층의 깊숙한 곳과 마지막에 2기 사부의 바깥쪽에서 발생한 새로운 코르크형성층에 의해 대치된다(**167**). 코르크의 수확은 참나무의 관속형성층을 손상시키지 않는다. 대부분의 목본 종에서 바깥쪽의 죽은 수피(조피, rhytidome)는 수간(trunk)과 주 가지에서 주기적으로 벗겨진다. 이어서 조피는, 깊게 형성되어 있는 불연속적이지만 겹쳐진 주피와 기능이 없는 사부의 개재된 조각으로 구성된다(**167**).

코르크는 기체의 확산에 대해 투과성이 없지만 수많은 피목(**403-406**)은 이 장벽 내의 살아있는 조직 내로 산소의 운반을 촉진하며, 또한 이산화탄소를 방출할 수 있다. 피목은 코르크조직이 덜 촘촘히 쌓인 부위에서 발생하며, 생성된 코르크(보상조직)는 커다란 세포간극을 가진 원형의 세포들로 구성되어 있다. 많은 목본 종에서 보다 조밀한 코르크 층은 주기적으로 생성되어서 피목 내에서 느슨한 보상 세포를 유지한다. 육안으로 관찰되는 피목은 반점 형태이거나, 수평적으로 혹은 수직적으로 길어져 있는데; 뚜렷한 골을 가진 두꺼운 수피에서 피목은 갈라진 틈의 밑 부분에 위치한다(**405, 406**). 선인장이나 대극과 같은 광합성을 하는 대부분의 다육성 줄기는 수 년 동안, 오랜 세월이 지났거나 그렇지 않았더라도 주피를 생성할 수 있는, 표피와 피층이 존속되며(**232, 346, 364, 366, 368**); 이러한 현상은 여러해를 살 수 있는 단자엽식물의 다육성 잎에서도 나타난다(**337**).

336 *Carya illinoinensis*(피칸). 다육성이 아닌 일반적인 쌍자엽식물의 슈트는 길고 좁은 절간(마디사이, 1)과, 엽병(3)에 의해 달려 있는 큰 숙존성 잎이 달린 절(마디, 2)을 갖는다. 액아(4)와 정아(5)는 아린으로 싸여있고, 표피는 수피로 신속하게 대치된다.

1 절간　2 절　3 엽병
4 액아　5 정아

337 단자엽식물인 *Agave americana*(용설란)의 꽃이 핀 슈트. 이 다년생 단자엽식물은 많은 칼 모양의, 건생인 다년생 잎을 가진 로제트형이다. 그러나 수년의 영양 생장이 일어난 후에 생식이 일어나며, 많은 소형의 포를 가진 화서의 축(수 미터의 길이)이 짧은 옆 가지에 달린 수많은 꽃이 있는 엽액에 발생한다.

338 *Solanum tuberosum*(감자)의 팽창된 지하 괴경. 다년생의 기관은 대부분이 많은 양의 녹말을 함유한 조밀하고, 큰 유세포로 되어 있다. 자연 상태에서 모 식물과 괴경을 연결하는 가는 포복경은 죽어 없어지고 유리된 괴경은 딸 식물을 발생시킨다. 끝에 엽원기(1)를 가진, (각 괴경의 눈에서 발생한 여러 개의) 싹이 트는 액아를 볼 수 있다. 부정 근원기(2).

1 엽원기(leaf primordia)
2 근원기(root primordia)

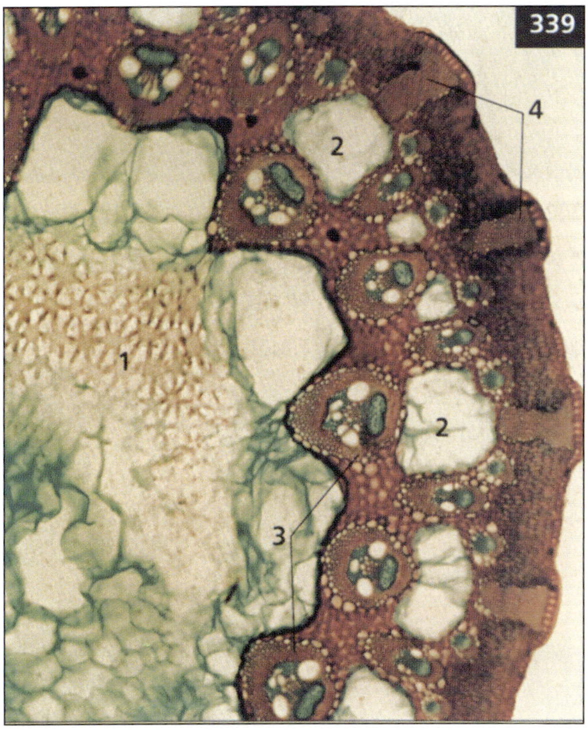

339 *Juncus communis*(골풀 종류)의 수생식물 줄기의 횡단면. 넓은 수(1)와, 바깥쪽 수 및 피층(2)에서 발생한 커다란 기강(air cavity)을 볼 수 있다. 대부분의 단자엽식물과는 달리 관속(3)이 병층면으로 분포하지만; 목부와 사부 사이에 관속형성층이 없는 것이 쌍자엽식물의 줄기와 다르다. 섬유다발(4), (광학현미경)

1 수 2 피층 3 관속 4 섬유다발

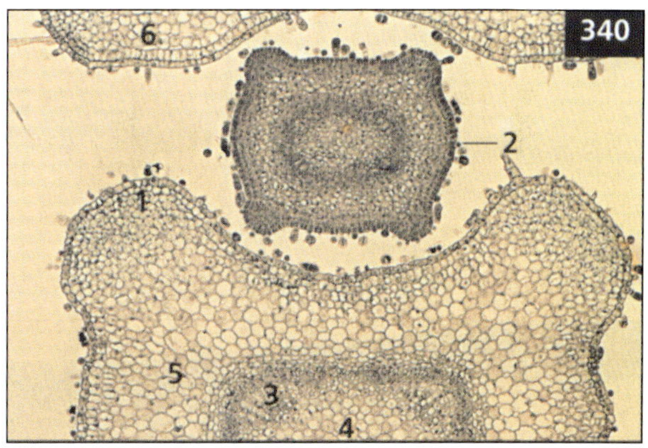

340 쌍자엽식물인 *Glechoma hederacea*(병꽃풀 종류) 어린 마디의 횡단면. 사각형 줄기의 모서리가 주변부 후각조직(1)에 의해 부풀어져 있으며, 측아(2)도 유사한 형태를 나타낸다. 관속조직(3), 수(4), 피층(5), 마주난 잎(6). (광학현미경)

1 후각조직 2 액아
3 관속조직 4 수
5 피층 6 마주난 잎

341 *Opuntia engelmannii*(쌍자엽식물, 선인장 종류)의 엽상경(葉狀莖, cladode)은 한 방향으로 납작하며, 예외적으로 수직방향으로 넓어진 슈트이다. (1)의 엽상경은 모서리 면을 보여주며, (2)의 엽상경은 전체 폭을 모두 보여준다. 이 슈트는 작고 수명이 짧은 잎을 갖지만 이미 모두 탈락하여, 엽상경이 주요 광합성 기관이다.

1 모서리면의 엽상경
2 정면의 엽상경

342 녹색의 엽상경(phylloclade)을 보여주는 단자엽식물인 *Semele*(세멜레속, 백합과; 역자 주)의 슈트. 이들은 원통형의 줄기(1)에 위치한 비늘모양의 잎 겨드랑이에 생겨난 눈에서 발달하고, 제한생장을 하여 납작해진 슈트를 나타낸다.

1 본 줄기

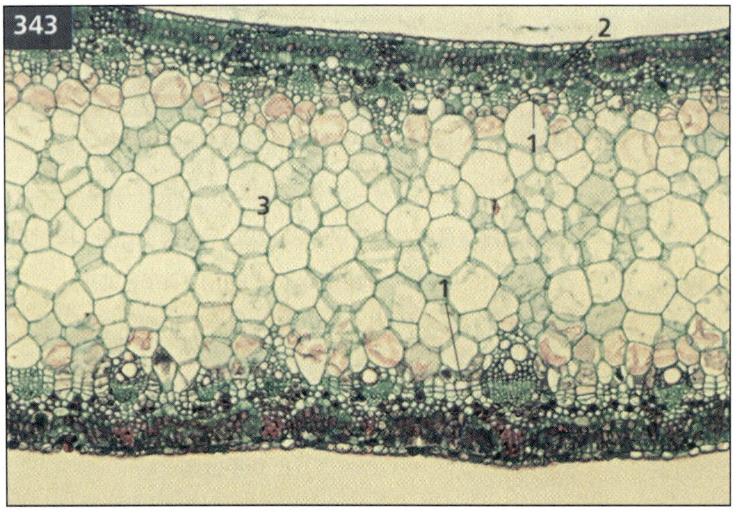

343 *Muehlenbeckia platyclados*(한기죽, 마디풀과; 역자 주) 엽상경의 횡단면. 이 식물에서 납작해진 줄기는 광합성 기관으로 작용하지만, 관속형성층(1)이 주변에 분포하는 것과, 관속이 단절되어 있는 것은 이것이 쌍자엽 식물의 줄기라는 것을 설명하고 있다. 광합성 피층(2), 수(3). (광학현미경)

1 관속형성층
2 광합성 피층
3 수

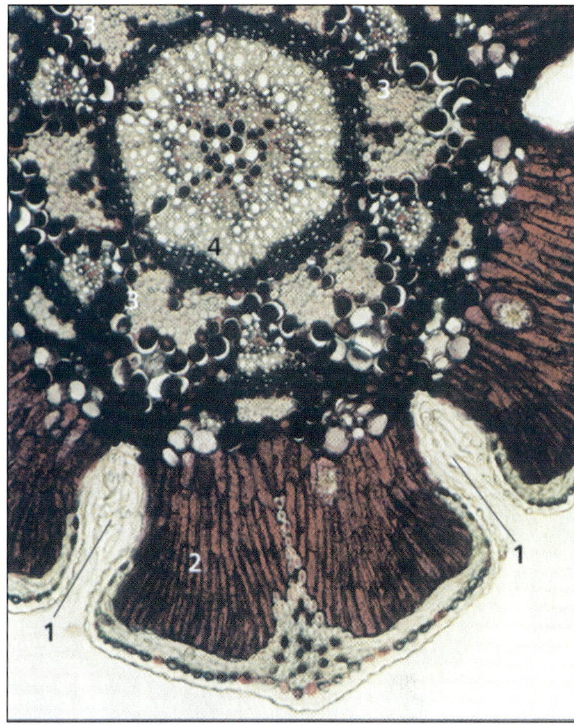

344 쌍자엽식물인 *Casuarina*(카수아리나속) 줄기의 횡단면. 질소고정을 하는 이 식물의 줄기는 비늘모양의 잎을 가지며 광합성 기능은 건생의 줄기가 담당한다. 이것은 헤어라인 홈(1)이며, 이곳에서 기공이 발생하고, 홈의 주변에 동화조직(2)이 발생한다. 표피는 두꺼운 큐티클을 가지며, 후벽성 섬유다발(3)이 표피 밑과 안쪽에 발달한다. 관속 환(4)이 관찰된다. (광학현미경)

1 헤어라인 홈 2 동화조직
3 후벽성 섬유 4 관속

345 소형의 쌍자엽 목본식물인 *Casuarina glauca*(카수아리나속 일종; 참조, 344)의 현지 표본.

346 *Echinocactus*(금호 종류)의 커다란 현지 표본. 이 건생의 쌍자엽식물에서, 다육성 줄기가 광합성 기관인 반면에 매우 변형된 잎은 가시형태를 갖는다. 각 줄기 위의 수직 능선에는 여러 가시를 가진 액아를 나타내는 한 열의 아리얼(가시뭉치)을 보여준다.

347

347 커다란 나무와 같은 쌍자엽식물인 *Euphorbia*(대극속). 이 속에는 약 650종의 커다란 다육성 식물이 있으며, 대부분은 아프리카와 카나리군도의 아열대지역에 나타난다. 물을 저장하는 광합성 줄기 위의 가시는 매우 변형된 탁엽이다. 끝에 과실 덩어리가 보이며, 각 과실은 세 개의 융합된 심피에서 형성된다.

348

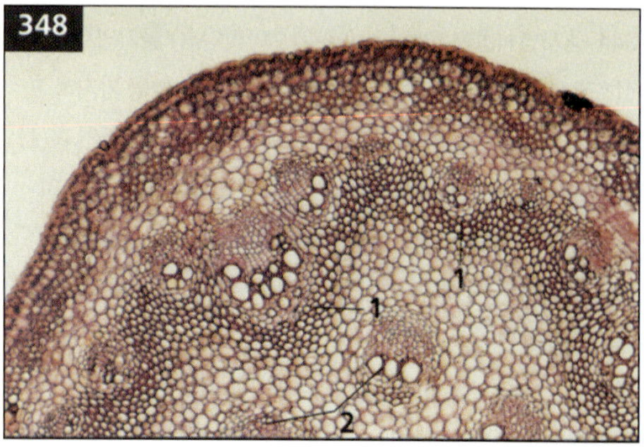

348 쌍자엽식물인 *Piper*(후추등속) 어린 줄기의 횡단면. 후벽조직 초(sclerenchyma sheath, 1)에 의해 안쪽이 구분되는 다양한 크기의 바깥쪽 관속의 환이 보이는 반면에, 수 내에서는 많은 수질 관속(medullary vascular bundle, 2)이 발생한다. 관속의 확산 분포는 단자엽식물보다 흔하지 않다. (광학현미경)

1 후벽조직 초

2 수질 관속

349

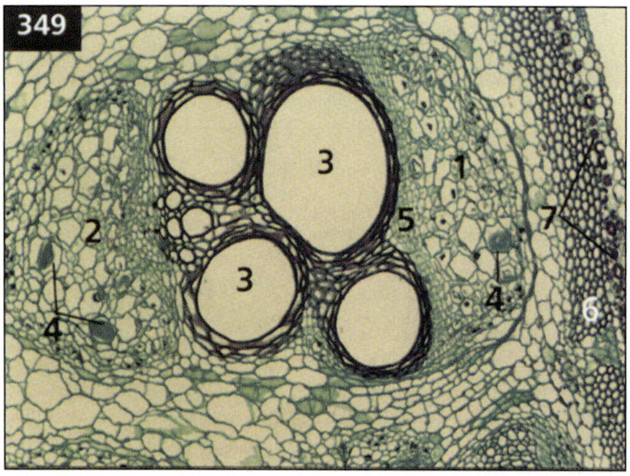

349 *Trichosanthes*(하늘타리속) 줄기의 관속 횡단면. 이 쌍자엽식물은 목부의 각 면에 바깥쪽 사부(1)와 안쪽 사부(2)를 갖는 복병립관속(bicollateral bundle)을 보여준다. 매우 넓은 목부 도관(3)과 사판(4)을 가진 사관을 뚜렷이 볼 수 있다. 관속형성층(5), 후벽조직(6), 광합성 피층(7). (광학현미경)

1 바깥쪽 사부
2 안쪽 사부
3 목부 도관
4 사판
5 관속형성층
6 후벽조직
7 광합성 피층

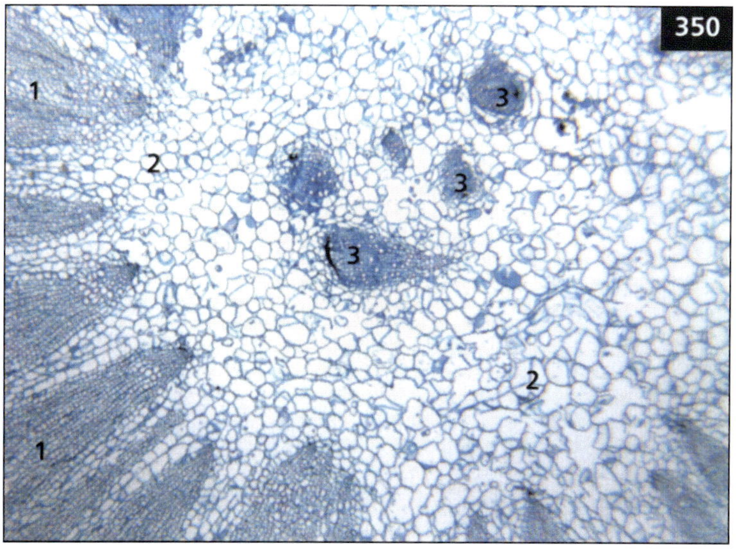

350 *Buiningia aurea*(선인장 종류, 쌍자엽 식물)의 가장 안쪽 목재(1), 수(2) 및 수질 관속(3)의 횡단면으로; 각 수질 관속은 관속형성층, 목재 및 2기 사부를 갖는다. (광학현미경)

1 목재　　2 수
3 수질 관속

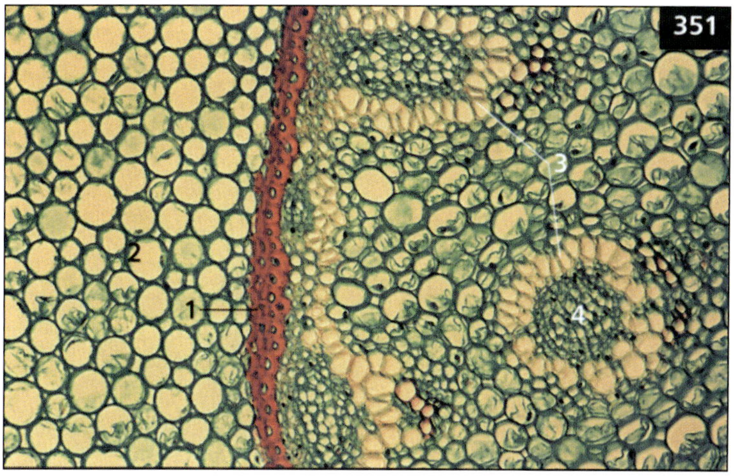

351 단자엽식물인 *Convallaria majalis*(은방울꽃 종류) 근경의 횡단면. 하나 내지 여러 층의 균일하게 비후된 내피(1)는 관속이 있는 수와 넓은 피층(2)을 경계 지워준다. 안쪽의 관속은 목부(3)가 사부(4)를 싸고 있는 양사관속중심주이다. (광학현미경)

1 내피　　2 피층
3 목부　　4 사부

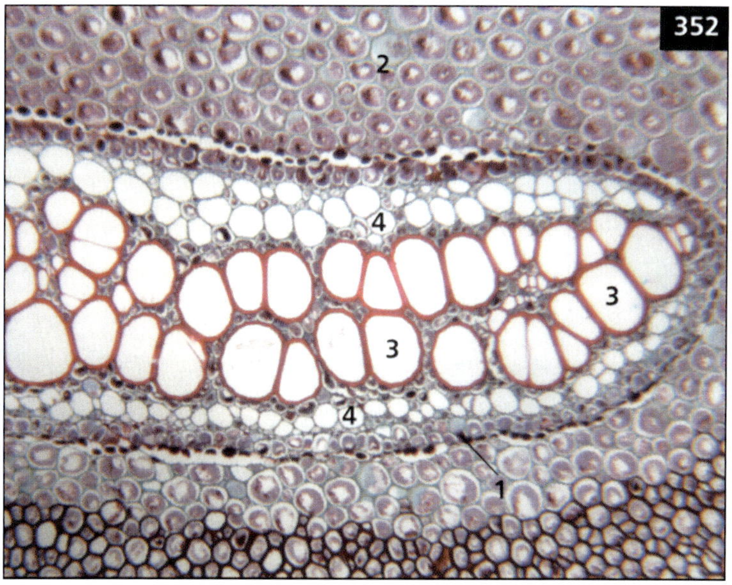

352 양치류 *Pteridium aquilinum*(고사리 종류) 근경의 횡단면. 확장된 관속 가닥이 내피(1)에 의해서 기본 유조직(2)과 분리된다. 커다란 직경을 가진 목부요소(3)는 작은 사부 유조직과 사세포(4)로 둘러싸여 있다. (광학현미경)

1 내피　　2 기본 유조직
3 목부요소　　4 사세포

353

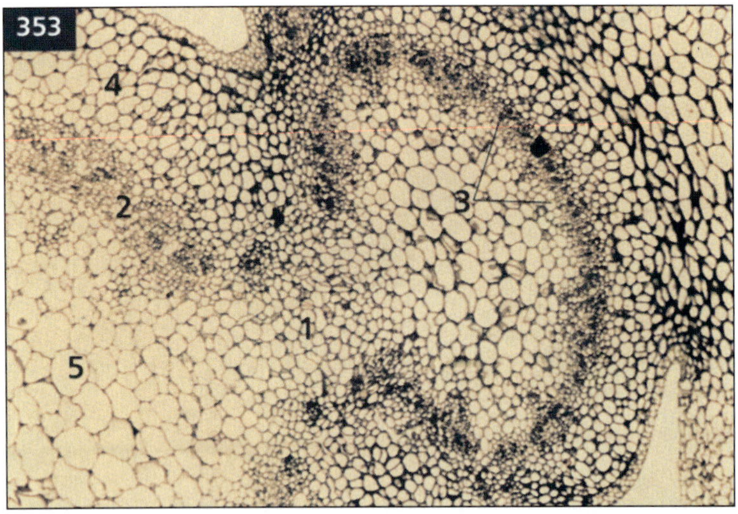

353 쌍자엽식물인 *Phaseolus vulgaris*(강낭콩) 어린 마디의 횡단면. 액아의 관속(3)으로 분지하는 줄기(2)의 관속중심주에 관속극(1)이 나타난다. 본 줄기 피층(4), 수(5). (G-Os, 광학현미경)

1 관속 극(gap)
2 줄기의 관속 중심주
3 눈의 관속계
4 줄기의 피층
5 수

354

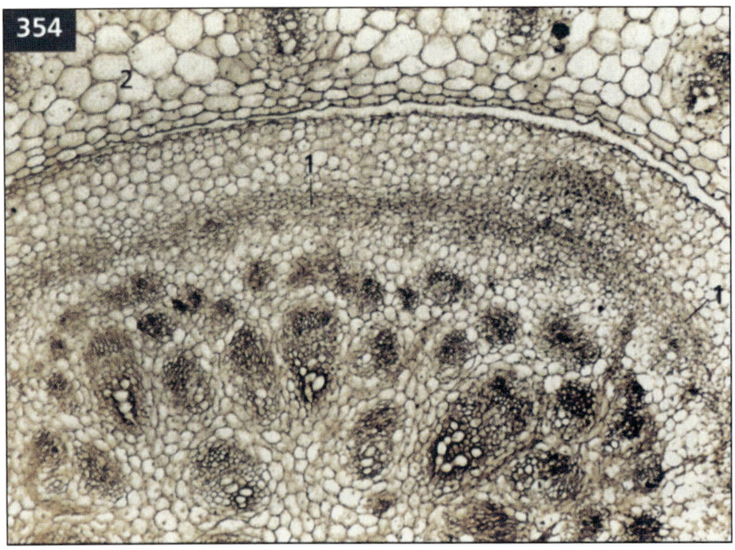

354 *Zea mays*(옥수수) 줄기 정단 하부의 횡단면. 단자엽식물에서 1기 비후된 분열조직(참조, 228)으로부터 수많은 부제중심주가 안쪽으로 파생되는 반면에, 병층으로 파생된 유조직은 줄기의 두께를 증가시킨다. 관속은 흔히 유합하고 분지된 관속은 바깥쪽과 위쪽으로 비스듬히 벋어나가 각 잎에 많은 관속을 공급한다. 엽원기 초(2). (광학현미경)

1 1기 비후된 분열조직
2 엽초

355

355 *Eichhornia crassipes*(부레옥잠)의 현지 표본은 쌍자엽식물로 공기가 차있는 엽병으로 인한 부유성이며, 번잡한 방콕의 수로에 무리지어 산다. 이 식물은 밀집하여 자라기 때문에 수로를 방해하거나 막을 수 있지만, 태국에서는 흔히 녹색 비료로 공급하기 위해 재배한다.

356 *Posidonia oceanica*(포시도니아속 일종)의 물을 제거한 표본으로, 이 해양성 꽃피는 식물은 스페인 동해안의 얕은 해안에서 자란다. 긴 띠 모양의 잎(파도에 대한 저항을 최소화하는)과 갈색의 남은 줄기를 볼 수 있다.

357 단자엽식물인 *Potamogeton*(가래속) 수생 줄기의 횡단면. 관속이 바깥쪽으로 내피(2)에 의하여 경계되는 좁은 중심주에 한정되어 있는 반면, 넓은 기실(1)이 피층에 나타난다. 여덟 개의 다양한 크기의 관속이 나타나는데, 관속은 원생목부강(3)이 나타나는 각각의 목부를 가진다. 수(4), 사부(5). (광학현미경)

1 기실 2 내피
3 원생목부강(protoxylem lacuna)
4 수 5 섬유

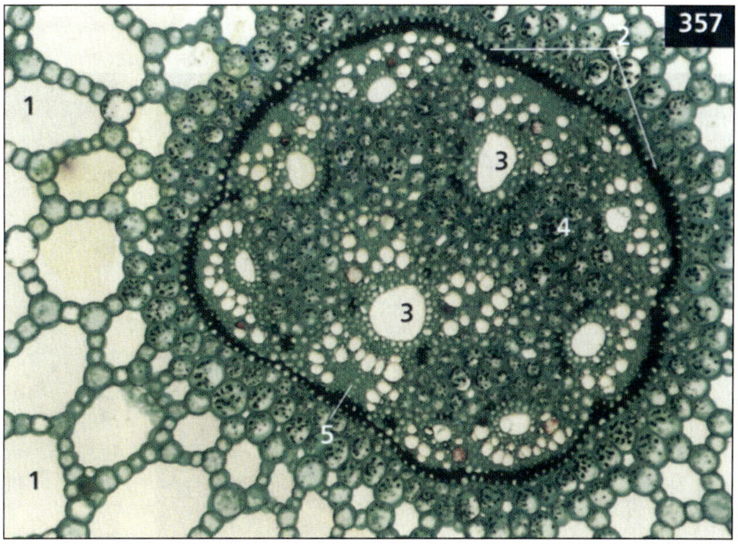

358 단자엽식물인 *Potamogeton*(가래속) 줄기 관속조직의 미세 횡단면. 각 면에 넓은 사관(2)을 가진 뚜렷한 원생목부강(1)을 보여 준다(참조, 357). 내피(3), 섬유(4). (광학현미경)

1 원생목부강 2 사부
3 내피 4 섬유

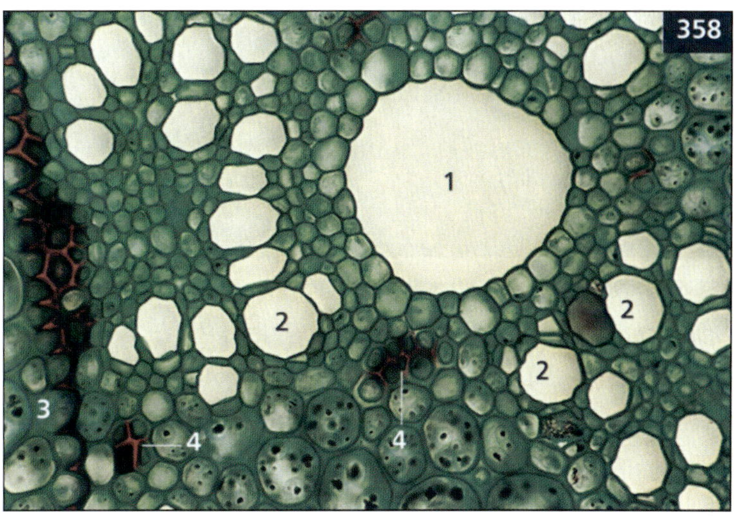

359 기부가 잘려나간 *Posidonia oceanica*(포시도니아속 일종) 식물에서 파도로 인하여 형성된 공 모양의 잔해. 동부 스페인의 산타 폴라와 그 밖의 해변에서 발생하며, 일광욕을 즐기려는 휴일행락객을 위하여 정기적으로 도로를 불도저로 청소하고 있다.

360 동부 스페인의 염전에서 자라는 쌍자엽식물인 *Salicornia*(퉁퉁마디속)의 개척식물.

361 염습지에서 자라는 화기의 초본성 쌍자엽식물인 *Salicornia*(퉁퉁마디속) 현지 표본으로 다육성 줄기는 부풀어 있으며, 잎을 달고 있다.

362 *Austrocylindropuntia subulata*(아우스트로실린드로푼티아속 일종). 선인장의 녹색 식물체는 넓은 잎(1)을 갖는 긴 슈트인데, 잎은 여기서는 크지만 보통 작으며; 액아(2)는 가시(3; 큰 가시의 황록색 기부는 기부분열조직임)로 발달하는 아린을 빠르게 생산한다. 죽은 돌기물의 덩어리는 가시 기부를 감싸며 액아 정단분열조직을 보호한다.

1 넓은 잎
2 액아(짧은 슈트, 아리얼)
3 가시(변형된 아린)

363 *Cereus huilunchu*(암석기둥선인장 종류). 대부분의 선인장의 긴 슈트는 여기서 처럼 단축생장(monopodial growth)을 한다. (지난해에 형성된 슈트 표면의 두꺼운 왁스는 조직 팽창에 의해 균열되고 있다.)긴 슈트 정단분열조직은 주기적으로 휴면기가 되면 정아를 형성하지 않는다. 잎은 미시적이지만, 액아는 가시 무리처럼 잘 보인다. [선인장속(*Opuntia*; prickly pear와 cholla; 참조, 341)에서는 각 슈트 정단분열조직이 제한적이어서 가축생장(sympodial)을 한다.]

364 *Echinocereus enneacanthus* (에키노세레우스속 일종). 가시 원기를 생성한 후, 짧은 슈트 정단분열조직은 휴면기가 되거나 꽃의 슈트 정단으로 작용하기도 한다. 화아(화살표)는 1년 된 짧은 슈트에서 나타난다.

365 *Notocactus coccineus*(금관속 일종, 선인장 종류). 많은 짧은 슈트 정단분열조직은 가시와 꽃의 기관만을 생성하며, 정단우성에 의해 억제된다. 그러나 일부는 후에 활성을 갖게 되어 그들 자신을 긴 슈트 정단으로 전환시켜 가지(화살표)를 생성하기도 한다.

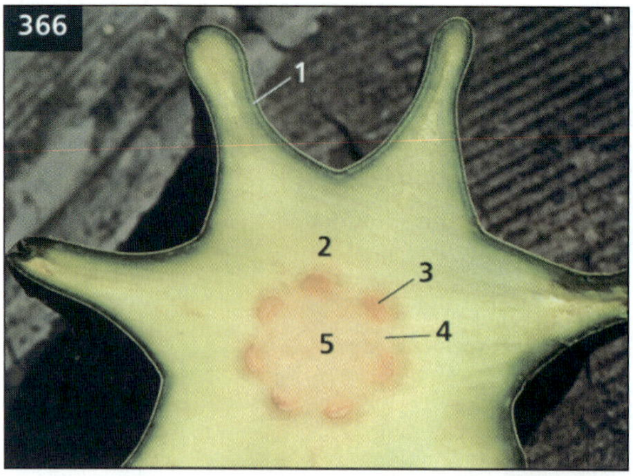

366 *Neoraimondia herzogiana*(네오라이몬디아속 일종)의 긴 슈트의 횡단면. 가장 바깥쪽의 피층은 동화조직이며(1), 피층의 나머지 부분은 많은 양의 물을 저장할 수 있다(2). 일곱 개의 관속형성층은 섬유성 목재(3)를 생성하고, 그 사이의 관속간 형성층은 넓은 방사조직(4)을 생성한다. 수(5)는 흔치 않게 넓다.

1 동화조직성 피층 2 물 저장 피층
3 섬유성 목재 4 넓은 유조직성 방사조직
5 수

367 *Pelargonium carnosum*(제라늄 종류)은 대형의 숙존하는 잎을 가지고 있어서, 다육성 줄기는 광합성을 거의 하지 않는다. 줄기의 다육성은 두꺼운 피층이나 수가 아니라 유조직성 목재로부터 생성된다.

368 *Euphorbia mammillaris*(대극속 일종)는 일찍 시드는(수명이 짧은), 작은 녹색의 영양엽(화살표)을 갖고 있어서 다육성 줄기가 물을 저장하기도 하고 광합성을 수행할 수 있어야 한다. 선인장의 가시(변형된 아린, 362)와는 달리, *Euphorbia*(대극속)의 가시(1)는 작은 퇴화된 잎을 가진, 변형된 액생 가지(axillary branch)이다.

1 가시(변형된 가지)

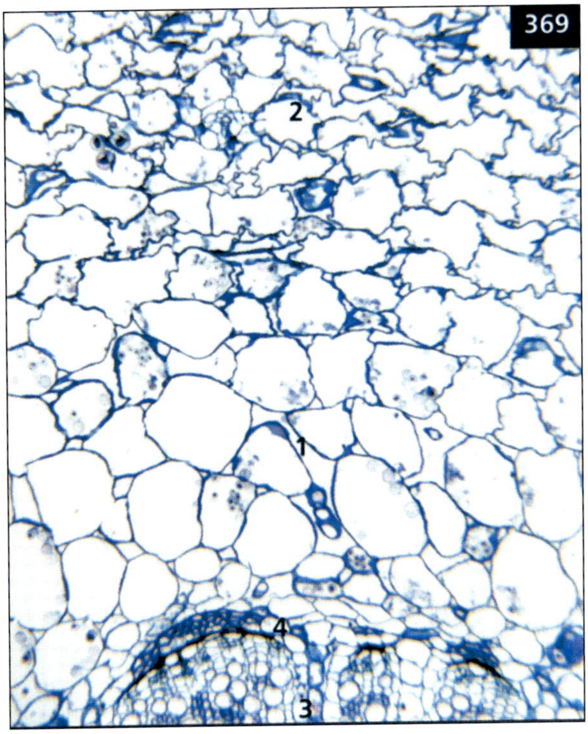

369 *Haageocereus australis* 피층의 횡단면으로 주름진 세포벽을 가진 바깥쪽 피층 세포(2)의 안쪽에 인접하여 부풀어 오른 피층 세포(1)를 보여준다. 주름진 세포벽을 가진 세포는 원형질분리 없이, 물이 다른 조직으로 이동되거나 세포를 부풀어 오르게 유지하지 않고, 쉽게 쭈그러들어 탈수 시킬 수 있다. 2기 목부(3), 2기 사부(4). (광학현미경)

1 부풀어 오른 안쪽 피층
2 주름진 세포벽을 가진 접힐 수 있는 피층
3 2기 목부(목재)
4 2기 사부

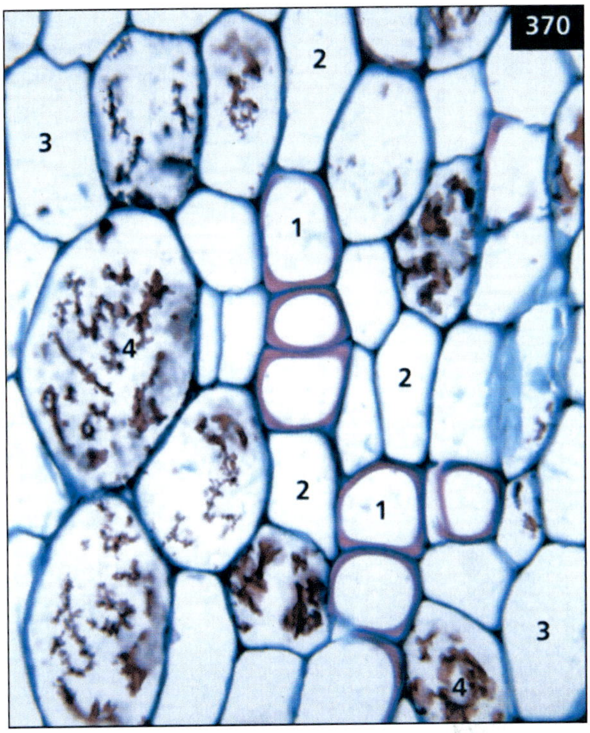

370 *Crassula argentea*(돌나물과 일종)의 다육성 목재의 횡단면. 도관(1)은 많은 주축(2) 및 방사(3) 유조직으로 둘러 싸여 있으며; 가뭄 때에는 물이 쉽게 도관 내로 이동되어, 진공 상태의 가능성을 최소화한다. 일부 세포에서 나타나는 갈색 퇴적물은 타닌(4)이다. (광학현미경)

1 도관
2 주축 유조직
3 방사 유조직
4 타닌

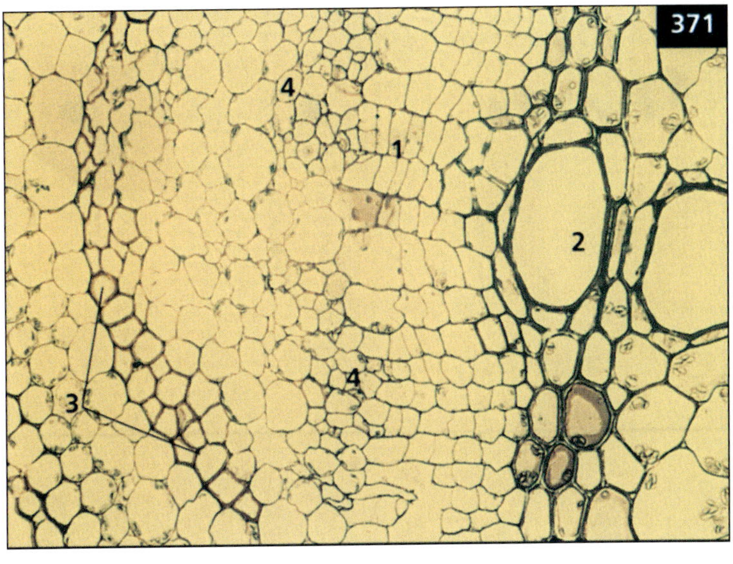

371 *Phaseolus vulgaris*(강낭콩) 줄기에서 관속의 횡단면. 세포가 일반적으로 수층면으로 납작해진 넓은 형성층역(1)이 관찰되며; 직경이 넓어진 2기 목부요소(2) 때문에 이들의 방사면 배열은 비뚤어져 있다. 사부는 바깥쪽으로 섬유모(3)에 의하여 구분되고, 관속형성층과 인접하여 2기 사요소(4)가 분화되고 있다. (광학현미경)

1 형성층역 (cambial zone)
2 2기 목부
3 섬유 모(fibre cap)
4 2기 사부

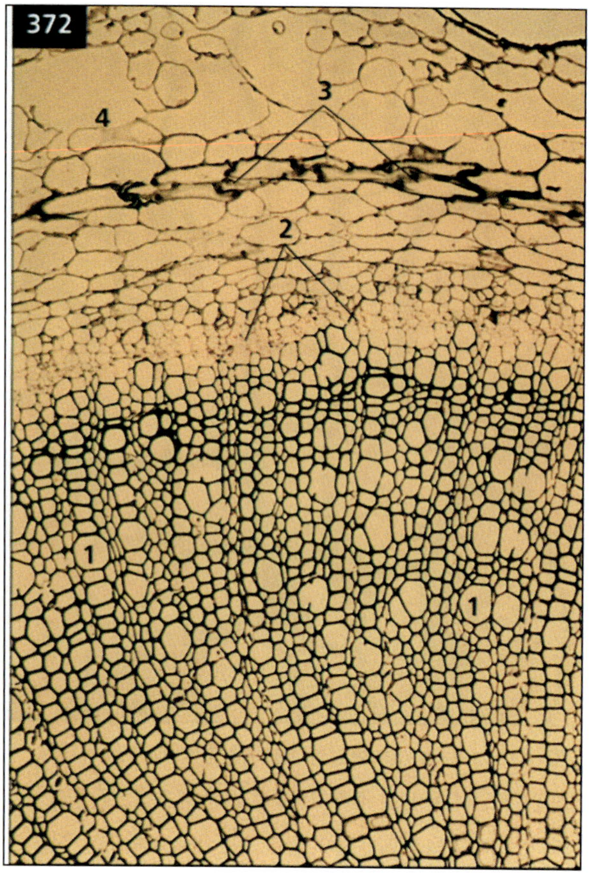

372 쌍자엽식물인 *Linum usitatissimum*(아마)의 성숙한 줄기의 횡단면. 이 쌍자엽식물은 한 번의 생장기 동안에 상당한 비후가 일어난다. 방사면으로 배열된 2기 통도요소(1)가 관속형성층(2)으로부터 발생하였다. 사부 섬유(3)는 원생사부의 원래 위치를 나타낸다(참조, 10). 피층(4). (G-Os, 광학현미경)

1 2기 목부 2 관속형성층
3 사부 섬유 4 피층

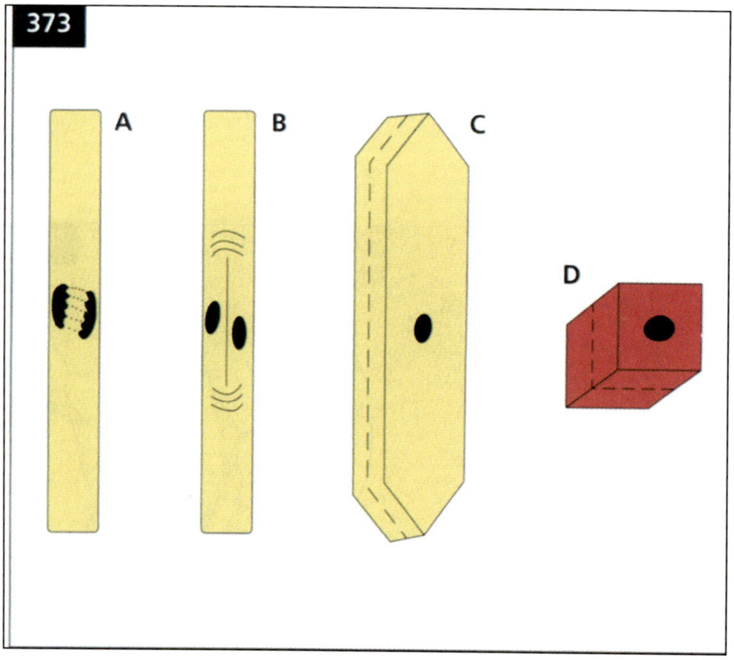

373 종단면에서 관속형성층의 모식도. C에서 비스듬한 절선면상으로 두 딸핵이 보이는 반면에, 방사면상에서는 분리된 한 개의 방추형 시원세포가 유사분열(A)과 세포질분열(B)을 수행하는 것을 볼 수 있다. D는 수층분열만을 하는 방사 시원세포를 보여준다.

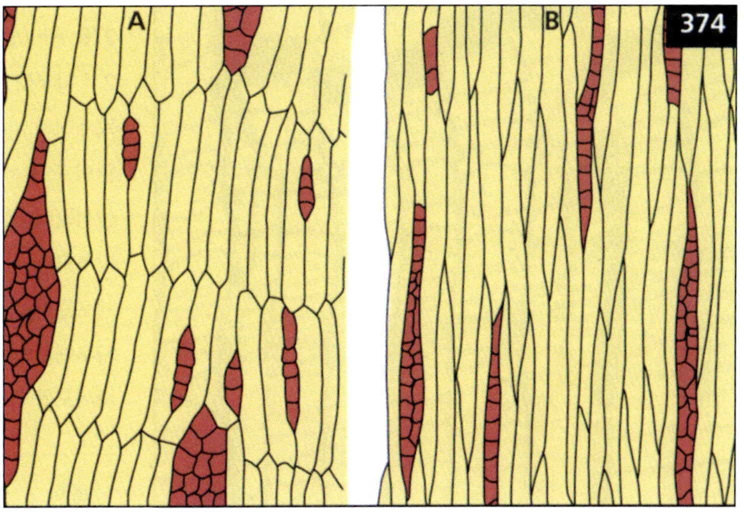

374 A와 B는 각각 계층상 및 비계층상 형성층의 절선면을 보여준다(노랑색은 방추형 시원세포를 적색은 방사 시원세포를 가리킨다.).

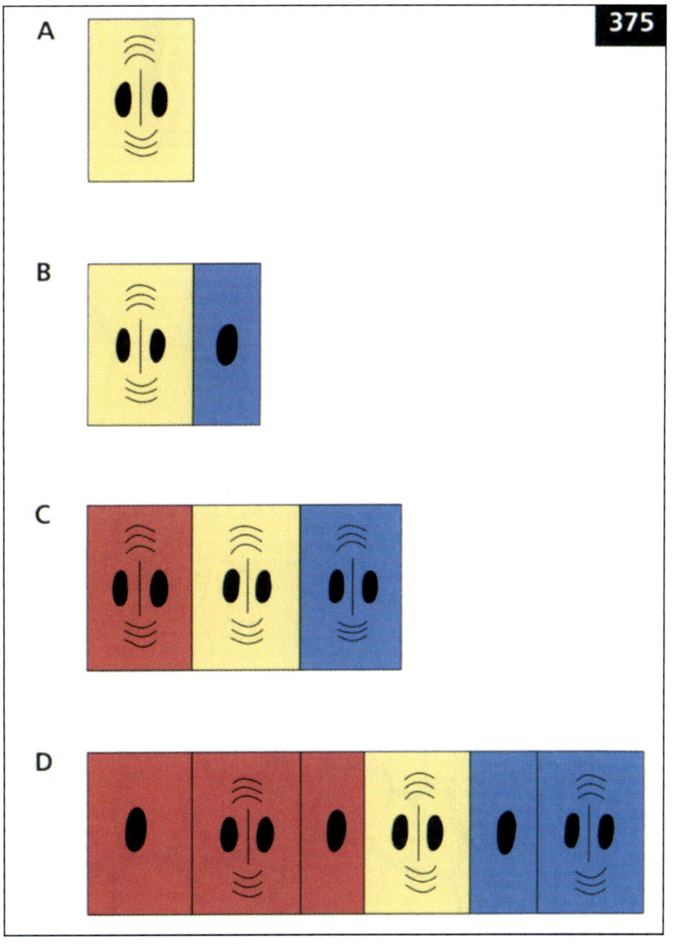

375 수층분열의 양상을 보여주는 관속형성층 횡단면의 모식도. A에서, 분열이 형성층모세포(노랑색)에서 일어나 B에서 사부 시원세포(파랑색)의 형성을 유도한다. C에서는 형성층 세포가 다시 분열하여 목부 시원세포(적색)를 발생시킨다. C에서 사부 시원세포가 분열하여 두 개의 새로운 시원세포를 형성하고, 새로운 분열(D)에 의해 가장 바깥쪽의 세포가 만들어지고 있다.

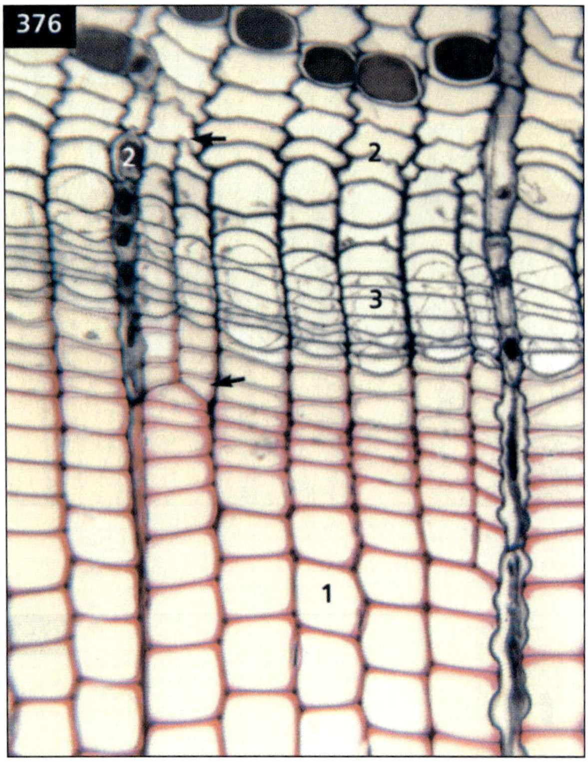

376 *Pinus strobus*(스트로브잣나무, 나자식물)의 목재(1), 2기 사부(2) 및 형성층역(3)의 횡단면. 방사방향의 세포 열이 목재에서 사부까지 연속적으로 배열하는 것을 보여 준다: 각 열의 모든 세포는 방추형 시원세포 또는 방사 시원세포로부터 생성된다. 목부의 화살표에서, 한 열의 세포가 두 열로 되며; 방추형 시원세포가 이 부위에 있을 때, 수층분열을 통해, 두 열의 세포를 연속적으로 생성할 두 개의 방추형 시원세포로 전환된다. 사부에서의 화살표는 형성층에서 곧 변화를 보여줄 막 생성된 사세포를 가리킨다. (광학현미경)

---

1 목재　　2 사부
3 형성층

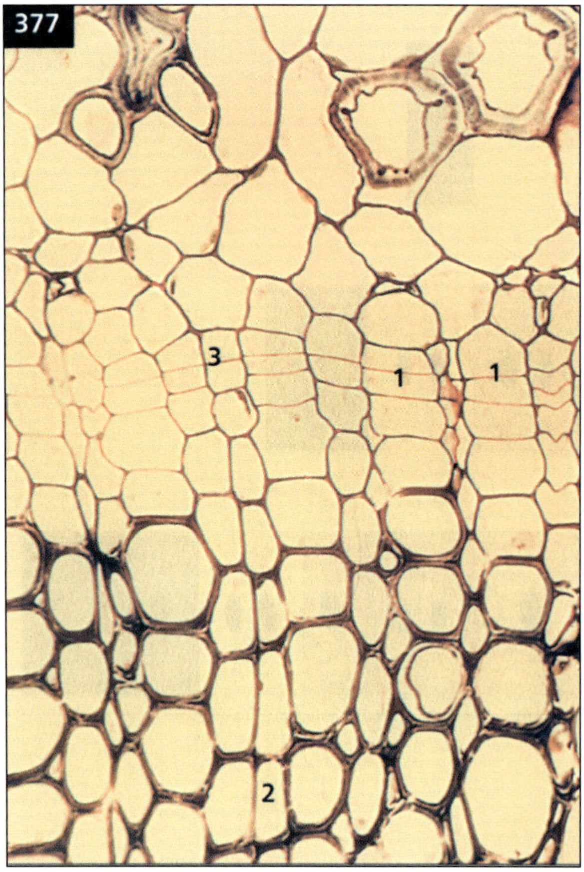

377 관속 분화를 자세히 보여주는 *Linum usitatissimum* (아마) 줄기의 횡단면. 수층면으로 납작해진 형성층역의 세포가 잘 구분되며, 2기 통도요소가 안쪽 면으로부터 분화하고 있다 (참조, 372). 이들은 방사방향으로 팽창하고 절선방향 생장을 하지 않아, 특정 방추형 시원세포(1)로부터의 유래를 추적할 수 있다. 좁고 두꺼운 벽을 가진 방사 유세포의 방사방향의 세포 열 또한 관찰할 수 있으며(2); 이들은 작은 방사 시원세포(3)에서 기원한다. 사부 부위는 매우 좁고 바깥쪽은 사부 섬유와 경계 지워진다. 사부에서 안쪽의 통도요소는 2기 조직일 것으로 보이지만 이들이 관속형성층에서 유도되었는지는 확실하지 않다. (G-Os, 광학현미경)

---

1 방추형 시원세포　　2 방사 유세포
3 방사 시원세포

378 *Puna clavariodes*(선인장 종류). 흔하지는 않지만 비정상적이지는 않은 목재의 횡단면. 관속형성층은 좁은 부위의 방추형 시원세포(적색)를 갖는데, 몇 열의 도관과 가도관을 생성하지만(1), 넓은 부위의 방사 시원세포는 점액세포(적색)로 가득한 넓은 방사조직(2)을 생성한다. (광학현미경)

1 도관 및 가도관　　2 방사조직

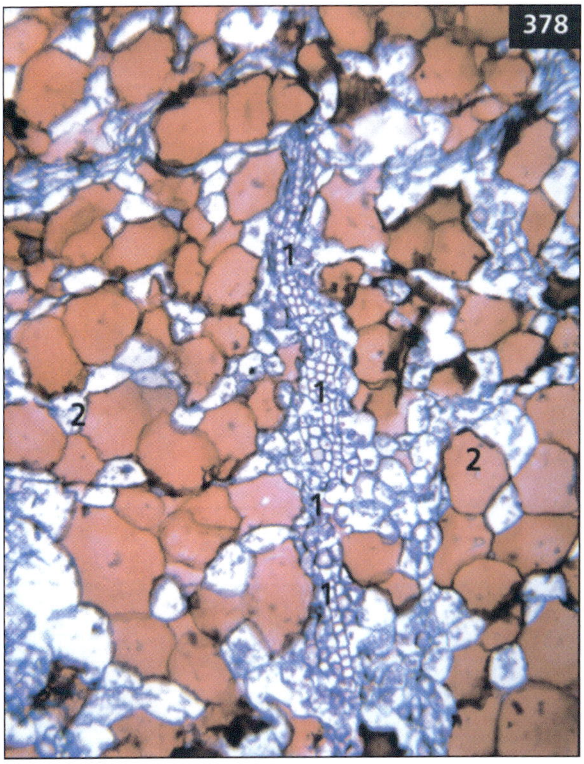

379 *Bauhinia*(바우히니아속) 줄기의 횡단면. 이것은 열대성, 덩굴성 목본 식물로 두께보다 폭으로 훨씬 빨리 자란다. 관속형성층은 두 돌출 방향으로 매우 활동적인데, 다른 방향에서는 거의 볼 수가 없다.

380 쌍자엽식물인 *Bauhinia*(바우히니아속)에서 어린 줄기 2기 목부의 횡단면. 초기 2기 목부(1)가 방사방향으로 규칙적인 것을 볼 수 있으며, 반대로 많은 넓은 도관(2)을 가진 후기 목재는 불규칙적이다. 쐐기형 관속 유조직(3) (광학현미경)

1 2기 목부　　2 커다란 도관
3 쐐기형 관속 유조직

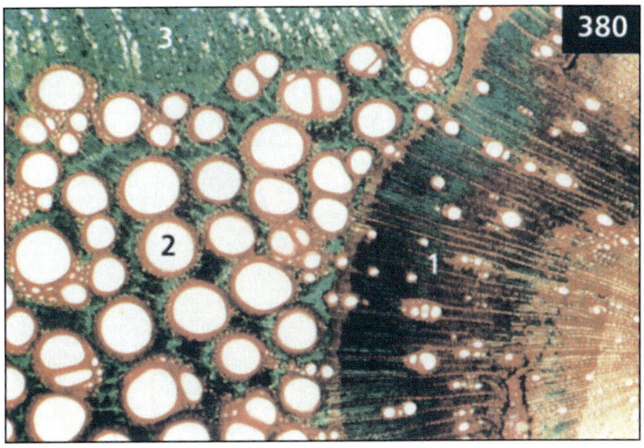

381

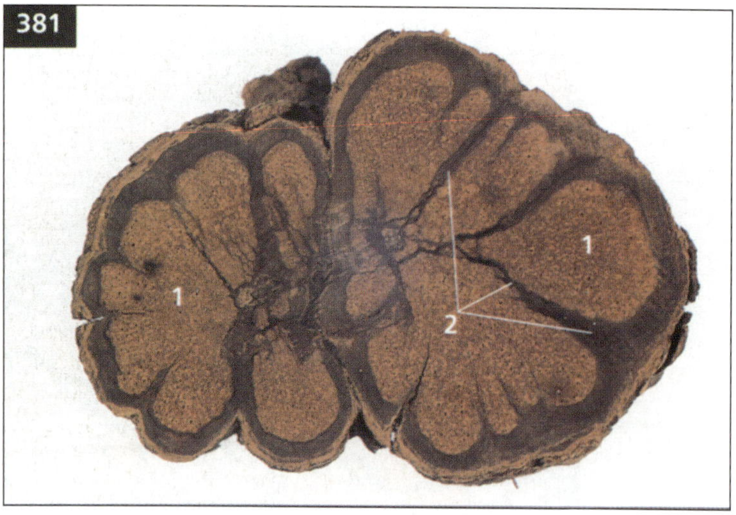

381 쌍자엽식물인 *Bauhinia*(바우히니아속) 목본성 덩굴의 횡단면. 다른 많은 덩굴에서는 보통 줄기가 비정상적인 2기 비후를 한다. 원래의 규칙적인 도관은 관속 유조직이 증식함에 따라 고도로 분열된 단위(1)로 쪼개진다. 쐐기형 사부(2)가 목부의 열편 사이로 확장되어 있다.

1 분열된 목부　　2 쐐기형 사부

382

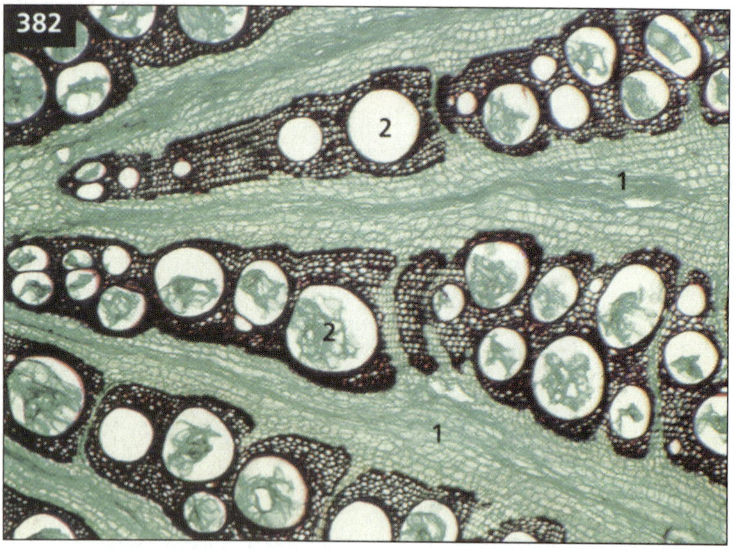

382 덩굴식물인 *Tinospora*(티노스포라속, 방기과) 줄기의 횡단면. 개재된 방사 유조직(1)의 증식에 의하여 2기 목부가 깊게 분열되어 있는 것을 볼 수 있다. 다른 덩굴에서는 보통, 후벽화된 기본 조직에 묻혀있는 많은 넓은 도관(2)을 갖는다. (광학현미경)

1 방사 유조직　　2 커다란 도관

383

383 *Artemisia tridentata*(쑥속 일종). 사막의 관목인 쑥 종류의 수간과 가지. 관속 형성층의 넓은 띠는 죽어서 목재의 형성이 멈추고, 점차 가늘어지게 되며; 이와 관련된 잎과 눈도 죽게 된다. 다른 형성층의 띠가 살아남아 두꺼운 목재의 띠를 생성하고 있다.

384 관속형성층의 여러 띠가 죽는 반면에(1), 다른 것은 살아남아(2) 목재와 2기 사부를 계속 형성하고 있는 *Fumana*(푸마나속, Cistaceae과; 역자 주)의 수간. 수피(3). (광학현미경)

1 관속형성층이 죽는 지점
2 관속형성층이 살아남은 인접한 부위
3 수피

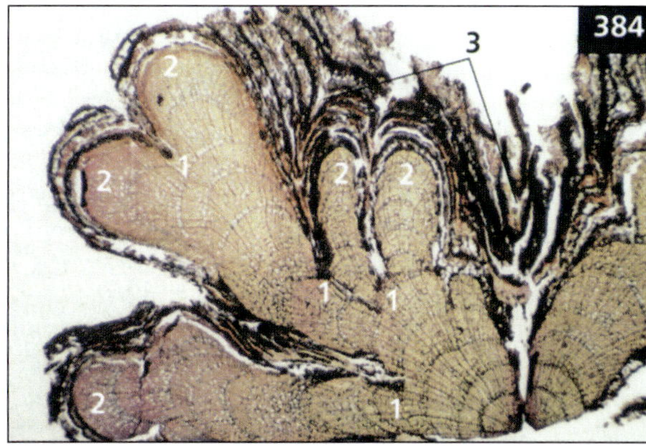

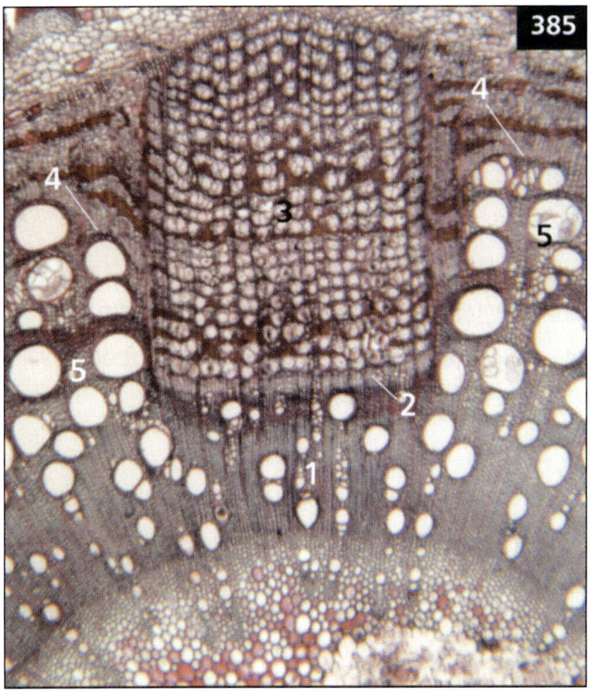

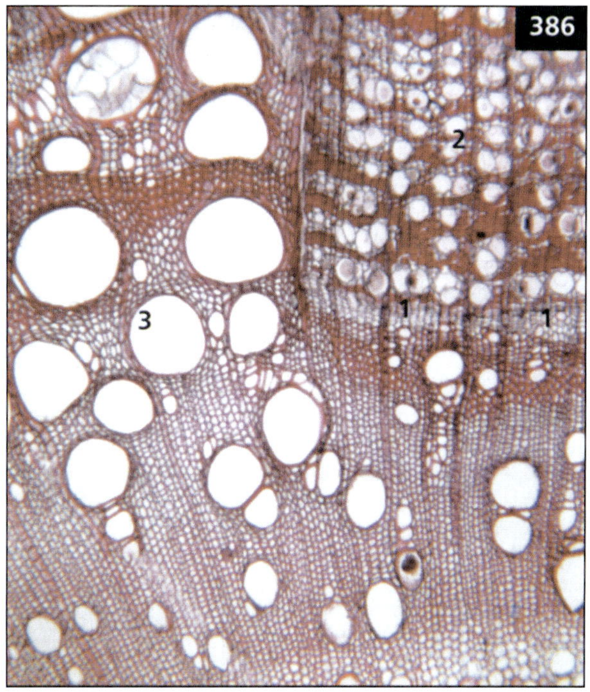

385 *Machaerium purpurascens*(마케리움속 일종, 콩과). 초기에는 일반적인 양면성 관속형성층(VC)을 갖고 있어서 목재(1)를 형성한다. 한 개의 띠(2)가 단면성으로 바뀌어 2기 사부(3)만을 생성하며 안쪽으로 목재를 형성하지 못하기 때문에 바깥쪽으로 밀려나지 못한다. 다른 일반적인 관속형성층(4)의 부위는 목재를 계속 생성하여(5) 바깥쪽으로 밀려나게 되고 단면성 관속형성층을 뒤에 남기게 된다. (광학현미경)

1 초기에 형성된 목재, 완전한 양면성의 관속형성층에 의하여 생성된다.
2 단면성의 관속형성층
3 단면성 관속형성층에 의하여 생성된 2기 사부
4 양면성 관속형성층
5 양면성 관속형성층에 의하여 최근에 생성된 목재

386 385를 확대한 *Machaerium purpurascens*(콩과 식물의 일종) 단면성 관속형성층(VC, 1)의 횡단면. 2기 목부(2)가 생성되고 있으며(1) 바깥쪽으로 밀려나고 있다. 계속되는 일반적인 양면성 관속형성층의 활동으로 생성된 목재(3)는 이동하지 않으며, 연속적으로 사부(2)가 밀려 나가게 된다.

1 단면성 관속형성층
2 2기 사부
3 양면성 관속형성층에 의하여 생성된 목재

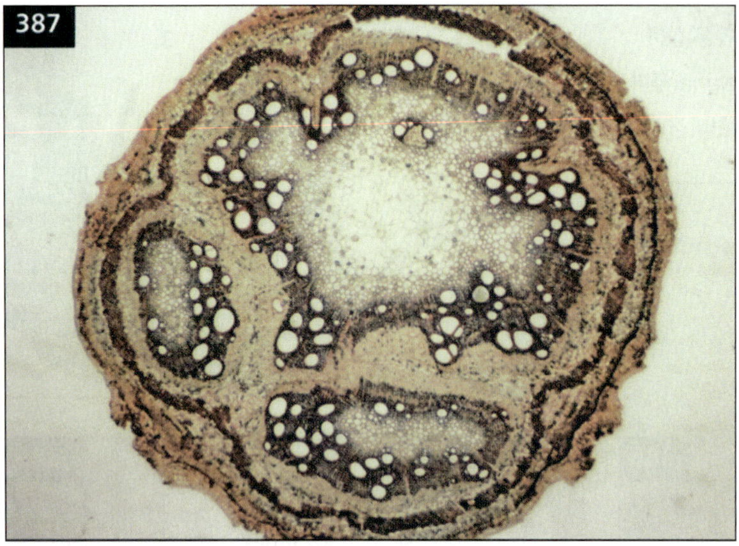

387 *Paullinia sorbilis*(파울리니아속 일종, 무환자나무과; 역자 주)의 줄기. 이 지점에서는 세 개의 관속형성층(VC)이 존재하지만, 이 줄기의 다른 지점에서는 관속형성층의 수와 형태가 달리질 수 있다. (광학현미경)

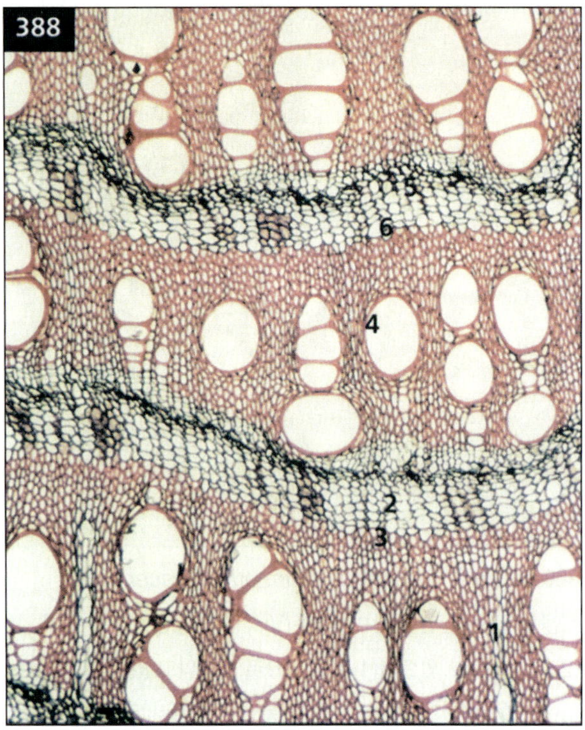

388 사부가 포함된 띠를 가진 *Iresine*(이레시네속, 비름과)의 줄기. 목부(1)와 사부(2)는 자리 잡은 때에 붕괴되는(3), 양면성의 불연속적인 관속형성층(VC)에 의해서 생성된다. 새로운 양면성 관속형성층은 사부의 가장 바깥쪽 유조직에서 발생하며(2); 이것은 목부(4)와 사부(5)를 생성하고 이것이 자리 잡은 때에 붕괴된다(6). (광학현미경)

---

1 & 2　3에서 관속형성층을 붕괴시킨 관속형성층에 의하여 생성된 목부(1)와 사부(2)

4 & 5　6에서 관속형성층을 붕괴시킨 관속형성층에 의하여 생성된 목부(4)와 사부(5)

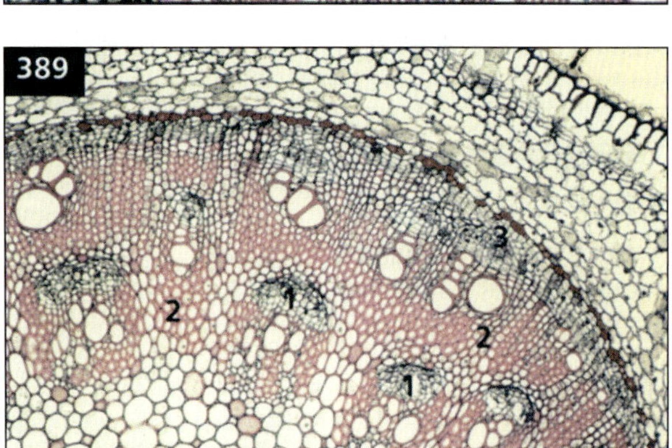

389 2기 목부(2)에 싸인 사부가 포함된 띠를 가진 *Bougainvillea*(부게인빌레아속)의 줄기. 관속형성층(VC)은 이제 자리 잡고 있으며(3), 대부분은 일반적인 형성층으로서 계속 활동하지만, 띠는 관속형성층을 붕괴시키고 가장 바깥쪽의 사부 유조직에서 발생한 새로운 관속형성층으로 대치된다. (광학현미경)

---

1 포함된 사부　　2 2기 목부

3 관속형성층

390 대나무 일종인 *Dendrocalamus giganteus*(덴드로칼라무스속 일종)의 대형 표본. 일정한 두께의 수간과 엽초가 붙어 있던 수평의 흔적을 볼 수 있다.

391 목본성 단자엽식물인 *Dracaena draco*(드라케나속 일종, '용의 피 나무'라고 함). 가지의 끝은 칼모양의 잎과 꽃의 무리가 많이 모여 있다. 이 수 백년 된 현지 표본은 카나리군도의 고유식물이며; 많은 가지가 달린 수간은 광범위하게 비정상적인 2기 비후를 수행하고, 밑 부분은 폭이 수 미터에 달한다(참조, 392).

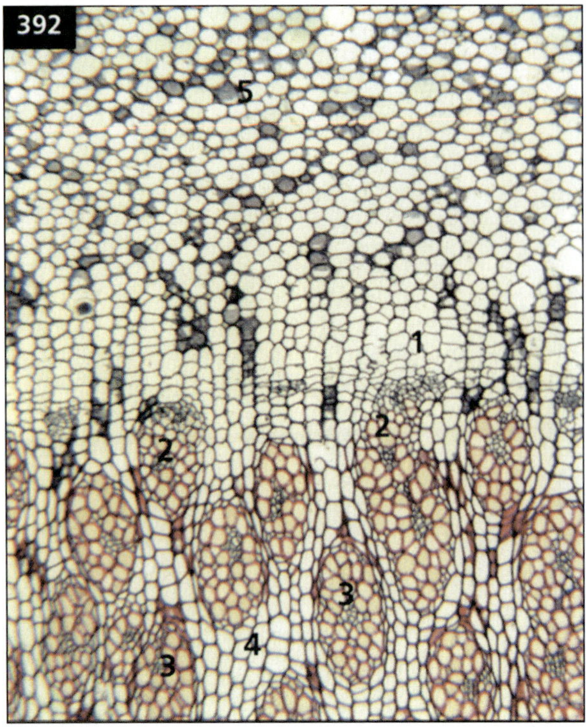

392 *Cordyline terminalis*(코딜라인속 일종)의 횡단면 슈트. 형성층역(1)은 이 단자엽식물의 슈트 안쪽 면으로 유조직 세포를 생성하고, 몇몇 세포는 다시 분열하여(2) 2기 관속(3)으로 분화하며; 그 밖의 다른 세포들은 2기 결합유조직(4)으로 발달한다. 원래의 피층이 계속 존재한다(5). (광학현미경)

---

1 형성층역
2 새로 형성되고 있는 2기 관속
3 성숙한 2기 관속
4 2기 결합유조직
5 피층

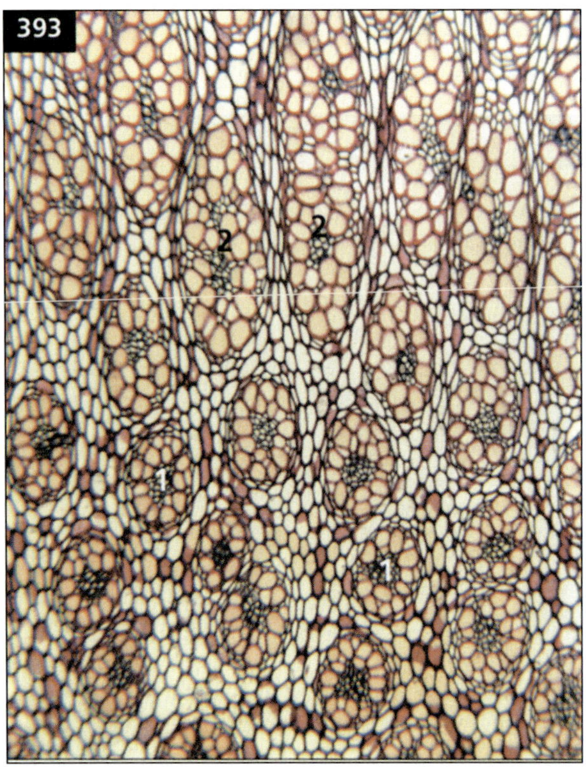

393 *Cordyline terminalis*(코딜라인속 일종). 안쪽 슈트의 횡단면으로 슈트 정단에서 형성된 원래의 관속을 구성하는 1기 관속(1)과 단자엽식물의 형성층에 의해 생성된 2기 관속(2)을 보여준다. (광학현미경)

---

1 1기 관속
2 2기 관속

394 나지식물인 *Sequoiadendron giganteum*(자이언트 세쿼이어)의 수간. 이 오래된 나무는 높이가 거의 80m까지 자랄 수 있으며, 매우 두꺼운 연질의 코르크층이 보호하고 있다. 이 나무는 울퉁불퉁하게 벗겨져 있어서 흔히 수많은 생장륜을 볼 수 있다.

395 최근에 코르크를 벗겨낸 *Quercus suber*(코르크 참나무). 이 쌍자엽식물의 수간으로부터 코르크를 벗겨내어 수확할 수 있으며(참조, 136, 137), 새로운 코르크층이 얇게 남겨져 있어, 수간의 2기 사부를 덮고 있다. 코르크층은 점차 새롭게 자라서 향후 약 10년 후에는 수확할 수 있게 된다.

396 쌍자엽식물인 *Linum usitatissimum*(아마)의 줄기에서 코르크형성층 표피의 기원을 보여주는 횡단면. 본래의 한 층 표피가 나뉘는 얇은 수층벽(1)을 볼 수 있다. 피층(2), 사부 섬유(3). (광학현미경)

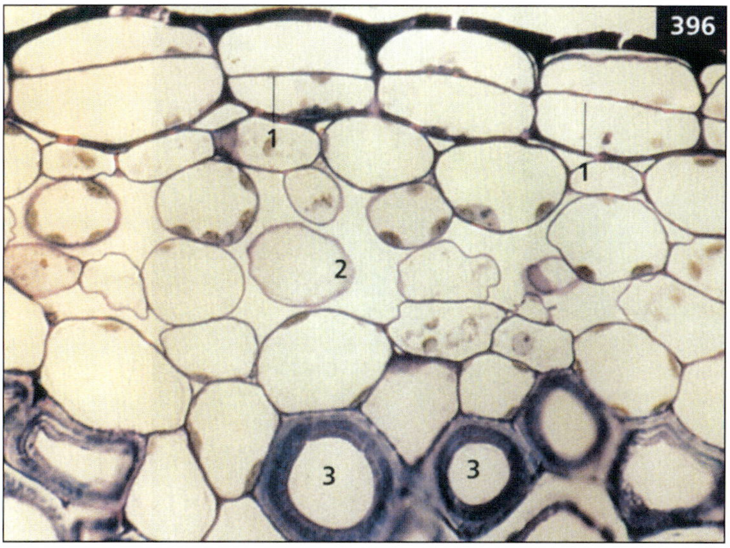

397 *Ceridium microphyllum*(팔로버디, palo verde)의 수간은 코르크형성층이 광합성 코르크피층을 안쪽 층에 생성하기 때문에 녹색을 때게 된다. 외부의 코르크 세포는 투명하다.

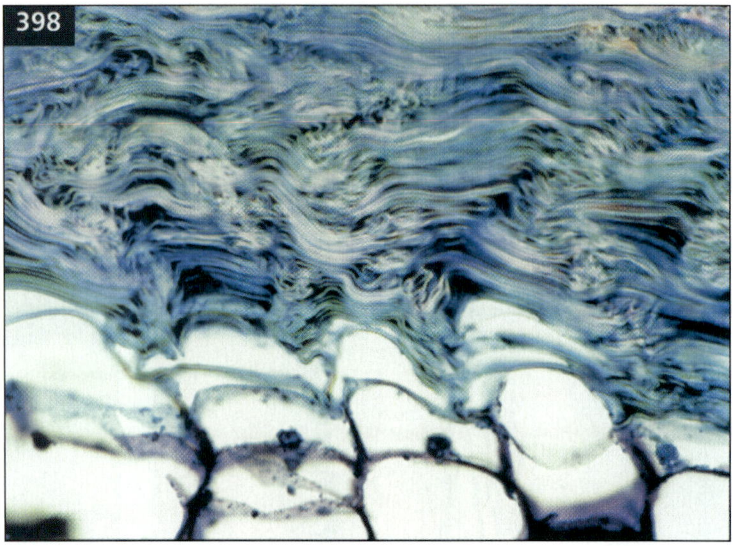

398 완전히 붕괴된 코르크세포를 보여주는 *Cleistocactus fieldianus*(클레이스토캑터스속 일종) 줄기의 횡단면으로; 코르크 층이 수 밀리미터의 두께에 불과하지만, 여러 층의 코르크 세포벽을 가지고 있어서 보호성이 뛰어나다. (광학현미경)

399 속이 빈 수간을 가진 쌍자엽식물인 *Acer pseudoplatanus*(단풍나무속 일종)의 커다란 나무. 노출된 수간과 곁가지에 광범위한 보호성 주피층이 어떻게 자랐는지를 보여준다.

400 대형의 *Cordyline australis*(코딜라인속 일종) 나무 수간의 표면. 이 나무는 비정상적인 2기 비후를 하는 단자엽식물이며; 잘 발달한 보호성 코르크층을 볼 수 있다.

401 날개 달린 수피를 가진 *Ulmus alata*(느릅나무속 일종). 마주난 두 개의 코르크형성층 띠는 줄기의 다른 어떤 부위보다 매우 큰 활성을 가진다.

402 *Chorisa*(코리사속)의 수간. 이 나무 위의 가시는 기저 코르크형성층에 의하여 높아지고 커져서 가공할만하게 된다.

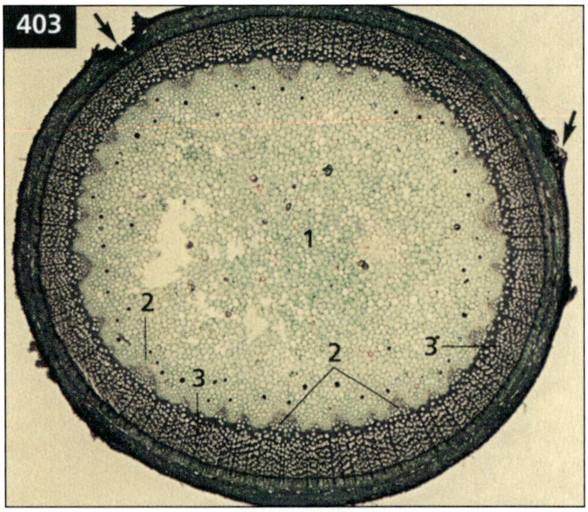

403 쌍자엽식물인 *Sambucus nigra*(니그라 딱총나무)의 어린 소지 위에 분포한 피목(화살표)을 보여주는 횡단면. 2기 비후가 진행될 때 수많은 피목이 나타나는 코르크가 표피를 대치하게 된다. 수(1), 1기 목부(2), 2기 목부(3). (광학현미경)

1 수 2 2기 목부 3 2기 목부

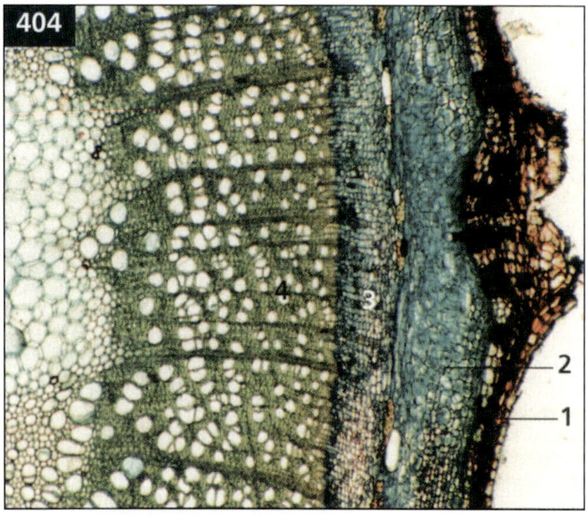

404 쌍자엽식물인 *Sambucus nigra*(니그라 딱총나무) 줄기에서 피목을 자세히 보여주는 횡단면. 코르크형성층(1)은 하피(hypodermis)에서 발생하며, 안쪽까지 얇은 층의 2기 피층(2)이 발생한다. 2기 사부(3)와 2기 목부(4). (광학현미경)

1 코르크형성층 2 2기 피층 3 2기 사부 4 2기 목부

405 *Ulmus parviflora*(느릅나무의 일종)의 코르크형성층은 퍼즐의 불규칙한 조각과 같은 모양으로 발달한다. 수피가 벗겨질 때, 코르크형성층의 모양을 반영하는 얇은 조각으로 벗겨지며; 밝은 갈색 부위는 새롭게 노출된 코르크이다. 점 모양의 피목은 조각이 만나는 교차선을 따라 발생한다.

406 *Prunus serrula*(벚나무속 일종)의 수간. 대부분의 수피가 너무 부드러워서 길게 늘어난 피목 내에서 잉여 세포들이 표면에 명확한 돌기물을 형성한다. (내부에서 새로운 세포 생성에 의해서 막 노출된) 각 피목의 중앙에 있는 밝은 오렌지색 세포는 특히 산소를 투과할 수 있는 부위이다.

7장

뿌리

서론

근계(뿌리계)의 기본적인 기능은 물과 무기영양물을 흡수하고 식물체를 땅에 고착시키며 때로는 지지하는 것이다(**407-410**). 뿌리는 또한 슈트에 식물 호르몬인 시토키닌과 지베렐린을 공급하는데 관여하기도 하고, 전분을 저장하는 경우도 많다. 이들은 다년생 기관인 경우가 많으며(**430**), 수축근, 통기근(pneumatophore; **411, 412**), 지주근(prop root; **413**), 기근(aerial root; **258**), 흡기근(haustoria; **441, 442**), 가시(**414**)와 질소고정 혹(nitrogen fixing nodule; **415**) 등의 다양한 방법으로 변형되기도 한다. 뿌리는 또한 부정근(adventitious root)을 형성하기도 한다(**145**).

많은 종류의 쌍자엽식물에서 배의 유근(**46, 213**)은 수직으로 생장하는 주근으로 발달하며 주근에서 많은 측근이 형성된다(**26, 415**). 단자엽식물은 유근이 숙존하는 경우가 드물며 대신 유근의 기부에서 수근이 발달하고 또한 줄기의 아래쪽에서 부정근이 형성된다(**416**). 각 식물의 근계는 넓게 형성되어 *Secale cereale*(호밀) 한 개체에서 계산한 것을 보면 수근계는 슈트계보다 표면적이 40배 이상 된다. 뿌리는 수 미터 깊이로 흙을 뚫고 자란다.

교목과 관목에서 흡수하는 뿌리는 흔히 토양 표면에 위치하지만 근계는 슈트의 수관 보다 훨씬 넓게 옆으로 퍼진다(**407**). 같은 나무의 뿌리끼리 자연적으로 접목되는 현상은 흔하며(**408, 417**), 같은 종의 다른 개체 간에도 흔히 나타난다. 이러한 자연 접목에서 형성층과 관속조직이 결합하게 되므로 감염된 나무에서 인접한 나무로 병이 전염되기도 한다.

성숙한 1기 뿌리의 해부구조

쌍자엽식물에서 뿌리의 중심에는 목부가 있으며, 중앙의 후생목부 둘레에 흔히 3-5개의 원생목부 극(돌기)이 배열되어 있다(**254, 418, 433, 434**). 그러나 두 개(2원형, diarch root) 또는 여러 개의 극이 있는(다원형: polyarch) 뿌리도 있으며 때로는 수와 같은 유조직이 있어 확장된 후생목부가 있는 경우도 있다(**433, 434**). 단자엽식물의 뿌리 끝은 쌍자엽식물의 뿌리 끝 보다 더 많은 원생목부 극을 가진 다원형이며(**42, 127**); 일부 야자나무의 뿌리는 극이 100개까지 나타나기도 한다. 유조직성 또는 후벽조직성 수와 같은 결합조직이 단자엽식물의 뿌리에 나타나기도 한다(**127, 257**). 지주기근(Aerial prop root)을 가진 종에서는 흔히 지하의 뿌리보다 훨씬 넓은 수가 나타나기도 한다. 어린 단자엽식물의 뿌리에서 목부와 사부는 유조직에 의하여 구분된다. 그러나 오래된 다원형 뿌리에서는 유조직이 후벽조직화 하여 목부의 경계와 구분하기가 어렵게 된다.

측근과 부정근

측근은 내초 유조직에서 내생적으로(**222**) 발달한다. 이들은 주근의 가장 오래된 뿌리털이 있는 수준에서 나타나기 시작한다(**250**). 쌍자엽식물에서 측근은 원생목부 극과 마주보는 위치에서 발생하여 측근과 주근 간의 목부가 직접 연결된다. 단자엽식물에서 근원기(root primordia)는 목부 극 사이에서 기원된다.

측근은 여러 개의 내초 유조직 세포들에서 기원되며, 여러 각도로 분열하여 분열조직 상태의 세포들로 분화한다(**419**). 결국 분열조직 세포로 된 돔이 형성되고 이들은 뿌리 피층으로 돌출되어 나온다(**222**). 측근 원기는 원 모체 뿌리의 내피로 둘러싸이게 된다. 처음에는 내피가 수층분열을 하여 생장하는 측근 원기를 수용하지만 원기가 자라면 결국 붕괴된다. 측근은 외부로 나오기 전에 덮고 있는 모체 뿌리의 피층과 표피를 뚫고 나오게 된다. 뚜렷하게 구분되는 근관이 형성되고 내부에는 종의 특징이 되는 정단 체제가 형성된다(**420**). 분열정지부(quiescent center)가 처음에는 근원기에 없지만 어린 뿌리가 돌출하면 바로 발달하게 된다.

부정근은 줄기에서 나타나는데(**39, 143, 414, 416**) 주로 절에 위치한다. 이들도 일반적으로 내생적 기원을 하는데 방사유조직 또는 관속 유조직에서 기원된다(**236**). 절단된 잎에서는 뿌리가 부정아와 연결되어 발달하기도 한다(**250, 421**).

열대와 아열대에서 자라는 많은 종들에는 부정 지주근(adventitious prop roots; **39, 413**)이 있다. '교살범 무화과(Ficus; **417, 422**)'라고 적절하게 이름 붙여진 여러 종들에서 새들이 옮긴 종자가 숙주 나무의 수관에서 발아하여 뿌리가 형성되면 뿌리는 나무 수간을 따라 아래로 생장하고 결합하여 숙주 나무를 둘러싸게 된다. 그리고 결국 숙주 나무를 죽이게 되는데 숙주 나무의 수간은 썩어 사라지고 '교살범 무화과' 나무 중앙이 빈 공간으로 남게 된다. 나무 고사리는 부정근이 밀집하고 서로 얽혀서 매트를 형성하여 수간을 감싸는데, 이것이 슈트를 지탱하는 중요한 기계적 힘을 제공하게 된다(**423**).

뿌리의 2기 생장

대부분의 쌍자엽식물에서 뿌리는 어느 정도의 2기 생장을 한다(**38, 424**). 그러나 많은 나자식물과 목본성 쌍자엽식물(**407, 408, 422, 425-427, 435**) 그리고 소수의 목본성 단자엽식물의 뿌리에서(**391**) 본격적인 2기 생장이 일어난다. 전자의 경우 관속형성층은 유조직 세포에서 시작되는데, 후생사부와 후생목부 사이에서 분열이 재개되고 먼저 활발하게 된다(**254, 427**). 이 분열은 원생목부 극을 거쳐 점차 옆으로 퍼져나가 내초세포들도 참여하며, 관속형성층이 목부 중앙부를 완전히 둘러싸게 되어(**38, 427**) 결국 원형이 된다(**424, 427**). 뿌리의 2기 목부에서 방사조직은 일반적으로 폭이 좁지만 원생목부 극의 팔에서 넓은 방사조직이 나타나기도 한다(**425, 426**).

피자식물 뿌리의 2기 목부는 보다 좁은 통도요소 사이에 넓은 도관들이 드문드문 있다(**424, 426**). 그러나 나자식물들에서는 도관이 없어 보다 균일하게 보이는 2기 목부가 형성된다(**425**). 목부에서 나이테가 뚜렷하게 나타나기도 한다. 2기 관속조직의 형성은 뿌리의 중앙부를 확장시키게 되어 일반적으로 내피, 피층, 표피 등은 벗겨져 나가게 된다(**427**). 그러나 이보다 전에 증식하는 내초 유조직 내에서 코르크층이 내생적으로 발달한다. 따라서 관속조직의 중심주는 코르크층에 의하여 둘러싸이고 보호 받게 되며; 기체 교환을 위하여 피목이 형성된다(**426, 428**). 일부 초본 쌍자엽류에서는 코르크형성층이 표면에서 발생한다(**424**). 목본성 종에서는 뿌리가 크게 확장되면 암석이 깨지기에 충분한 압력을 가하여(**429**) 결국 토양의 형성을 도와준다.

다육성 뿌리

많은 식물들이 탄수화물과 물을 저장하는 다즙, 다육성 뿌리를 가진다(**430**). 뿌리가 다육성이 되는 것은 대부분 목부에 유조직이 많기 때문이다(**431, 432**). 그러나 후생목부가 확장되거나(**433, 434**) 드물게 다육성인 2기 사부가 쌓여서 다육성 뿌리가 되기도 한다(**435**). 후생목부의 확장은 일부 미성숙한 후생목부 세포들에서 일어나며(**418**), 이들이 죽은 상태의 성숙한 통도요소로 분화하기 보다는 살아있는 상태의 유조직 덩어리로 증식하는데; 또한 목재 방사조직의 제일 안쪽 부분이 확장된다(**433**). 수와는 달리 확장된 후생목부는 격리된 도관이 유조직 세포들 사이에 퍼져있다(**434**). 일부 다육성 뿌리에서 사관은 2기 사부의 적은 부분만을 구성하며 나머지는 저장 유조직으로 구성된 넓은 방사조직이다(**435**). 이러한 사부는 두께가 수 mm에 달하기도 한다. 당근에서 2기 목부는 주로 통도 요소보다는 유조직으로 분화한다(**431**). *Ipomoea*(고구마속)에서 원래 관속형성층은 이 후 형성층으로 대치되는데 나중에 나타나는 형성층은 2기 목부의 넓은 유조직 안쪽에서 연속적으로 형성된다. 그러나 *Beta bulgaris*(근대 종류, **432**)에서 부가적인 형성층은 원래 있는 관속형성층 바깥쪽에 형성된다.

기생식물

기생식물들은 많은 경우 독립적으로 진화했으며 18개의 쌍자엽식물 과에서 나타난다. 이들은 숙주에 의존하는 정도와 이들의 구조가 변형된 정도가 매우 다양하다. 그러나 이들은 모두 흡기(haustoria)라는 고도로 변형된 뿌리를 사용하여 숙주식물에 침투한다. 반 기생식물(hemiparasite)은 광합성을 수행하고 보다 정상적인 잎과 뿌리를 가지고 있지만(**436**); 완전 기생식물(holoparasite)은 물, 무기물, 다량의 탄수화물들을 숙주에서 얻으며 광합성을 수행하지 않기 때문에 잎, 줄기 등과 태양 빛을 거의 필요로 하지 않으며, 많은 종류들이 극단적으로 변형된 몸체를 가지고 지하생활을 한다(**437**).

반 기생식물

반 기생 초본식물인 *Castilleja*(카스틸레야속, 영명: 인디언 페인트브러시; 열당과)는 일반 식물과 거의 차이가 없이; 녹색의 잎이 있는 슈트와 주변의 화본과 식물들의 뿌리에 부착하는 수염뿌리를 가지고 있다. 겨우살이 종류인 *Phoradendron*(포라덴드론속, 꼬리겨우살이과)과 *Viscum*(겨우살이속, 겨우살이과)의 슈트는 전형적인 쌍자엽식물의 해부구조를 가지고 있으나 이들의 흡기는 나무 가지에 침투하여 숙주 형성층과 목재를 감염시킨다. 이들의 자극으로 숙주 형성층이 보다 많은 목재를 형성하여서, 숙주/기생식물의 접촉면 표면적이 증가하게 된다. *Ligaria cuneifolia*(리가리아속 일종, **438**)는 선인장의 부드러운 피층으로 침투한다. 이의 흡기는 구형의 캘러스 덩어리와 비슷하며 근단 분열조직, 근관 또는 표피가 없다. 또한 불규칙한 목부 가닥을 가지고 있으나 사관은 없다. 숙주는 흡기와 접촉하는 곳에 도관을 많이 형성하지만 리가리아속 자신은 숙주 조직 주변에 도관을 매우 드물게 생성한다(**439**).

완전 기생식물

가장 적게 변형된 완전 기생식물 중의 하나인 *Cuscuta*(새삼속; 메꽃과)는 작고 엽록소가 없는 잎을 가진 덩굴 식물이다(**440, 441**). 새삼의 부정근은 숙주의 각 도관 요소에 침투할 수 있는 실 같은 세포를 가지고 있다(**442**). 반대로 *Tristerix aphyllus*(트리스테릭스속 일종, 꼬리겨우살이과)는 일반적인 식물체를 가지고 있지 않다. 종자가 발아하면 선인장인 숙주의 피층에 여러 개의 뿌리세포가 침투하고 이 후에 배는 죽는다. 뿌리세포들은 자라서 단열의 세포로 된 망상구조를 만드는데, 쌍자엽 식물체의 특징이 거의 없다(**443**). 이들이 숙주의 사부를 만나면 일부 세포가 종으로 분열하여 다열로 된 가닥을 형성하고 여기에 소수의 사관 요소가 분화된다. 그러나 정단 분열조직, 표피, 피층, 수 등은 없다(**444**). 선인장 표면 아래에 캘러스 같은 혹 구조를 형성하여 확장함으로써 표피를 파괴하며; 부정아의 정단 분열조직이 이 혹 구조 내에서 발생하여 화서로 자라나오게 된다. 이 지점에서 *T. aphyllus*는 일반적인 꽃 구조를 갖지만 영양체는 일반적인 해부구조를 보이지 않는다. *Rafflesia*(라플레시아속, 라플레시아과), *Pilostyles*(필로스틸레스속, Apodanthaceae) 그리고 많은 다른 식물들도 이와 유사하다.

발라노포라과(Balanophoraceae, 단향목) 식물들이 감염되면 정단분열조직 또는 표피가 없는 기본 유조직 내에서 감자 덩어리 같은 관속을 생성한다(**445**). 숙주의 목부와 사부는 바깥쪽의 지하덩이(tuber) 내로 증식한다: 숙주/기생식물 접촉면은 숙주 몸 바깥에 있게 된다(숙주와 기생식물의 세포는 구분이 가능한데, 살아있는 기생 세포는 대형의 핵을 가지고 있고 기생 도관 요소는 혹이 있는 2차벽을 가지고 있기 때문이다. **446, 447**). 지하덩이는 내생적 부정아를 형성하는데(**448**), 이 부정아는 화서나 지하경 같은 포복구조물로 발달한다. 이들은 뿌리털, 잎, 액아 등이 없으며; 이들의 정단분열조직은 뿌리골무와 엽원기가 없다. *Ombrophytum*(옴브로피툼속)에서 포복구조물은 *Ombrophytum*의 세포만을 가지고 있고 새로운 감염을 시작하지만, *Balanophora*(발라노포라속), *Helosis*(헬로시스속), *Langsdorffia*(랑스도르피아속) 등은 포복구조물이 기생 및 숙주 세포의 복합체로 되어 있다. 수 cm 길이의 포복구조물에서도 중앙 관속조직은 숙주 세포이며 외부 피층 같은 조직은 기생 세포이다. 일반적인 쌍자엽식물의 구조를 하는 영양체 부분은 없다. 포복구조물 끝 주변에서 부정아(기생 세포로만 구성)는 화서가 된다.

개미-식물

개미-식물(ant-plant)이라는 용어는 개미들이 서식하는 특수한 구조를 가진 종들에 사용된다. 따라서 식물들에 있는 꽃밖꿀샘 또는 종자를 가진 먹이체(elaiosomes) 등의 구조가 형성되어 개미를 유인하는데, 개미들은 식물체 표면의 곰팡이와 곤충들을 청소하고, 종자를 산포시킴으로써 식물체를 보호하지만 거주하는 개미가 없으면 이를 개미-식물로 간주하지는 않는다. 개미-식물들은 다양하며 쌍자엽식물과 고사리류의 여러 과에서 진화되었다. 이들은 하배축, 잎의 기부 또는 절간에 다양한 변형이 나타난다. 어떤 경우에 식물은 개미에게 피난처만 제공하고 대가로 이들의 보호를 받는다. 그러나 또 다른 개미-식물은 영양분이 적은 기질인 숙주 나무 수피에 사는 착생식물로서, 이들의 부정근은 개미가 생산한 영양분이 많은 배설물을 흡수한다.

꼭두서니과인 *Myrmecodia*(미르메코디아속)와 *Hydnophytum*(히드노피툼속) 등은 동남아시아의 우림에서 생육하는 착생 개미-식물들이다. 종자가 발아하면 하배축은 팽창하여 감자 크기의 덩어리가 되는데 속이 빈 공간이 있다(**449, 450**). *Myrmecodia*에는 두 가지 종류의 공간이 있다(매끈한 벽 또는 혹들이 있는 벽). 반면에 *Hydnophytum*은 매끈한 중앙부와 혹들이 있는 끝을 갖는다. 개미는 매끈한 부위에서 살면서 새끼를 보살핀다. 그리고 혹들이 있는 부위에 배설물을 쌓아두게 되는데, 혹들은 세포질이 풍부한 변형된 부정근의 말단으로 길어지지 않고 영양물질들을 개미의 배설물로부터 식물조직으로 이동시킨다. 개미들은 자연적으로 형성된 터널을 통하여 접근하는데 이 터널은 아래로 열려있어 비가 들어오지 않는다. 이러한 여러 종들의 개미-식물은 작은 구멍들이 많이 있어 서식용 공간에 통기를 시켜준다. 지하덩이 하배축이 계속 확장되므로 연결된 내부 공간이 늘어나게 되며; 이 지하덩이 체적의 60% 이상이 속이 빈 공간으로 되어 있다.

이와 유사한 공간들이 여러 개미-식물 고사리류에서 형성되는데; *Lecanopteris*(레카노고사리속)는 중앙이 빈 납작한 고착성 지하경을 가지고 있고, *Myrmecophila*는 보다 더 팽창된 것을, *Solanopteris*(감자고사리속)는 덩어리 지하경을 가지고 있다. 이 세 분류군 모두에서 격실(chamber)은 일반적으로 발달한 식물 부분이다. 그러나 자연적인 출입구는 나타나지 않고, 대신에 개미가 입으로 썰어 개구부를 만들고 일부 격실에서 사는 동안 나머지 격실은 배설물 처리를 위하여 사용된다. *Lecanopteris*의 경우 영양물은 격실에 있는 작고 융털 같은 돌기들이 흡수한다. 그러나 *Solanopteris*의 경우는 일반적인 부정근이 입구 근처에서 발달하고 격실 안으로 자라서 배설물의 영양분을 흡수한다. 이들 고사리들은 꿀이나 먹이체를 제공하지는 않지만, *Solanopteris*는 꿀을 많이 만드는 나무에서 자랄 때 가장 밀집하고 번성한다.

Piper(후추속, 후추과), *Cecropia*(케크로피아속, 뽕나무과), *Acacia cornigera*(아카시아속 일종, 콩과)의 종들은 먹이와 서식처를 위한 보호 공생으로 잘 알려져 있다. 앞의 두 분류군에서 개미들은 빈 절간을 점유하고 자연적으로 나타나는 격실을 사용하거나 살아있는 수의 세포를 갉아서 버림으로써 공간을 만든다. *A. cornigera*의 탁엽들은 많은 가시로 발달한다. 그러나 개미들은 가시 섬유조직이 단단해지기 전에 입구 구멍을 갉아서 빈 공간을 만든다(**451**). 이 세 속 모두는 개미들에게 먹이를 제공하는 능력이 독특하게 특수화되어 있다. *Cecropia*(케크로피아속)는 전분보다는 (동물에서 보다 일반적인) 글리코겐을 저장하는 뮐러체(Mullerian body)를 형성한다. *A. cornigera*는 잎에 꿀샘을 만드는데 이 꿀샘들은 탄수화물을 공급하지만 이들의 소엽 끝은 단백질과 지질이 많은 벨트체(Beltian body)로 발달한다(**452**). *Piper*(후추속)는 자신의 짝이 되는 개미(*Pheidole bicornis*)가 식물체를 점유했을 때만 유백광(opalescent)의 단세포 먹이체를 형성한다.

맹그로브의 다형 근계

Avicennia(아비세니아속, **453**), *Bruguiera*(브루귀에라속), *Rhizophora*(리조포라속, **413**), *Sonneratia*(소네라티아속) 같은 맹그로브는 쌍자엽식물로 아열대 또는 열대지역의 많은 곳에서 바닷가 해안과 델타 습지에 광범위하고 무성하게 자란다. 그러나 때때로 보다 온대 지역에서 자라기도 한다. 이들은 여러 과에 속하며 많은 종들이 포함된다. 이들의 근계는 풍부하고 매우 광범위하게 발달하며, 이들이 살아가는 염분이 많고 저산소 환경과 관련되어 다양한 변형이 나타난다(**411-413, 454, 455**). 어떤 맹그로브는 나트륨을 뿌리에서 활발하게 배출하며 뒤이어 염을 계속해서 탈락하는 수피와 잎에 농축한다. *Avicennia*(아비세니아속)와 *Sonneratia*(소네라티아속)에서는 잎에 생성되는 분비선들이 염을 축적한 후 잎

표면으로 배출한다.

맹그로브의 많은 종들에서 커다란 부정근인 지주근(prop 또는 stilt root)이 발달한다. 이들은 수간과 커다란 가지들 아래쪽에서 방사상으로 벋어 나가고(**413**) 조수의 흐름에 대하여 나무를 안정하게 해주는데 도움이 된다. 많은 피목으로 덮여있는 지주근은 개흙 안으로 20-30 cm 깊이로 자라며 굵은 케이블 같은 뿌리를 형성하여 분지를 한다(**455**). 이들은 수평으로 자라 나무로부터 벋어 나간다. 보다 작은 고착성 뿌리는 개흙 내에서 보다 깊게 들어간다. *Avicennia marina*(아비세니아속 일종)와 같이 잘 발달된 지주근이 없는 맹그로브(**453**)는 밧줄 모양 뿌리가 수간의 기부에서 직접 발달한다(**454**). 밧줄 모양 뿌리에서는 보다 표면적이 넓은 흡수용 뿌리가 그물처럼 발달한다. 또한 많은 맹드로브는 호흡근(pneumatophore; 스노클 모양 뿌리; **455, 456**)이 발달하는데, 이들은 반굴지성으로 위를 향하여 수직으로 자란다. 호흡근은 피목이 밀집하여 덮여 있고 내부에는 넓은 통기조직 피층(많은 보강조직이 구조를 지지)이 지하 근계의 통기를 도와주는데; 호흡근은 실제로 스펀지 같이 느껴지며 내부 체적의 50%가 통기 공간이다.

균근과 뿌리혹

많은 식물에서 생장하는 뿌리 끝의 바로 뒤에 미세한 털이 발달하여(**250**), 뿌리의 흡수 표면을 크게 증가시킨다. 그러나 뿌리털은 목본에서는 보통 드물게 나며 일부 나자식물에서는 없는 경우도 있다. 그렇지만 대부분의 목본 식물과 많은 초본식물들은 영양물의 공급과 흡수를 위한 보조 뿌리/미생물 간의 공생 체계를 발달시킨다. 공생은 뿌리혹(**415, 457-459**)이거나 내생 그리고 외생 균근의 형태를 가지며(**460-463**); *Alnus rubra*(붉은오리나무)와 일부 콩과식물에서 같은 근계에 뿌리혹과 균근이 모두 나타나기도 한다. 어떤 종들은 곰팡이와 균근 연합의 유형을 형성하기도 하고, 때로는 *Eucalyptus*(유칼립투스속), *Juniperus*(향나무속), *Salix*(버드나무속)에서처럼 두 유형이 같은 개체에 나타나기도 한다.

뿌리혹은 공생 미생물들이 살아가는 것인데(**465**), 이 미생물들은 대기 중의 질소를 식물이 사용하는 질소 화합물로 고정 또는 전환시킨다. *Rhizobium*(근류균) 세균은 *Acacia*(아카시아속), *Glycine*(콩속), *Trifolium*(토끼풀속)과 같은 많은 콩과 식물과 느릅나무과 식물 같은 분류군의 뿌리혹(**415**)에 발생한다. 방선균인 *Frankia*(**465**)는 여러 종의 오리나무(**457, 458**)와 자작나무과의 다른 식물들 그리고 *Comptonia peregrina*(고사리소귀나무, 소귀나무과) 등의 뿌리혹에 서식한다(**459**). 뿌리혹에서 소낭 단계의 *Frankia*(**465, 466**)는 토양 내 유리 질소를 고정한다. 따라서 식물은 질소 화합물을 얻고 미생물은 당류를 얻는다. 오리나무에서 뿌리혹은 10년까지 살 수 있으며 때로는 테니스공 크기로 자란다. 복합 뿌리혹의 각 열편(**464**)은 변형된 뿌리의 끝인데 때로는 정상적인 뿌리로 자라 들어간다(**459**). 질소를 고정하는 남조류인 *Nostoc*(염주말속)은 소철류인 *Macrozamia riedlei*(마크로자미아속 일종)의 뿌리 표면에 나타난다.

내생 균근류와의 공생 관계는 다양한 나무들의 미세한 뿌리에서도 볼 수 있다. 예를 들면 *Acer*(단풍나무속), *Fraxinus*(물푸레나무속), *Juglans*(가래나무속), *Magnolia*(목련속), *Olea*(올리브나무속) 그리고 *Juniperus*(향나무속), *Sequoia sempervirens*(세쿼이아) 및 *Sequoiadendron giganteum*(자이언트세쿼이아) 등의 구과류의 종들에서 볼 수 있다. 이들의 뿌리 끝에서는 정상적으로 뿌리털이 발달하며, 일반적으로 균류와 결합되어 있다는 외부적인 증거는 거의 없다. 그러나 뿌리의 내부에 균류가 외부 피층의 세포벽을 뚫고 들어가 분지가 많이 되는 수지상 균사다발을 형성하지만(**462**), 원형질막에 의하여 뿌리 세포의 원형질과는 분리되어 있다. 실모양의 균사가 토양으로 가지를 치고, 가장 가까이 있는 어린 뿌리에서 어느 정도 떨어져 있는 토양 속의 필수 무기이온(특히 인)과 물을 부가적으로 이용할 수 있게 해 준다.

외생 근균과의 결합은 약 90%의 북반구 온대 활엽수와 대부분의 구과류 뿌리와 균류 간에 나타난다. 남반구에서는 *Eucalyptus*(유칼립투스속), *Nothofagus*(노토파구스속, 남쪽너도밤나무라고 부름) 그리고 일부 열대성 *Dipterocarpus*(거전나무 종류) 등의 분류군에서 외생 근균이 형성된다. 감염된 뿌리는 전형적으로 뿌리털이 없고, 비틀려 있으며, 산호같이 되기도 한다(**461**). 뿌리의 외부에서 균류는 부드러운 껍질 같이 보이지만(**463**), 내부에서는 바깥쪽 피층 세포의 세포간극 내로 균사가 분지하며; 이들은 뿌리 세포벽을 뚫고 들어가지는 않는다(**460**). 늦여름/가을이 되면 온대 지역에 흔한 버섯과 독버섯 등의 과실체가 다양한 외생 근균류의 지상부로 나타난다(467).

407 성숙한 *Fraxinus excelsior*(물푸레나무속 일종)의 근계. 경사지고 침식된 지역에 자라며 많은 가지가 있는 지면의 뿌리를 보여준다. 이 뿌리들은 수간에서 옆으로 수 미터 뻗어있다.

408 쌍자엽식물인 *Fagus sylvatica*(너도밤나무속 일종) 지면 근계의 세밀한 사진. 대형의 나무였으며 급경사인 아래쪽에서 자란 뿌리는 서로 접목한 것을 보여주는데; 이러한 가지치기는 수간과 슈트 수관을 보다 안정적으로 지지한다.

409 대형의 우림지역 나무인 *Parkia javanica*(파르키아속 일종)의 판근(buttress root). 이 표본은 수간의 기부에 여러 개의 지주근을 가지고 있다. 이 지주근은 옆으로 수 미터를 벋으며 높이도 수간 부근에서 1 미터 이상이다. 판근은 많은 우림 숲의 교목 종에서 볼 수 있으며 높이가 수 미터에 달하기도 한다. 이들은 대형의 수간과 이에 연결된 슈트 수관을 안정화 시키는데 도움을 주며; 판근에는 피목이 매우 많은데 이는 지하 근계의 통기를 위한 것으로 생각되고 있다.

410 거대하게 발달한 지주근계를 보여주는 *Ficus benghalensis*(벵갈고무나무). 이 뿌리는 가지에서 발생하는 부정근으로 아래로 자라 토양에 도달하고 이 후 튼튼한 지지 기둥으로 발달한다.

411 기수역 개흙에 자라는 맹그로브의 일종인 *Avicennia nitida*(아비세니아속 일종)의 통기근. 중력에 거슬러 자라는 이 뿌리는 산소가 결핍된 개흙에서 자라는 나무 수간의 기부에서 벋어 나온 수평 뿌리에서 발달한다. 이 호흡을 위한 뿌리는 보호층인 코르크층으로 덮여 있지만, 여기에는 피목이 많아 수평 뿌리의 기체 교환이 가능하게 한다.

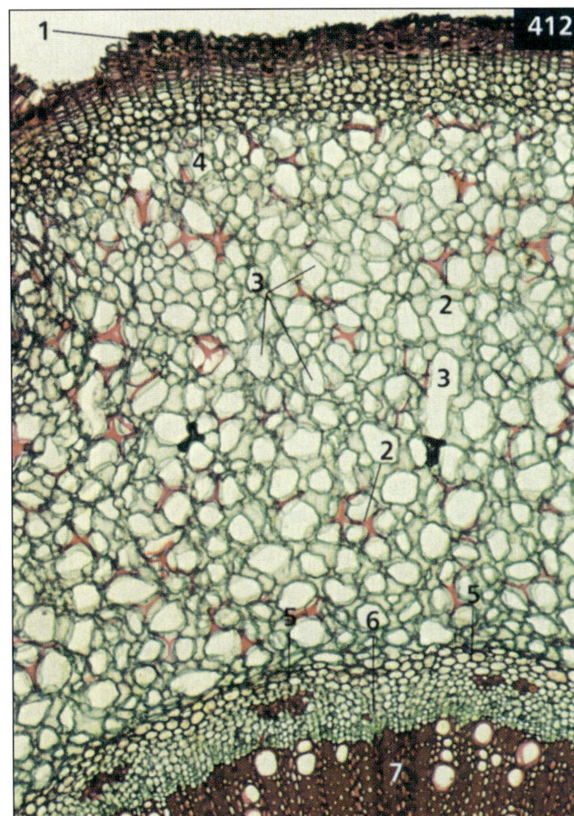

412 맹그로브인 *Avicennia nitida*(아비세니아속 일종)에서 작은 통기근의 횡단면. 이 중력에 거슬러 자라는 뿌리는 피목이 많은 코르크(1)로 덮여있다. 피층 보강세포(2)는 유조직 세포들을 지지하는데, 이들은 물에 잠겨있는 수평 뿌리에 통기가 가능하게 하는 세포간극(3)이 많아서 서로 떨어져 있다. 코르크 형성층(4), 내피(5), 2기 사부(6), 2기 목부(7). (광학현미경)

1 코르크	2 피층 보강세포
3 세포간극	4 코르크형성층
5 내피	6 2기 사부
7 2기 목부	

413 해수 하구의 개흙에 자라는 *Rhizophora mangle*(거미맹그로브). 이 쌍자엽식물은 심하게 얽힌 부정근인 지주근을 가지고 있는데, 이는 나무 자체를 안정하게 해주고 물과 영양물질을 이동시킨다. 수피로 덮여있지만 피목이 많이 있어 산소가 결핍된 개흙 내에서 자라는 뿌리에 공기를 공급할 수 있다. 앞 쪽에 여러 개의 어린식물체가 있는데 이들은 종자가 나무에 붙어 있을 때 발아하고 그 후에 개흙에 떨어져 자란다.

414 야자나무인 *Crysophila nana*(단자엽 식물)의 수간에 나있는 긴 가시. 이 변형된 부정근은 제한 생장을 하며 뿌리의 정단부와 근관은 후벽조직성 부분으로 대치되어 있다.

415 뿌리혹을 보여주는 *Glycine soja*(돌콩)의 근계. 이 식물은 질산과 암모늄염이 결핍되어 있는 배지에 수경재배 중이다. 그러나 공생 균이 뿌리혹에 있어 질소를 고정시켜 공급하므로 잘 자라고 있다. 콩들은 뿌리혹을 발달시켜서 이들이 죽은 후 토양을 기름지게 한다.

416 야자나무 수간 기부에 있는 부정근. 이 미동정된 나무는 호주 퀸즐랜드의 우림에서 자란다.

417 열대우림 나무를 둘러싸고 있는 *Ficus microcarpa*(교살범 무화과; 쌍자엽식물)의 뿌리. 이 뿌리는 수간 아래로 자라며 숙주 나무 수관의 새똥 안에서 발아한 종자로부터 자라났다. 이 목본성 뿌리는 자주 서로 접목하고 숙주 나무의 수간이 자라는 것을 방해하는데, 결국 영양분의 공급을 차단하여 죽게 만든다(참조, 422).

418 쌍자엽식물인 *Vicia faba*(나비나물속 일종) 1기 뿌리의 횡단면. 넓은 미성숙 후생목부(1), 원심적으로 나타나는 원생목부(2) 및 이와 호생인 사부의 가닥(3)이 있다. 내피는 아직 뚜렷하게 보이지 않으며 관속형성층도 보이지 않는다. 피층(4). (광학현미경)

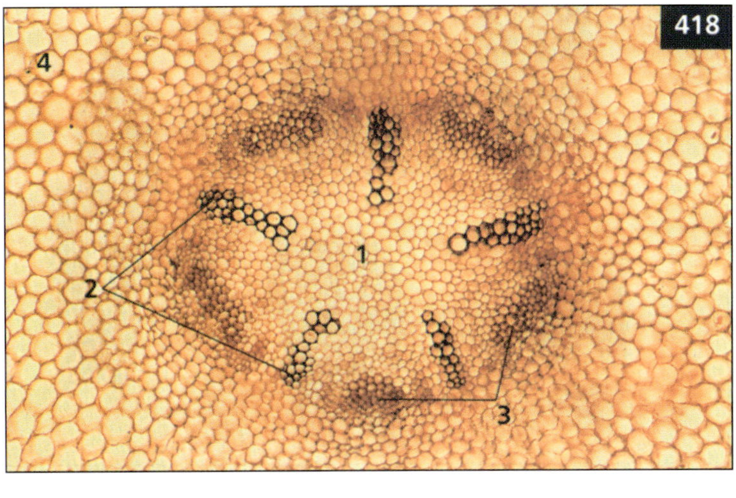

---

1 미성숙 후생목부　　2 원생목부
3 사부　　4 피층

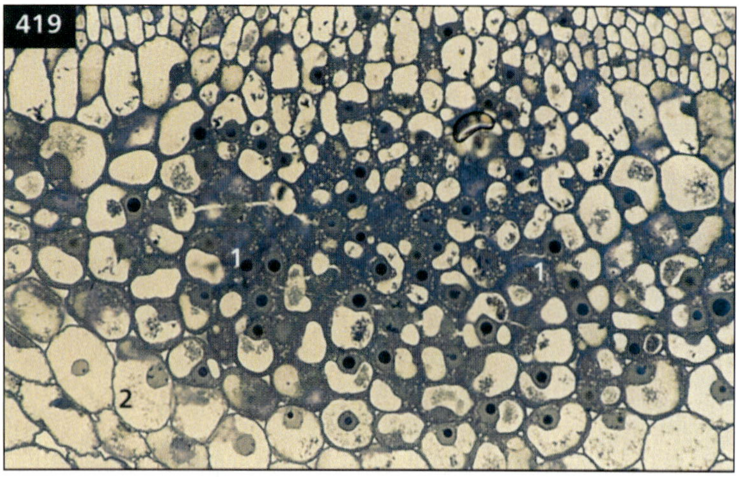

419 쌍자엽식물인 *Pisum sativum*(완두) 측근의 근원기 종단면. 모체 뿌리의 내초 유조직이 분열하고 분화하여 형성된 것이다. 근원기(1)의 진하게 염색된 세포질을 갖는 세포들은 모체 뿌리 피층(2)의 유조직 안으로 불룩하게 자란다.

1 근원기 2 뿌리 피층

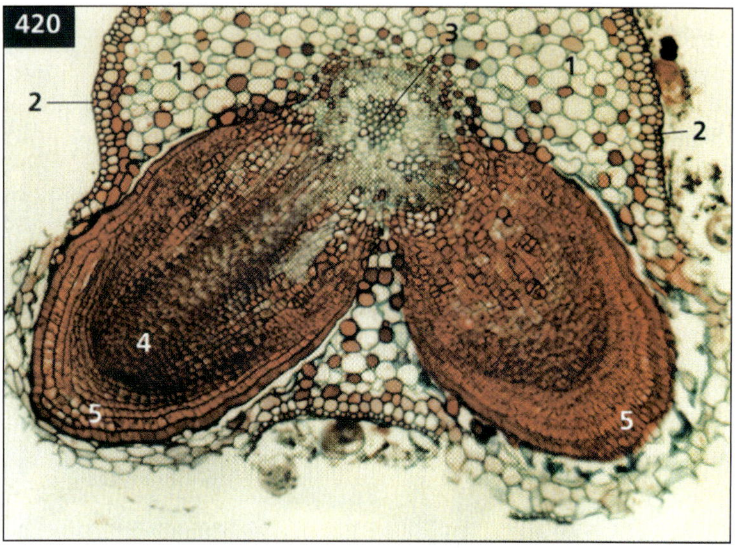

420 쌍자엽식물인 *Salix*(버드나무속) 측근 원기의 종단면. 이들은 모체 뿌리(참조, 222)의 내초 유조직에서 서로 마주보는 원생목부의 극에서 기원되었으며 피층(1)을 뚫고 자라고 일반적으로 원형인 표피를 뒤틀리게 한다(2). 한 근원기의 관속 중심주는 모체 뿌리의 관속(3)과 연결되었다. 뿌리 정단분열조직(4), 뿌리골무(근관, 5). (광학현미경)

1 피층 2 표피
3 관속 중심주 4 뿌리 정단분열조직
5 뿌리골무

421 단자엽식물인 *Sansevieria trifasciata*(산세비에리아속 일종)의 삽수에서 새롭게 생성된 뿌리와 눈. 각각의 기부는 축축한 화분용 퇴비에 심어져 있었고 기부에는 모두 부정근이 보인다. 세 개의 삽수는 커다란 잎 눈을 형성하였는데 이들은 모체 잎 조각과 짧은 지하경으로 연결되어 있다.

422 교살범 무화과(*Ficus microcarpa*)의 속이 빈 '몸통(trunk)'. 이것은 실제로는 우림 교목의 수관에서 발아한 착생성 어린 식물체의 융합한 뿌리가 토양으로 자라 내려온 것이다. 자라는 동안 숙주 나무의 관속계는 무화과의 둘러싼 뿌리(참조, 417)에 의하여 잘려지고, 결국 숙주 나무의 수간은 썩어 사라지고 그 자리에 무화과의 빈 '몸통'만 남기게 된다.

423 *Cyathea*(해고속, 나무고사리)의 오래된 수간의 횡단면. 이 우림의 고사리는 엽병의 기부에서 발생하여 엽병 기부(2)를 둘러싸는, 부정근인 수염뿌리(1)의 두꺼운 외투를 볼 수 있다. 엽병 기부는 잎이 시들어 떨어진 후 남아있는 것들이다. 이들이 복잡한 후벽성 관속조직의 중심부(3)를 싸고 있지만, 2기 생장은 일어나지 않는다. 잎의 기부와 뿌리의 외투가 줄기를 지지하는데, 수 미터 높이의 줄기와 수 미터 길이의 상록성 잎을 가지고 있다.

1 수염뿌리 2 엽병 기부 3 관속조직 중심부

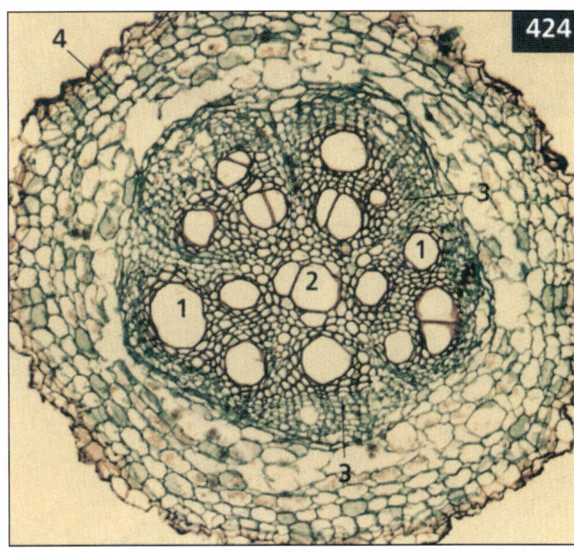

424 쌍자엽식물인 *Ipomoea batatas*(고구마)의 다육성 뿌리에서 2기 생장 초기를 보여주는 횡단면. 큰 도관이 있는 2기 목부(1)의 중심주가 중심부의 1기 목부(2)를 둘러싸고 있다. 관속형성층(3)이 많은 양의 목부 유조직을 형성하여 괴근을 형성하게 된다. 피층에서 코르크형성층(4)의 시원세포를 볼 수 있다. (광학현미경)

1 2기 목부 2 1기 목부
3 관속형성층 4 코르크형성층

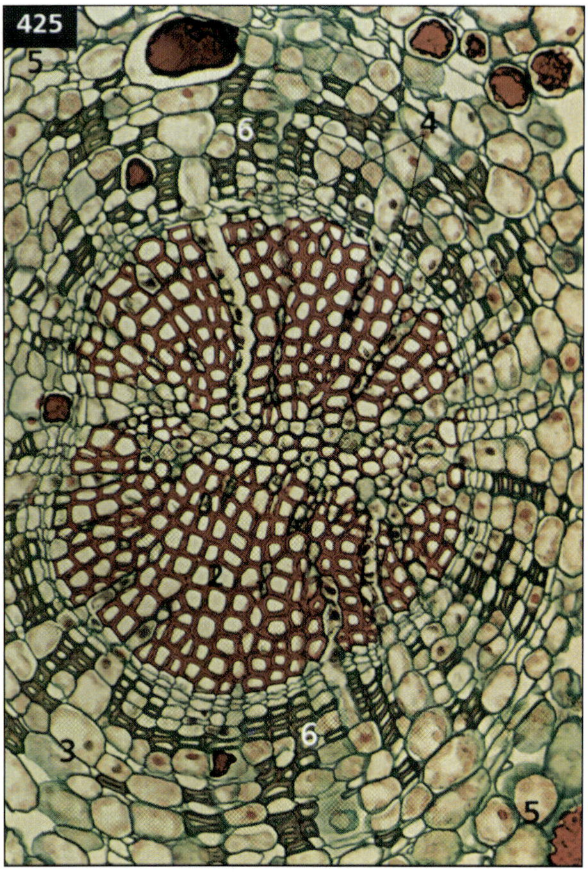

425 나자식물인 *Ginkgo biloba*(은행나무) 어린 뿌리의 2기 비후 초기를 나타내는 횡단면. 1기 목부는 2원형이며 좁은 원생목부 요소들(1)이 다소 넓고 크기가 균일한 2기 목부 가도관(2)과 대조적이다. 이것과 2기 사부(3)는 방사상으로 배열한 세포 열로 나타나므로 관속형성층(4)에서 이들의 기원을 추적해 볼 수 있다. 피층(5), 사부 섬유(6). (광학현미경).

---

1 원생목부 요소	2 2기 목부
3 2기 사부	4 관속형성층
5 피층	6 사부 섬유

426 쌍자엽식물인 피나무(*Tilia cordata*) 어린 뿌리의 횡단면. 2기 목부(1, 넓은 도관이 많음)의 넓은 중심주가 섬유가 많은 좁은 2기 사부(2)의 층으로 싸여있다. 두꺼운 코르크층(3)이 뿌리 표면을 덮고 있다. (편광현미경)

---

1 2기 목부	2 2기 사부
3 코르크	

427

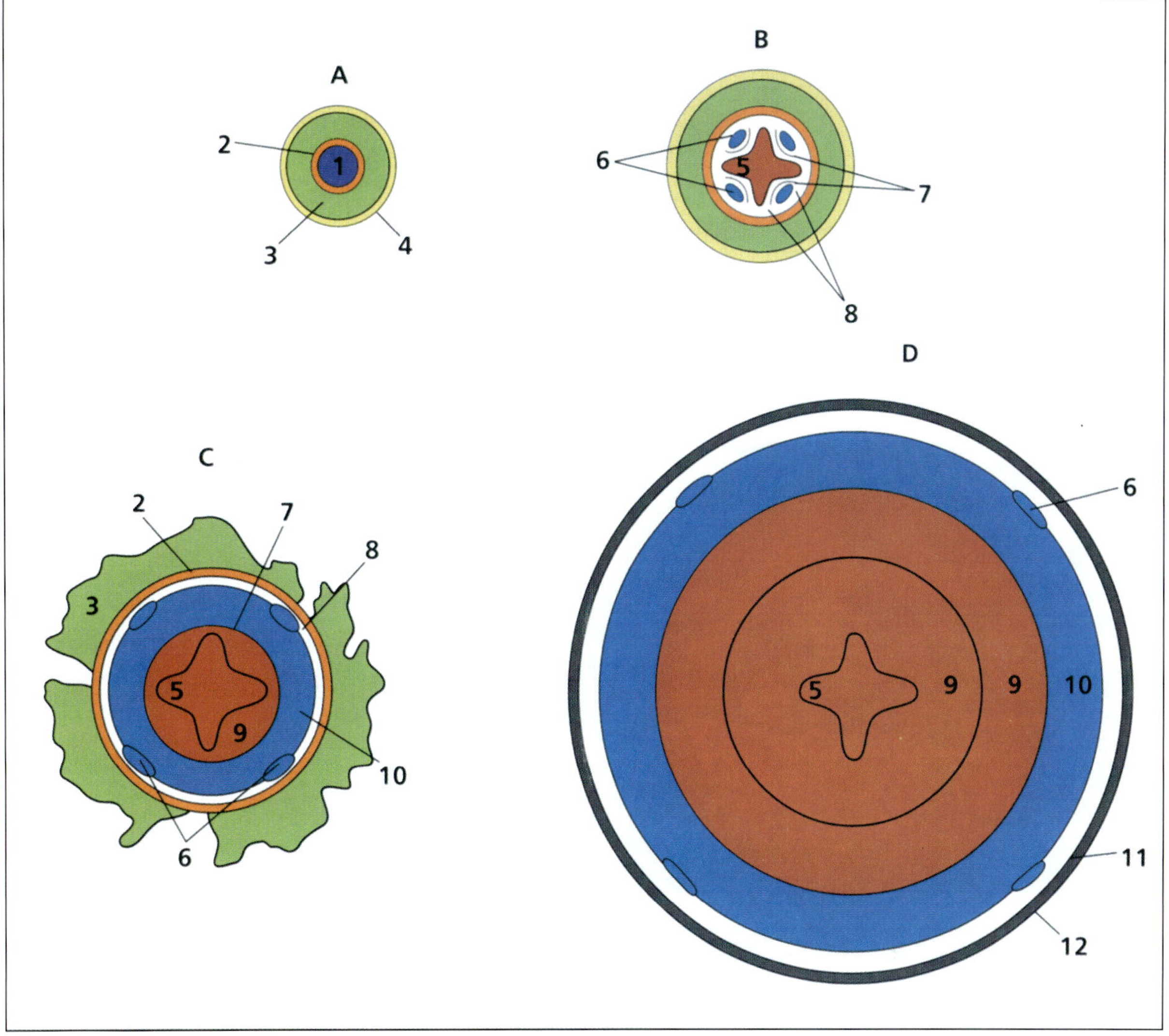

427 횡단면에서 본 목본성 쌍자엽식물 뿌리의 발달과정 모식도. A: 근단 바로 다음 부위로 전형성층(1)인 중앙 관속이 피층(3)과 표피(4)에서 한 층의 내피(2)로 구분이 된다. B: 뿌리털이 있는 지역을 넘어서면 성숙한 1기 뿌리에서 4원형 목부(5)가 나타나며 이 때 목부는 관속형성층(7)의 좁은 극에 의하여 사부 가닥(6)과 구분된다. C: 관속형성층이 내초(8)에서 옆으로 분화되고 목부를 둘러싼다. 형성층은 안쪽으로 2기 목부(9) 층을, 바깥쪽으로 2기 사부(10)를 만든다. 1기 사부 가닥은 2기 사부 외부에 보이고 이 때 1기 목부가 안쪽에 살아있다. 표피는 파괴되고 피층과 내피는 벗겨지게 된다. D: 뿌리에 2기 생장이 보다 더 진행되어 2기 목부 내에 두 개의 나이테가 있다. 파괴된 1기 사부의 잔재가 아직 남아있지만 2기 사부에서는 나이테가 나타나지 않는다. 내피와 외부 조직은 벗겨져 버리고 코르크형성층(11)이 내초에서 발달하여 보호층인 코르크층(12)을 만든다.

1 전형성층	2 내피	3 피층
4 표피	5 4원형 1기 목부	6 1기 사부 가닥
7 관속형성층	8 내초	9 2기 목부
10 2기 사부	11 코르크형성층	12 코르크층

428 쌍자엽 교목인 *Quercus petraea* (참나무 종류)의 대형 측근으로, 홍수로 땅이 침식되어 노출되었으며 외부 코르크층에 피목이 많은 것을 볼 수 있다. 로취 로몬드, 스코틀랜드.

429 쌍자엽식물인 *Fraxinus excelsior* (물푸레나무 종류)의 큰 나무에서 나온 미세 뿌리로 바위 면의 갈라진 틈으로 자라고 있다. 이 뿌리들은 위 쪽 토양 내에 있는 주 측근에서 아래로 자라며 2기 생장으로 확장되어 노출된 바위 면이 보다 잘 파괴되게 한다.

430 *Lophophora williamsii*(오우옥, 가시가 없는 선인장 종류; 역자 주)는 다육성 슈트(2)와 합쳐진 다육성 뿌리(1)를 갖고 있다. 물, 전분, 알칼로이드 등이 줄기와 뿌리 모두의 유조직에 저장되어 있다. 줄기의 청회색 부분만이 지상부 슈트이며 나머지는 지하부이다.

1 다육성 뿌리　　2 다육성 슈트

431 쌍자엽식물인 *Daucus carota*(당근)에서 다육성 뿌리의 횡단면. 1기 목부(1)의 좁은 중심부는 주로 유조직성 2기 목부(2)에 둘러싸여 있는데, 이곳에서 일부 통도요소가 발생한다. 잘 구분이 되는 관속형성층(3)은 원심적으로 커다란 유조직성 2기 사부(4)를 생성한다. 피층(5). (광학현미경)

1 1기 목부　2 2기 목부
3 관속형성층　4 2기 사부
5 피층

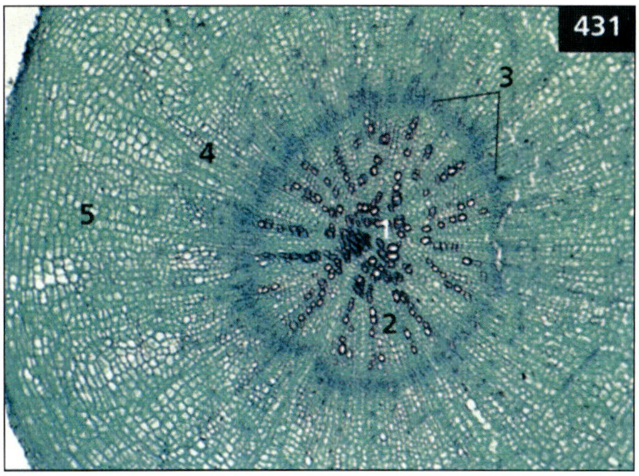

432 *Beta vulgaris*(근대)에서 다육성 뿌리의 횡단면으로, 동시에 발생하는 여러 개의 관속형성층을 볼 수 있다. 원래의 형성층(1)은 가장 외부에 있으며 대부분이 유조직(2)이고 몇몇 도관 덩이(vessel cluster, 3)를 가진 된 목부를 생성한다. 새로운 형성층은 도관 덩이의 둘레에서 발생하며 더 많은 유조직을 생성한다. (광학현미경)

1 관속형성층　2 유조직성 목재
3 도관 덩이

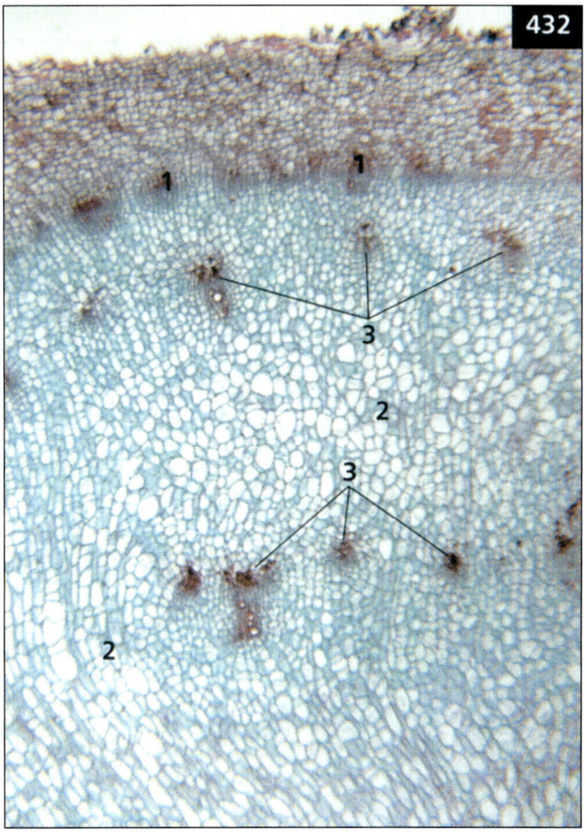

433 *Thelocactus rinconensis*(작은공선인장 종류)에서 다육성 목재 뿌리 중앙의 횡단면. 수처럼 나타나는 것은 실제로 확장된 후생목부(1)와 확장된 방사상 2기 목부의 가장 안쪽 부분이다(2). 확장이 일어나지 않은 목재의 부분조차도 저장 유조직이 섬유나 도관보다 높은 비율로 있다. (광학현미경)

1 확장된 후생목부　2 확장된 방사상목부

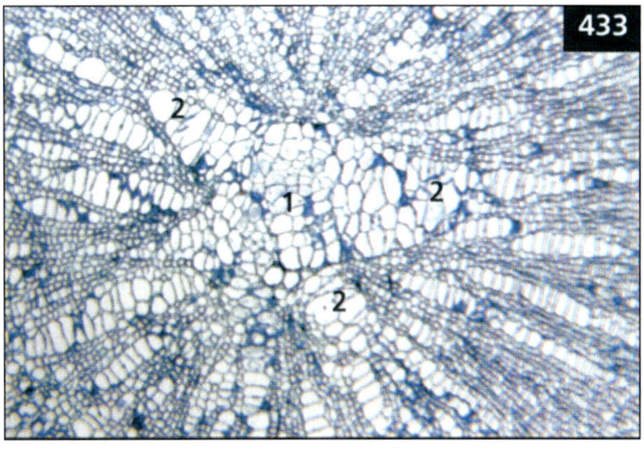

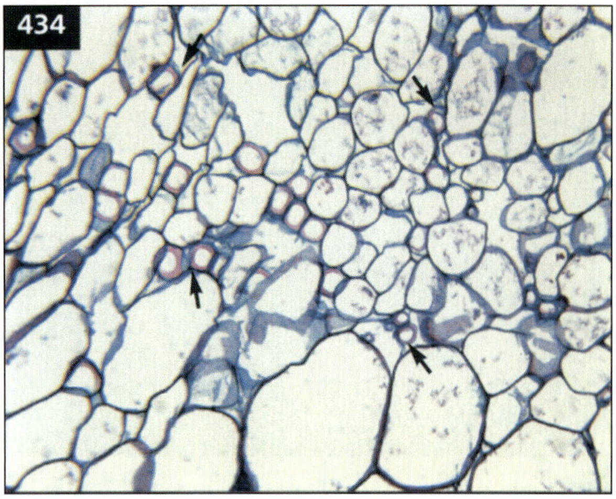

434 소철류인 *Encephalartos strobiliformis* (엔케팔라르토스속 일종, Zamiaceae; 역자 주)의 다육성 목재 뿌리 중앙의 횡단면. 유조직 세포 사이에 도관(화살표)이 있다는 것은 이 부분이 수가 아니고 확장된 후생목부임을 나타내는 것이다. 수에는 수질 관속이 있을 수 있지만 독립된 도관은 없다. (광학현미경)

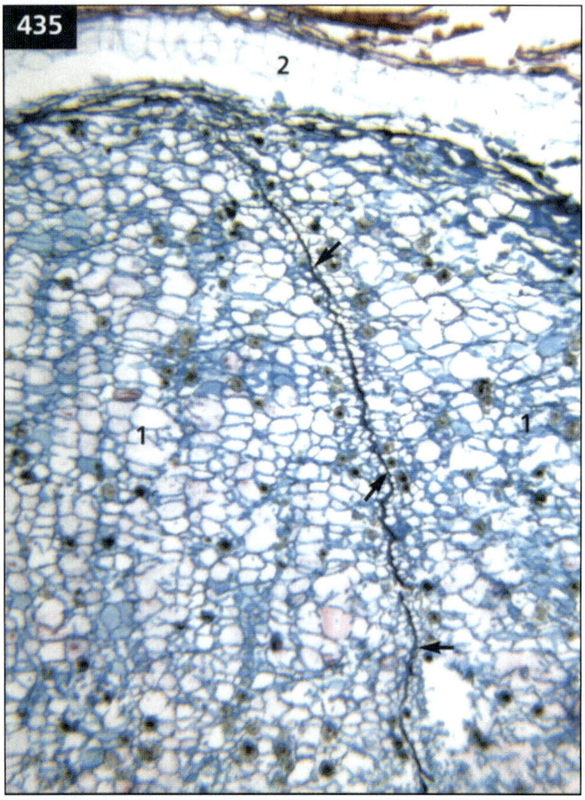

435 *Maihueniopsis darwinii*(마이후에니옵시스속 일종)에서 다육성 뿌리의 가장 바깥쪽 횡단면으로, 매우 두꺼운 2기 사부를 보여준다. 좁고 검은 줄(화살표)은 주축계에 있는 붕괴된 사관 요소로 구성되며; 나머지(1)는 저장 유조직, 결정, 그리고 소수의 점액 세포(분홍색) 등으로 구성된 넓은 두 개의 방사 조직이다. 수피도 나타난다(2). (광학현미경)

---

1 방사상 사부 2 수피

436 반기생식물인 *Phoradendron*(포라덴드론속, 꼬리겨우살이과)이 변형된 뿌리인 흡기로 숙주 식물에 붙어있다. 슈트는 엽록소가 있으며 광합성을 하고 비교적 일반적인 잎과 줄기를 가지고 있다. 숙주 식물은 겨울이면 낙엽이 지며 기생식물로 인하여 수분이 소실되기 때문에 매우 위험한 상태가 된다.

437 땅에서 캐낸 완전기생식물 *Corynea crassa*의 식물체. 대부분의 일생을 지하의 덩어리 상태(그림 아래 쪽)로 보내지만, 두꺼운 자루가 닫힌 화서를 지상으로 올려 보내고 이들이 열려서 수분 매개체들에게 꽃을 노출시킨다.

438 *Ligaria cuneifolia*(리가리아속 일종)는 선인장 [*Corryocactus brevistylus*(코리오선인장속 일종)]을 침범하는 반 기생식물이다. 숙주가 부드러워 기생식물의 침투성 흡기가 분포하는 것을 쉽게 조사할 수 있다. *Ligaria*는 선인장의 피층 관속을 공격한다(참조, 333).

439 숙주인 선인장(1)과 *Ligaria haustorium*(리가리아속 일종, 2)의 횡단면으로; *Ligaria*의 핵은 암적색으로 염색되는 반면에, 숙주 세포의 핵은 분홍색으로 염색되고 적색의 인을 갖는다. *Ligaria*는 도관을 형성하였으며 이 도관은 숙주와의 경계면까지 벋어있지만, 영양 공급을 받을 숙주의 목부가 없다. (광학현미경)

1 숙주 피층　　2 기생식물의 세포

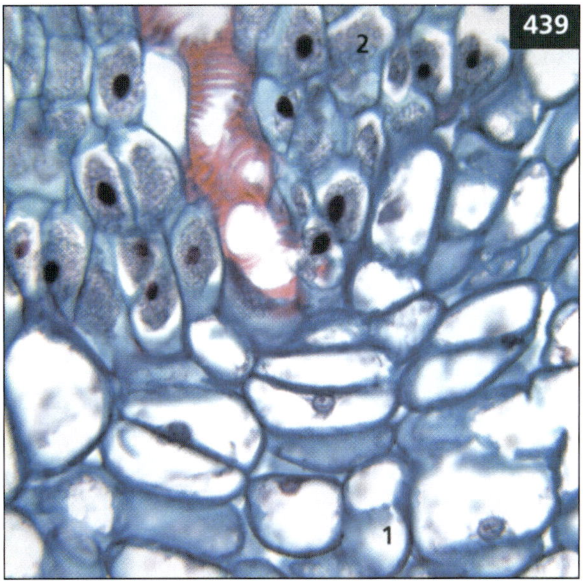

440 *Cuscuta*(새삼속)는 완전기생을 하는 쌍자엽 덩굴식물로 엽록소가 없는 작은 잎과 긴 절간을 가지고 있다. 각 식물은 여러 개의 서로 다른 숙주 덤불에 걸쳐 퍼져있으며 각 식물에 흡기로 변형된 부정근을 가지고 기생한다.

441 *Cuscuta*(새삼속) 덩굴(오렌지색)의 확대한 사진으로 숙주의 잎을 감고 있다. 많은 돌기는 부정근/흡기이며 잎의 표피를 침범한다(참조, 442). 숙주를 둘러쌈으로써, *Cuscuta*는 단순히 흡기가 자신의 줄기를 숙주로부터 멀리 밀어주기 보다는 흡기가 침투할 수 있도록 자신을 숙주에 묶는다.

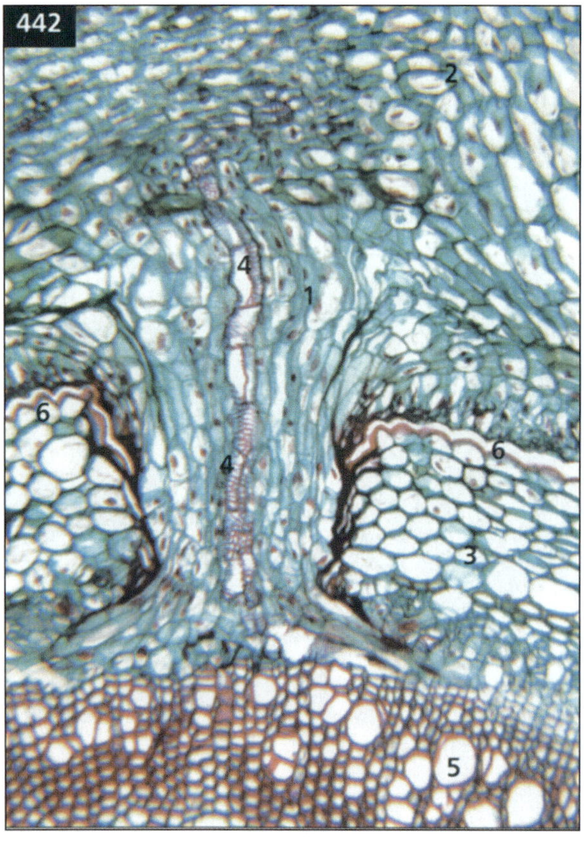

442 *Cuscuta haustorium*(새삼속 일종, 1)의 방사단면, 줄기의 종단면(2), 숙주 줄기의 횡단면(3). 일단의 *Cuscuta* 도관요소(4)가 흡기 내에서 분화되었는데, 이들은 숙주의 목재(5)에 도달하였고 숙주의 목부와 사부 사이에서 옆으로 퍼져가고 있다. 숙주의 표피와 각피(6)는 흡기로 파괴된 곳을 제외하고는 남아있다. (광학현미경)

1 *Cuscuta*의 흡기
2 *Cuscuta*의 줄기
3 숙주의 줄기
4 *Cuscuta*의 흡기에 있는 도관요소
5 숙주의 목재
6 숙주의 표피와 각피

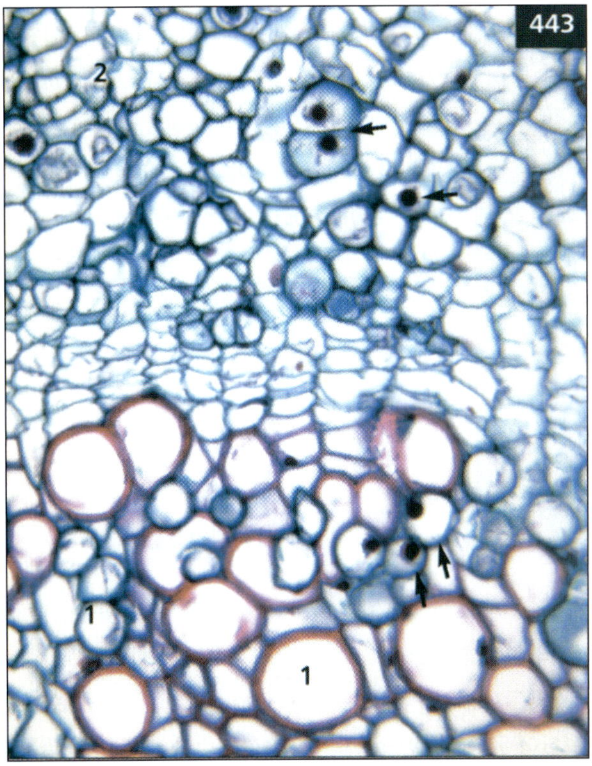

443 *Tristerix aphyllus*(트리스테릭스속 일종, 꼬리겨우살이과)의 단열의 관속 가닥(monoseriate strands, 화살표)이 침투한 숙주 *Trichocereus chilensis*(토치선인장 종류)의 목재(1), 관속형성층과 2기 사부(2)의 횡단면. *Ligaria*(리가리아속) 처럼 *Tristerix*(트리스테릭스속)의 핵도 암적색으로 염색된다. 이 단열의 관속 가닥은 이 생활사의 단계에서 *T. aphyllus*의 전체 식물체를 구성한다. (광학현미경)

1 숙주의 목재 2 숙주의 2기 사부

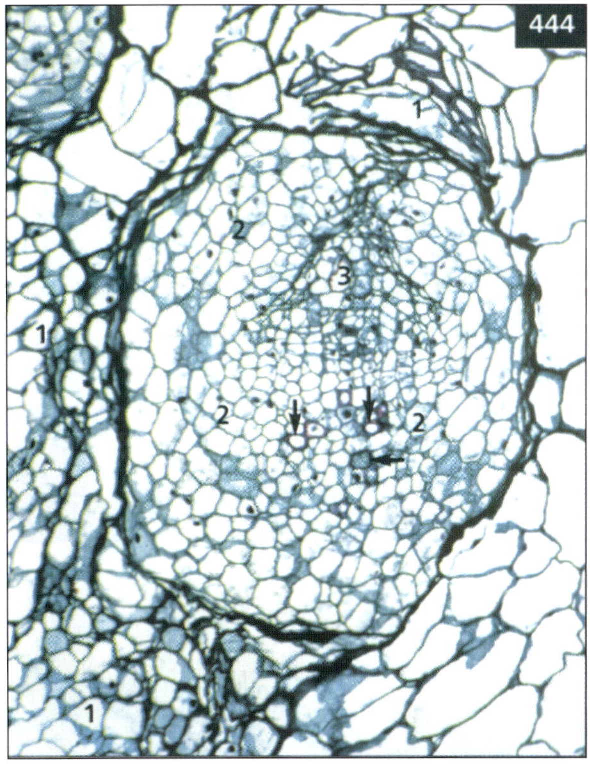

444 *Tristerix aphyllus*(트리스테릭스속 일종, 2)에서 다열의 관속 가닥(multiseriate strands)이 차지하고 있는 숙주 *Trichocereus chilensis*(토치선인장 종류) 2기 사부(1)의 횡단면. *T. aphyllus*는 이형세포인 도관요소(화살표)와 사부(3)를 형성하였지만 표피, 피층, 수는 없다. (광학현미경)

1 숙주의 사부 2 *T. aphyllus*에서 다열의 관속 가닥
3 *T. aphyllus*의 사부

445 땅에서 캐낸 *Ombrophytum subterraneum*(옴브로피툼속 일종)의 식물체. 앞 쪽이 어린 화서(1)로 지하덩이(tuber, 2)의 위쪽 조직(균포, volvo; 3)을 찢고 들어나기 시작하였다. 화서는 굵은 가지가 많고 각각의 끝에 하얀 인편이 있다. 뒤에는 작은 분홍색의 과실들로 덮인 성숙한 과서(infructescence)가 보인다.

1 어린 화서 2 지하덩이(tuber)
3 균포

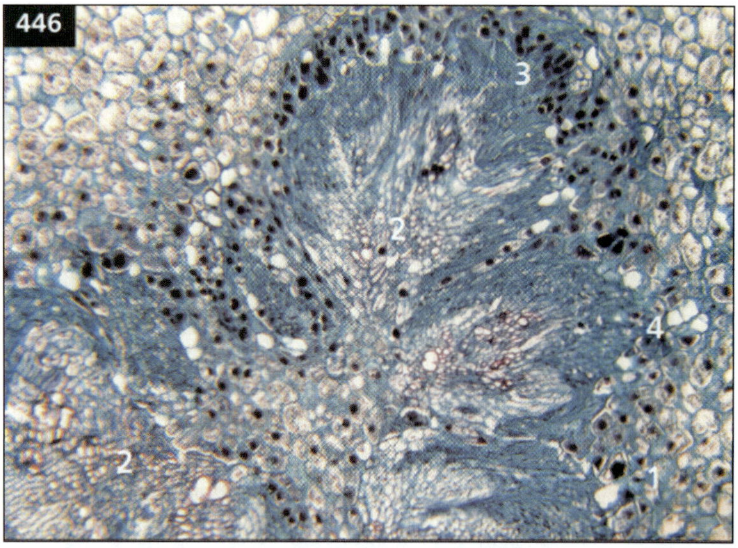

446 숙주 목부(2)와 숙주 사부(3)가 침투한 지점에서 *Ombrophytum subterraneum* (옴브로피툼속 일종) 지하덩이(tuber, 1)의 횡단면. 숙주와 기생식물 경계의 어두운 점들(4)은 *Ombrophytum*의 핵들로, 크기가 크고 (직경 약 40μm) 암적색으로 염색된다. 숙주의 관속조직이 기생 식물체로 자라 들어온다. (광학현미경)

1 기생 지하덩이의 유조직
2 숙주 목부　3 숙주 사부
4 거대한 핵을 가진 기생 세포들

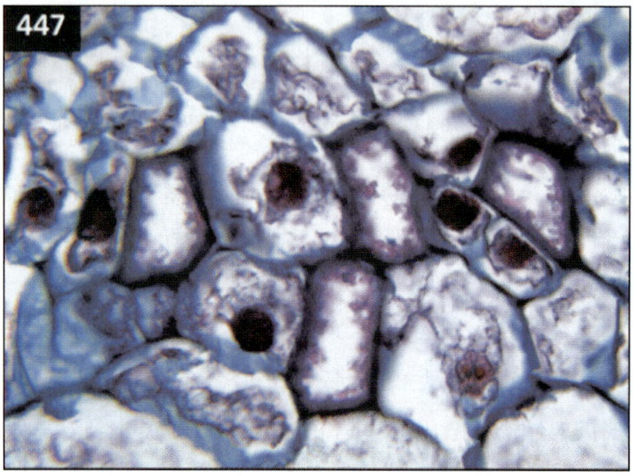

447 *Ombrophytum subterraneum*(옴브로피툼속 일종) 세포의 고배율 사진으로, 크고 진하게 염색되는 핵들과 도관 요소의 두꺼운 2차벽에서 특이한 내생장(ingrowth)을 보여 준다. 이 두 가지 특징으로 숙주/기생식물 경계에서 각 세포들을 식별할 수 있다. (광학현미경)

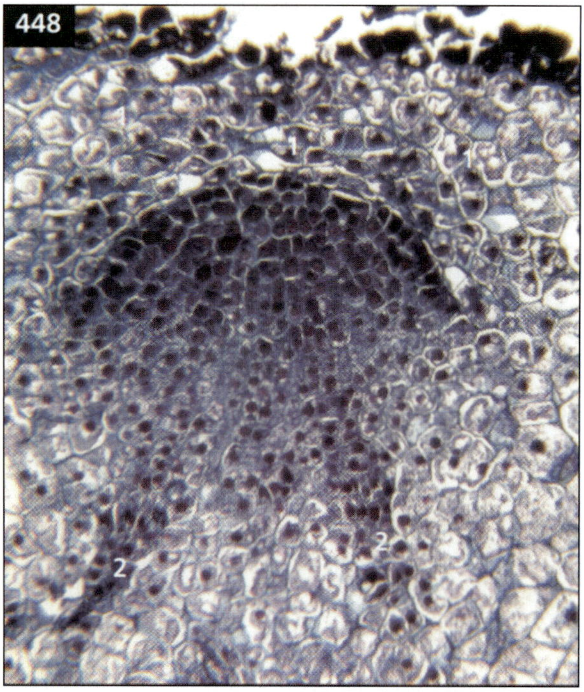

448 *Ombrophytum subterraneum*(옴브로피툼속 일종) 지하덩이의 횡단면, 지하덩이 안에 형성된 부정 화서 눈의 종단면. 지하덩이의 위쪽 세포들(1)은 화서가 자라면서 처음에는 확장이 되어 균포(volvo)를 형성하지만 결국은 터져 벌어지게 된다. 특이하게도 화서의 관속(2)이 지하덩이의 관속에 접근을 하지만 접촉하지는 못한다. (광학현미경)

1 균포가 될 지하덩이 세포
2 화서의 관속조직

449 확장되기 시작한(슈트 기부가 좁은 것을 볼 수 있음) *Hydnophytum formicarium*(히드노피툼속 일종, 개미식물) 어린 식물체의 하배축. 방과 개구부가 이미 존재하며 개미가 들어가 살 공간이 준비되어 있다.

450 *Myrmecodia tuberosa*(미르메코디아속 일종)의 오래된 식물체에서 매우 확장된 하배축을 관통한 절단면으로 개미가 점유한 격실로 채워져 있다. [사진제공: Dr. C. Puff; Puff C, Chayamarit K, Chamchumroon V.(2005). *Rubiaceae of Thailand. A Pictorial Guide to Indigenous and Cultivated Genera.* The Forest Herbarium, National Park, Wildlife and Plant Conservation Department, Bangkok, Thailand.]

451 *Acacia cornigera*(아카시아속 일종)의 가시 같은 탁엽으로 섬유상 엽육조직이 보강조직화 되기 전에 개미가 구멍을 뚫어야 한다.

452 *Acacia cornigera*(아카시아속 일종)의 소엽 끝에 있는 벨트체를 개미들이 수확하여 먹는다. 벨트체 내에는 식물보다 동물에서 더 흔하게 나타나는 포도당 중합체인 글리코겐이 저장되어 있다.

453 쌍자엽 목본인 맹그로브 *Avicennia marina*(아비세니아속 일종)는 호주 시드니 근처 파라마타강의 밀물 때에 기수에 잠기는 뿌리를 가진다.

454 가지에 달린 작은 부정근의 덩이(발생 초기의 지주근, 1)를 보여주는 *Avicennia marina*(아비세니아속 일종) 나무. 바닥에 밀집한 호흡근(2)과 이들 사이에서 자라는 수많은 어린식물체(3)를 볼 수 있다.

1 부정근 2 호흡근
3 어린식물체

455 맹그로브인 *Avicennia marina* (아비세니아속 일종)의 현지 표본으로 호주 퀸즐랜드 해안의 썰물 때에, (물의 침식작용으로 노출된) 수직으로 벋은 호흡용 뿌리와 수평으로 벋은 밧줄 모양의 뿌리를 가지고 있다.

456 쌍자엽 맹그로브인 *Bruguiera gymnorhiza* (브루귀에라속 일종)의 호흡근. 이들은 호주 퀸즐랜드의 해안 맹그로브 습지에서 썰물 때에 노출된 것이다.

457 쌍자엽식물인 *Alnus glutinosa*(오리나무속 일종) 뿌리의 커다란 복합 뿌리혹. 이 혹은 공생하는 방선균인 *Frankia*로 감염된 수많은 혹들이 밀집하여 형성된 것으로 이 균은 토양 대기에서 유리 질소를 고정할 수 있다.

458 제방이 물에 침식되면서 노출된 (질소고정 방선균인 *Frankia*가 서식하고 있는) 두 개의 큰 혹이 있는 *Alnus glutinosa*(오리나무속 일종)의 뿌리.

459 배양액에서 한 달 간 기른, 질소 고정을 하는 소귀나무과 쌍자엽식물인 *Comptonia peregrina*(고사리소귀나무)의 뿌리혹. 수많은 근단을 볼 수 있으며; 대부분이 왜소하게 자랐지만 일부는 정상적인 측근으로 자랐다.

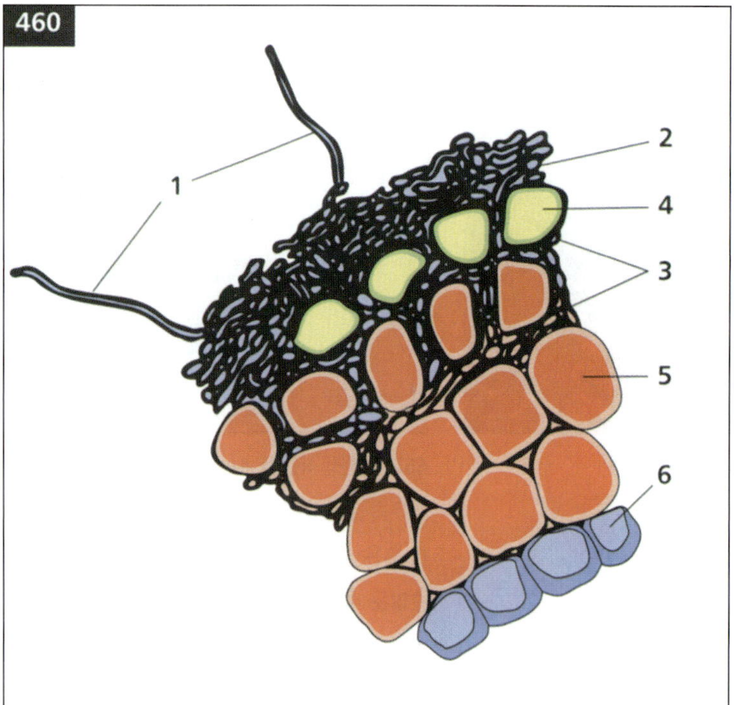

460 외생 근균에 둘러싸인 쌍자엽식물에서 뿌리 피층 횡단면의 모식도. 토양 내의 균사(1), 둘러싸는 균사의 껍질(sheath, 2), 피층의 세포간극에 침투한 균사(3), 뿌리 표피(4), 안쪽 피층 세포(5), 뿌리 내피(6).

1 균사
2 균사의 껍질
3 세포간극에 침투한 균사
4 뿌리 표피
5 안쪽 피층 세포
6 뿌리 내피

461 구과류인 *Pinus*(소나무)의 미세 뿌리에서 산호형 외생 근균의 모식도. 주근(1), 비틀린 산호형 뿌리 분지(2), 둘러싸는 균류의 껍질(3).

1 주근
2 비틀린 산호형 뿌리 분지
3 둘러싼 균류의 껍질

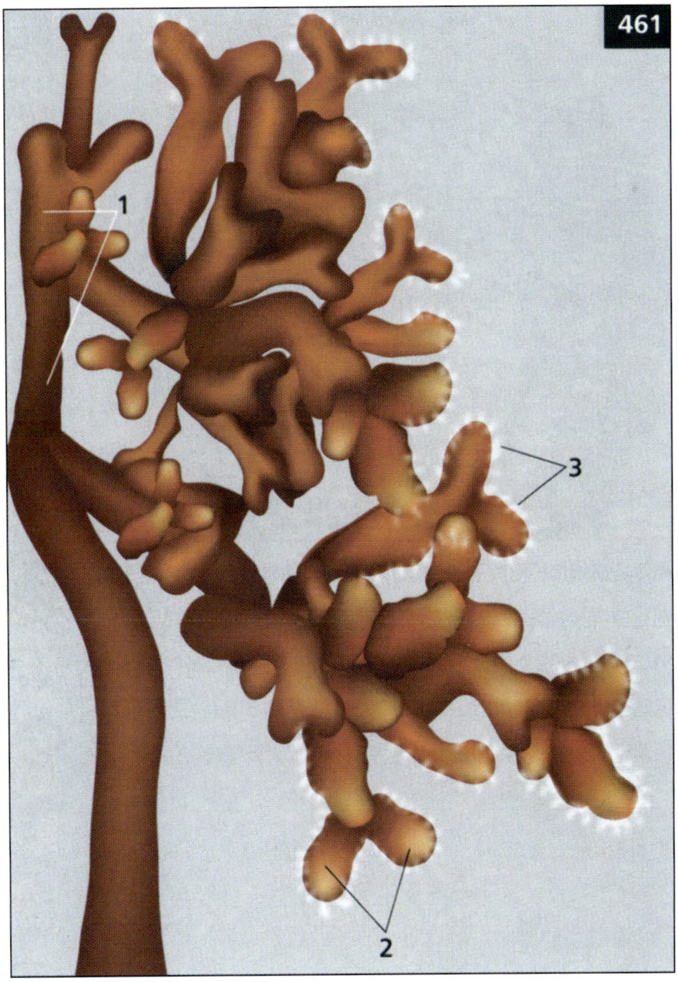

462 내생 균근에 감염된 미세 뿌리에서 피층의 단면을 보여주는 모식도. 토양 내의 균사(1), 안쪽 피층의 균사 가지체(arbuscle, 2), 균류 소낭(3), 피층 세포벽에 침투한 균사(4), 감염되지 않은 피층 세포(5), 숙주 뿌리의 내피(6), 숙주의 표피(7).

1 균사
2 균사 가지체
3 균사의 소낭
4 피층 세포벽에 침투한 균사
5 감염되지 않은 피층 세포
6 숙주 뿌리의 내피
7 숙주의 표피

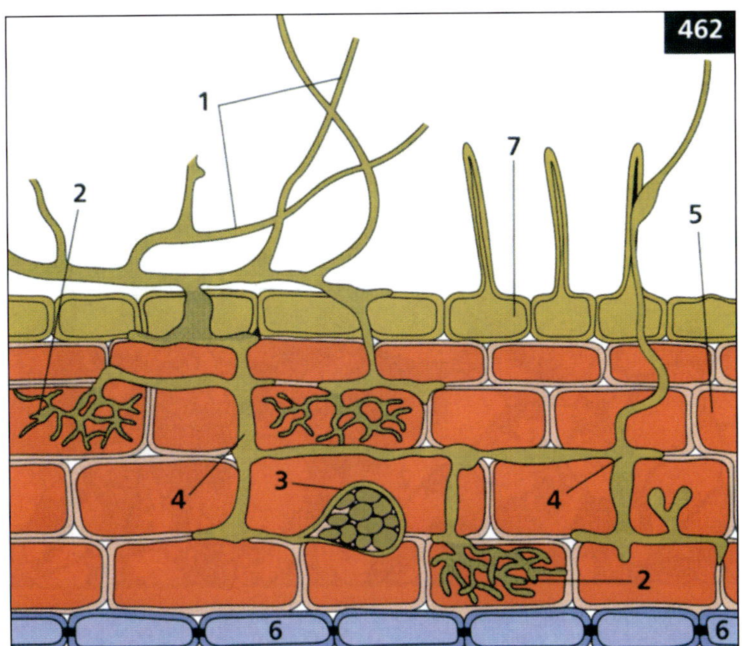

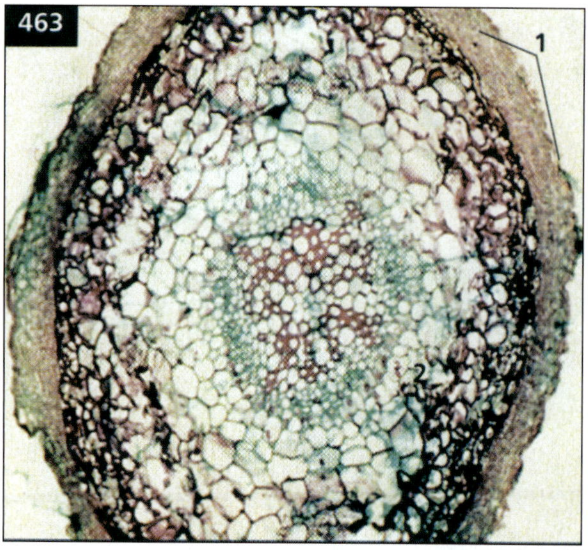

463 쌍자엽식물인 *Fagus sylvatica*(너도밤나무 종류) 근균의 횡단면. 공생하는 균의 균사체(1)가 매트를 형성해 둘러싸고 있으며; 균사는 주변 토양으로 침투하여 인산을 흡수하여 뿌리로 공급한다. 또한 뿌리의 표피 세포 사이를 뚫고 피층(2)으로 침투하지만, 전세포벽(apoplast)에 분포한다. (광학현미경)

1 균사체 2 뿌리 피층

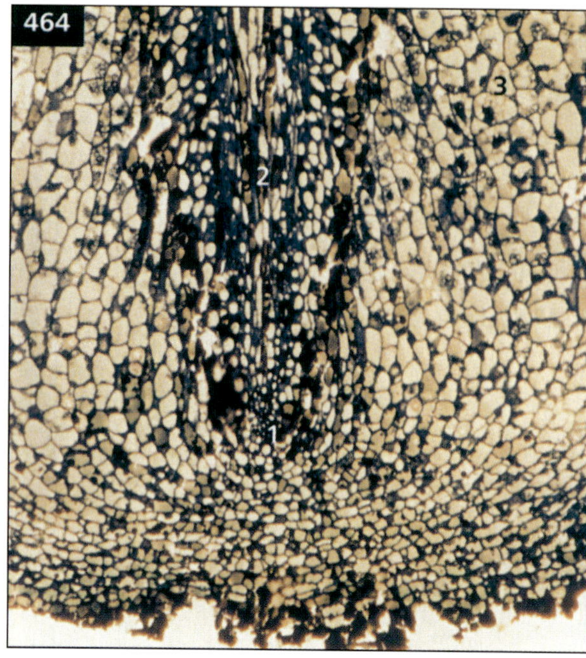

464 쌍자엽식물인 *Alnus glutinosa*(오리나무속 일종) 뿌리혹의 종단면. 이 뿌리혹 하나는 훨씬 큰 복합 혹의 일부이며 (참조, 457) 제한 생장을 한 팽창된 측근을 나타낸다. 정단분열조직(1), 관속 중심주(2) 그리고 피층(3)을 볼 수 있다. 이 방향에서는 *Frankia*가 보이지는 않지만 피층조직 기부와 옆에서는 감염 초기 단계를 볼 수 있다(참조, 465). (광학현미경)

1 뿌리 정단분열조직 2 관속 중심주
3 피층

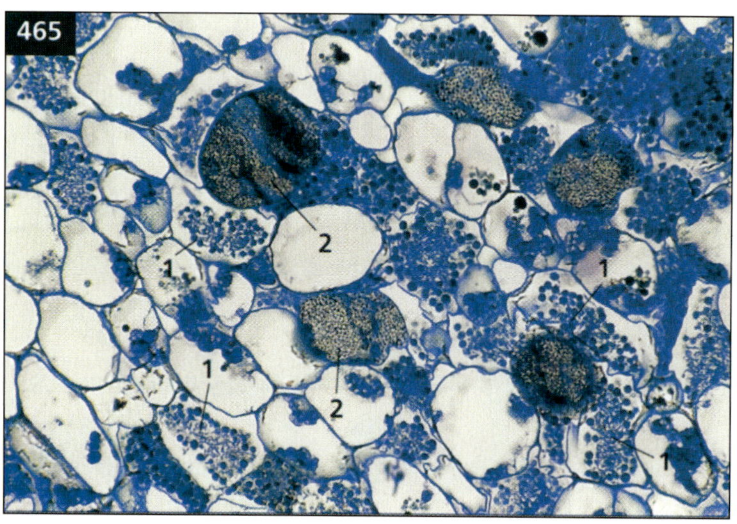

465 공생 방선균인 *Frankia*의 균사 분포를 보여주는 *Alnus glutinosa*(오리나무속 일종) 뿌리혹의 피층 조직. 방선균의 수많은 내생 단계를 가진 숙주세포를 보여준다. 많은 피층 세포(1)에서 미세한 균사 망이 확장된 소낭(질소 고정)을 가지는 반면에 다른 세포들(2)은 포자낭을 가진다. (G-Os. 광학현미경)

1 확장된 소낭을 가진 균사
2 포자낭을 가진 숙주

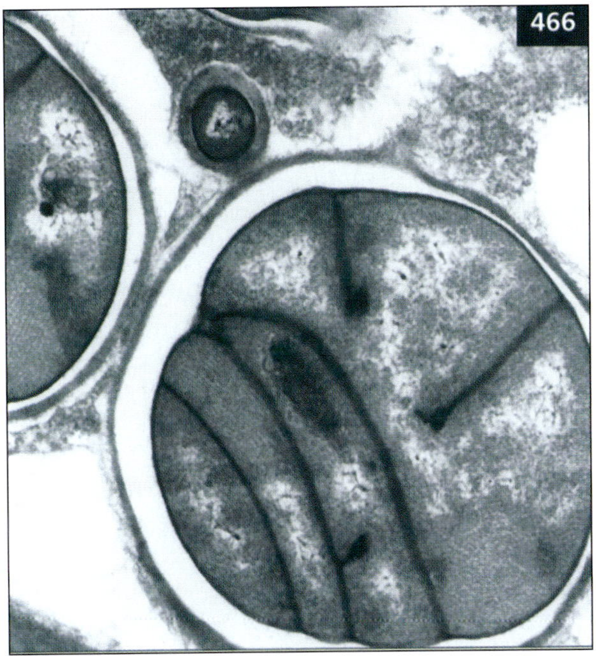

466 방선균인 *Frankia* 소낭의 투과전자현미경 상(여기서 질소 고정이 일어남)으로 쌍자엽 목본식물인 *Alnus glutinosa*(오리나무속 일종) 뿌리혹의 피층 세포에 공생한다.

467 *Amanita muscaria*(파리버섯)의 자실체로 쌍자엽식물인 *Betula*(자작나무속)의 다양한 종에서 근계와 결합되어 있는 일반적인 외생 균근이다. (저작권, T.N. Tait)

8장

식물의 생식

무성(영양) 생식

자연에서의 영양생식

선태류로부터 관속식물에 이르기까지 많은 종류의 육상식물들이 자연 상태에서 무성생식을 하는데 이는 유성생식의 부가적인 생식으로 나타나거나, 때로는 유성생식을 대체하기도 한다(**468-470**). 클론인 개체들이 광활한 땅을 덮고 있는 경우가 많은데, 북미 서부에서 *Populus tremuloides*(사시나무 종류)는 종자에 의한 번식은 드물고, 넓은 숲이 부정근의 눈에 의하여 형성되어 왔다(**471**).

많은 식물에서 다년생 습성과 영양번식은 서로 관계가 있으며 이 관계에 있어서 여러 가지 변화가 나타난다. 지하경은 토양 표면 아래에서 수평으로 자라며 오래 살 수 있는 지하경인데, 부정근이 많이 형성되고 때로는 비늘잎을 가지고 있다. 지하경에서 액아 또는 정아가 형성되어 슈트로 자란다(**469, 470, 472**). *Pteridium aquilinum*(고사리 종류)의 지하경은 절간의 길이가 1m 이상 자라기도 하는데 지표면으로부터 깊은 지하로 벋어있다. 지하경들은 보통 두껍고 다육질인데 야자나무인 *Nypa fruticans*(니파야자; 맹그로브 종류, 역자 주)는 지하경의 두께가 50 cm에 달하지만; 다양한 벼과식물에서 볼 수 있듯이 어떤 것들은 길이가 수 mm 정도로 작다.

로제트 식물에서는 흔히 긴 절간(**473**)을 가진 포복경(runner 또는 stolon)이 발달한다. 이 줄기들은 지표면을 따라 포복하며, 각 절(마디)에서는 뿌리가 발생하지만 절간의 조직들이 죽게 됨으로써 각 절에서 새로운 식물체들이 발달하게 된다. *Solanum tuberosum*(감자)에서 처럼 괴경(덩이줄기, **338, 474**)은 지상부 식물체의 엽액에서 발생한 포복경에서 나온 눈이 자라면서 커진 지하경이다. 현재에는 식용작물로 재배되지만 아직도 미국에서 남미의 안데스까지에 걸친 지역에서는 수백 종의 야생 감자들이 분포하고 있다.

일반적으로 다년생인 주근은 휴면아(dormant bud)를 가진 일부 하배축 조직에 결합되어 있는데, 휴면아는 *Daucus carota*(당근, **475**)에서처럼 원래 지상 슈트에 붙어있던 부위이다. 인경(bulb)과 구경(corm)은 수직으로 자라는 지하에 있는 슈트이다. 그러나 인경이 영양물질을 저장하고 있는 많은 잎으로 싸인 조밀한 줄기(**476**)인 반면에 구경의 부풀어진 줄기는 다음 해의 지상 슈트의 생장에 필요한 양분을 저장한다(**477**). 많은 분류군에서 지상경, 화서 그리고 잎에는 영양번식을 위한 다양한 주아(bulbil)와 작은 괴경들(**27A**)이 생성되고 이들은 모체에서 쉽게 떨어져 나와 뿌리를 형성함으로써 새로운 식물체로 자란다.

Sequoia sempervirens(세쿼이아)와 같은 일부 구과류를 포함하는 많은 종류의 초본과 목본식물에서 부정아가 뿌리에서 발달한다(**145**). *S. sempervirens*(세쿼이아), *Tilia*(피나무속), *Ulmus*(느릅나무속), *Populus*(사시나무속) 그리고

Liquidambar(풍나무속) 등의 다양한 나무 종류들은 근계를 통하여 영양번식을 하며, 서로 연결된 채로 광범위한 클론들의 집단(**471**)을 형성한다. 더욱이 물에 잠기거나 땅에 닿으면 관목과 교목의 슈트와 가지에서 부정근이 자라기도 한다. 그 결과 반 독립적인 줄기/수간이 만들어지며(**478**); 이들은 모체에 연결되어 남게 되거나 또는 썩어서 분리되기도 한다.

Aesculus(칠엽수속)와 *Tilia*(피나무속) 같은 많은 쌍자엽식물의 교목은 오래된 수간에서 눈이 발아된다(**239**). 이러한 현상은 수피 안에 묻혀있던 휴면상태의 액아가 재활성 되거나, 때로 줄기에서 꽃이 피는 부정아에 기인한다. 간벌, 가지치기 등 전정 후에 흔히 새로운 가지가 수간이나 가지의 잘라진 면에서 나타나는데(**479**); 이는 부정 줄기이거나 액아에서 기원된 것이다. 어떤 경우에는 관속형성층의 탈분화에 의하여 잘라진 면에서 저절로 눈이 나는 경우도 있다. 여러 종류의 열대 분류군에서 목부 유조직에서 탈분화 후 분열하여 눈이 형성되기도 한다.

Linum usitaissimum(아마)의 유경(plumule; 어린식물체 슈트)은 심하게 상처를 입으면, 며칠 내에 하배축에서 이를 대체할 많은 부정아 원기가 발생한다(**237, 238**). 이들은 표피세포에서 기원된 후 분열 능력이 인접한 피층조직으로 펴져나가며; 관속이 분화하여 커다란 눈을 하배축의 관속계와 연결시키고 여러 개의 눈들이 대체용 줄기로 자라게 된다.

다양한 구과식물에서 유성적으로 만들어진 전배(proembryo)는 수직으로 나뉘어져 여러 개의 배가 된다(다배현상, polyembryony). 소나무속의 종에서는 수정난이 분열하여 네 층의 16개의 세포로 된 전배가 된다. 아래 층 세포에서 형성된 실 모양의 파생세포들이 수직으로 분리되어 결국 네 개의 배가 된다(**480**). *Citrus*(귤속)과 *Funkia ovata*(좀비비추; *Funkia*속은 *Hosta*속으로 이명 처리됨, 역자 주)같은 일부 피자식물에서는 배가 정상적으로 수정된 알에서 발달한다. 그러나 더 많은 배가 무성적으로 배주의 주심이나 다른 2배체의 구성 세포로부터 만들어 진다(apomictically). 미세종(microspecies)이 일반적인 지역의 분류군[예: *Taraxacum*(민들레속), **481, 482**; *Hieracium*(조밥나물속), *Alchemilla*(알케밀라속) 및 *Rubus*(산딸기속)] 등에서는 2배체 대포자가 감수분열을 하지 않고 유사분열을 하여 2배체 난세포를 형성한다. 이런 경우 배는 수정되지 않은 2배체의 난세포나 2배체의 배주 조직에서 발달한다.

인공적인 영양번식

다양한 종자식물에서 잘라낸 삽목은 원예학에서 널리 이용되고 있다. 줄기에서 잘라낸 삽목에는 이미 액아가 있지만, 일반적으로 부정근이 새롭게 발생하는 반면에(**143**); *Salix*(버드나무속)와 *Glechoma*(병풀꽃 종류, **236**)같은 분류군에서는 이미 원래의 줄기 안에 뿌리 원기를 갖고 있다. 잎 삽목에서는 뿌리와 눈이 모두 부정적으로 발달하지만(**421, 483**) 뿌리 삽목에서는 새눈이 발달한다(**145, 484**).

기관을 잘라내면 잘린 표면 근처에서는 상처치유 현상이 나타난다. 즉 상처받은 세포들은 죽고 인접 세포들이 코르크질화 되며 때로는 코르크층이 형성되기도 한다. 통도 요소의 내강은 검(gum)과 전충체에 의하여 막히게 되는데 이들은 목부 유조직 세포에서 들어온 것이다. 반면에 밑에 있는 정상 조직은 증식하여 표면이 되는 유조직성 유합조직을 형성한다. 부정근들은 줄기나 잎의 삽수의 기부 근처(**143**)에서 내생적으로 발달하여 표피나 주피의 측면을 뚫고 자란다(보통 유합조직 표면에서 직접 기원되지는 않는다). 초본 식물의 줄기에서는 관속 사이에 있는 유조직들이 탈분화하여 부정근이 발달하지만 사부 유조직 또는 내초에서 기원되기도 한다. 목본 식물의 삽수에서 뿌리는 흔히 방사 유조직 또는 2기 사부의 유조직에서 기원되지만 관속형성층, 수, 피목 등에서 기원되기도 한다. 뿌리가 잘 자라지 않는 삽수에서 관속조직 외부에 있는 원통형의 후벽조직이 측근의 생장을 방해한다. 그러나 대신 기부 유합조직에서 뿌리가 나타나기도 한다.

주로 열대/아열대 원산의 쌍자엽 현화식물 300 분류군 이상에서, 절단된 잎은 삽수로 자랄 때 자연적으로 부정근과 눈이 발달한다. 이들은 많은 장식용 실내 화분용 화초(**483**)를 포함하며, 대표적인 종류로는 *Begonia*(베고니아속), *Peperomia*(페페로미아속), *Saintpaulia*(아프리칸바이올렛), *Streptocarpus*(아프리카앵초), *Sansevieria*(산세비에리아속; '계모의 혀', '악마의 혀', '귀신의 혀' 등으로 불림; 역자 주; **421**) 등이 있다. 부정근과 슈트는 일반적으로 잘린 잎의 기부에서 형성된다. 뿌리는 부정아 보다 먼저 엽맥과 같이 있는 유조직 세포가 탈분화되어 내생적으로 발생을 시작한다. 부정아는 잎의 중앙맥, 큰 엽맥 또는 엽병 근처에 있는 엽육세포나 표피에서 발생한다(**144**). *Peperomia*(페페로미아속)와 *Sedum*(돌나물속)의 삽수에서 유합조직은 잎의 잘린 표면에서 처음 발달하기 시작하며, 새 뿌리와 눈들은 그 안에 발달하는 유사분열조직에서 발생한다.

Taraxacum(민들레속), *Crambe*(갯배추속), *Chichorium*(치커리속) 같은 다육성 뿌리를 가지는 여러 종류에서 새로운 생장은 삽수의 잘린 표면에서 형성되는 유합조직에서 나타나며; 식물체의 재생은 극성을 나타내는데, 가장 가까운 모체 슈트계 표면에서 먼저 눈들이 형성되고(**484**) 뿌리는 다른 쪽 끝에서 나중에 형성된다. *Armoracia rusticana*(겨자무) 같은 종에서는 눈과 뿌리가 극성을 나타내지 않고 코르크형성층에서 함께 발달한다.

시험관 내 재배 기법의 발달로 적절한 호르몬과 배양 방법을 사용하면 절단된 잎, 줄기, 꽃의 구성요소, 조직들, 분리된 세포나 원형질체 등을 사용하여 매우 많은 종류의 식물들에서 인공 배양이 가능해 졌다(**485**). 이러한 식물체의 재생은 눈이나 뿌리를 분리하여 배양하거나 체세포 배(무성배)의 형성 등을 통하여 이루어진다. 체세포 배의 경우 어린줄기와 하나 내지 여러 장의 자엽들이 배의 한쪽 끝에 있고 유근은 다른 극의 끝에 있게 된다(**486**). 여러 식물 분류군의 미성숙한 화분립(반수체인 소포자)도 시험관 배양이 가능하여 적절히 자극을 주어 배로 직접 발달시키거나, 부정적으로 기관형성과 배형성이 일어날 수 있는 초기 유합조직으로 만들 수 있다. 대부분의 종들에서 화분립의 생식핵은 불활성 상태로 남게 되나, 보다 큰 영양핵은 분열하여 반수체인 배양체로 발달한다. 그러나 이 핵들을 둘러싸는 세포벽이 발달하기 전에 반수체 핵들은 자연적으로 융합하여 2배체이거나 보다 큰 배수성을 가지는 배가 되기도 한다.

무종자 관속식물에서의 유성생식

대부분의 양치류는 동형포자성 식물로써 수많은 반수체 포자들이 2배체인 식물체(포자체, **14**) 잎에 형성되는 포자낭에서 감수분열을 통하여 형성된다. 포자가 산포되어 떨어지면 이들은 작지만 독립생활은 하는 녹색의 배우체(**487**)로 발달하며, 이후에 여기에서 배우자가 형성된다. 이동성이 있는 정핵이 난자와 융합하면 2배체인 배가 형성된다. 이 배는 새로운 포자체 새대로 발달하며 곧 배우체에서 독립하게 된다. 현생 초본성 양치류인 *Huperzia selago*(좀다람쥐꼬리, 석송과; **16**)는 계통적으로 오래된 식물이며; 이는 고생대 대본기 중기에서 석탄기까지 매우 흔하게 살았던 화석 수목인 *Lepidodendron*(인목속)으로 대표되는 멸종된 이형포자성 수목인 석송류의 살아있는 한 종류로 보인다. 이 화석 선조와 같이 *Huperzia selago*(좀다람쥐꼬리, 석송과)는 이형포자성 식물이다. 대포자낭에서는 일반적으로 네개의 반수체이며 벽이 두꺼운 대포자를 형성하고 소포자낭에서는 세포벽이 얇으며 반수체인 소포자를 많이 형성한다(**16**). 약 4억 년 전에 기원된 이형포자성의 장점은 화분과 종자의 발달로 이어졌다. 석탄기의 종자 화석인 *Lagenostoma ovoides*[라게노스토마속 일종, **488**; 이 종자는 실제로 종자고사리인 *Medullosa*(메둘로사속)에서 자랐다.]는 흔히 나타나는 화석의 예이다. 대포자낭은 나출된 배주의 전구체로 간주되며 포자 4분체(2배체인 대포자모세포에서 감수분열로 형성) 중에 오직 하나만이 성숙한다(**45A**). 소포자는 화분립으로 진화하였다.

종자식물의 유성생식

종자식물에서 나타나는 생식 단계

모든 종자식물은 성체로서 생식을 할 수 있는 시기 이전에 유성생식을 할 수 없는 어린 시기가 있는데; 이 두 시기의 슈트 형태는 일반적으로 비슷하다. 예를 들어 참나무 묘목의 가지나 잎은 성숙한 나무의 것들과 유사하게 보이며; 이들처럼 대부분의 선인장도 성체의 슈트가 꽃 피울 능력이 없는 어린 개체의 슈트와 구분할 수 있는 별다른 특징이 없다(**489**). 일부 속에서는 실제로 큰 차이가 있는 경우도 있다. 즉 성체인 꽃을 피울 수 있는 단계의 선인장에는 정단 또는 측면에 꽃눈자리(cephalium)가 있다. 어린 *Melocactus*(멜로선인장속)는 분지하지 않으며 구형인 영양 슈트를 만드는 한 개의 슈트 정단 분열조직을 가지고 여러 해 동안 자란다. 그러나 생식단계로 전환된 후 같은 분열조직에서 만들어진 조직들 모두가 성체 슈트 형태를 가진 것으로 발달하고, 수직으로 배열하는 여러 개의 능선에는 엽서가 밀집한 나선으로 바뀌게 된다. 표면은 가시와 털로 두껍게 덮이고 기공과 피층 동화조직은 없어지며(**490**) 표피는 코르크형성층으로 된다(**491, 492**). 성숙한 목재는 일부 섬유가 있는 어린 상태와는 달리 유조직성으로 된다. 꽃눈 자리에서 화아가 가시와 털의 보호체 아래에서 발달하고 이 후 자라나서 이 덮개들을 연다. *Discocactus*(디스코선인장속)와 *Backebergia*(기둥선인장 종류)같은 다른 속에서는 꽃눈 자리가 정단에 나타난다(**493**).

정단 꽃눈 자리가 있는 선인장은 성체 슈트에 새로운 광합성 조직을 만들지 않으며 식물이 나이를 먹으면 자신의 동화조직이 광합성을 한다. 다른 속들은 이 문제를 측면 꽃눈 자리로 해결한다. 즉 사춘기에 접어들면 정단 분열조직의 한 부위가 성체 단계로 전환되고 다른 부위는 어린 상태의 형태로 계속 발달한다(**494, 495**). 동일한 슈트 정단으로부터 일부 세포들이 기공을 가진 어린 상태의 표피로 발달하지만, 같은 분열조직 초층에서 다른 부위의 세포들은 코르크형성층을 즉시 형성한다. 내부적으로 일부 세포들은 넓은 동화조직성 피층으로 발달하지만 어떤 것들은 좁은 비동화조직성 피층으로 발달한다(**496-498**). 꽃눈 자리의 늑부(rib)에서 액아가 꽃을(또한 많은 긴 가시와 털도) 형성하지만 어린 늑부의 눈은 그렇지 않다. 슈트의 남은 생존기간 동안 정단 분열조직은 조직을 형성하는데, 일부는 꽃이 되고 어떤 것은 광합성을 하는 조직이 된다. 측면 꽃눈 자리는 *Cephalocereus*(세팔로세레우스속), *Coleocephalocereus*(콜레오세팔로세레우스속), *Espostoa*(에스포토아속), *Facheiroa*(화케이로아속), *Micranthocereus*(미크란도세레우스속) 등에서 나타난다.

선인장인 *Browningia candelaris*(브로우닝기아속 일종, 칠레 북부 원산; 역자 주)는 독특하다: 2 m 크기까지는 분지하지 않고 가시가 많은 원통형으로 자라지만, 이 후에는 꽃을 피울 수 있는 가시가 거의 없는 성체 가지를 많이 만든다(**233, 499**).

종자식물에서 유성 생식에 관여하는 조직과 기관

모든 종자식물은 이형포자성 식물이다. 하등 관속식물과는 달리 독립생활을 하는 배우체 세대가 없다. 나자식물에서는 반수체인 대포자 한 개가 성숙하여 나출되어 있는 암 배주(어린 미성숙 종자) 내에 배낭을 형성한다(**11, 45**). 이 대포자는 2배체인 주심(대포자낭) 안에 있는 한 개의 대포자모세포가 감수분열하여 형성된다. 감수분열 결과 형성된 네 개의 대포자 중에서 오직 한 개만이 성숙하고 나머지는 퇴화된다(**45**). 배낭과 주심은 주피로 싸여있는데, 이 구조물들이 모여 배주를 형성하며 나무에 남아있게 된다. 반수체인 대포자가 분열하여 확장된 배낭 안에 일단의 배우체 조직을 형성하고, 결국 이 조직의 주공 가까운 조직 내에 한 개 또는 그 이상의 난자가 형성 된다(**500**). 소포자가 배주에 도달하여 수분되면 알은 정핵과 수정하여 2배체인 배가 발달하게 된다. 배를 둘러싸는 암배우체의 조직 내에는 충분한 양분이 장래 어린 식물체를 위하여 저장되는 동안에 배주의 주피가 변하여 성숙한 종자의 종피가 형성된다(**45, 500**).

배주가 노출되어 있는 나자식물과는 반대로 꽃피는 식물은 배주가 자방 안에 갇혀있다(**45**). 배낭 내의 암배우체는 일반적으로 여덟 개의 세포로 축소되어 있으며 이 중에 배낭의 주공 쪽에 있는 하나가 난자가 된다. 나자식물과는 달리 피자식물에서는 중복수정이 일어난다. 한 개의 정핵이 난자와 수정되어 2배체인 배를 만들고(**45**), 나머지 다른 정핵은 두 개의 중앙 극핵과 수정하여 3배체의 영양조직인 배유(**45**)를 형성하는데 초기에는 다핵체 상태이다.

꽃의 일반적인 특징

대부분의 꽃들은 암, 수 성 기관을 모두 가지고 있는 양성 기관이다(**1, 44**). 그러나 일부 식물들은 암꽃 또는 수꽃처럼 한가지 성만 있는 꽃들이 한 개체 또는 다른 개체에 있는 경우도 많다. *Magnolia*(목련속)와 *Rhododendron*(진달래속) 등의 꽃들은 각각 기저 피자식물과 진정쌍자엽식물의 일반적인 특징을 보여준다. *Magnolia*(목련속)는 늘어난 화탁 위쪽의 1/2이 나선상으로 배열하는 다수의 분리된 자성기관(심피)으로 덮여있는데 이들이 모여서 이생심피 자예군을 구성하게 된다. 심피 아래에는 나선상으로 배열하는 다수의 웅예군(수술 무리를 형성하는 수술들)이 짧은 화사로 화탁에 박혀있다. 이 수술에는 끝에 화분(소포자)이 들어있는 커다란 약이 있다. 화탁의 기부에는 아홉장의 크고, 화판상인 화피의 구성요소들이 있고 꽃 자체는 짧은 화경 끝에 위치한다(**32**). 이와는 다르게 *Rhododendron*(진달래속)의 꽃에는 꽃의 구성요소들이 5의 배수로 있으며 심하게 융합되는 양상을 보인다. 화피는 융합한 다섯 장의 작은 녹색의 꽃받침잎으로 된 꽃받침과 다섯 장의 융합된 적색 화판으로 구성된 화관으로 되어있다. 웅예군은 열 개의 독립된 수술로 구성되는데 이들의 화사(수술대)는 길이가 고르지 않다. 끝에 구멍이 있어 이 구멍을 통하여 많은 4분립의 화분이 가는 점액성 실에 묶여 빠져나온다. 자예군은 한 개의 자방이 기부에 있고 긴 화주 끝에 주두가 있는데; 실제로는 서로 완전하게 융합한 다섯 개의 심피로 구성된 합생심피 자예군이다.

반대로 *Lilium*(나리속, **1**)과 같은 단자엽식물의 꽃은 두 개의 윤생체가 호생하는 여섯 장의 화판상 화피의 구성요소들로 되어있다. 이들은 여섯 개의 수술을 둥글게 둘러싸며 합생심피 자예군은 융합된 세 개의 심피로 구성되어 있다. 자방의 세 방은 각각 꽃이 시든 후 열매가 발달하면 명백하게 보인다. 나리의 자방은 끝이 길고 가는 화주(암술대)로 되어있으며 화주의 끝에는 약간 부푼 주두가 있다. *Magnolia*(목련속)와 *Rhododendron*(진달래속)처럼 자방이 나머지 꽃 구성요소 위에 부착 부위가 있으므로 상위자방이다. 다른 꽃에서는 자방이 하위인 경우도 많다(**502, 503**). 대부분의 꽃 기관 발달 초기에는 원기들이 구심적으로 발생하기 때문에 먼저 화피가 발생하고 자예군은 가장 늦게 발생한다.

화피

어떤 꽃에서는 각 화피 열편들의 외형이 비슷하지만(**1, 44**) 또 다른 많은 종류에서는 화피는 바깥쪽의 꽃받침을 구성하는 꽃받침잎(악편)과 안쪽의 화관을 형성하는 꽃잎(화판)으로 분화되어 있다(**2, 504, 505**). 또한 화피가 흔적으로만 있는 일부 꽃들(주로 풍매화)도 있다(**157, 506**). 꽃받침은 여러 장의 꽃받침잎으로 구성되며 대부분이 잎과 같이 녹색이지만(**267, 532**), 엽육조직이 책상조직과 해면조직으로 분화되어 있지는 않다. 꽃받침잎이 아직 열리지 않는 꽃 봉오리를 둘러싸고 보호하는 기능 외에 때로는 밝은 색을 가지고 있어(**504**) 수분매개 동물을 유인하기도 한다. *Taraxacum*(민들레속)에서 각 소엽에 있는 털 같은 관모(pappus; calyx, **482, 507**)는 수많은 소과실들이 바람에 퍼져나가는 것을 도와준다. 화관은 대부분의 꽃에서 여러 장의 꽃잎으로 되어있으며 다양하게 변화되어있어 수분매개체를 유인한다(**504, 505, 508-510**). 그러나 풍매화의 경우 화관이 극도로 축소되어 있거나 없다(**506**). 벌에 의하여 수분이 되는 꽃들은 꽃잎의 표피세포가 자외선을 흡수하는 플라보노이드 색소를 가지고 있어 벌의 눈에 보이며 꿀샘으로 벌들을 인도하는 기능을 한다(**511, 512**). 꽃잎 표피세포의 액포에 있는 베타시아닌과 유색체에 있는 카로테노이드 등은 밝은 색을 나타내어 수분매개체를 유인한다. 동물에 의하여 수분이 되는 꽃에는 흔히 꿀샘이 있다(**157, 504**).

꽃잎은 일반적으로 얇은 각질층과 소수의 기공이 있는 일시적인 구조이며 엽육조직은 광합성을 하지 않는다. 방사상칭화에서 화피 구성요소들은 크기가 모두 비슷하고 화탁 둘레에 규칙적으로 배열한다(**1, 504, 508, 511**). 그러나 좌우상칭화인 꽃들도 많다(**267, 505**). 다른 꽃의 기관들처럼 꽃잎들도 서로 융합하지만(**513, 514**), 끝 부분은 떨어져 있는 경우가 많다.

수술(수술무리)

각 수술의 끝에는 화분립을 만드는 약(anther)이 있다(**515-517**). 약은 화사 위에 형성되는데 화사는 직접 화탁에 연결되어 있거나 화관에 연결되어 있다. 화사는 길이가 서로 다르기도 하고(**516**), 매우 짧은 경우도 있으며(**506**), 난 종류의 경우 화사가 없다. 일부 꽃에서는 화사가 융합하여 관모양으로 화주를 둘러싸고(**518**), 국화과 식물에서는 약이 융합되어 있다(**514**). 관속이 화사를 따라 뻗어나가(**519**) 약에 물과 영양분을 공급한다. 화분낭은 일반적으로 2실로 나뉘며(**516**) 각 실에는 두 개의 원주형 화분낭이 있다(**514, 520**). 성숙한 약은 일반적으로 길이로 나뉘어져 화분을 방출하지만(**515, 520**), *Rhododendron*(진달래속), *Erica*(에리카속), *Calluna*(칼루나속, 진달래과; heather) 등과 같은 일부 분류군에서는 화분낭 끝에 형성된 구멍(**517**)을 통하여 화분이 방출된다.

어린 약(**513**)은 여러 층의 하피세포들이 각 화분낭 안에서 병층분열하여 중앙에는 포원세포들을, 그리고 이를 둘러싸는 주변조직 등을 만든다(**514**). 주변 조직은 하피성 내피, 중간의 유조직 층 그리고 안쪽의 융단조직층으로 분화된다(**521**). 내피의 세포벽에는 수층벽과 안 쪽 병층벽(**522**)에 목질화 되기도 하는 비후된 띠가 많이 발달한다. 대부분의 약은 표피세포의 길이로 된 면(열개선; stomium)을 따라 터지는데 이들의 아래에는 불규칙하게 두꺼워진 세포벽을 가진 내피세포들이 있다. *Phaseolus vulgaris*(강낭콩) 같은 종에서는 꽃이 열리지 않은 채로 자가수분이 일어난다(폐쇄화현상). 화분립들은 제자리에서 발아하고 화분관은 약 벽을 뚫고 주두에 도달하게 된다.

융단조직은 발달하는 포원조직에 영양을 공급하는 중요한 부위이다. 이 층의 세포들은 세포질이 밀집해 있고(**521**) 대부분 2- 또는 다핵성 세포들이다(**523**). 많은 종류의 식물에서 융단조직 세포들은 원래 위치에 있지만 침투성 융단조직(아메바형 융단조직)을 가진 종들에서는 이들 세포의 벽이 파괴된다(**524**). 그 결과 원형질체들이 연합하여 다핵체인 주변원형질(periplasmodium)을 형성하고 이들은 발달하는 포원조직 세포들을 직접 둘러싸게 된다. 각 약 내에서 화분모세포는 일반적으로 동조 감수분열을 한다(**523, 524**).

많은 쌍자엽식물에서 화분모세포가 감수분열하면 4면체로 배열하는(**524**) 네 개의 반수체 미성숙 화분립(소포자)을 형성하여; 각 화분립은 다른 화분립과 접촉하는 세 개의 면을 가지게 된다(**525**). 그러나 단자엽식물에서는 양면동형 분절 양상(isobilateral segment pattern)이 보다 많다. 화분립은 처음에는 핵이 한 개(**526**)이지만 약 안에서 1차 유사분열이 일어나면 큰 영양세포와 작은 생식세포로 된 성숙한 화분립이 된다. *Drosera*(끈끈이주걱속)에서 화분립들은 4분체가 결합한 상태로 남아있으나, 대부분의 꽃피는 식물에서는 감수분열 결과 형성된 네 개의 화분립은 이들을 둘러싸고 있던 화분모세포의 캘로스 벽이 용해되면 분리된다. 많은 종류의 난과, 박주가리과, *Rhododendron*(진달래속) 등에서는 화분립들이 서로 끈적끈적한 덩어리로 붙어있는데 이를 화분괴(pollinium)라고 한다(**517**).

성숙한 화분립의 표벽(exine)은 매우 복잡하며(**526-528**) 안쪽의 내표벽(nexine; 스포로폴레닌으로 구성되며 썩는데 저항성이 매우 강하다)과 바깥쪽의 외표벽(sexine)으로 구성되어 있다. 외표벽은 스포로폴레닌이 침투할 수 있으며, 융합된 기둥(baculae)으로 되어 있다. 표벽의 양상은 종마다 차이가 있어 분류학적으로 매우 큰 의미를 가진다(**527, 528**). 화분 벽의 안 쪽 부위는 섬유소로 되어 있으며 내벽(intine)이라 한다.

심피(암술무리)

많은 꽃에 있어서 심피들은 서로 융합하는데(합생심피, syncarpy; **508, 514, 515**); 심피들이 서로 떨어져 남아 있는 꽃은 일부 소수의 분류군에서 볼 수 있다(이생심피, apocarpy; **44**). 심피가 융합되는 정도도 다양하다: 자방은 융합되어 있으나 화주가 떨어져 있기도 하고(**515**), 주두만 떨어져 있는 경우도 있다(**529, 530**). 대부분의 꽃의 구성요소들이 일시적으로 존재하다가 없어지지만 자방과 배주는 수정 후 계속 자라서 열매와 종자로 발달한다(**531, 532**).

주두(암술머리)는 화분을 받는 장치이며(**45, 508**); 풍매화에서 주두는 깃털같이 생긴 경우가 많은 반면에, 다른 식물들에서는 주두 표피에 돌기나 털을 가진다(**530**). 대부분의 심피(암술)에는 화주(**515, 516**)가 있는데, 어떤 종에서는 암술대가 매우 짧다. 암술대까지 융합한 합생심피를 가진 종에서는 각 암술대의 구성요소마다 종으로 달리는 한 개의 주 관속이 있다(**514, 533**). 암술대의 중앙에는 송달조직(transmitting tissue, **533**)이 있는데, 화분립(**534**)이 발아한 후 화분관은 이 조직을 통하여 아래로 자라 자방(씨방)에 도달하게 되며 가는 도중에 이 조직으로부터 영양분을 흡수한다(**535**).

자방벽에 배주가 붙는 두꺼운 부위를 태좌라 한다. 심피는 배축면이 바깥쪽으로 접혀서 잎 같은 구조로 변형된 것으로 알려져 있는데; 그 가장자리가 정상적으로 융합하고 융합한 가장자리 근처에 있는 두 개의 종으로 배열하는 태좌가 안쪽(향축면)으로 있게 된다(**536**). 합생심피인 자방에서는 중축태좌가 흔한데 이는 자방 중앙에서 암술의 주변부가 융합한 것이다(**13, 531**). 그러나 태좌가 자방의 주변부(측막태좌)나 기부에 위치하기도 한다(**502**). 변연태좌는 이생심피를 가진 자방에서 흔히 볼 수 있다(**536, 537**).

각 배주는 배병을 통하여 기부(합점)가 태좌에 연결되어 있다(**45, 538, 539**). 배주는 주심(대포자낭)을 싸고 있는 두 개의 얇은 주피로 싸여있다(때로는 한 개의 주피가 있는 경우도 있다.). 배주의 정단에서 좁은 통로 즉 주공이 주피를 관통하여 주심의 표면이 노출된다. 배병에 대한 배주의 방향은 다양하게 나타나지만 흔히 배병이 180도 기울어져 있다(도생배주, **539**). 자방벽과 태좌는 일반적으로 관속조직이 많고(**536**) 다수의 작은 관속이 배병(**539**)으로 가지를 치지만 주심까지 벋는 경우는 거의 없다.

배주의 발달 초기에 대포자모세포가 주심의 주공 쪽에 뚜렷하게 나타나고(**540**) 감수분열을 하게 된다. *Polygonum*(마디풀속; 단포자형)에서처럼 가장 흔한 경우에는 한 열의 반수체 대포자 네 개가 형성된다. 이 중 합점쪽 즉 가장 안쪽에 있는 세포는 더욱 발달하지만 다른 세 개의 대포자는 퇴화하여 사라진다(**541**). 기능을 발휘하는 한 개의 대포자는 주심이 확장하면서 그 안에서 매우 커지고, 핵은 3회 분열하여 여덟 개의 성숙한 대배우체 핵이 된다(**539, 541**). 현화식물에서는 모든 핵이 나타난 후에야 세포벽이 형성되기 때문에 대배우체를 배낭이라 한다(**45**).

그 밖의 대포자모세포가 세포분열하는 방식으로 여러 가지가 있는데, 2포자형에서는 처음 감수분열 후 형성된 두 개의 세포 중 하나가 다시 분열하여 배낭의 여덟 개 핵을 형성하고 나머지 하나는 소실된다. 4포자성 발달의 경우는 대포자모세포(**540**)가 감수분열을 하고 그 결과 형성된 네 개의 핵이 배낭 세포질에 국한되어 나타난다. 이 핵들은 다양한 방법으로 유사분열을 하여 성숙한 배낭은 여덟 보다 많은 핵을 가지기도 한다. *Lilium*(나리속, **542**)의 완전히 성숙하지 않은 배낭에서 한 개의 반수체 핵은 주공 쪽에 위치하고 합점 쪽의 나머지 세 개는 핵융합을 하여 3배체 핵이 형성된다. 이 후 유사분열과 핵들의 재배열이 일어나 세 개의 반수체 핵들은 주공 쪽에 있고, 한 개의 반수체와 한 개의 3배체 핵은 배낭 중앙에 그리고 세 개의 3배체 핵은 합점쪽에 있게 된다.

배낭이 발달하면서 8개의 핵과 이들 주변의 세포질은 얇은 막으로 나뉘게 되고 특정한 부위에 자리 잡게 된다. 세 개의 반족세포들은 배낭의 합점쪽에 자리잡고, 두 개의 조세포와 중앙 난세포는 주공 쪽에 자리 잡는다. 반면에 중앙 지역에는 배유 모세포 내에서 두 개의 극핵이 있게 된다. 난세포는 일반적으로 좌우의 조세포보다 크기가 크며; 핵과 대부분의 세포질은 합점 쪽에 있고 이 지역의 세포벽은 빈약하게 발달한다. 조세포에서 세포질은 주로 주공 쪽에 모여 있으며, 이들의 세포벽은 전달세포(**113**)에서 나타나는 것과 유사하게 세포벽에 미로구조(labyrinth, filiform apparatus)가 형성된다. 조세포들은 주심에서 난세포로 영양분을 이동시키는 것이 확실하며 이 조직 내에 흡수를 위한 흡기를 형성하기도 한다. 대부분의 종에서 화분관은 조세포 중의 하나를 통하여 배낭으로 들어오게 된다. 반족세포들은 난자가 수정되기 전에 붕괴된다. 그러나 때로는 남아있어 흡기로 발달하기도 한다.

수정

화합성 화분립이 주두에 도달하면 화분 발아구 중의 하나를 통하여 화분관이 자라 나온다(**528**). 화분 내에 있던 세포질과 핵들은 화분관으로 이동하며 화분관은 주두를 뚫고 들어가 화주에 있는 전달조직 안에서 아래로 자라 내려간다(**533, 535**). 약 내에서 이미 화분립의 생식핵이 세포분열하여 두 개의 정핵을 형성하는 식물이 있고, 화분관 안에서 세포분열하는 식물도 있다. 핵과 세포질은 자라나는 화분관의 끝 부위에 모여 밀집된다. 이 뒤 쪽의 부위는 액포가 많이 자리 잡거나 캘로스 마개로 막히기도 한다. 화분관은 주로 주공을 통하여 배낭 속으로 들어간다. 그러나 드물게 주피를 직접 뚫고 들어가는 경우도 있다. 배낭 안으로 들어가면 화분관 끝 근처에 구멍이 생기고 두 개의 정핵이 방출된다. 한 개의 정핵은 난세포 핵과 그리고 다른 하나는 중앙에 있는 극핵들과 수정을 한다. 대부분의 꽃피는 식물에서 정핵을 둘러싸는 세포질은 수정 시 전달되지 않기 때문에 엽록체와 다른 세포내 기관들의 유전은 일반적으로 모계를 통하여 전달된다.

종자의 발달

반수체인 난자와 정핵이 수정을 하면 2배체인 접합자가 되고 이들이 계속 분열하여 고도로 체계가 잡힌 구조인 배로 발달한다(**46, 213**). 성숙한 배는 통상 보호층인 종피(testa) 안에서 휴면 시기를 가진다. 종피는 커진 배주의 주피에서 발달한다. 배 자체에 영양 저장물질이 보관되어 있기도 하며(**104**), 단자엽식물과 같은 유배유 종자의 경우에는 배를 둘러싸는 배유조직에 더 많은 양분을 저장한다(**549**). 콩이나 땅콩 같은 무배유 종자의 경우 배유는 종자가 형성되는 동안에 소비된다. 석죽목(Caryophyllales) 식물의 경우 소량의 배유가 형성되지만 주심이 영양을 보관하는 외배유(perisperm)로 발달한다.

배의 발달

정핵이 난세포의 세포벽이 없는 부위를 통하여 들어오면 접합자의 이 부위에 벽이 만들어진다. 2배체인 핵은 유사분열을 하고 일반적으로 가로로 세포벽이 형성되어 접합자를 기부세포와 정부세포로 나누게 된다. 기부세포는 가로로 분열하여 배병을 형성하는데(**46**); 배병은 정부세포를 밀어서 주공에서 멀어지게 하여 확장하는 배낭 내에서 발달하는 배유 쪽에 가깝게 밀어준다(**52, 543, 544**). 콩과식물에서 배병은 고도의 배수성을 나타내며, 아메바같이 생긴 핵들(**545**)이 나타나는데 배의 발달에 필요한 중요 생장 물질을 합성하는 것이 확실하다. 정부세포는 다양한 면으로 분열하여 공모양의 전배(**544**)를 형성하며 이어서 원표피가 수층분열하여 바깥층이 만들어진다.

쌍자엽식물에서는 공모양의 배가 더욱 커지면서 심장 모양의 구조로 바뀐다. 합점부 쪽에 위치하는 심장모양의 양 쪽 귀부분은 자엽으로 자라난다. 이 후 배는 길이로 자라고 전형성층과 기본조직 등이 분화된다(**546**). 어린뿌리의 근단이 배의 주공 쪽에서 나타나며 이 후 그 위쪽으로 하배축이 자라 나온다(**547**). 이 기간 동안 하배축의 반대 쪽 두 자엽 사이에서 유경(어린줄기)이 작은 둔덕모양으로 나타난다. 성숙한 종자에서 어린줄기 끝부분은 작은 상태(**547**)로 남아있거나 아니면 커져서 첫 잎으로 자라기도 한다(**213, 548, 549**). 또한 어린뿌리에는 뿌리골무와 끝부분이 보이게 된다. 배낭의 구조에 따라 배는 직립하거나 여러 가지 모양으로 휘기도 한다. 유배유 종자에서는 다량의 배유가 있으며 자엽은 가늘고 잎 모양을 하지만 반대로 무배유 종자에서는 부풀어져서 나타난다(**547, 548, 550**).

단자엽식물에서 배의 초기 발생은 쌍자엽 식물과 같지만, 한 장의 측부 자엽이 형성된다(**32**). 단자엽 식물의 종자는 통상 유배유 종자이며 한 장의 자엽은 소화기관처럼 작용한다: *Cocos nucifera*(코코넛)에서는 자엽이 크게 확장되어 코코넛의 중앙부를 채우며 흰색의 코코넛 살을(세포성 배유, **551**) 소화하여 자엽 내의 관속조직을 통하여 배로 영양물질을 이동시킨다. 벼과식물의 배유는 배반(scutellum)이 소화시키는데 이를 변형된 자엽으로 간주하기도 한다. 발아 초기동안 벼과식물의 어린줄기 끝은 관상의 잎 모양 구조를 가진 자엽초로 보호받으며, 어린뿌리는 처음에는 근초가 둘러싸고 있다(**552**).

일부 현화식물에서 성숙한 배가 형태적으로 거의 분화하지 않고 소수의 유세포로 구성되어 있으며 따라서 종자도 매우 작은 경우가 있다. 예로는 난과식물, *Bromeliaceae*(브로멜리아과, 파인애플 종류; 역자 주) 그리고 많은 기생식물들이 있다.

배유

대부분의 피자식물들은 배낭에 두 개의 반수체 극핵이 있고 이들이 정핵 하나와 수정하여 3배체인 1차 배유세포로 발달한다(**45**). 또 일부 식물들에서는 극핵이 여러 개가 있어서 그 결과 다배체인 배유를 형성하기도 한다. 소수의 종에서는 극핵의 수정이 일어나지 않고 또 어떤 식물에서는 1차 배유 핵의 분열이 매우 일찍 멈추기도 한다. 많은 유배유 종자(**549**)에서 주심과 내주피는 배유가 발달하면 성숙한 종자에서 붕괴된다.

대부분의 꽃피는 식물들에서 1차 배유핵의 처음 분열은 세포질 분열이 뒤따라 일어나지 않아 다핵체인 배유(**52, 543**)가 발달한다. 그러나 그 이 후에 세포벽이 형성되어 배유는 모두 세포가 된다(**538**). 이 세포벽들은 기내 배양하는 조직들의 벽과 유사하기도 하고 정상적인 세포판 형성과는 반대로 생장하는데 미세소관이나 골지체가 나타나지 않는다. 무작위적인 세포벽 형성은 일부 배유세포가 여러 개의 핵을 가지는 결과를 낳기도 한다. *Cocos nucifera*(코코넛)의 성숙한 열매(**551, 553, 554**)에서 종자 안에 있는 물 같은 밀크는 배유 부위에 다핵체인 세포질이 남아있는 것인 반면에 흰 살 부위는 구획화된 세포가 형성된 부위이다.

종피

배주의 주피(**539**)는 수정 후에 종피로 발달한다(**547, 555**). 외종피(testa)에는 단단한 보호층(**551**)이 있는 경우가 많은데 이는 외주피에서 발달하기도 하고(**556, 557**) 내주피에서 형성되기도 한다. 콩과에서는 내주피가 결국 붕괴되지만 남아있는 주피의 바깥 표피는 보강조직으로 된 책상 층으로 분화한다(**557**). 주병 조직(**556**)에서 형성되는 바깥층과 함께 두 보강조직 층이 제(臍, hilum)에서 나타난다. 또한 발아하는 동안 수분의 흡수에 관여하는 것으로 보이는 일단의 가도관이 이 부위에서 발달한다. 곡류와 벼과에서 알곡(**552, 558,**

559)은 얇은 자방 벽이 한 개의 배주의 주피에 융합된 것이기 때문에 종자라기보다는 열매(영과)이다.

열매

수정 후 자방이 발달하여 열매가 되는데 열매는 종자를 둘러싸며 보호한다(**531, 532, 537, 554, 555**). 그러나 일부 식물에서는 수정 없이 단위결실로 열매가 형성된다. 이것은 *Musa*(파초속, 바나나)와 *Ananas comosus*(파인애플) 등에서 볼 수 있다(**244**). 매우 다양한 열매가 있지만 그 종류 모두를 여기서 다룰 수는 없다. 대부분의 열매들은 단순 과실이라고 하는데 이는 이생심피(**44, 537**)든지 합생심피(**531, 532, 560**)든지 한 개의 자방에서 만들어지기 때문이다. 집합과는 *Fragaria vesca*(딸기속 일종, **561**)처럼 한 개의 꽃에 여러 개의 심피가 있는 경우 형성된다. 반면에 다화과는 파인애플 같이 여러 개의 꽃에서 형성되는 것이다.

자방벽에서 직접 유래된 조직 이외에 인접한 부속 조직들이 열매를 만드는데 참여하기도 한다. 딸기(**561**)에서는 팽창된 화탁이 열매의 중앙부가 되기도 하며, 파인애플의 경우 화서의 인편과 팽창된 화축이 열매의 형성에 참여하기도 한다. *Banksia*(방크시아속, **562**)처럼 매우 밀집한 꽃들은 팽창된 화서 축(**563**)에 묻혀 있으면서 익으면 벌어지는 목본성 열매로 발달하는데 때로는 2기 비후가 일어난다. 하위 자방에서 발달하는 열매들(**531, 532, 564**)은 화탁이나 화피 조직의 외부층이 자방벽에 결합하기도 한다. *Malus sylvestris*(사과 종류)의 과육은 화통이 커진 것이고 중심부(**565**)는 자방에서 형성된 것이다.

열매가 성숙하는 동안에 나타나는 변화들은 식물에 따라 매우 다양하다. 벼과 식물에서 자방은 오직 한 개의 배주만을 가지며(**559**) 성숙하면 비교적 작은 열매가 되고, 성숙하면서 나타나는 자방벽의 변화는 주로 세포의 액포화 생장과 세포보강조직화의 영향을 받는다. 그러나 큰 종자를 가지거나 다육성인 열매들(**565**)은 생장과 함께 활발하게 세포분열을 한다. *Persea americana*(아보카도, **555**)에서는 생장하는 내내 세포분열이 일어난다. 크고 무거운 열매들에서 처음의 연약한 꽃자루는 발달하는 종자에 물과 양분을 공급하는 양이 증가하면서 나타나는 관속조직의 분화가 일어나 목본화 된다.

과벽

다육성 열매의 과피는 일반적으로 세 층으로 되어있다. 외과피는 껍질로 되어있고 중과피는 다육성이고 내과피는 종자를 둘러싸는 돌세포로 구성되어 있다(**566**). 그러나 사과(**565**)나 대부분의 선인장(**564**)의 과육처럼 꽃 이외의 부수 조직들이 참여하기도 한다.

자방벽의 각질로 덮인 외표피는 열매에서도 남아있는 경우가 많으나(**567, 568**) 기공은 기능을 하지 않는다. 다양한 열매에서 코르크가 발달하기도 하는데, 일부 사과의 변종들에서 보이는 조각 모양은 국소적으로 코르크가 형성되기 때문이다. 내강에 인접한 열매의 내표피는(**567**) 거의 큐틴질이 없다. 일부 열매(**566**)에서 후벽조직화한 내과피는 자방벽의 내표피와 인접한 기본조직에서 기원한다. 많은 다육성 열매에서 내표피는 분비조직이 되며 감귤의 열매에서 과육은 과즙낭이 증식하여 심피 내강으로 번어 들어간 것이다(**568**).

자방벽의 기본 조직은 다양하게 발달한다. 성숙했을 때 건조한 과벽에서는 많은 후벽조직이 발달한다(**551, 554, 569, 570**). 부드러운 열매에서(**555, 560, 561, 565**) 자방벽의 기본조직은 액포가 많이 발달하고 화경과 연결되는 관속이 침투할 수 있는 유조직으로 주로 구성된다. 발달 중인 열매에서 유조직은 성숙하면서 변화를 하게 된다. 예를 들면 *Pyrus communis*(배 종류)와 *Persea americana*(아보카도)의 부드러운 과육은 이 조직의 중엽과 세포벽이 붕괴되어 형성된 것이다.

건과에서 방출되는 종자

열매가 동물에 의하여 산포되지 않는 식물(**563, 569, 570**)에서 열매의 기본적인 기능은 종자의 보호이다. 성숙하였을 때 건조한 폐과는 발아하는 배(**571**)가 쉽게 뚫을 수 있는 얇은 벽을 가지고 있다. 열개과는 흔히 두꺼운 벽을 가지며 종자를 방출할 때 깨어져 열린다(**572-574**). 콩에서 꼬투리는 심피 가장자리의 봉선을 따라서 그리고 중앙 맥을 따라서 종으로 열개된다(**537, 575**). 많은 콩과식물에서 한 층의 외과피 섬유의 장축은 꼬투리 축에 대하여 어느 정도 직각으로 놓여있다. 반면에 내과피 섬유는 장축에 평행하게 달린다. 과피가 건조해지면 외과피와 내과피가 서로 가로질러 수축이 되므로 결국 열개된다(**575**). 또 어떤 과일(**570**)에서는 터지는 지역이 심피 구조나 관속과 관계가 없이 구멍이 뚫려 열리기도 한다(**572**).

먹이 열매와 종자의 산포

열개과에서 종자의 방출과 산포는 열매가 식물체에 부착해 있는 동안에 일어난다. 다육성인 열매들은 일반적으로 동물들이 먹이로 좋아하는 것들이다. 그리고 그 안에 있는 종자는 동물의 씹는 작용이나 소화액으로부터 보호되도록 후벽조직으로 된 내과피(**555, 566**)나, 벽이 두껍거나 점액성인 종피를 가지고 있다. 종자들은 후에 동물의 배설로 산포된다. 작은 다육성 열매들(**561**)은 향기가 없는 경우가 많으며 주로 새들에게 먹힘으로써 산포되는데, 새들은 색을 보는 능력은 뛰어나지만 냄새를 맡는 능력은 뒤떨어진다. 크고 향기가 있는 열매들(**565, 576**)은 주로 포유동물들이 먹게 되는데 이들은 냄새를 맡는 능력이 뛰어나다. 다육성인 열매들은 땅에 떨어지기도 하는데 이 때 동물에 먹히거나 썩어서 종자를 방출하게 된다.

열매와 종자의 수동적인 산포

가시나 끈적거리는 표면을 만드는 열매도 많은데, 지나가는 동물의 몸에 붙어 수동적으로 산포된다. 바람에 의하여 열매와 종자가 산포되는 경우도 흔하지만(**571, 574, 577**), 이들이 먼 거리를 이동하는 것은 흔치않다. *Taraxacum*(민들레속, **482**)의 작고 가벼운 열매의 경우에도 오직 1%의 열매들만이 10 km 이상 산포되었다는 조사 결과가 있다. 어떤 종들은 폭박적인 열매를 가지고 있으며(**575, 578**), 이들은 수 m 거리까지 종자를 방사할 수 있다. 물로 산포되는 종자는 그리 흔하지는 않지만, 코코넛 종류인 *Cocos nucifera*(코코넛)와 *Lodoicea maldavica*(바다코코넛)의 큰 열매들은 종자가 보강조직으로 된 두거운 내과피로 보호되어 바닷물의 흐름으로 퍼진다. *Avicennia*(아비세니아속)와 *Rhizophora*(리조포라속)와 같은 맹그로브 열매들은 모체에서 발아하는 한 개의 종자를 가지고 있다. *Rhizophora*의 어린뿌리는 수개월에 걸쳐 50 cm 이상 자란 후에도 모체 나무에 붙어있다(**579**). 이와 같이 발아한 맹그로브의 어린식물체는 결국 물이나 개흙에 떨어져 뿌리를 굳게 내려서 맹그로브 숲으로 발달하게 된다(**413, 580**).

468 *Conocephalum conicum*(패랭이우산이끼)의 클론. 넓게 퍼지는 대형의 이 이끼는 일반적으로 습한 곳이나 어두운 장소에 있는 납작한 바위나 벽 위에서 조밀하게 퍼져나간다.

469 *Pteridium aquilinum*(고사리 종류)의 새순. 지난 가을 슈트가 죽은 후 새 봄에 지하경에서 발아한다. 주변에 작년에 죽은 잔재들을 볼 수 있다. 이 양치류는 온대와 아열대 지방에서 매우 흔하게 나타나며 땅 속 1m 정도에 있는 복합 지하경 계(rhizome system)에서 클론을 형성하여 퍼져나간다. 보통엽은 풀을 뜯는 가축에게 강한 독성이 있으며 강력한 발암 혼합물을 가지고 있다.

470 *Acorus calamus*(창포). 이 단자엽 식물의 칼 모양의 지상 잎들이 늪지 땅에 밀집하여 넓은 지역에 나타난다. 이들은 지하에서 자라는 커다란 지하경이 남아있어 클론을 형성하여 퍼져나가지만, 여기에서는(이른 봄) 배수로의 흐르는 물 때문에 지하경이 노출되어 있다(서부 스코틀랜드 아이오나).

471 이 *Populus tremuloides*(사시나무속 일종)의 작은 숲은 실제로 하나 또는 두 개의 개체에서 형성된 것이다. 뿌리에서 부정 줄기의 눈이 형성 되어 이들이 같은 모양의 나무를 형성한다. 이들은 모두 클론이며 한 근계로 서로 연결되어 있다.

472 스코틀란드의 거친 언덕에 퍼져있는 유해한 잡초인 *Pteridium aquilinum*(고사리 종류)의 봄에 핀 잎으로 모두 클론이다. 이 양치식물은 방목하는 양이나 소들에게 매우 유독한 식물이다. 그러나 다년생 지하경이 지하 1m 에서 영양번식으로 퍼지기 때문에 완전히 제거하기가 매우 어렵다.

473 *Ranunculus repens*(가는미나리아재비). 늦은 봄에 널리 퍼져서 흔한 이 쌍자엽식물의 포복경이 버려진 축축한 묵밭 지면에서 빠르게 자란다. 포복경의 절에서 부정근이 형성되고 작은 식물체가 발달하며; 후에 식물체 사이에 있던 가는 포복경은 썩게 되어 결국 식물체들은 클론으로 퍼져나간다.

474 *Solanum tuberosum* var. 'Desire' (감자 종류). 이 쌍자엽식물의 비대한 지하 괴경(덩이줄기)은 전분을 저장한다. 괴경은 줄기에서 나온 포복경에서 발달한 것이며; 후에 이 포복경은 썩어 없어지고 괴경에 있는 눈이 발아하여(참조, 338), 한 식물의 같은 클론인 녹색의 지상부 식물체들을 형성한다.

475 *Daucus carota*(당근). 이 흔한 채소류는 2년생이다: 근경은(실제로는 확장된 1기 뿌리/하배축) 종자를 파종한 후 첫해에 수확한다. 만일 추운 기후에 밭에 방치해 두면 가을에 슈트는 죽어 없어진다. 이 후에는 이 그림에서 보듯이 슈트가 하배축 끝에 있는 눈에서 다시 자라난다.

476 *Allium cepa*(양파). 널리 퍼져있는 이 채소는 변종과 근연 종이 매우 많다. 실제로는 2년생이지만 종자에서 자란 지하 인경을 매년 수확한다. 인경을 길이로 잘라보면 작은 줄기(1)의 기부쪽에서 수많은 부정근이 형성된다(2). 인경의 덩어리에는 이듬해에 눈을 자라나오게 하기 위하여, 지상부에서 합성된 양분을 저장하는 확장된 엽저(3)가 저장되어 있다(4).

---

1 줄기 기부	2 부정근
3 확장된 엽저	4 눈

477 *Crocus*(크로커스속)의 구경 종단면. 이 장식용 단자엽 식물은 지하의 응축된 줄기로 여러해를 살 수 있는데, 이 구경에는 지상의 보통엽에서 광합성 작용으로 형성된 양분이 저장되어 있다(주로 전분, 그림에서 요오드로 검게 염색됨). 이 전분은 이듬 해 새롭게 자랄 잎과 꽃을 위한 영양분인데, 이들은 휴면아(dormant bud, 1)에서 형성된다. 비늘 모양의 잔존 잎(2).

---

1 휴면아	2 잔존 잎

478 *Fagus sylvatica*(너도밤나무 종류). 성숙한 쌍자엽 목본식물의 주 가지(main branch, 1)는 뿌리화 되고(2), 반 독립적으로 살아가는 더 많은 가지로 나누어진다(3, 4). 비록 그림이 다소 왜곡되었다하더라도(차이가 과장되었음) 두 가지의 직경(3, 4)은 수간에서 유래한 주 가지의 것(1)보다 훨씬 넓다.

1 주 가지
2 뿌리가 나온 부위
3, 4 뿌리가 나온 지점 위로 자란 가지들

479 쌍자엽식물인 *Populus*(사시나무속)의 밑동. 관속형성층(1), 2기 사부와 수피(2)에서 많은 부정아가 발달한 것(1)을 볼 수 있다. 수피에서 기원된 일부 눈들은 이전에는 묻혀있던 휴면 액아에서 출현한 것으로 보인다.

1 관속형성층
2 2기 사부와 수피

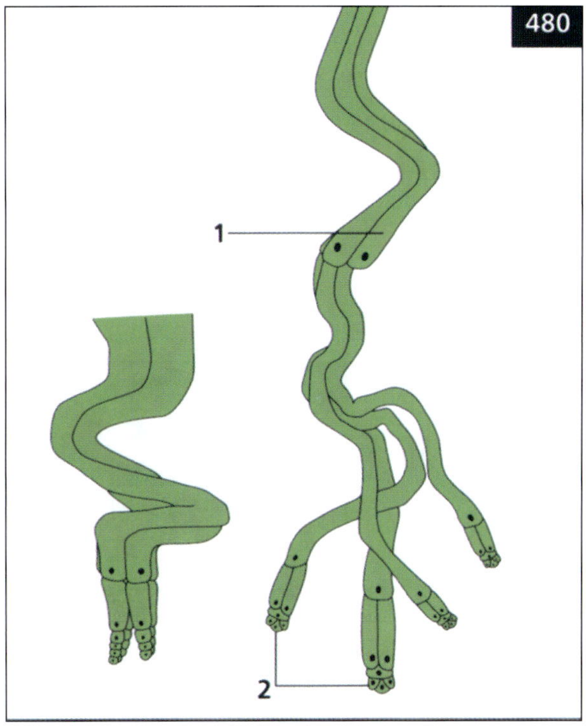

480 *Pinus*(소나무속)에서 초기의 배발생을 보여주는 모식도. 소나무를 비롯한 많은 구과류에서 원래 유성적으로 형성된 전배는 배병세포 층의 형성을 종결시킨다. 이것이 다시 종으로 분열하여 네 개의 잠재적 배로 발달하지만 일반적으로 한 개만이 성숙한 종자로 살아남는다.

1 배병
2 배

481 *Taraxacum officinale*(서양민들레). 흔히 보는 쌍자엽 초본식물인 민들레의 화서('꽃')는 수많은 소화들을 가지고 있다. 수많은 곤충들이 찾아오지만 수분 후에 유성적으로 종자를 형성하지는 않고 수정 없이(무성적으로) 배를 형성한다. 낙하산 모양의 종자들은(참조, 482) 바람에 의하여 널리 산포된다.

482 *Taraxacum officinale*(서양민들레). 두상화서에는 수정 없이 발달한 가시가 있는 수과(1)를 많이 볼 수 있으며, 각 수과는 끝에 변형된 꽃받침에서 발달한 낙하산 같은 관모(2)를 가지고 있다.

1 수과 2 관모

483 흔히 가정에서 기르는 여러 쌍자엽식물의 종/재배종들을 화분에 심어 놓은 표본들(모두 잎 조각에서 기내 배양을 통하여 자란 것들임), *Beonia*(베고니아속), *Streptocarpus*(아프리카앵초속), *Peperomia*(페페로미아속).

484 *Crambe maritima*(갯배추)의 잘라낸 뿌리. 습하고 따듯하게 배양하여 수주일이 지나면 원래의 슈트에 인접한 뿌리 정단의 형성층 부위에 부정아가 자라난다.

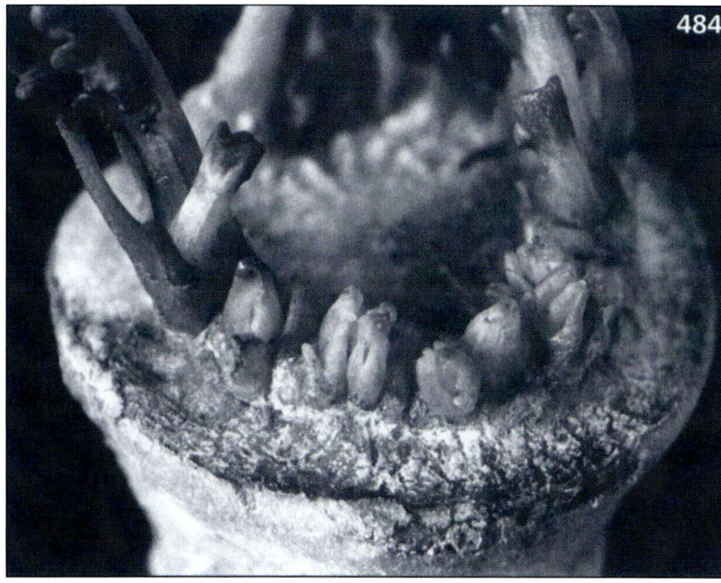

485 시험관 내 영양 한천 배지(1)에서 자란 *Crambe maritima*(갯배추)의 조직배양: 수많은 조직화된 구조를 가지며(2) 일부는 계대배양을 하면 무성배로 더욱 발달하게 된다(참조, 486).

1 한천 배지　　2 조직화된 세포 덩어리

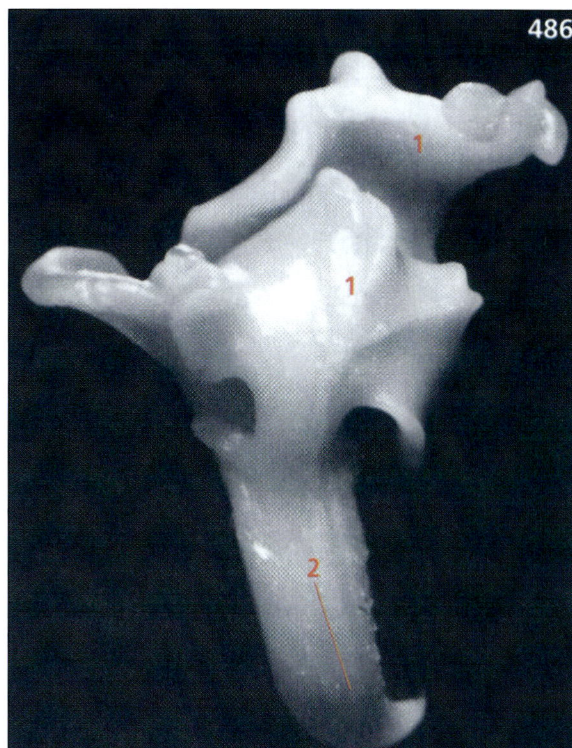

486 조직배양에서 자란 *Crambe maritima*(갯배추)의 무성배

1 자엽　　2 유근(어린뿌리)

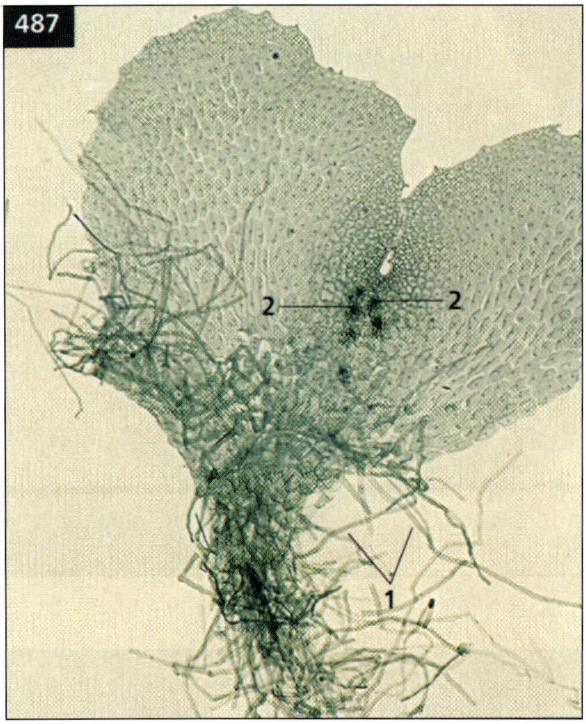

487 양치류 전엽체의 아랫면. 양치류 잎(참조, 14)에 있는 포자낭에서 반수체인 포자가 방출되면 포자는 자라서 배복성 구조를 가진 작고 납작한 배우체로 발아한다. 이 배우체는 가근이 많이 발달하여 토양에 부착한다(1). 암 생식기관(2)이 배우체의 잘록한 부위 옆에서 발달하고 여기에 있는 난세포와 편모가 있는 정자가 수정을 하는데; 접합자는 2배체가 되고 배는 수명이 짧은 배우체와는 독립적인 어린 양치식물(포자체)로 빠르게 발달한다. (광학현미경)

1 가근
2 암 생식기관

488 화석 종자인 *Lagenostoma ovoides*(라게노스토마속 일종). 석탄기 암석의 절편에 있는 화석 종자의 종단면.

1 주심 부리
2 화분 강
3 주피
4 암 배우체

489 *Rathbunia alamosensis*(선인장 종류)의 성숙한 슈트로 가시 집합체에 있는 액아에서 발생한 화아를 갖는다. 대부분의 선인장들처럼 성체의 영양 슈트는 꽃이 피지 못하는 어린 식물체와 구분할 수 있는 특별한 특징이 없다.

490 *Melocactus*(멜로선인장속)로 한 개의 정단 분열조직에서 발달한 단축 슈트를 보여준다. 이 선인장 슈트의 어린 부위(1)는 성숙한 부위(2)와 매우 다르다. 어린 몸체는 넓고 녹색이며 광합성을 하고 가시가 적다. 그러나 열매가 있는 꽃눈 자리(화살표)는 가시가 밀집하며 광합성을 하지 못한다.

1 슈트의 어린 부위
2 슈트의 성숙한 부위(꽃눈 자리, cephalium)

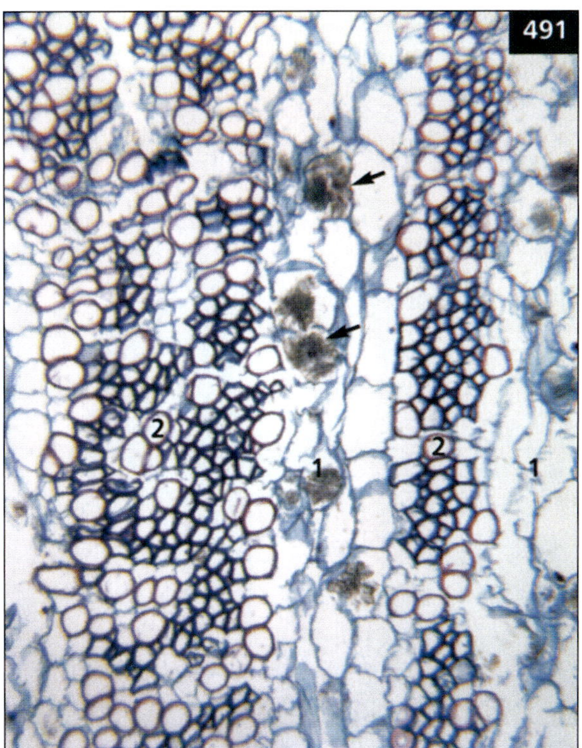

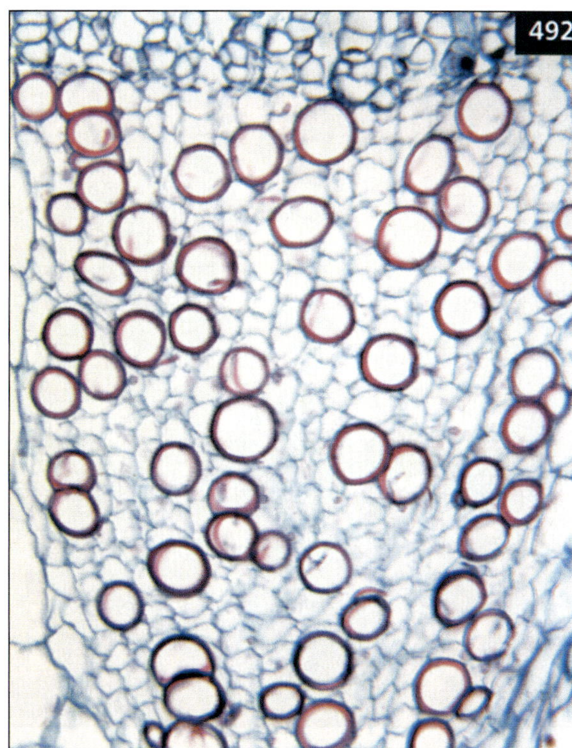

491 *Melocactus intortus*(멜로선인장속 일종) 어린 식물체의 횡단면. 이 선인장의 어린 목부는 구형결정단(druse, 화살표)이 있는 유조직성 방사조직(1) 그리고 목부 섬유의 기질, 도관, 목부 연결형(paratracheal) 유조직 등이 있는 주축계 부위(2)를 가지고 있다. (광학현미경)

1 목재의 방사조직
2 섬유와 도관을 가진 목재의 주축계 부위

492 *Melocactus intortus*(멜로선인장속 일종) 성숙한 식물체(꽃눈 자리)의 횡단면. 이 선인장의 성숙한 목재는 목부 섬유가 없다는 점에서(참조, 491) 어린 식물체와 차이가 있으며; 대신에 목재의 기질은 많은 도관이 있는 유조직으로 구성된다(넓은 유조직성 방사조직도 발생하지만 여기서는 관찰되지 않는다.). (광학현미경)

493 *Backebergia(Pachycereus) militaris*(대형 선인장 종류)는 길게 뻗은 어린 상태(녹색 슈트)와 말단부에 있는 대형의 성숙한 꽃눈 자리(어두운 황금색 부위)를 가진다. 각 어린가지는 수년이 지나면 꽃눈 자리가 탈락하며, 어린 가지 끝의 여러 액아는 더 많은 광합성 조직을 만들고, 이 후에 더 많은 꽃눈 자리가 형성된다.

494 *Espostoa melanostele*(에스포토아속 일종, 선인장 종류)로 옆에 꽃눈 자리가 있다. 이 식물은 수 m까지 어린 상태로 자라고(1) 이 후 한 쪽 면은 시기의 전환이 진행되어 성체가 되며(2), 나머지 세 면은 어린 시기로 자란다. 꽃은 측부 꽃눈 자리에서만 생성된다. 단축생장을 하는 모든 조직은 한 개의 슈트 정단분열조직에서 생성된다.

1 슈트의 어린 부위　　2 슈트의 성숙한 부위(꽃눈 자리)

495 *Micranthocereus esteversii*(미크란도세레우스속 일종, 선인장 종류)의 슈트로 측부 꽃눈 자리를 갖는다.

496 *Espostoa melanostele*(에스포토아속 일종, 선인장 종류)의 측부 꽃눈 자리 중앙부의 횡단면. 피층은 꽃눈 자리 아래에서 얇게 형성되어(1) 가라앉는 원인이 된다. 성숙한 피층은 능각과 엽록소가 없으며; 화아(꽃눈)는 죽은 돌기물(trichome, 2)의 집합체가 보호한다. 목재와 수는 세 개의 어린 면(3)과 비교해서 성숙한 면이 약간 더 얇다.

1 성숙한 피층 2 꽃눈 자리 돌기물
3 어린 피층

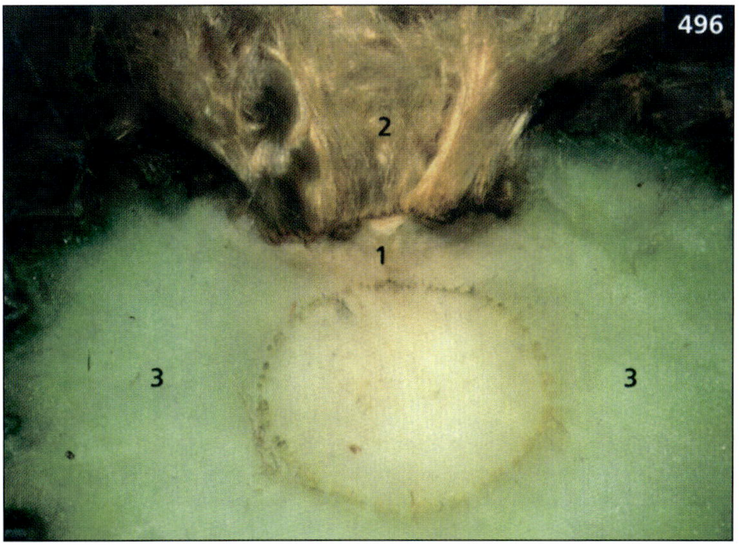

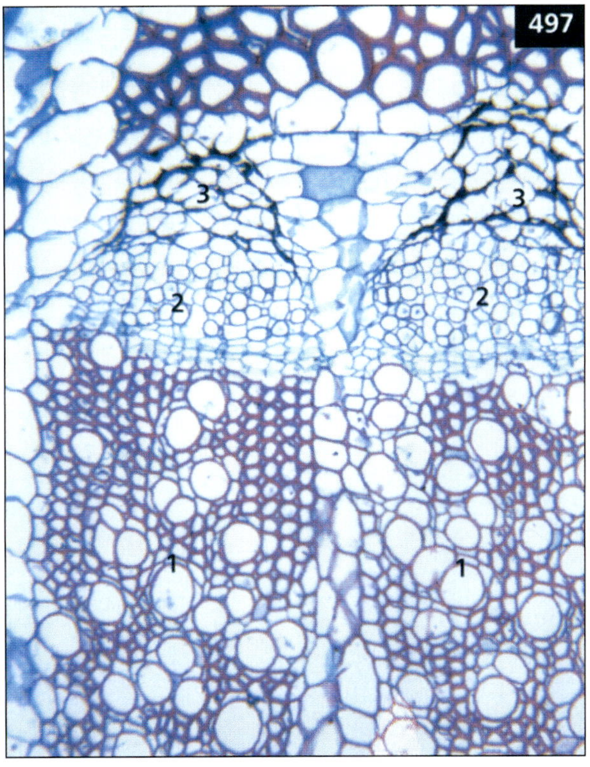

497 *Espostoa melanostele*(에스포토아속 일종, 선인장 종류)의 어린 부위의 목재(1)와 2기 사부(2)의 횡단면으로 496과 498의 수준에서 채집한 것이다. 어린 목재는 목부 섬유의 단단한 목부 섬유 기질을 가지고 있고 일부 방사조직 세포도 목질화 되었다. 다소 붕괴된 사부가 쌓여있다(3). (광학현미경)

1 어린 부위의 목재 2 어린 부위의 2기 사부
3 어린 부위의 붕괴된 사부

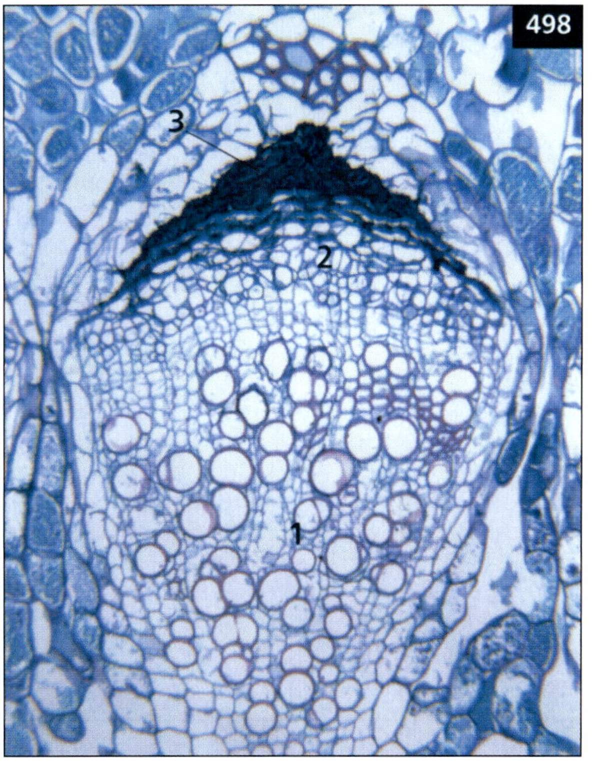

498 *Espostoa melanostele*(에스포토아속 일종, 선인장 종류)의 성숙한 부위의 목재(1)와 2기 사부(2)의 횡단면으로 496과 497의 수준에서 채집한 것이다. 성숙한 목재가 훨씬 적으며 소수의 섬유가 있는 유조직의 기질을 가지고 있다. 많은 사부가 형성되고 붕괴되었다(3).

1 성숙한 부위의 목재 2 성숙한 부위의 2기 사부
3 성숙한 부위의 붕괴된 사부

499 *Browningia candelaris*(선인장 종류)의 성숙한 식물체. 수간은 어린 부위이며; 가시가 있고 두꺼우며 분지하지 않고 제한 생장을 한다. 생장을 멈추면 좁은 가지들이 많이 생성된다: 이들이 성숙한 부위로 꽃(화살표)을 생성하지만 가시는 거의 생성하지 못한다.

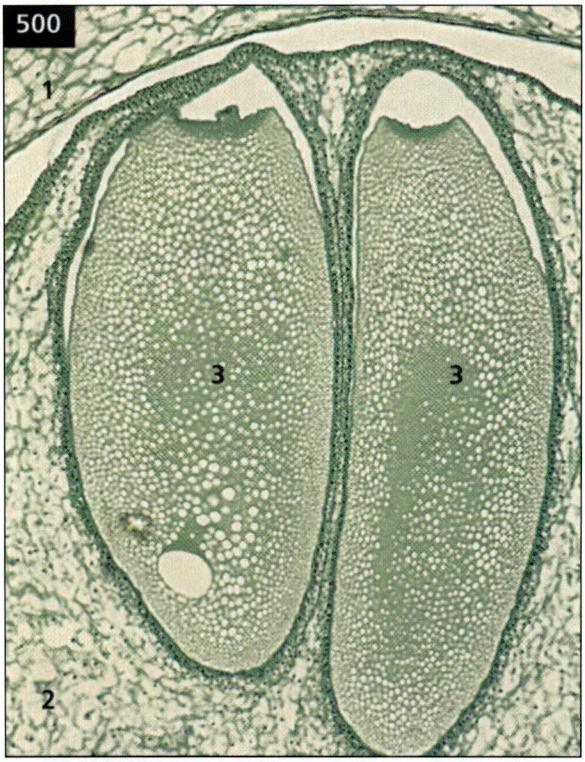

500 소철류인 *Zamia*(자미아속, 멕시코소철 종류) 배주의 종단면으로 한 쌍의 커다란 장난기(archegonium)를 보여준다. 종자식물에서 대포자낭(주심, 1)은 불염성인 주피로 싸여있고 전체 구조가 배주를 구성한다(참조, 11). 암배우체(2)는 모체 안에서 한 개의 반수체인 대포자에서 발달하며(참조, 45) 주공의 끝 쪽에 여러 개의 암 생식기관의 흔적들이 발달한다. 기본적으로 각각은 암 배우체 조직에 묻혀있는 한 개의 커다란 난자(3)로 구성된다. 수정은 다편모 정자에 의하여 이루어진다. (광학현미경)

1 주심 2 암 배우체
3 난자

501 쌍자엽식물인 *Begonia sempervirens*(베고니아속 일종)의 단성화. 같은 식물체 내에 양 쪽 성이 모두 나타난다: 불규칙(좌우상칭)한 수꽃은 두 장의 큰 화피와 두 장의 작은 화피를 보여주며 중앙에 노란 수술들이 집합체를 이룬다(1). 규칙적인 방사상칭의 암꽃은 다섯 개 또는 그 이상의 화피 요소들이, 끝에 구부러진 주두를 가진 하위 자방을 둘러싸고 있다.

1 수술 2 주두(암술머리)

502 쌍자엽식물인 *Helianthus*(해바라기속)에서 미성숙한 소화(floret)의 종단면. 두상화서(1)에 수많은 소화들이 밀집하여 해바라기의 큰 머리 부위를 이룬다. 소화들은 중앙에 한 개의 기저 배주(2)가 있는 하위 자방을 갖는다. 약(anther, 3), 포(4), 꽃받침잎(5), 꽃잎(6). (광학현미경)

1 두상화서	2 기저 배주
3 약	4 포
5 꽃받침잎	6 꽃잎

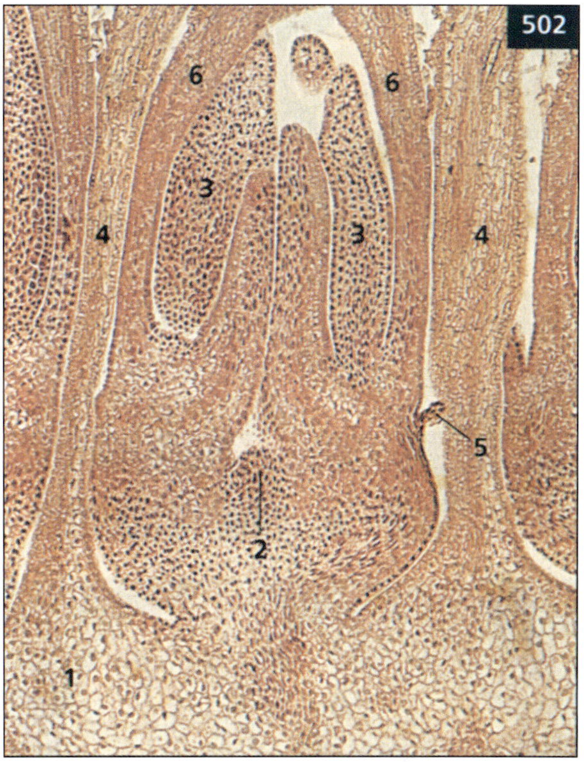

503 *Echinocereus coccineus*(소형기둥선인장 종류)에서 선인장 꽃이 짧고 녹색인 꽃의 슈트(1) 끝에 피었으며; 이 슈트는 위로 자라서 자방을 둘러싸는데(큰 화살표), 자방은 화피나 수술 아래쪽뿐만 아니라 상당한 양의 영양조직 아래에도 위치한다. 가시 집합체(작은 화살표)는 액아로, 이 녹색 기관이 소화경(pedicel)이 아니라 슈트인 것을 알려준다. 꽃의 슈트(1), 꽃잎(2), 주두(3).

1 꽃의 슈트	2 꽃잎
3 주두	

504 쌍자엽식물인 *Aquilegia*(매발톱속)의 방사상칭화. 각 꽃은 다섯 장의 등적색의 화판상 꽃받침잎(1)과 이와 호생하는 다섯 장의 노란 꽃잎(2)으로 구성되며 각 꽃잎은 끝에 꿀을 분비하는 등적색의 거(spur)를 갖는다(3). 각 꽃의 중앙에는 많은 수술이 있고 다섯 장의 이생 심피가 있다. 입이 긴 호박벌이 꿀과 화분을 얻기 위하여 꽃을 찾는다.

1 화판상 꽃받침잎 2 꽃잎 3 꿀을 분비하는 거

505 콩과 식물인 *Cytisus scoparius*(양골담초 종류)의 좌우상칭화. 화아에서 원통형인 꽃받침(1)은 꽃잎을 둘러싸지 않지만 큰 기판(standard, 2)은 측면의 익판(wing, 3)과 배축면의 서로 인접한 한 쌍의 용골판(keel, 4)을 둘러싼다. 수술과 한 개의 심피는 용골판 안에 싸여 있는데, 큰 벌이 오면 열리게 된다.

1 꽃받침 2 기판
3 측면의 익판 4 용골판

506 쌍자엽식물인 *Alnus glutinosa*(오리나무 종류)의 자, 웅 화서. 웅성 미상화서(1)는 화서 축에서 나온 짧은 가지 위에 세 개의 소화로 이루어진 무리가 많이 형성된다. 각 소화는 두 개의 흔적 화피 열편과 자유로이 노출된 약을 가진 네 개의 수술로 퇴화되었다. 아직 완전히 열리지 않은 자성 미상화서(2)도 세 개의 소화로 된 무리를 가지고 있으며; 각 소화에는 바람에 의하여 수분이 되는 두 개의 길고 구부러진 화주가 있는 2심피 자방이 있다.

1 웅성 미상화서 2 자성 미상화서

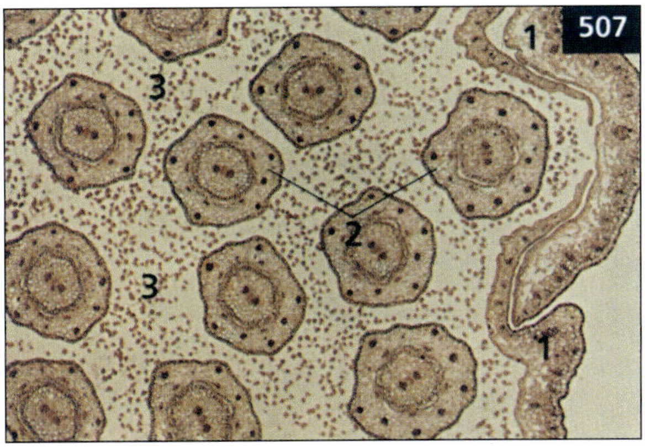

507 쌍자엽식물인 *Taraxacum officinale*(서양민들레)의 미성숙한 두상화서의 횡단면. 많은 소엽이 두상화서 가장자리에 발생하는 큰 잎 모양의 포(1)로 둘러싸여 있다. 각 소화들은 관상의 화관(2)을 가지며, 반면에 외부에 많이 있는 털들(3)은 꽃받침을 나타낸다. (광학현미경)

1 잎 모양의 포 2 화관
3 꽃받침(관모)

508 쌍자엽식물인 *Papaver*(양귀비속)의 커다란 규칙화. 네 장의 구겨진 꽃잎(1)의 향축면에 흑청색 화분이 떨어져 있다. 모여 있는 약 위의 수많은 화분(2)은 곤충을 유인하는데, 곤충이 넓은 주두 판(3)에 앉으면 타가 수분이 일어나게 된다.

1 꽃잎 2 약
3 주두 판

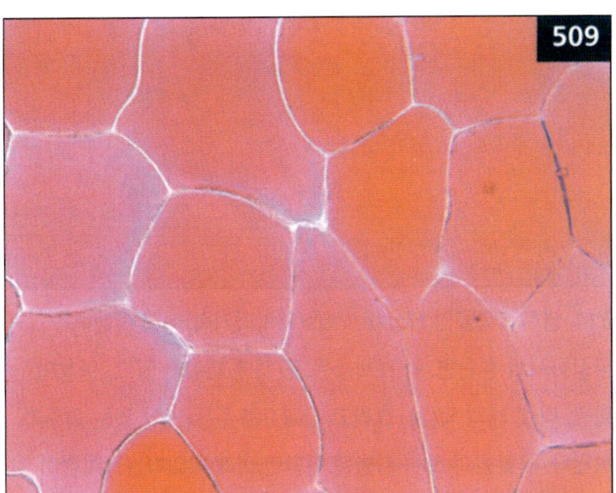

509 *Lilium*(나리속)의 고정하지 않은 생 화판의 표피세포에서 색소는 중앙 액포에 위치하고 전체 세포에서 나타나지만; 핵과 얇은 세포질 층은 각각 세포벽에 인접하여 나타난다(참조, 510). (광학현미경)

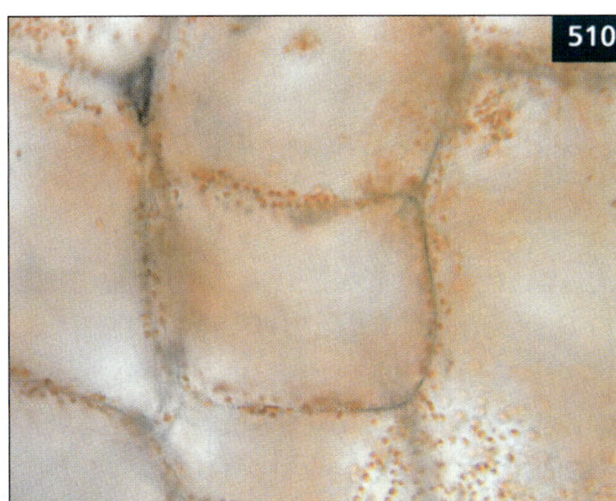

510 *Capsicum annuum*(고추)의 고정하지 않은 생 표피 세포의 색소는 유색체에 내에 있으며, 유색체들은 세포벽과 중앙 액포 사이의 얇은 세포질 층에 위치하고 있다. 유색체가 드물게 보이지만 조직은 밝은 오렌지색을 가지고 있다(참조, 509).

511, 512 정상 빛(511)과 자외선 빛(512) 아래에서 쌍자엽식물인 *Ranunculus*(미나리아재비)의 꽃. 규칙적 배열을 하는 다섯 장의 꽃잎(1), 많은 수술(2)과 많은 상위 이생 심피(3)를 볼 수 있다. 512에서 꽃잎의 향축면상에 있는 꿀 안내 무늬가 알려졌는데; 이 무늬가 꿀벌이나 꽃등에에게는 보이며, 이들을 꽃잎 기부에 있는 꿀샘으로 정확하게 인도하게 된다. 화분은 꽃잎 위로 떨어져 곤충이 쉽게 묻혀 나가게 된다. (저작권, T. Norman Tait)

1 꽃잎　　2 수술　　3 심피

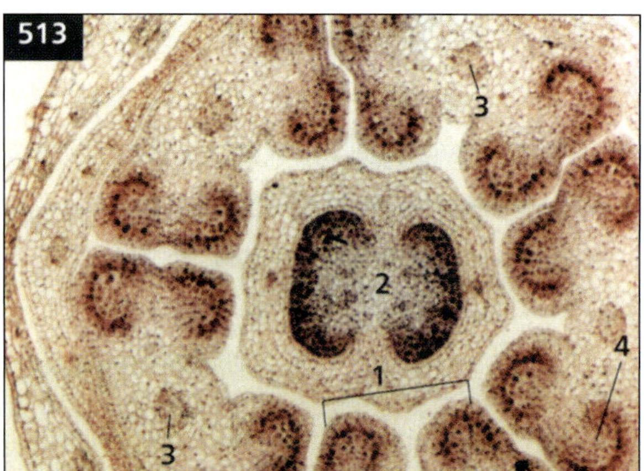

513 *Solanum tuberosum*(감자) 방사상칭화의 횡단면. 이 쌍자엽식물은 다섯 장의 꽃잎(1)을 그리고 두 개의 강이 있는 상위 자방(2)을 가지고 있다. 약격조직의 관속(3), 화분 낭(4). (광학현미경)

1 약　　2 상위 자방
3 관속　　4 화분 낭

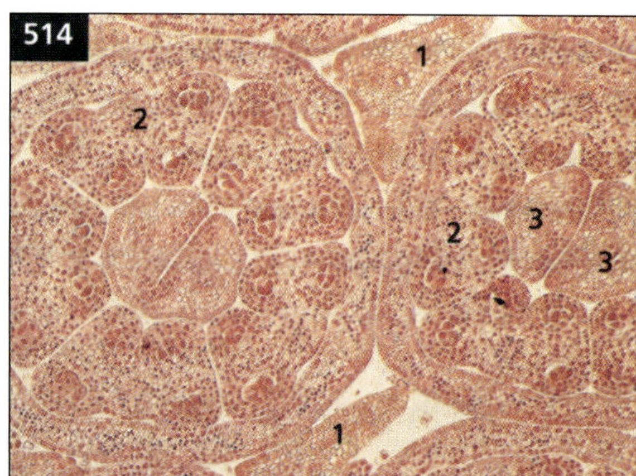

514 쌍자엽식물인 *Helianthus*(해바라기속)에서 미성숙 두상화서의 횡단면. 각 소화들은 포(1)에 끼워져 있고, 관상의 화관, 다섯 개의 약(2), 그리고 끝에 2열 주두(3)가 있는 화주가 보인다. 꽃받침과 하위 자방은 횡단면 아래에 있다. (광학현미경)

1 포　　2 약
3 2열 주두

515 단자엽식물인 *Crocus*(크로커스속) 꽃에서 생식 기관의 확대한 그림. 약(1)은 종으로 터지며 많은 양의 화분을 노출시키는 반면에 긴 화주(2)는 세 개의 확장된 주두(3)로 갈라진다. 긴 입을 가진 벌과 나비가 분비되는 꿀을 얻기 위하여 화피의 기부로 찾아오면 수많은 화분을 묻히게 된다.

1 약 2 화주
3 주두

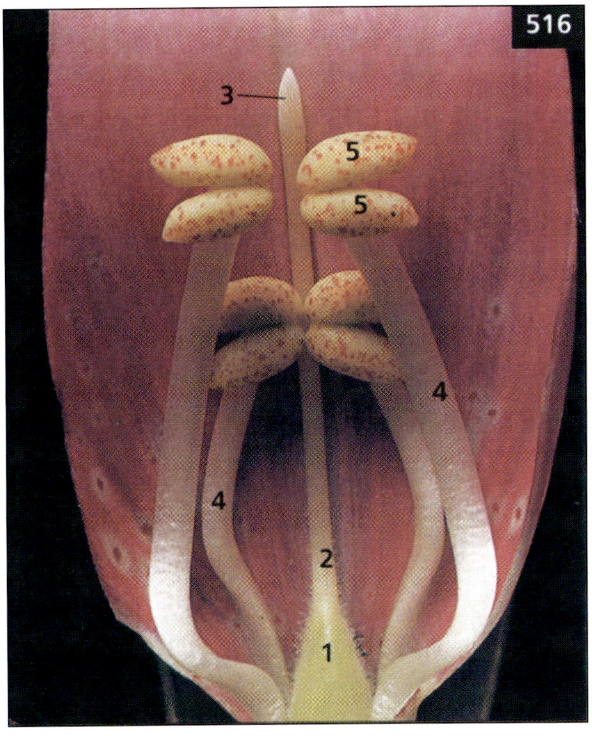

516 쌍자엽식물인 *Digitalis purpurea*(디기탈리스) 꽃의 확대한 그림. 불규칙 관상 화관(참조, 267)의 일부를 제거하여 긴 화주(2)와 끝에 주두(3)를 가진 상위 자방(1)이 보인다. 네 개의 수술이 보이는데 화사(4, 두 개는 짧고 두 개는 길다)는 화통과 융합하였다. 각 화사는 2실의 약을 갖는다(5). 자방 기부에서 분비되는 꿀을 얻으려 호박벌이 찾아오면 수분이 된다.

1 자방 2 화주
3 주두 4 화사
5 약

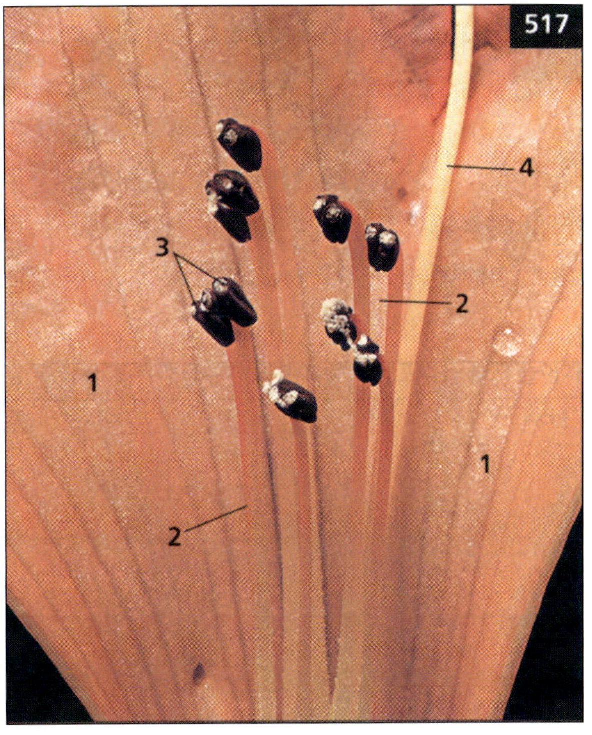

517 쌍자엽식물인 *Rhododendron*(진달래속) 꽃의 확대한 그림. 화통(1)은 수술과 다양한 길이의 화사(2)가 보이도록 제거하였다. 2실 약은 말단 부위에 구멍(3)이 뚫려 화분을 방출하며; 사립(tetrad) 화분은 서로 붙어서 흰색 덩어리를 형성하여, 화관의 기부에서 분비하는 꿀을 얻기 위하여 찾아온 호박벌의 몸에 달라붙는다. 화주(4).

1 화통 2 화사
3 말단 구멍 4 화주

518

518 *Hibiscus*(무궁화속). 여러 개로 갈라지기 때문에 수많은 약(2)을 가진 화사가 융합하여 형성된 수술 관(1)이 있는 쌍자엽식물의 꽃. 수술 관은 화주를 둘러싸고 있고, 돌출된 화주의 끝은 다섯 개의 확장된 주두를 가지고 있다(3).

1 수술 관 2 약
3 주두

519

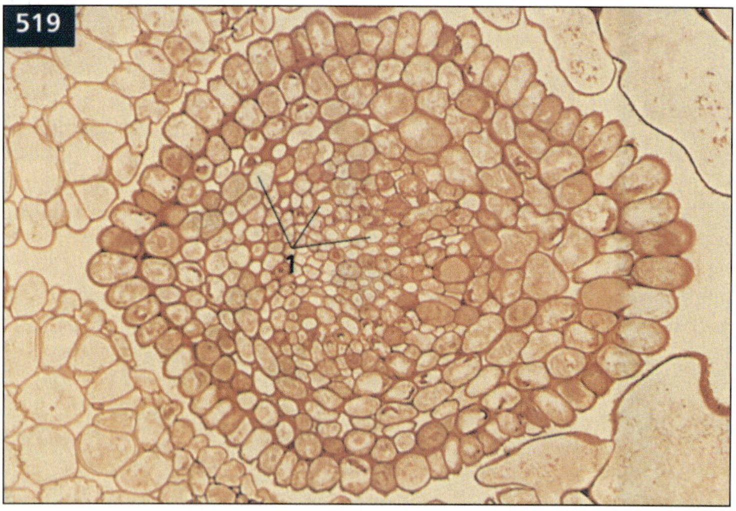

519 쌍자엽식물인 *Sinapis*(들갓속) 미성숙 화사의 횡단면. 발달하는 화분에 영양을 공급하기 위하여 중앙에 관속이 있다(1). (G-Os, 광학현미경)

1 통도 요소

520

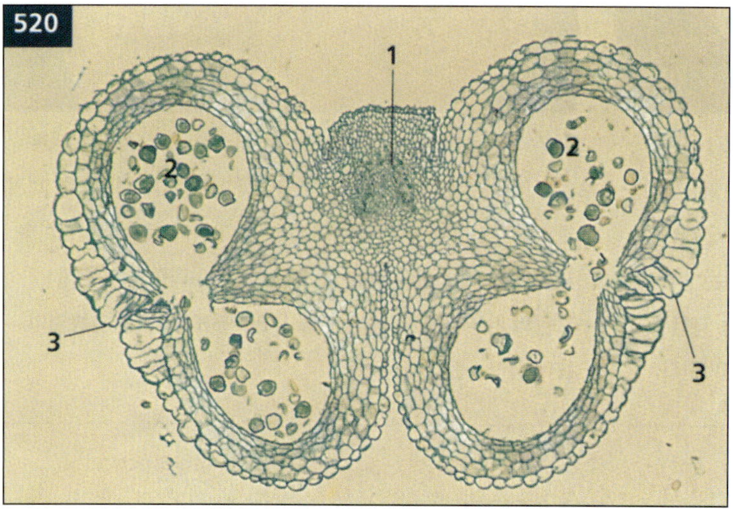

520 단자엽식물인 *Lilium*(나리속)에서 열개된 약의 횡단면. 두 개의 약실이 관속(1)이 있는 약격조직으로 연결되어 있다. 약실 사이의 벽은 붕괴되었고 화분립(2)은 열개부(3)에서 약의 벽이 터져 방출되었다. 열개부를 제외하면 하피 세포벽이 정교하게 두꺼워져 있다(참조, 522). (광학현미경)

1 관속 2 화분립
3 열개부

521 쌍자엽식물인 감자(*Solanum tuberosum*) 화아(꽃봉오리)에서 미성숙한 화분낭의 횡단면. 각 약실(anther lobe; 참조, 513)에는 두 개의 화분낭이 있고 하피가 병층 분열을 하여 액포가 많은 자방벽 조직(1)을 형성하며, 진하게 염색되는 여러 층의 융단조직 세포들(2)이 보인다. 감수분열 후에 포원조직(3)의 중앙에서 반수체인 화분립이 형성되고 있다. (위상차현미경)

1 자방벽 조직 2 융단조직 세포
3 포원조직 세포

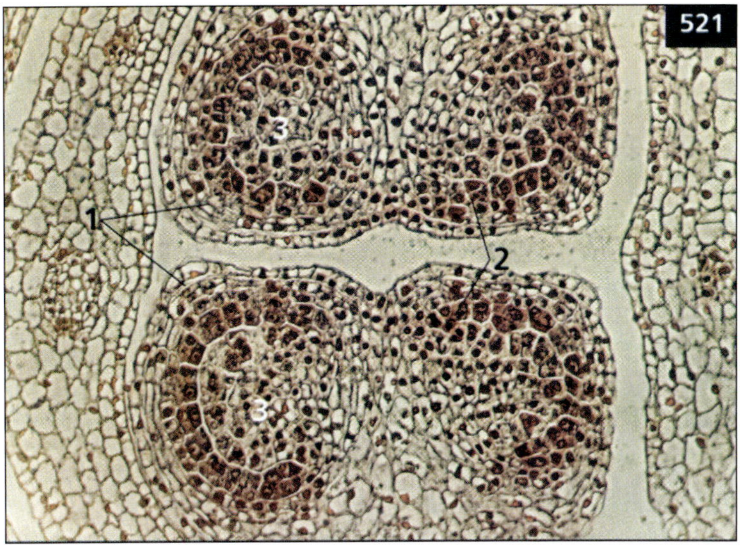

522 단자엽식물인 *Lilium*(나리속)에서 약 벽 횡단면의 상세한 그림. 성숙한 약(참조, 520)으로 크기는 크지만 벽이 비후되지 않은 열개부 세포들(1)을 보여준다. 이와는 대조적으로 내측벽 세포(2)는 섬유소로 된 비후된 벽의 줄무늬가 수층 방향으로 존재한다. (편광현미경)

1 열개부 2 하피세포
3 화분립

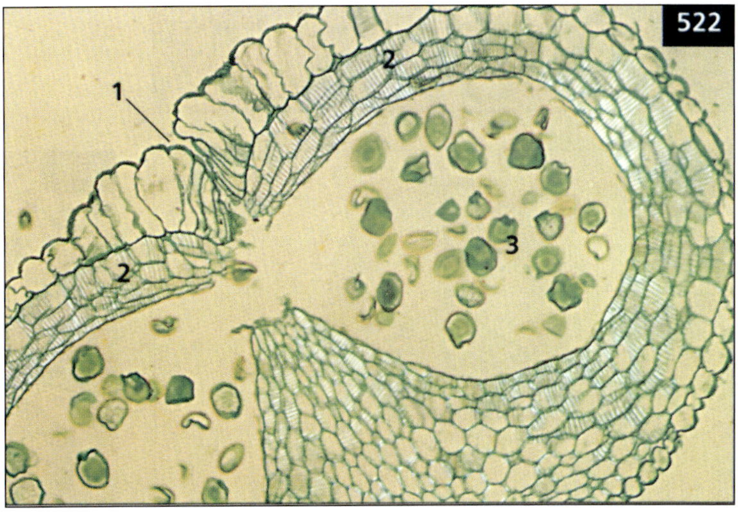

523 단자엽식물인 *Lilium*(나리속) 약에서 화분모세포들 횡단면의 상세한 그림. 큰 핵들은 1차 감수분열 전기 초에 있는 것들이며 핵막(2)으로 세포질(1)과 격리된 염색체가 실모양의 구조로 보인다. 융단조직 핵(3). (위상차현미경)

1 세포질 2 핵막
3 융단조직 핵

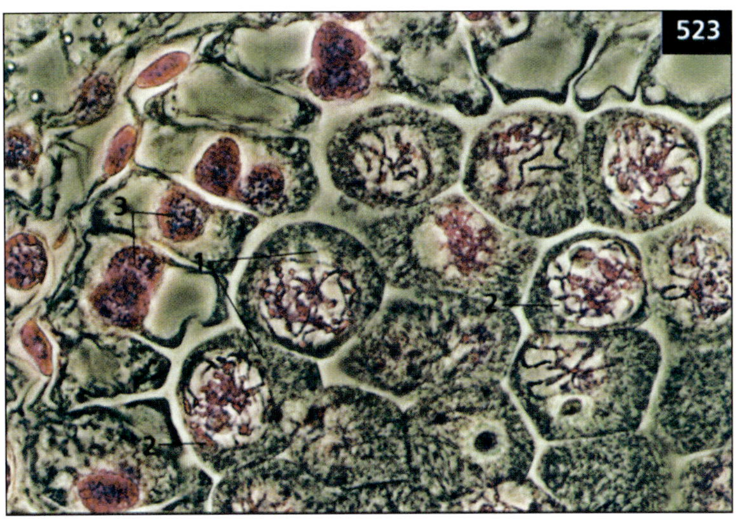

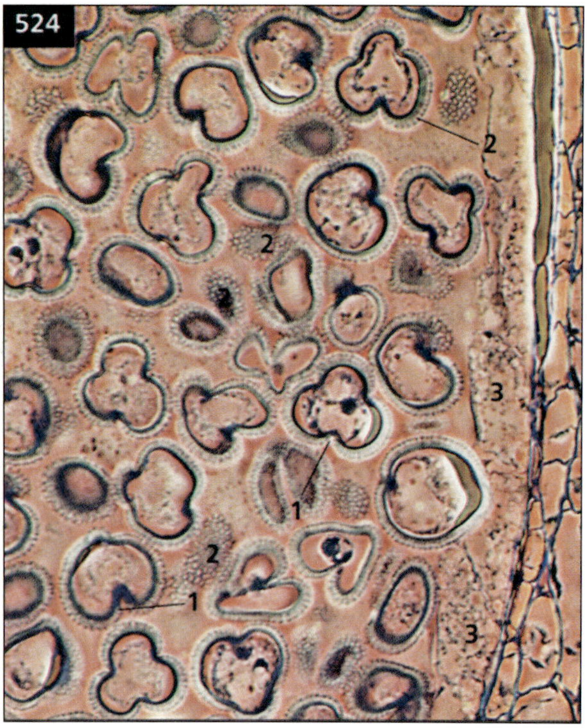

524 쌍자엽식물인 *Sinapis*(들갓속)의 약을 자른 것으로 감수분열 후에 세포질분열을 진행하고 있는 화분립들을 보여준다. 화분모세포에서 세포벽 형성은 잘록한 부위인 세포벽 홈(wall furrow, 1)에서 구심적으로 동시에 진행되어 네 개의 화분립이 형성된다. 무늬가 있는 표벽(2)과 붕괴 후에 남아있는 융단조직(3)을 볼 수 있다.(G-Os, 위상차현미경)

1 분열구
2 무늬가 있는 표벽
3 융단조직

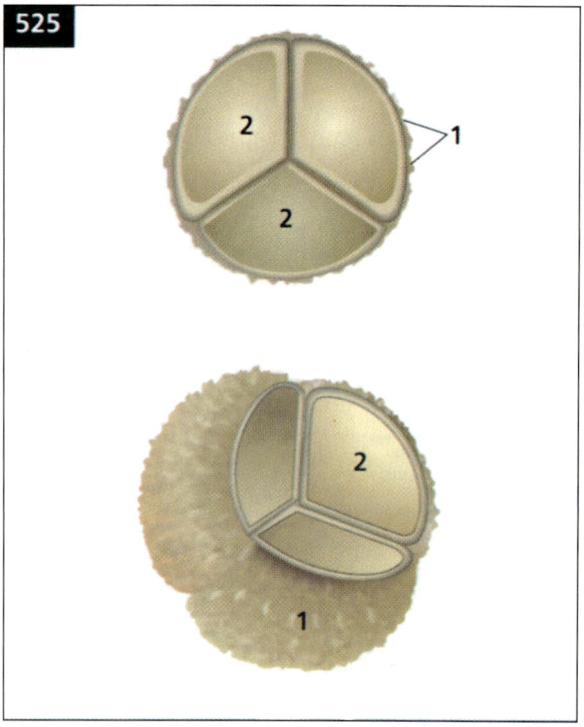

525 소포자/화분립(위)과 새롭게 형성된 4분 포자(아래)의 모식도로, 4분 포자로부터 한 개의 소포자가 나온다(1), 소포자의 안 쪽 면(2).

1 표벽
2 미성숙 소포자의 안 쪽 면

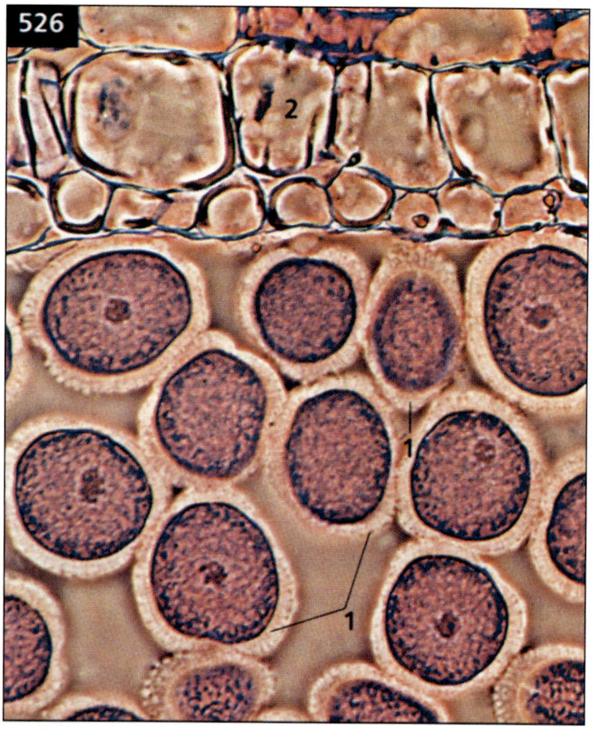

526 쌍자엽식물인 *Sinapis*(들갓속)의 약으로 각 화분립을 볼 수 있다. 이들은 4분립에서 거의 분리되었으며(참조, 524) 뚜렷이 확장되어 있고; 각 화분립은 두껍고 무늬가 있는 표벽(1)으로 싸여 있다. 섬유상 약 벽(2). (G-Os, 위상차현미경).

1 무늬가 있는 표벽
2 약 벽

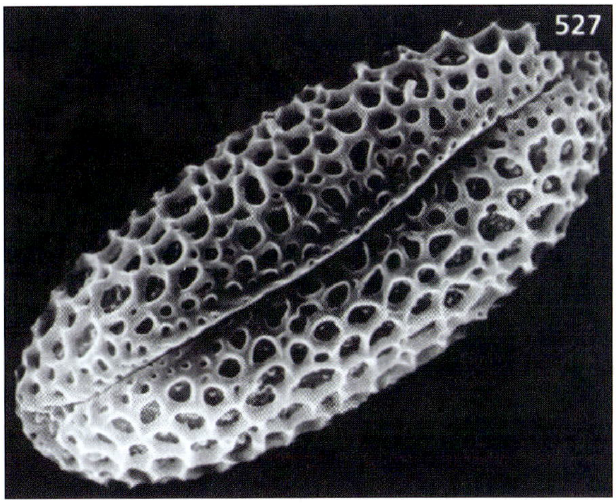

527 쌍자엽식물인 *Salix*(버드나무속)의 성숙한 화분립. 이 화분립은 망상의 표벽 무늬가 있으며 길이로 뻗은 세 개의 발아구(colpi) 중 하나가 보인다. 이 화분립은 곤충이 퍼뜨리며 발아할 때는 발아구 중 하나에서 화분관이 나온다. (주사전자현미경). (저작권, James H. Dickson박사)

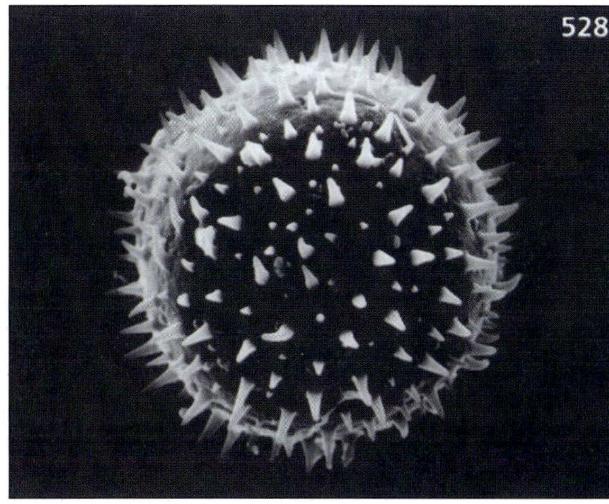

528 쌍자엽식물인 *Malva*(아욱속)의 성숙한 화분립. 표벽에 거친 대형의 가시가 있다. 이 화분립은 곤충이 퍼뜨리며 발아할 때는 수많은 발아공 중 하나에서 화분관이 나온다. (주사전자현미경) (저작권, James H. Dickson박사)

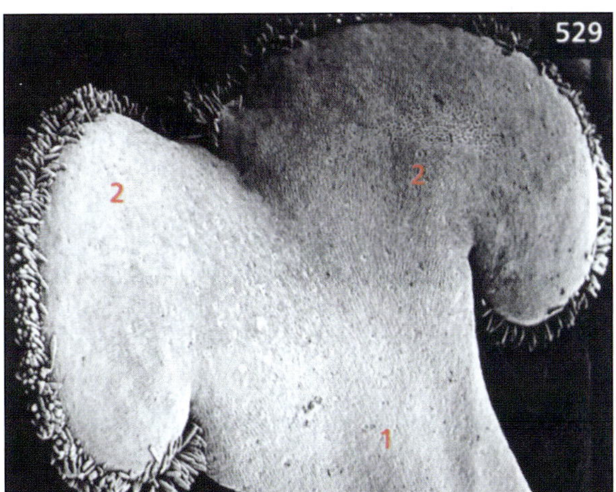

529, 530 단자엽식물인 *Tulipa*(산자고속)에서 주두 표면의 상세한 그림. 529에서 화주(1)는 세 개의 능선(2)으로 확장되어 있다. 이는 이 자방이 세 개의 방으로 되어 있음을 나타내준다. 이 능선의 표면(530)은 짧은 선 돌기물이 조밀하게 있는데 여기에 화분립이 걸려 붙게 된다. (주사전자현미경)

---

1 화주

2 주두 능선

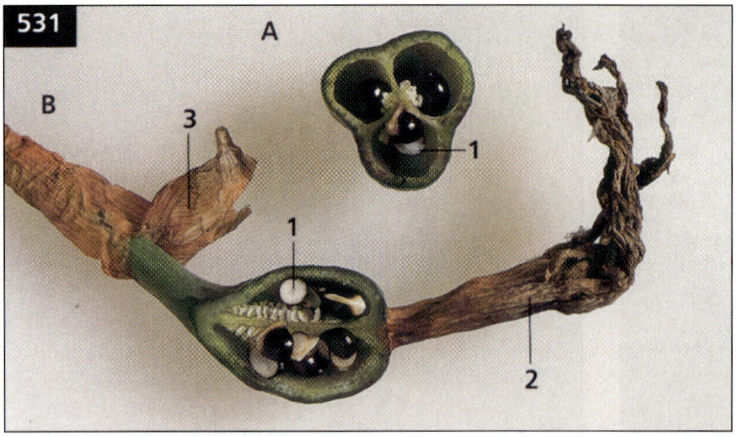

531 단자엽식물인 *Narcissus*(수선화속) 열매의 횡단면(A)과 종단면(B). A 그림에서 열매는 세 개의 방이 있으며 종자(1)가 중축태좌로 형성되어 있다는 것을 보여준다. B는 시든 화통 기부에 위치한 하위 자방에서 형성된 열매를 보여준다.

1 종자 2 화통
3 포

532 어린 토마토(*Lycopersicon esculentum*) 열매가 아직 숙존하는 꽃받침잎(1)과 시든 꽃잎(2)의 사이에 위치한 자방에서 발달하는 중이다.

1 꽃받침 2 꽃잎

533 쌍자엽식물인 *Rhododendron*(진달래속) 화주의 횡단면. 중앙 통로와 방사상으로 배열한 팔 부위는 안 쪽 벽에 있는 상피세포들이 분비한 점액 물질(1)을 가지고 있으며; 자라나는 화분관은 이 분비물로 영양분을 얻는다. 화주 벽에는 길이로 배열된 많은 관속(2)이 있다. (광학현미경)

1 점액 물질
2 관속

534 단자엽식물인 *Narcissus*(수선화속)에서 발아중인 화분의 상세한 그림. 이 화분립은 7%의 설탕이 들어있는 한천에서 기내배양으로 발아된 것이며 잘 발달된 말린 화분관을 보여주고 있으며; 여러 개의 핵들도 명확하게 보인다. (위상차현미경)

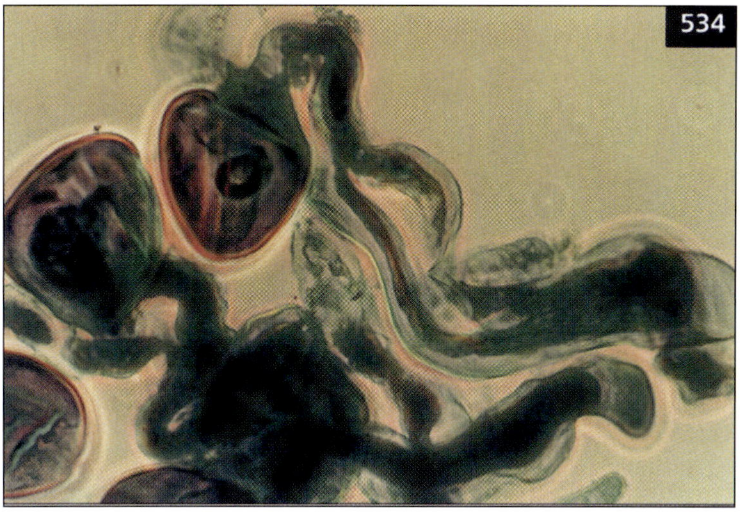

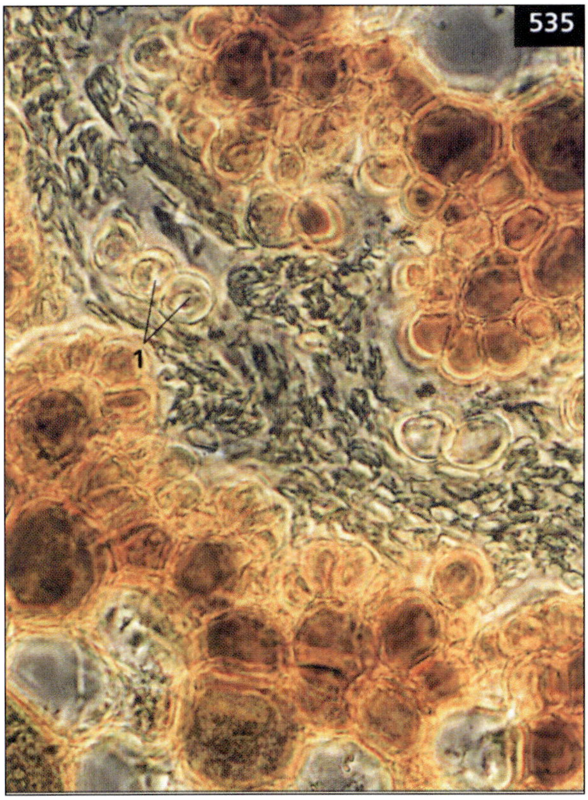

535 쌍자엽식물인 *Rhododendron*(진달래속)의 화주 횡단면으로 자라나는 화분관을 볼 수 있다. 점액질인 내부에 가로로 잘린 여러 개의 화분관을 볼 수 있다(1). (위상차현미경)

1 화분관

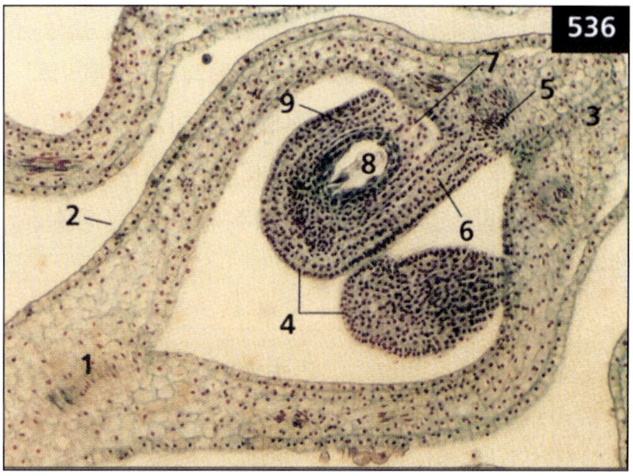

536 쌍자엽식물인 *Caltha palustris*(동의나물)의 심피 횡단면. 이것은 엽신의 배축면(2)이 바깥쪽으로 접혔을 때 중륵에 해당하는 배봉선(1)을 가진 잎과 같은 성질을 보여준다. 두 개의 엽연은 복봉선(3)에서 결합하였고 도생배주들(4)은 짧은 배병(6)으로 태좌(5)에 연결되어 있다. 주공(7), 배낭(8), 주피(9). (광학현미경)

1 배봉선
2 배축면
3 복봉선
4 배주
5 태좌
6 배병
7 주공
8 배낭
9 주피

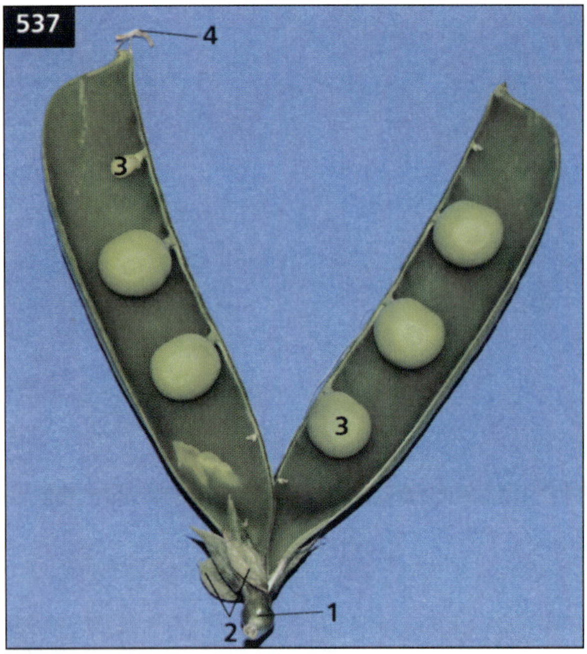

537 쌍자엽식물인 *Pisum sativum*(완두)의 어린 꼬투리를 쪼개 놓은 그림. 콩과식물에서는 열매가 독립 이생 심피에서 발달한다. 소화경(1), 녹색의 꽃받침잎(2), 한 열의 주변부 종자(3)를 가진 팽창한 열매 그리고 시든 화주(4)의 잔존물 등을 볼 수 있다.

1 소화경 2 녹색의 꽃받침잎
3 주변부 종자 4 시든 화주

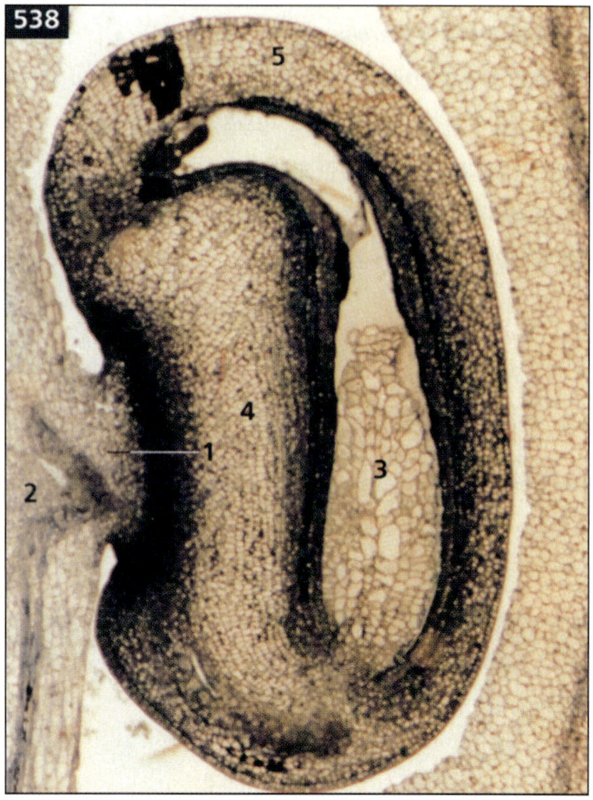

538 쌍자엽식물인 *Phaseolus vulgaris*(강낭콩)에서 수정된 배주의 종단면. 배주는 짧은 배병(1)으로 태좌(2)에 붙어있다. 이 단면에서 배는 보이지 않지만 세포성 배유(3)는 배낭 안에 명확하게 보인다. (G-Os, 광학현미경).

1 배병 2 태좌
3 세포성 배유 4 주심
5 주피

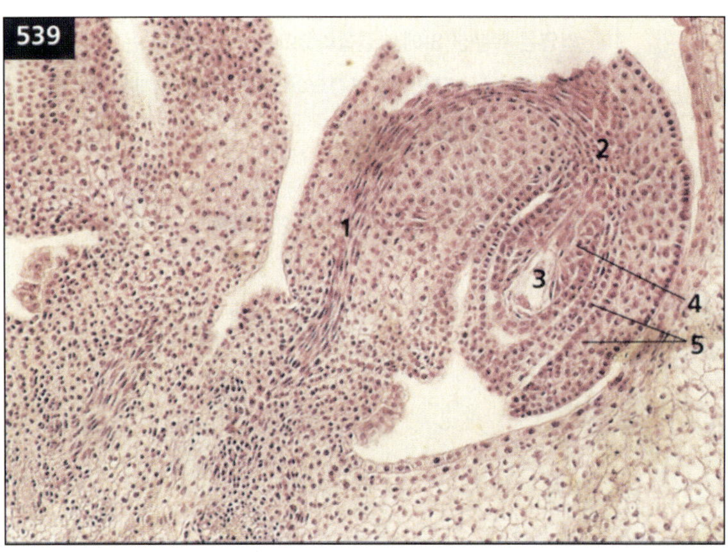

539 단자엽식물인 *Iris*(붓꽃속)에서 도립 배주의 종단면. 중앙으로 잘린 배주는 관속 가닥(1)을 포함하는 배병을 가진 3실 자방(참조, 531)의 중앙축에서 발생하는데, 관속 가닥은 태좌부터 배낭(3) 기부에 있는 합점(2)까지 벋어있다. (광학현미경)

1 관속 2 합점
3 배낭 4 심피
5 주피

540 단자엽식물인 *Lilium*(나리속)에서 배주 원기의 종단면. 주심(1)의 주공 극에서 한 개의 하피세포가 커져 있고 그 핵(2)은 감수분열을 하려고 한다. 주피(3), 태좌(4). (광학현미경)

1 주심	2 하피세포 핵
3 주피	4 태좌

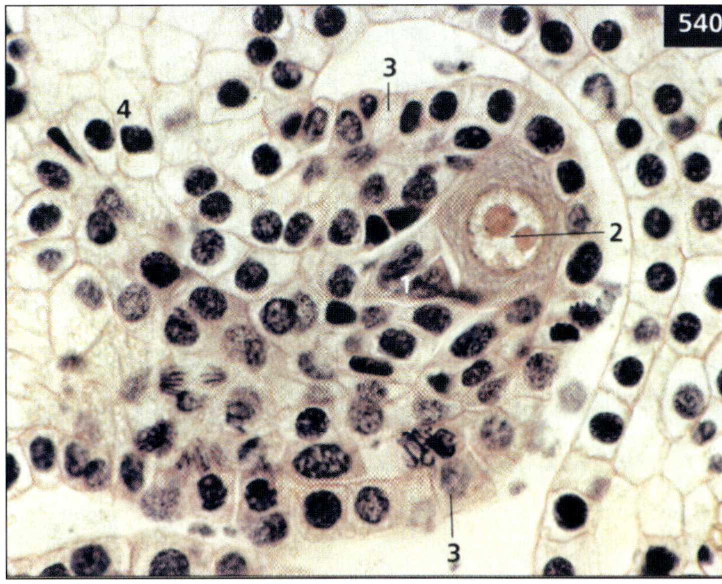

541 단자엽식물인 *Iris*(붓꽃속)에서 반쯤 성숙한 배주의 종단면. 배낭에는 두 개의 기능 핵(1)이 있지만 여러 개의 퇴화한 핵(2)도 있는데, 이들은 기능을 하지 않는 대포자와 확장하는 배낭에 의하여 파괴되는 주심 세포들이다. 주피(3), 주공(4), 주심(5). (광학현미경)

1 기능 핵	2 퇴화한 핵
3 주피	4 주공
5 주심	

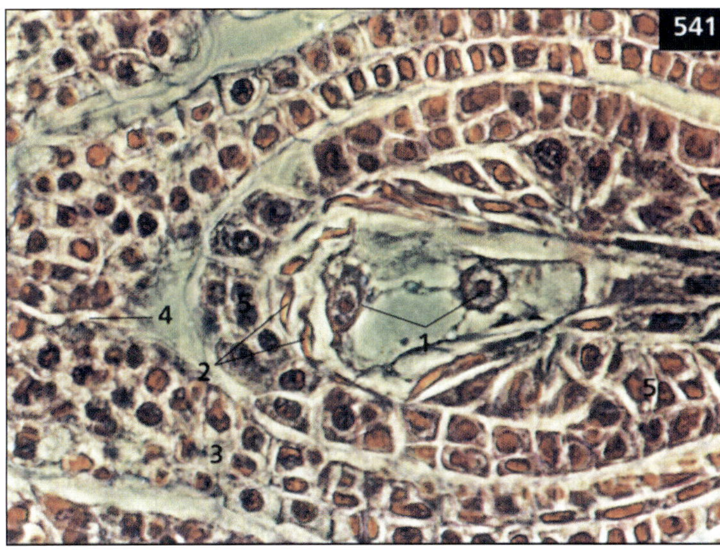

542 단자엽식물인 *Lilium*(나리속)에서 미성숙한 배의 종단면. 대포자모세포(참조, 540)는 유사분열하여 네 개의 핵이 되었으나 세포벽은 형성되지 않았다. 이 중 세 개의 핵은 융합하여 배낭의 합점 쪽에 3배체 핵(1)을 형성하였고 반수체인 핵(2)은 다른 극 쪽에 남아있다. 이어서 난자, 두 개의 조세포, 한 개의 극핵 등이 반수체인 핵에서 형성되는 동안에 3배체인 핵은 세 개의 반족세포와 한 개의 극핵으로 된다. (광학현미경)

1 3배체 핵	2 반수체 핵

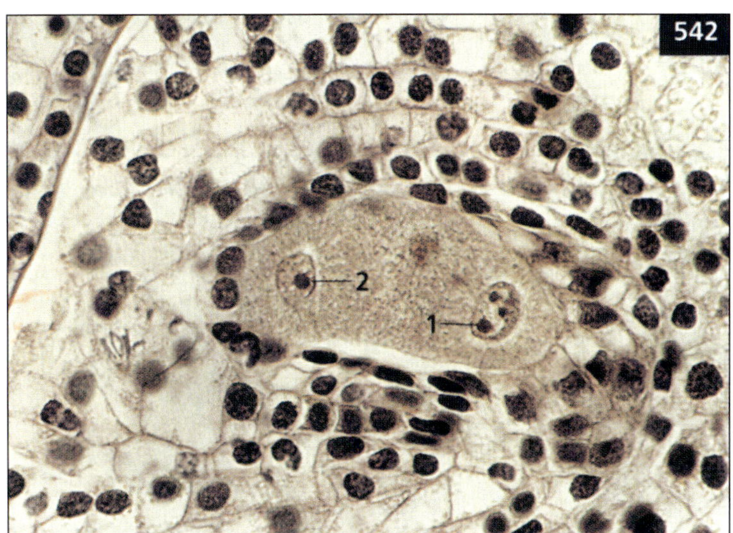

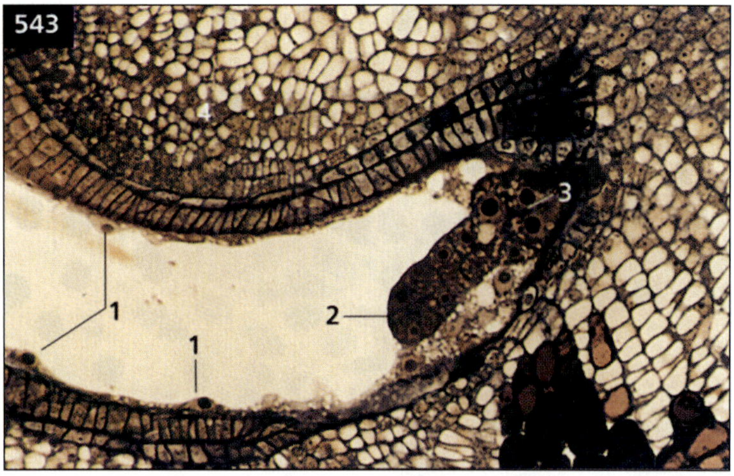

543 쌍자엽식물인 *Phaseolus vulgaris*(강낭콩)에서 매우 어린배의 종단면. 배는 커다란 배낭(참조, 538)의 주공 극 쪽에 있고 다핵체인 배유 핵들(1)은 벽 쪽에 배열한다. 배는 전배(2)로 끝나며 원통형의 배병(3)이 주공 쪽에서 확장된다. 주심(4). (G-Os, 광학현미경)

1 배유 핵	2 전배
3 배병	4 주심

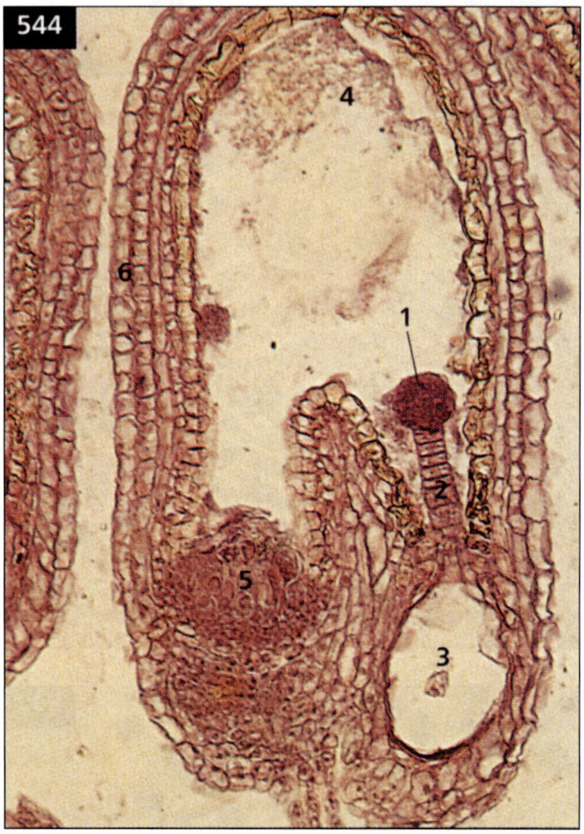

544 쌍자엽식물인 *Capsella bursa-pastoris*(냉이)의 미성숙 종자. 종단면의 종자에서 실모양의 배병(2)에 달린 구형인 전배(1)가 보이며 배병의 끝에는 확장된 기부 세포(3)가 배낭의 주공 쪽에 있다. 다핵체 배유(4), 비대해진 주심 조직(5), 종피(6). (광학현미경)

1 전배	2 실모양의 배병
3 기부 세포	4 다핵체 배유
5 주심 조직	6 종피

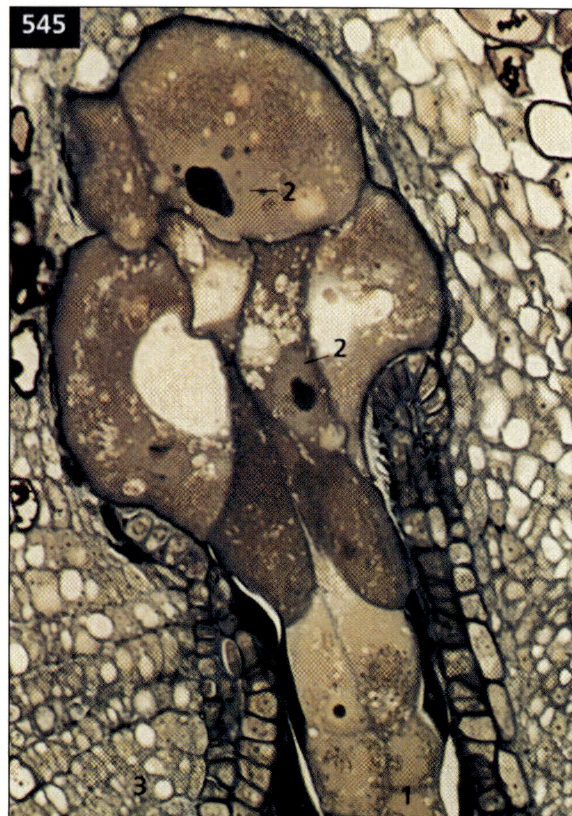

545 쌍자엽식물인 *Phaseolus vulgaris*(강낭콩)에서 배의 주공 극의 세밀한 그림. 배병의 기부 세포 핵(1)은 유사분열이 없이 여러 번 DNA 복제를 하여 매우 크고 다사염색체(polytene)를 가진 핵(2)이 발달한다. (G-Os, 광학현미경)

1 배병	2 다사염색체 핵
3 주심	

546 쌍자엽식물인 *Phaseolus vulgaris*(강낭콩)의 미성숙 종자. 하배축을 관통하여 자른 배의 횡단면으로; 수(1), 관속(2) 그리고 피층(3)이 분화되는 것을 볼 수 있다. 주변에 있는 배유층(4)은 배낭의 벽에서 떨어지게 된다. (G-Os, 광학현미경)

1 수 2 관속조직
3 피층 4 배유 층

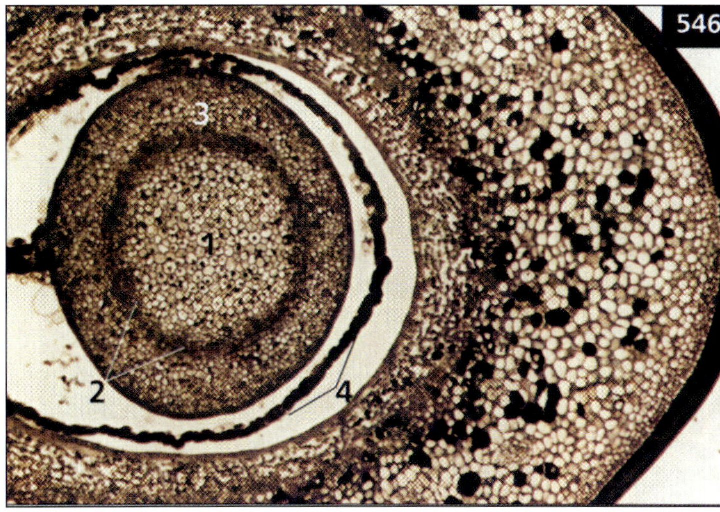

547 쌍자엽식물인 *Capsella bursa-pastoris*(냉이)에서 성숙한 종자의 종단면. 배는 배낭을 완전히 채우고 있고 배유는 모두 흡수되었다. 넓은 원통형의 유근(1, 주공 쪽에 정단부가 위치)은 하배축(2)과 연결되어 있다. 하배축의 반대쪽은 작은 유경 정단(3)으로 끝나며, 양 편에 유근-하배축의 축과 평행한 한 쌍의 확장된 자엽(4)이 발생한다. 배낭의 휘는 성질(참조, 544)은 휘어진 배를 만들게 된다. (광학현미경)

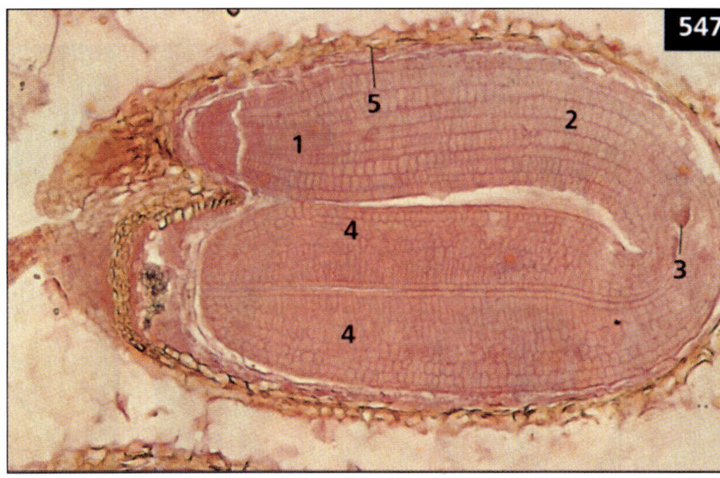

1 유근 2 하배축 3 유경 정단
4 자엽 5 종피

548 쌍자엽식물인 *Phaseolus vulgaris*(강낭콩)의 반쯤 성숙한 종자. 비스듬히 잘린 배는 한 쌍의 자엽(1)을 보여주고 있으며, 한 쌍의 첫 번째 보통엽 원기(2)가 슈트 정단에 이미 형성되어 있다(참조, 213). 배낭(3). (G-Os, 광학현미경).

1 자엽 2 보통엽
3 배낭

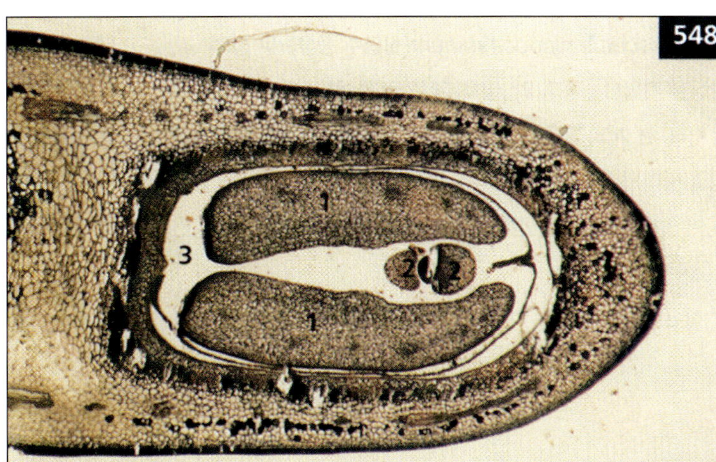

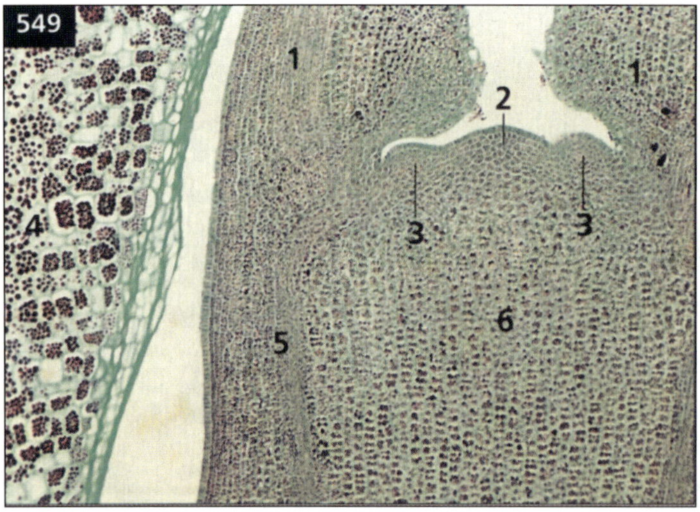

549 쌍자엽식물인 *Ricinus communis*(피마자) 종자에서 성숙한 유경의 종단면. 슈트 정단(2)의 양 쪽에 한 쌍의 자엽(1)과 첫 번째 보통엽 원기(3)가 있다. 종자는 발아하는 배에 영양을 공급할 풍부한 배유(4)를 가지고 있다. 전형성층(5), 수(6). (광학현미경)

1 자엽 2 슈트 정단
3 보통엽 원기 4 배유
5 전형성층 6 수

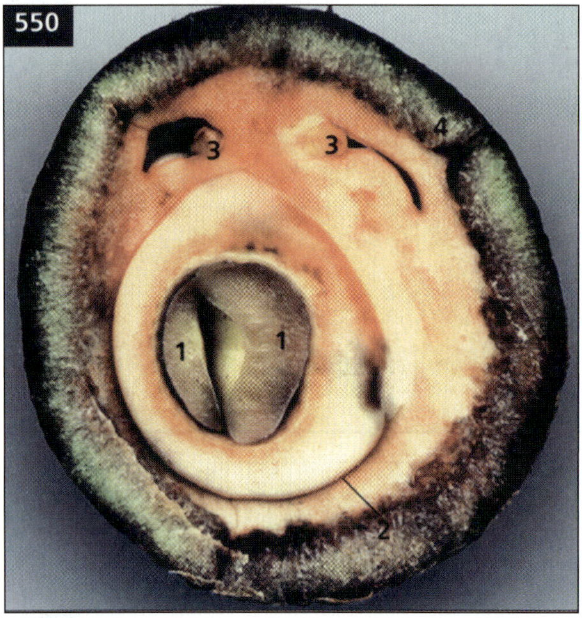

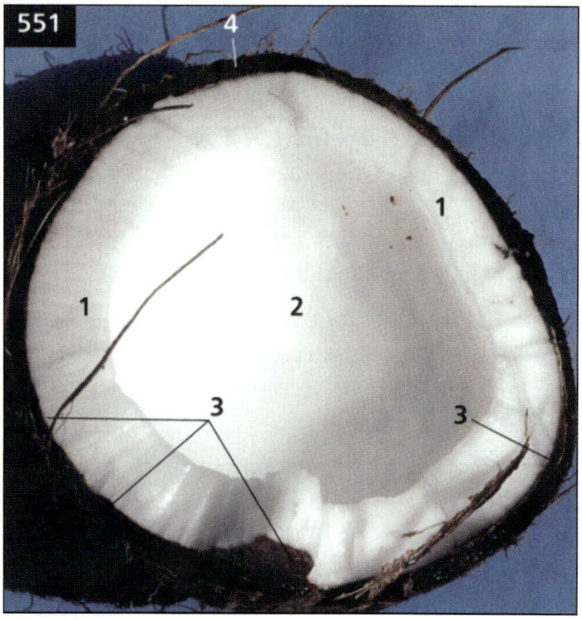

550 *Aesculus hippocastanum*(칠엽수 종류). 두 장의 확장한 자엽(1), 종피(2), 발육부전의 배주들(3)과 과벽(4)을 가지며, 한 개의 반쯤 성숙한 종자를 보여주는 미성숙한 쌍자엽 식물 열매의 횡단면.

1 확장한 자엽 2 종피
3 발육부전의 배주들 4 과벽

551 두껍고 다육질인 배유층(1, 말리면 야자유의 원료가 되는 코프라가 됨; 역자 주)을 보여주는 *Cocos nucifera*(코코넛)의 내부로; 액상의 배유(코코넛 밀크)는 코코넛을 열 때 흘러나와 중앙 강(2)에 거의 남아있지 않다. 종피(3), 후벽화되고 단단한 과벽의 내층(4). (참조, 554).

1 배유 2 종자의 중앙 강
3 종피 4 내과벽

552 *Zea mays*(옥수수)의 발아 중인 알곡. 뿌리털(1)이 조밀하게 덮고 있는 긴 유근과 기부에 남아있는 근초(2)를 볼 수 있다. 근초는 발아하기 전에 뿌리를 덮고 있었던 반면에 자엽초(3)는 유경(어린줄기)을 싸고 보호한다.
씨 뿌리(seminal root, 4). (저작권, T. Norman Tait)

1 뿌리털 2 근초
3 자엽초 4 씨 뿌리

553 단자엽식물인 *Cocos nucifera*(코코넛)의 열매 수관. 이 대형의 단자엽식물은 아시아와 폴리네시아의 열대 해변을 따라 흔하게 자라며; 한 개의 대형 종자가 있는 열매를 집단으로 형성하는데, 이 열매가 익으면 땅에 떨어져 해류를 따라 먼 거리까지 퍼져나간다(참조, 554).

554 *Cocos nucifera*(코코넛)의 열매는 부드러운 외과피와 가벼운 실모양의 통기성 중과피를 갖는데, 이로 인해 거대한 열매가 물에 뜰 수 있다. 이들은 바닷물에서 손상 받지 않고 수 주일동안 수십 킬로미터를 떠다닐 수 있는데, 이는 가장 안쪽의 내과피(코코넛 껍질; 참조, 551)가 매우 단단하고 불투수성이기 때문이다. 열매 내 한 개의 종자는 얇고 갈색인 종피에 싸여 있고(이 그림에서는 구분되지 않음), 그 안에 한 층의 백색 세포성 배유가 있는데 이를 음식이나 캔디로 이용한다.

555 쌍자엽식물인 *Persea americana*(아보카도) 종자의 종단면. 이 열매는 한 개의 배주가 달려있는 1실 상위 자방으로부터 형성되는데, 배주는 중앙의 커다란 종자(1)로 발달한다. 먹을 수 있는 유조직성 과벽(2)은 초기에 유낭(oil sac)에 축적한 30%에 달하는 기름이 들어있다. 성숙한 열매에서 조직은 붕괴되고 과육은 버터같이 된다.

1 종자　　2 유조직성 과벽

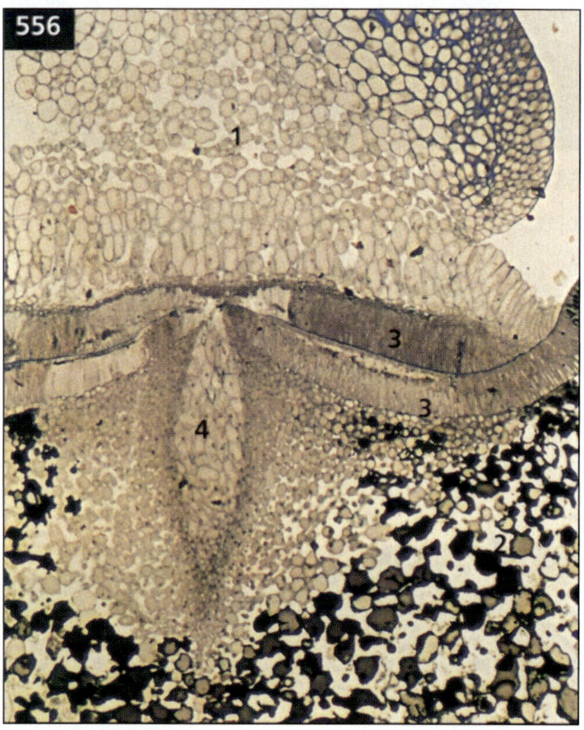

556 쌍자엽식물인 *Phaseolus vulgaris*(강낭콩)에서 반쯤 성숙한 종자의 제(hilum)를 관통한 횡단면. 배병(1)은 종피(2)와 합쳐지는데; 이들이 결합하는 부위에 두 층의 원주상 표피세포(3)가 나타나고, 이어서 대보강세포를 형성한다(참조, 557). 밀집한 가도관 무리는 후에 렌즈모양의 세포들(4)로부터 제의 중앙에 발달한다. (G-Os, 광학현미경)

1 배병　　2 종피　　3 표피세포　　4 잠재 가도관

557 쌍자엽식물인 *Phaseolus vulgaris*(강낭콩)에서 성숙한 종자의 제를 관통한 종단면. 두 층의 대보강세포(참조, 556)가 보이고 안층(1)은 주피의 표피에서 발생하지만 바깥층(2)은 주병의 표피에서 형성되며; 해면조직(3)은 하피에서 기원된다. (광학현미경)

1 안쪽 대보강세포　　2 바깥쪽 대보강세포
3 해면조직

558 단자엽식물인 *Zea mays*(옥수수)의 속(cob). 이 옥수수는 수많은 암꽃이 달린 화서 축에서 수정된 후 수개월 동안 성숙한 것으로 포(뒤로 벗겨 젖힌 부위)로 싸여 있는데, 포는 밀집하여 통통한 알곡을 덮는다. 마른 비단실 같은 구조물은 각 꽃에서 형성된 실같이 매달린 화주의 잔재이며; 화주는 25cm에 달하고 수분을 하기 위하여 2주일까지 남아 있다.

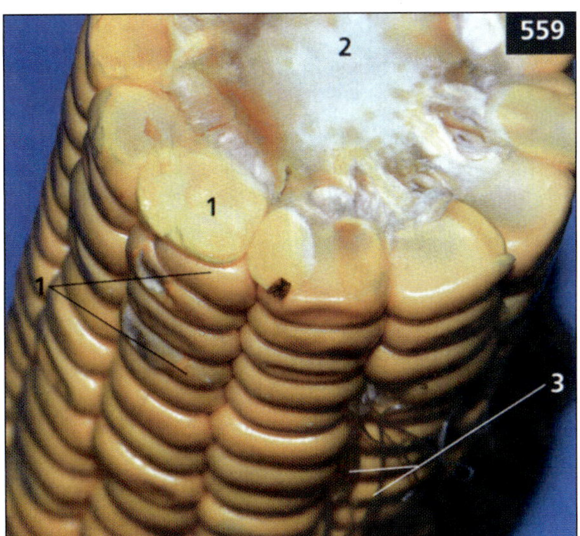

559 *Zea mays*(옥수수). 성숙하여 먹을 수 있는 옥수수 속(화서 축)의 횡단면으로 각 소과실(알곡, 1)을 볼 수 있는데, 이들은 중앙 화서 축(2)에서 벋어 나온 것이다. 화주의 잔재(3)

1 소과실　　2 중앙 화서 축
3 화주의 잔재

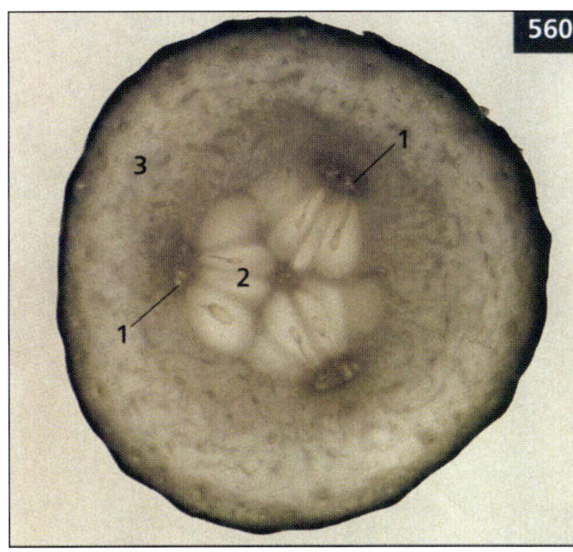

560 쌍자엽식물인 *Cucurbita*(호박속) 열매의 횡단면. 이 열매는 측막태좌(1)를 가진 세 개의 융합된 심피로 된 하위 합생심피 자방에서 발달한 것이다. 수많은 종자(2)가 펄프 같은 유조직성 내과피에 싸여있으며; 이는 다시 단단한 다육성 중과피(3)로 둘러싸여 있는데, 중과피에는 복병립관속이 환상으로 배열한다. 외과피는 녹색의 열매 껍질을 형성한다.

1 측막태좌　　2 종자
3 중과피

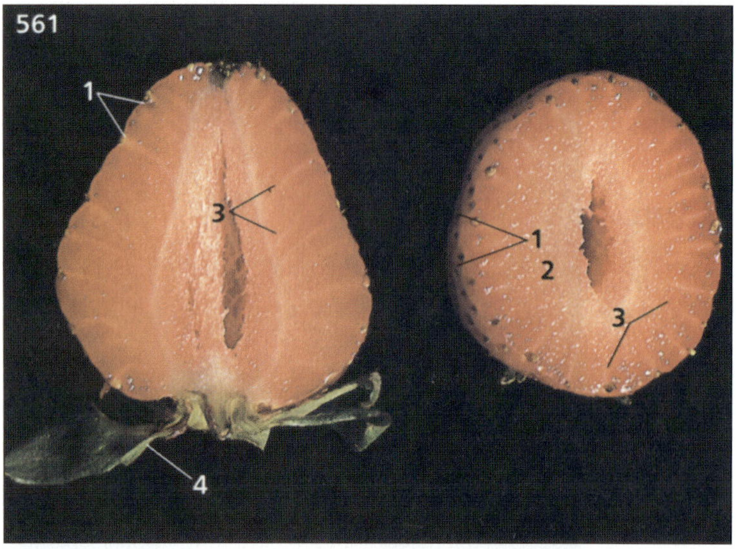

561 쌍자엽식물인 *Fragaria vesca*(딸기속 일종)의 집합과. 이 열매는 한 꽃의 수많은 이생 심피에서 발달한 것으로 각각 한 개의 배주가 있는 상위 심피를 갖는다. 그 결과 터지지 않는 소과실(pip, 1)은 비대한 화탁(2)에 묻혀있으며 다육성 집합과가 된다. 흰색의 길이로 놓인 관속 가닥(3)이 있는데 여기서 분지하여 각 소과실들에 공급을 한다. 꽃받침(4).

1 소과실	2 화탁
3 관속 가닥	4 꽃받침

562 가깝게 밀집한 꽃들을 가진 쌍자엽식물 *Banksia*(방크시아)의 화서. 호주 고유속 식물인 이 꽃은 새에 의하여 수분이 되고, 이어서 자방들은 목본성 화서 축에 묻히게 되어 구과를 닮은 구조를 형성한다(참조, 563).

563 쌍자엽식물인 *Banksia*(방크시아)의 구과를 닮은 열매. 이 목본 속은 팽창한 화서 축에 묻혀 밀집하는 후벽성 열매를 형성하는데, 화서는 어느 정도 2기 비후를 수행한다. 종종 숲에 화재가 나면 이 열매는 수평 봉선을 따라 열려서 종자를 방출한다.

564 *Ferocactus wislizenii*(센갈고랑이 선인장 종류)의 각 열매(1)는 실제로 하위자방과 이를 둘러싸는 꽃의 슈트가 조화롭게 발달한 것이다(참조. 503). 따라서 외부로 보이는 노란 조직은 각각 위과(false fruit)를 구성하며 진짜 열매는 그 안에 있다. 그러나 횡단면에서는 두 조직이 구분되지 않는다. 인편(화살표)은 잎이며 잎의 액아는 가시를 형성하지 않는다. 시든 화피(2).

1 열매
2 시든 화피

565 쌍자엽식물인 *Malus sylvestris*(원생종 사과)의 다육성 열매. 사과의(강한 보강세포를 가진) 중앙은 중축태좌인 하위 합생심피 자방에서 형성된 것이다. 유조직성인 육질은 자방을 둘러싸는 화통이 크게 확장된 것이다. 열매를 횡단하면 4-5 개의 자방 구획에 종자가 있다(1). 다육질 내부에 관속(2)이 환상으로 배열하는데, 이들은 다섯 장의 꽃잎과 꽃받침잎에 영양을 공급한다. 종단면에서 소화경(3)과 시든 꽃받침의 잔재, 수술 그리고 화주(4)를 볼 수 있다.

1 종자	2 관속
3 소화경	4 꽃받침, 수술, 화주의 잔재

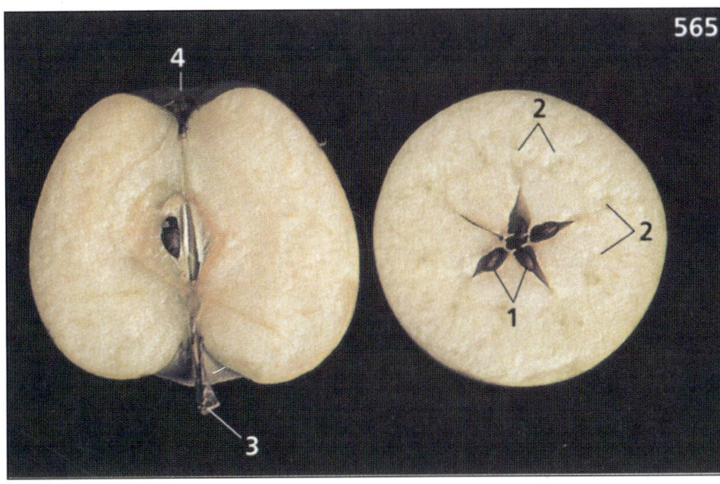

566 쌍자엽식물인 *Prunus*(양살구 종류) 열매의 종단면. 이 열매는 1실의 상위자방에서 발달한다. 석세포성의 내과피(1)가 한 개의 종자를 싸고 있다. 넓은 중과피(2)는 다육성이며 다즙성이고 얇은 껍질에 싸여있다(외과피, 3). 소화경(4).

1 석세포성의 내과피	2 다육성 중과피
3 외과피(껍질)	4 소화경

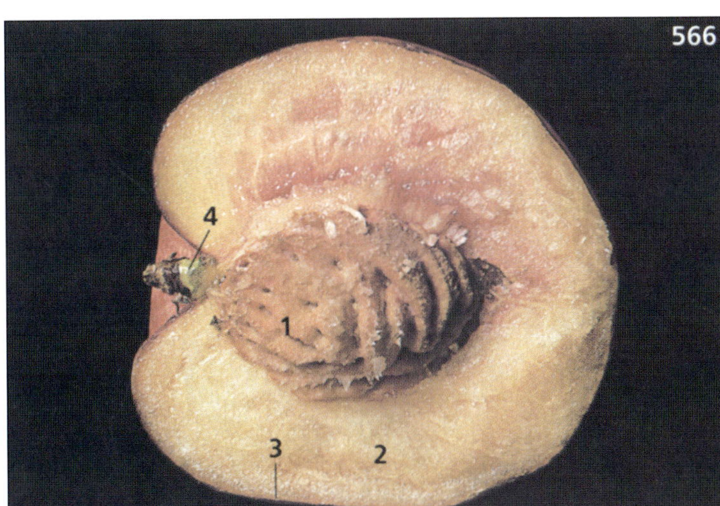

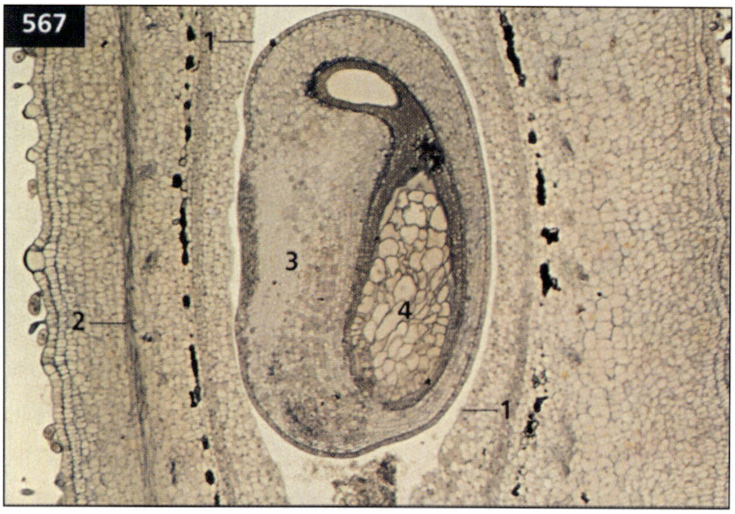

567 쌍자엽식물인 *Phaseolus vulgaris*(강낭콩) 어린 열매의 종단면. 콩 꼬투리의 외표피는 수많은 돌기물을 가지며 각질이 있지만, 내면(1)은 털이 없고 각질도 없다. 관속 가닥(2), 미성숙 종자(3), 세포성 배유(4). (G-Os, 광학 현미경)

1 꼬투리의 내면　　2 관속 가닥
3 미성숙 종자　　4 세포성 배유

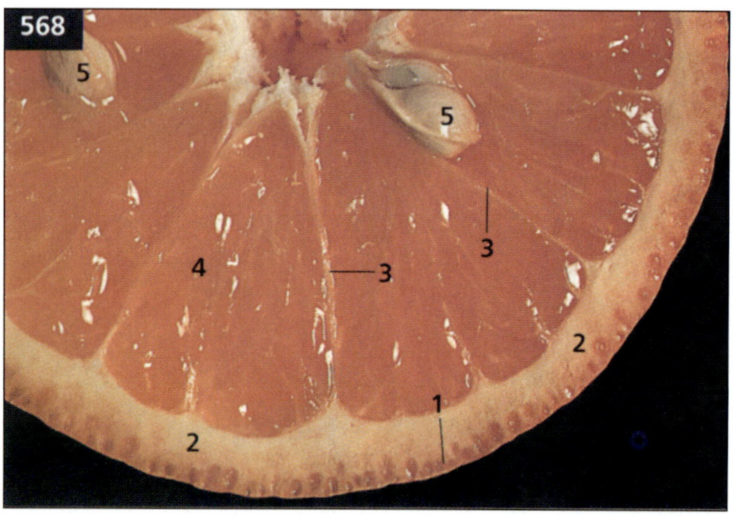

568 쌍자엽식물인 *Citrus sinensis*(당귤나무) 열매의 횡단면. 이 열매는 중축태좌를 가진 10개의 결합된 심피로 된 상위자방에서 발달한다. 열매의 껍질은 등황색의 가죽질인 외과피(1, 많은 유선을 함유)와 흰색의 통기조직성 중과피(2)로 구성된다. 내과피는 중과피 안에 얇은 층과 각 자실 사이의 방사상 구획부분(3)을 구성한다. 내과피가 안으로 자라서 과즙낭(4)이 발달하는데 이들은 자실 안에 쌓이게 된다. 종자(5).

1 유선이 있는 외과피　2 중과피
3 방사상 격벽 (내과피)　4 과즙낭
5 종자

569 쌍자엽식물인 *Eucalyptus calophylla*(유칼립투스속 일종)의 매달린 열매. 호주의 고유속인 이 나무는 목본성 삭과(capsule)를 형성하는데 이 열매는 끝부분이 터져 종자를 내보낸다. 목본성 열매는 하위 합생심피 자방에서 형성되는데, 여기에 화탁이 둘러싸서 융합한다.

570 쌍자엽식물인 *Papaver*(양귀비)의 익고 있는 열매. 목본성 삭과는 상위 합생심피 자방에서 형성된다. 성숙한 열매에서 주두 열편은 원래의 위치에서 위로 휘고(참조, 508), 삭과의 벽에 있는 환상 배열을 한 구멍들(이 그림에서는 보이지 않음)이 노출된다. 삭과가 바람에 흔들리면 작은 씨들이 점차적으로 구멍을 통하여 뿌려진다.

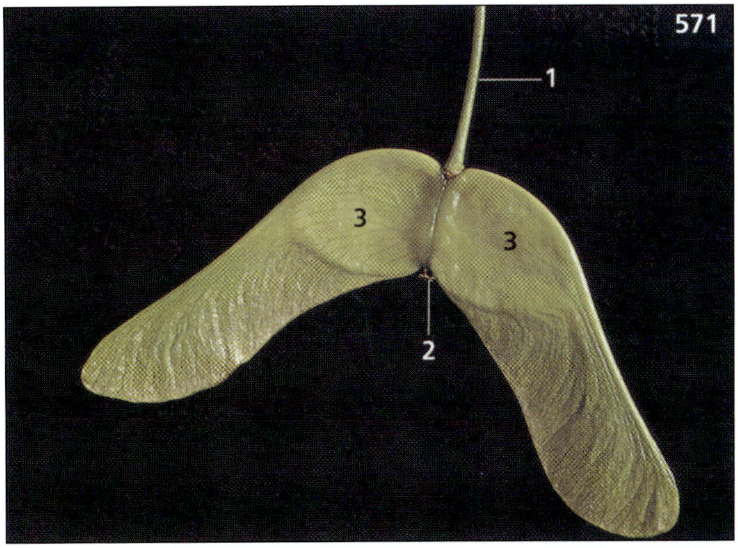

571 쌍자엽식물인 단풍나무(*Acer pseudoplatanus*)의 미성숙 열매. 이 열매는 2심피성인 상위자방에서 형성되는데, 자방벽이 돌출하는 두 개의 날개로 발달하고 각각은 한 개의 종자를 싸고 있다. 성숙하면 열매가 떨어지는데, 날개가 있어 회전하면서 지상으로 내려오게 된다. 이 후 각각 한 개의 종자를 가진 두 부분으로 나뉘는데 열개되지는 않는다. 소화경(1), 시든 화주의 잔재(2), 과피 내에서 종자의 위치(3).

1 소화경 2 화주의 잔재
3 종자의 위치

572 *Mecanopsis cambrica*(캠브리카양귀비)의 터진 삭과로 작고 성숙한 종자가 나오며, 특히 바람에 흔들리면 산포된다.

573 단자엽식물인 *Iris*(붓꽃)의 열개된 열매. 이 열매는 세 개의 방이 있는 하위자방에서 형성된 것으로, 성숙하여 마르면 세 개의 열개판(valve)을 열개하게 되고 붉은 종자가 방출된다. (저작권, T. Norman Tait)

574 쌍자엽식물인 *Epilobium hirsutum*(큰바늘꽃)의 열개된 열매. 이 열매는 4실의 하위자방으로 많은 배주가 있는 중축태좌를 가지고 있다. 성숙한 열매는 네 개의 열개판을 통하여 위에서 아래로 열개된다. 깃털이 있는 종자는 바람에 산포된다. (저작권, T. Norman Tait)

575 쌍자엽식물인 *Cytisus scoparius*(앙골담초류)의 열개된 꼬투리들. 오래된 꼬투리가 양 쪽 봉선을 따라 길이로 열개되었으며; 이 꼬투리는 마르면 열리고, 이 때 꼬이면서 폭발하듯이 종자를 방출한다.

576 쌍자엽식물인 *Ficus auriculata*(무화과나무속 일종). 많은 양이 열린 열매는 줄기에 달리는 꽃에서 발달한 것으로, 열대 지방에서 많은 동물들이 매우 좋아하는 열매이다.

577 *Populus trichocarpa*(큰사시나무, 북미 북서부산; 역자 주)는 솜나무로 알려져 있는데, 이것은 바람에 솜처럼 날리는 작은 털을 가진 종자를 엄청나게 만들어서 눈이 날리는 것처럼 많은 양을 땅에 떨어트리기 때문에 붙여진 이름이다.

578 *Ecballium elaterium*(분출오이, 박과)의 터지지 않은 열매와 터지고 남은 과병. 열매가 성숙하는 동안 종자는 중앙에 위치한 얇은 벽을 가진 조직 덩어리로 싸여 있는데 이 조직은 27 기압에 가까운 삼투압을 가지게 된다. 이것이 주변의 얇은 벽을 가진 조직에 장력을 만들게 되고, 열매의 기부에 있는 떨켜층이 붕괴되면 중앙에 있는 종자 덩어리는 폭발하듯이 방출된다.

579 쌍자엽식물 *Rhizophora*(리조포라속; 맹그로브)의 태생인(viviparous) 어린 식물체. 배는 열매가 아직 맹그로브 나무에 달려있을 때 열매 안에서 발아한다(1, 숙존하는 기부 꽃받침을 볼 수 있다.). 신장된 어린 식물체의 축은 긴 유근-하배축의 축(2)을 이루지만, 유경은 아직 종자 내에 있다. 어린 식물체는 나무에서 떨어지기 전에 30-50cm에 달하며 개흙 바닥에 뿌리를 내린다(참조, 580). (저작권, T. Norman Tait)

1 열매 2 유근-하배축의 축

580 새로 형성된 쌍자엽식물인 *Rhizophora*(리조포라속; 맹그로브)의 군락. 태생인 어린 식물체(참조, 579)는 하구의 개흙 또는 얕은 물에 뿌리를 내려 새로운 군락을 형성한다. 전면에 수많은 어린 식물체를 볼 수 있다. (저작권, T. Norman Tait)

참고문헌

Bell AD (1991). *An Illustrated Guide to Flowering Plant Morphology.* **Oxford University Press, Oxford, p. 341.**

Bowes BG (1999). *A Colour Atlas of Plant Propagation and Conservation.* **Manson Publishing, London, p. 224.**

Bowes BG (2008). *A Colour Atlas of Trees.* **Manson Publishing, London.**

Burgess J (1985). *An Introduction to Plant Cell Development.* **Cambridge University Press, Cambridge, p. 239.**

Cresti MS, Blackmore S, van Went JL (1992). *Atlas of Sexual Reproduction in Flowering Plants.* **Springer-Verlag, New York, p. 249.**

Dickison WC (2000). *Integrative Plant Anatomy.* **Academic Press/Thompson Learning, San Diego, California, p. 533.**

Endress PK (1994). *Diversity and Evolutionary Botany of Tropical Flowers.* **Cambridge University Press, Cambridge, p. 511.**

Esau K (1977). *Anatomy of Seed Plants.* **John Wiley & Sons, New York, p. 550.**

Evert RF (2006). *Esau's Plant Anatomy: meristems, cells, and tissues of the plant body - their structure, function, and development,* **3rd edn. John Wiley & Sons, Hoboken, New Jersey, p. 601.**

Fahn A (1990). *Plant Anatomy,* **4th edn. Pergamon Press, Oxford, p. 588.**

Foster AS, Gifford EM (1974). *Comparative Morphology of Vascular Plants,* **2nd edn. WH Freeman & Co, San Francisco, p. 751.**

Heywood VH (ed.) (1993). *Flowering Plants of the World.* **BT Batsford, London, p.335.**

Hickey M, King CJ (1981). *100 Families of Flowering Plants.* **Cambridge University Press, Cambridge, p. 567.**

Ingrouille M (1992). *Diversity and Evolution of Land Plants.* **Chapman & Hall, London, p.340.**

Körner C (2003). *Alpine Plant Life: functional plant ecology of high mountain ecosystems.* **Springer Verlag, Berlin, p. 433.**

Lyndon RF (1990). *Plant Development: the cellular basis.* **Unwin Hyman, London, p. 342.**

Mauseth JD (1988). *Plant Anatomy.* **Benjamin/Cummings Publishing Company, Menlo Park, California, p. 560.**

Mauseth JD (2003). *Botany - An Introduction to Plant Biology,* **3rd edn. Jones & Bartlett Publishers, Sudbury, Massachusetts, p. 848.**

Mauseth JD (2006). **Structure-function relationships in highly modified shoots of Cactaceae.** *Annals of Botany* **98:901-926. doi: 10.1 093/aob/mc1133, available online at www.aob.oxfordjournals.org.**

Raghavan V (1986). *Embryogenesis in Angiosperms.* **Cambridge University Press, Cambridge, p. 303.**

Rudall P (1992). *Anatomy of Flowering Plants,* **2nd edn. Cambridge University Press, Cambridge, p. 110.**

Simpson MG (2006). *Plant Systematics.* **Elsevier/Academic Press, Amsterdam, p. 590.**

Sporne KF (1974). *The Morphology of Angiosperms.* **Hutchinson & Co, London, p. 207.**

Sporne KF (1974). *The Morphology of Gymnosperms,* **2nd edn. Hutchinson & Co, London, p. 216.**

Taiz L, Zeiger E (1991). *Plant Physiology.* **Benjamin/Cummings Publishing Company, Menlo Park, California, p. 559.**

Weberling F (1989). *Morphology of Flowers and Inflorescences.* **Cambridge University Press, Cambridge, p. 405.**

용어해설

가도관 tracheid 다양한 2차벽 침적 양상을 갖는 천공이 없는 긴 통도요소(참조, 통도요소).

각피(큐티클) cuticle 지상부의 외표피세포를 덮고 있거나 때로는 부분적으로 침적되어 있는 지방성 물질의 층 (큐틴). 큐티클은 건생식물의 지상부에서 두껍고 현저한데 이는 물의 소실을 크게 지연시키는 방수 특징 때문이다.

간기핵 interphase nucleus 유사분열 또는 감수분열에서 세포가 분열하지 않는 분열 사이 기간에 있는 핵으로 염색체가 확실하게 보이지 않는다.

감수분열 meiosis 2배체인 세포가 연속적인 2회의 특수한 핵분열을 통하여 네 개의 반수체 세포를 형성하는 세포분열.

건생식물 xerophyte 건조한 지역에 생육하는 식물. 털이 많고 안으로 접히는 잎, 두꺼운 각피 층, 함입된 기공, 또는 광합성을 하는 다육성인 줄기 등 여러 가지 특징을 나타낸다.

건생형태의 xeromorphic 건생식물이 나타내는 형태적 특징을 갖는.

격막형성체 phragmosome 식물세포가 분열할 때 액포화된 세포를 가로지르는 세포질의 층으로 이 지역에 핵이 위치하며, 새로 형성되는 세포판을 분리한다.

격벽섬유 septate fiber 섬유세포에서 측벽이 완전히 두꺼워진 후에 발달한 두께가 얇은 가로지르는 수평벽이 형성된 섬유세포.

경재 hardwood 쌍자엽식물의 목재로(참조, 연재) 통도요소 외에 세포벽이 두꺼운 섬유조직을 많이 가지고 있다.

고사리 ferns 다년생이며 주로 초본인 관속식물로 종자를 만들지 않는다. 포자체 세대가 우세하며 포자낭을 만드는데 여기에서 반수체인 포자를 만들고 포자가 자라서 작고 독립생활을 하는 자가영양체인 배우체가 된다.

고정 과정 fixation process 생물 조직에서 세포 구조를 죽여서 보존시키는 과정으로 살아있을 당시와 유사한 형태를 현미경하에서 관찰하기 위한 과정.

골상 보강조직 osteosclereid 양 쪽 말단이 확장된 긴 보강조직 세포들.

골지체 dictyosome 세포내 기관으로 판상의 막 구조가 쌓인 구조를 하고 있다. 골지체에서 떨어져 나온 소낭 때로는 판상낭이 탄수화물과 당단백질을 원형질막으로 이동시킨 후 세포벽으로 방출한다.

골지체 Golgi body 딕티오좀의 또 다른 용어.

공동현상 cavitation 도관이나 가도관에서 수분이 상승할 때 연속적인 물기둥이 형성되지 못하고 중간에 공기방울이 형성되는 현상. 공동현상이 일어나면 도관이나 가도관의 수분 상승능력이 없어지게 된다.

공변세포 guard cell 식물의 지상부에서 기공 경계 좌우에 있는 한 쌍의 특수화된 표피세포; 이들 세포의 팽압의 변화로 기공 구멍이 열리거나 닫힌다.

공생 symbiosis 두 종류의 생물이 서로 이익을 주는 상태로 연합함(예, 지의식물, 질소고정 뿌리 혹).

과실 fruit 피자식물에만 한정; 자방이 확장되어 발달한 구조로 종자를 가지고 있다. 일부 종에서는 자방 외에 부분들이 자방과 함께 과실을 형성한다. 즉 사과, 딸기, 파인애플 등

과피 pericarp 과실 벽과 동의어.

관속(관다발, vascular bundle) 지상부를 세로로 달리는 1기 목부와 1기 사부로 구성된 조직의 다발.

관속조직 vascular tissue 목부와 사부 조직을 함께 칭하는 일반적인 용어.

관속초 bundle sheath 잎의 엽맥을 둘러싸는 유조직 또는 후벽조직으로 되어있는 층.

교차역 corss-field 목재에서 방사계 세포와 주축계의 가도관 또는 도관절 세포가 만나는 면. 교차역에 있는 벽공의 형태는 목재 조각을 동정하는데 중요한 형질이 되기도 한다.

구경(알줄기) corm 짧고 수직으로 배열하며 팽창된 지하줄기로 먹이를 저장하고 식물체가 여러 해 동안 살 수 있게 한다.

구과식물 conifer 나자식물의 가장 큰 분류군으로 솔방울을 형성하는 나무들이다. 대표적인 종류로는 소나무, 전나무, 잎갈나무 등이 있다.

구심적 생장 centripetal growth 뿌리의 1기 목부 분화에서 볼 수 있듯이 외부에서 중앙 쪽으로 발달해가는 생장.

구정적 분화(상향분화) acropetal differentiation 기관이나 조직들이 분화될 때 기부에서 시작하여 점차 끝 쪽으로 분화되는 현상.

구형 결정단 druse 끝이 날카로운 칼슘옥살레이트 결정이 구형으로 모여 있는 것.

귓바퀴형 조직 auricle 엽신과 엽초의 연결부위 양 쪽에 날개 모양으로 있는 조직.

균근 mycorrhiza 많은 식물의 뿌리가 토양 균류와 공생관계를 이루는 구조 (참조, 외생균근과 내생균근).

균류 fungus 식물과 비슷하고 포자를 만드는 생물체로 엽록체가 없다. 따라서 타가영양체이며 기생을 하거나 부생을 한다.

균사체 hypha 균류가 형성하는 실 모양의 구조물.

그라늄(복수, 그라나) granum (pl. grana) 엽록체 내에 있는 원판형의 막구조가 쌓여있는 구조물로 각 원판형 막구조는 단일막으로 둘러싸여 있으며 그 안에 엽록소와 카로티노이드 분자가 들어 있다.

극핵 polar nucleus 꽃피는 식물의 배주에서 중앙 세포에 있는 두 개의 핵 중 하나로; 배유(배젖)는 이 두 개의 핵과 수배우자가 융합하여 형성된다.

근권(뿌리 지역) rhizosphere 뿌리를 바로 둘러싸고 있는 흙 지역.

근압 root presure 내피를 통하여 관속 중심주 안으로 무기염류가 능동 수송되면서 형성되는 목부 내의 물의 압력으로, 피층에서 물이 안으로 들어갈 수 있는 원동력이 된다.

근초 coleorhiza 벼과 식물과 그 외의 단자엽식물 배에서 어린 뿌리를 둘러싸고 있는 구조물.

근피 velamen 열대성 착생 난과식물과 일부 토란류의 뿌리에 형성되는 물을 흡수하는 기능을 하는 여러 겹으로 된 표피.

글리옥시좀 glyoxysome 단일 막으로 둘러싸인 세포 내 소기관으로 glyoxylic acid 대사를 수행한다. 지질 저장물이 있는 종자가 발아할 때 많이 나타난다.

기공 stoma(복수, stomata) 식물의 지상부 표피조직에 있는 두 개의 특수한 세포인 공변세포에 둘러싸인 구멍으로 된 복합체. 공변세포의 팽압 변화로 기공의 구멍이 열리고 닫히게 되어 외부의 대기와 가스 교환을 조절한다.

기본조직 ground tissue 통도조직과 표피조직을 제외한 식물 내의 조직.

기부의 proximal 기원이 되거나 부착 부위에서 가장 가까운 지점의(참조, 말부의).

기저 분열조직 basal meristem 특히 다년생인 단자엽 식물 많은 종류의 잎에서 잎의 기부에 남아있는 분열조직으로 새로운 잎 조직은 여기로부터 형성된다.

기저 피자식물 basal angiosperms DNA 증거에 의하면 피자식물들이 진정쌍자엽 식물과 단자엽 식물로 다양화되기 전에 이미 8개의 서로 다른 목으로 분화되었다. 이 초기 식물군의 자손들이 기저 피자식물을 구성한다.

긴 슈트(장지) long-shoot 대부분의 식물의 일반적인 슈트; 매우 변형된 짧은 슈트를 형성하지 않는 식물체에서는 구분할 필요가 없다.

꽃받침잎(악편) sepal 화피 외부의 구성 요소로 꽃잎 (화판)과는 형태가 매우 다르다.

꽃잎(화판) petal 꽃받침과 모양이 다른 화피 안 쪽 부분의 구성요소.

꽃눈 자리 cephalium 일부 선인장 줄기에서 꽃이 피는 지역. 정단부일 수 도 있고 측면인 경우도 있다.

꿀(화밀) nectar 꿀샘(밀선)에서 분비되는 액체; 당류와 다른 유기물을 다량 함유하고 있다.

꿀샘(밀선) nectary 꿀을 분비하는 다세포로 형성된 분비조직. 많은 식물에서 꽃에 존재하지만 일부 식물에서는 꽃 외의 영양조직에 존재하기도 한다.

나자식물 gymnosperms 소나무, 은행나무, 소철 같은 식물처럼 배주가 자방 내에 들어있지 않고 인편 표면에 노출되어 있는 종자식물(참조, 피자식물).

낙엽성 식물 deciduous plants 생장 시기가 끝나면 잎이 떨어지는 교목과 관목.

난자 egg 수배우자인 정핵과 수정하여 2배체인 접합자를 형성하는 반수체인 암배우자 세포.

내강 lumen 죽은 세포인 후벽조직과 통도요소에서 과거에 원형질이 있던 중앙의 관 또는 공간.

내과피 endocarp 과실 벽의 안쪽 층으로 때로는 후벽조직화되어 있다.

내벽막 intine 화분립이나 포자의 벽에서 안쪽에 있는 섬유질로 된 막(참조, 표벽).

내생균근 연합 endomycorrhizal association 균류와 많은 식물의 뿌리 간의 공생적 연합. 균사체는 식물 뿌리 내부로 가지를 치며 주로 뿌리로 침투하여 그 곳에서 낭상 또는 망상의 가지를 친다.

내약벽 endothecium 꽃가루 주머니 (약) 벽의 표피 아래의 층으로 세포벽이 불규칙하게 두꺼워져서 성숙하면 꽃가루 주머니가 터지게 한다.

내원형 endarch 줄기의 1기 목부에서 원생목부가 중앙쪽에 그리고 후생목부가 외부에 있는 상태.

내재 사부 included phloem 목재조직 내부에 있는 사부

내체 corpus 현화식물의 줄기 끝 분열조직의 안 쪽 부분으로 초층이 덮고 있다. 내체 세포들은 다양한 면으로 분열하지만 초층 세포들은 수층분열만 한다.

내초 pericycle 뿌리에서 내피와 통도조직 사이에 위치한 유조직.

내표벽 nexine 화분립의 세포벽에서 표벽의 안 쪽 층.

내피 endodermis 뿌리와 일부 식물의 줄기에서 관속계를 둘러싸고 있는 세포 층. 처음에는 수층벽 내에 연속적인 목질소-슈베린으로 된 카스파리띠가 나타나지만 후에는 더 광범위하게 두꺼운 침적이 일어난다. 이 띠는 불투수성으로 내피를 통과할 때 물과 용질이 전세포벽(apoplast)으로 이동하는 것을 방지하게 된다. 결국 내피를 통과할 때는 전원형질(symplast)을 통한 이동만이 가능하다.

내피막 calyptra 일부 선류와 태류에서 배우체에서 발달하는 포자체를 덮는 보호조직. 드물게 뿌리 골무에 대한 기재 용어로 사용되기도 한다.

늑골형 분열조직 rib meristem 일부 식물의 슈트 정단분열조직에서 끝 부분 다음에 있는 분열조직으로; 발생된 세포들이 어린줄기의 장축에 대하여 주로 횡분열하여 수를 생성한다.

다년생 perennial 식물의 영양체가 수년간 숙존하는 식물.

다당류 polysaccharide 여러 개의 단당류가 사슬 모양으로 연결되어 형성한 탄수화물로 섬유소, 전분 등이 있다.

다원형 polyarch 단자엽식물의 뿌리에서 원생목부의 극이 여러 개인 경우.

다육식물 succulent 물을 흡수하고 크기가 큰 유조직 세포를 많이 가지고 있는 다육질인 잎과 줄기를 가진 식물.

다층표피 multiple epidermis 원표피가 병층과 수층분열 모두를 수행하여 형성된 여러 층으로 된 표피조직으로 제일 외부 층만이 전형적인 표피를 형성한다.

다핵세포 coenocyte 여러 개 또는 많은 수의 핵을 가진 대형 세포. 이들은 유사분열 후 세포질분열이 일어나지 않아 형성된다.

다화과 multiple fruit 파인애플처럼 여러 꽃의 자방에서 만들어진 과실이다(참조, 집합과).

단면성 형성층 unifacial cambium 형성층 중에서 양 방향이 아니고 어느 한 방향으로만 분열하는 형성층.

단백질 protein 다양한 아미노산으로 구성된 복합 고분자.

단순 과실 simple fruit 각 꽃의 한 개의 자방으로부터 형성된 과실.

단위결실 parthenocarpy 배주에 수정이 되지 않고 발달한 과실.

단자엽식물 monocotyledon(Monocot) 쌍자엽식물과 함께 현화식물의 두 식물군 중의 하나로; 단자엽식물의 배는 한 개의 자엽을 형성한다(참조, 진정쌍자엽식물). 자엽 외에 여러 가지 특징을 갖는다(꽃 부분이 3수성, 정상적으로는 2기 생장이 일어나지 않으며, 슈트의 관속이 산재하는 것 등).

단지 short-shoots 일부 식물에서 고도로 변형된 액아와 가지로 짧은 절간을 가진 축소된 가지로 자란다. 단지는 사과나 잎갈나무처럼 정상적인 잎을 형성하기도 하고 선인장처럼 변형된 잎을 형성하기도 한다(선인장의 침엽은 단지의 잎이다.).

단포자 발생 monosporic development 배낭형성 시 대포자모세포의 감수분열 결과 형성된 네 개의 대포자 중에서 세 개는 퇴화하고 한 개만이 배낭으로 발생으로 가장 전형적인 배낭형성 과정이다.

대포자 megaspore 종자식물, 일부 고사리류 그리고 이들의 근연식물에서 형성되는 대형의 반수체 포자로, 자라서 암배우체 또는 배낭을 형성한다.

대포자낭 megasporangium 대포자를 형성하는 포자낭으로 안에 있는 2배체인 대포자모세포가 감수분열을 하여 반수체인 대포자 네 개를 형성한다(참조, 소포자낭).

데스모튜불 desmotubule 원형질연락사를 가로지르는 미세한 관으로 양 쪽 끝이 인접한 2세포 원형질에 있는 소포체와 연결된다.

도관 vessel 길고 구멍이 있는 통도요소로서 일단의 세포들이 만나는 끝 벽이 분해되어 서로 연결됨으로써 형성된다(참조, 천공판). 2차벽의 침적 양상이 매우 다양하다(참조, 통도요소).

돌기물 trichome 표피세포에서 밖으로 자라난 구조를 뜻하며 단세포인 것도 있고 다세포인 것도 있으며 때로는 분비기능을 한다(glandular trichome; 선모).

동결 파쇄 재료 freeze-fractured material 빠르게 얼린 조직은 내부에 얼음 결정이 형성되지 않는다. 이를 진공 하에서 깨뜨린 후 깨어진 표면을 백금으로 증착하여 음영처리하고 탄소로 안정화 층을 만든다. 그 결과 나타나는 표면의 복제는 전자현미경으로 검경한다.

동반세포 companion cell 사관요소 세포와 원형질연락사로 많이 연결된 특수한 유세포로 사관요소 세포와 같은 모세포에서 기원된다. 세포질이 밀집해있는 동반세포는 핵이 없는 사관요소 세포의 기능을 조절하는 것이 확실하다.

동형포자성 homosporous 이끼식물이나 고사리처럼 한 가지 종류의 포자만을 형성하는 식물.

등면성 잎(등면엽) isobilateral leaf 엽육조직의 울타리조직이 향축면과 배축면 (잎의 위쪽과 아래 쪽) 모두 나타나는 잎.

떨켜 부위 abscission zone 잎이나 다른 탈락 기관의 기부 부위로 떨켜층을 따라 파괴되어 탈락한 후 그 자리에 보호층인 코르크층이 덮어 만들어진 상처 흔적.

떨켜층 (탈리층) abscission layer 낙엽성 기관이 때가 되면 떨어지도록 스스로 파괴되는 세포층.

로제트 rosette 절간이 매우 짧지만 완전하게 커진 잎을 가진 슈트. 또한 일단의 섬유소 합성효소들이 원형질막에 있다.

리보솜 ribosome RNA와 단백질로 구성된 작은 세포내 기관으로 단백질 합성에 관여하며; 리보솜이 모여서 폴리솜을 형성하기도 한다.

리아나 liane 긴 목본 줄기를 가진 덩굴식물로 열대 우림에 특히 번성한다.

마이크로미터 micrometer 길이의 한 단위로 1mm의 1/1000.

마이크로톰 microtome 현미경으로 관찰하기 위한 식물재료를 균일하고 얇게 잘라주는 도구.

말기 telophase 유사분열의 마지막 시기로 방추체의 양 쪽 극에 두 개의 딸핵이 보인다.

말부의 distal 부착점 또는 기원되는 부분에서 보다 멀리 떨어진 반대 쪽의.

망목극(소망극, 최종 그물 눈) areole (특히 쌍자엽 식물에서) 엽맥 말단으로 완전히 둘러싸인 엽육조직의 가장 작은 부위.

목련분계군 magnoliids 기저 피자식물류 4목을 포함하는 식물군으로 이들은 단자엽식물과 진정쌍자엽식물이 존재하기 이전의 식물군인 초기 현화식물에서 기원된 식물군으로 생각된다.

목부(물관부) xylem 물을 통과시키는 통도요소, 후벽조직 그리고 유조직으로 구성된 복합조직.

목재 wood 목본 쌍자엽식물과 나자식물의 2기 목부.

목질소(리그닌) lignin 다양한 페놀성 물질을 가진 복합 물질로 후벽조직과 통도요소의 섬유성 세포벽에 침적된다. 목질소가 침적됨으로써 세포는 튼튼하게 되고 물이 스며들지 못하게 된다.

목질소-코르크질 ligno-suberin 목질소와 코르크질의 복합물질로 뿌리의 내피와 외피의 세포벽에 침적된다.

무작위 세포벽 형성 free-forming walls 식물 내의 특정 상태에서 유사분열 후 곧바로 세포벽이 형성되지 않아 다핵체인 세포질이 형성되는 경우가 있다. 이 후에 세포벽이 형성되는 세포화 과정은 순서 없이 이루어진다(예, 피자식물의 배유형성).

물질대사 metabolism 영양물질이 원형질과 세포벽 등의 세포기관으로 형성되거나 반대로 이들이 단순한 물질로 분해되는 과정의 총칭.

물집형 세포 bulliform cell 벼과식물의 상면 표피에 있는 액포가 발달한 세포로 건조한 환경에서는 잎을 스스로 말게 한다. 기동세포(motor cell)라고도 한다.

미세섬유 microfilament 일부 식물세포에서 세포골격을 이루는 단백질로 된 실모양의 구조물로 직경이 약 7nm 정도로 미세소관 보다는 좁다.

미세소관 microtubule 직경이 약 25nm인 단백질로 된 속이 빈 작은 관 (참조, 미세섬유). 미세섬유는 식물세포 세포골격의 주요 구성 요소이며, 분열하지 않는 세포에서는 주로 세포질 주변부에 위치하고 분열할 때는 방추사를 형성한다.

미세원섬유 microfibril 일단의 섬유소 (cellulose) 분자가 수소결합으로 묶여 길이가 수 μm인 실을 형성한 것. 세포벽의 골격구조를 이룬다.

미소체 microbody 단일막으로 둘러싸인 세포내 소기관으로 가수분해효소가 아닌 여러 가지 효소가 들어있다(참조, 글리옥시좀과 퍼옥시좀).

미토콘드리온(복수, 미토콘드리아) mitochondrion(pl, mitochondria) 막으로 둘러싸인 세포내 소기관으로 내막은 안으로 접혀 크리스테를 형성하며; 산소호흡에 관여하는 기관이다.

반기생식물 hemiparasite 광합성을 수행하는 기생식물로서 필요한 환원형 탄소를 일부 또는 전부를 생산한다(참조, 전기생식물).

반수체 haploid 염색체를 한 세트만 가지고 있는 식물체 (참조, 이배체). 식물의 생활사에서 배우체 세대에서 정상적으로 나타난다.

반족세포 antipodal cell 배낭의 합점 쪽에 있는 통상 세 개로 된 세포 중 하나.

방사 시원세포 ray initial 통도조직 형성층에 있는 납작하고 육면체형인 세포들로 2차 관속조직의 방사계 유조직을 형성한다(참조, 방추형 시원세포).

방사상칭(화) actinomorphic 꽃의 모양이 방사상칭인 경우로 규칙적이라 하기도 한다(참조, 좌우상칭화).

방사조직 ray 2차 관속조직을 가로질러 방사상으로 뻗어있는 판 모양의 유조직으로 통도조직 형성층에 있는 시원세포에서 형성되며 폭과 길이가 다양하다.

방추형 시원세포 fusiform initial 관속 형성층에 있는 길고 끝이 가늘어지는 모양의 분열조직 세포로 이들로부터 2차 관속조직의 주축 요소들이 기원된다(참조, 방사계 시원세포).

배 embryo 종자 내에 있는 어린 식물체.

배낭 embryo sac 밑씨의 주심 안에 있는 꽃 피는 식물의 암배우체. 전형적인 배낭에는 여덟 개의 핵으로 구성되는데 주공 쪽에 두 개의 조세포와 한 개의 난자로 구성되는 난장치, 합점쪽으로 세 개의 반족세포 그리고 2핵성인 한 개의 중앙세포로 구성된다.

배반 scutellum 벼과식물의 종자에 있는 고도로 변형된 자엽으로, 배유로부터 발달하는 배에 영양물질을 공급한다.

배병 suspensor 배 발생 시 배주의 주공 쪽에 형성되는 다세포로 된 실 모양의 구조물로서 자라면 배를 배유 쪽으로 밀어주게 된다.

배수체(다배체) polyploid 정상적인 2배체(2n)보다 많은 조합의 염색체를 가지고 있는 식물체나 세포. 예를 들면 4배체는 이배체의 2배를 갖는다.

배우체 gametophyte 식물 생활사에서 반수체 세대. 선태류에서는 배우체가 우세하다(참조, 포자체).

배유 endosperm 일반적으로 3배체의 세포로 구성된 종자식물 배의 영양조직으로 피자식물에서는 정충과 중앙세포가 융합하여 형성된다. 배유는 발달하는 배에 영양을 공급하며 성숙한 단자엽 식물의 종자와 일부 쌍자엽 식물의 종자에서는 먹이 저장물로 존속하기도 한다.

배주(밑씨) ovule 종자식물에서 암배우체(배낭)는 주심과 주피에 싸여있다. 암배우체는 주병과 함께 배주를 구성하며 후에 종자로 발달하게 된다.

배축면 abaxial surface 슈트나 줄기 끝으로부터 먼 쪽의 잎 또는 싹의 원기 표면(참조, adaxial). 양면형 잎의 경우 아래쪽 면.

백색체 leucoplast 잎의 표피에 있는 것과 같이 전분이 거의 없는 무색의 색소체.

벽공 pit 2차벽이 쌓이지 않고 남아있는 1차벽 부분으로 2차벽이 균일하게 쌓이면 단순벽공이 되고 테두리를 만들면 유연벽공이 된다.

벽공지역 pit field 여러 개의 원형질연락사가 있는 1차벽의 얇은 부분으로 2차벽이 쌓이면 이 부분에 벽공이 형성된다.

병립관속 collateral bundle 같은 반경 안에 목부와 사부가 나란히 있는 관속조직의 가닥으로 일반적으로 사부가 표피 쪽에 위치한다.

병층(면)의 periclinal 세포벽이 형성되는 방향이 기관의 표면과 평행한 경우(참조, 수층의).

보강조직 sclereid 두껍고 목질화된 세포벽과 많은 벽공을 갖는 후벽조직 세포의 한 유형으로; 모양이 다양하지만 일반적으로 섬유보다 훨씬 짧다.

보조 눈 accessory bud 주 겨드랑이 눈 이외에 있는 눈.

보조 조직 accessory tissue 과실 발달과정에서 씨방 외에 씨방과 연관된 꽃이나 화서의 조직들에서 자란 조직.

보통엽 foliage 전형적인 잎의 형태와 기능을 갖는 보통의 영양엽.

복병립 관속 bicollateral bundle 지상부의 유관속에서 사부가 목부의 내부와 외부에 형성되는 것(참조, collateral bundle).

부세포 subsidiary cells 일부 식물에서 기공의 공변세포 옆에 나타나는 세포로 일반 표피세포와 모양이 다르다.

부정적 조직(不定的 組織) adventitious tissue 배에서 형성된 원래 위치가 아닌 그 이 후 비정상적인 위치에서 발달하는 식물 기관들; 뿌리나 잎에서 발달하는 새싹 또는 잎과 줄기에서 형성되는 뿌리 등이 있다.

분계적 연구 cladistic study 어떤 생물군의 진화적 유연관계를 탐구하는 연구; 그 결과는 분계도 (또는 가계도)로 나타나는데 여기서는 한 진화계통에서 획득하였거나 사라져서 다른 계통과 구별되게 하는 공동형질과 파생형질 들을 강조한다.

분열정지부 quiescent centre 뿌리 끝의 말단 지역으로 인접한 분열조직 세포들에 비하여 세포 분열이 일어나지 않거나 매우 드물게 일어난다.

분열조직 meristem 줄기와 뿌리의 정단과 관속 및 코르크 형성층과 같이 체계적인 방법으로 식물의 생장과 분열을 일으키는 조직.

분화 differentiation 미성숙한 형태에서 성숙한 형태로 생장하고 발달해가는 동안 개개의 세포, 조직, 기관 또는 전체 식물체에서 나타나는 생화학적 그리고 구조적 변화를 뜻한다.

분화전능의 totipotent 분화한 식물 세포나 조직(유조직)이 배 상태와 같이 모든 유전물질을 가지고 있는 현상을 말하며, 이 세포들은 상처 또는 호르몬 영향을 받으면 다시 분화 할 수 있다. 즉 분열조직 능력을 다시 얻어서 부정 기관이나 배를 형성 할 수 있다.

비열개과실 indehiscent fruit 성숙한 후에도 열리지 않는 과실(참조, 열개과실).

뿌리 root 지상부와 연결된 식물 기관으로 일반적으로 지하에 있다. 뿌리는 1차적으로 물과 무기염류를 흡수하고 식물체를 고정시키며 영양물질을 저장하는 기능을 한다.

뿌리골무(근관) root cap 뿌리의 끝을 둘러싸는 일단의 세포들로 구성된 모자 모양의 구조.

뿌리털 root hair 뿌리의 어린 부위의 표피세포에서 원통형으로 튀어나온 돌기로써 옆으로 확장되어 인접한 흙 입자 사이로 들어간다. 뿌리의 흡수 면적을 확장시킨다.

사공 sieve pore 사역 또는 사판에 있는 구멍으로 사관요소 간에 세포질의 연결이 이를 통하여 이루어진다. 구멍을 둘러싸는 세포벽 부분에는 보통 캘로스라는 탄수화물이 있다.

사관 sieve tube 사판으로 서로 연결된 핵이 없는 여러 개의 세포로 구성된 길이가 긴 요소. 사관은 피자식물에만 있다(참조, 사세포)

사부(체관부) phloem 관속식물에서 영양물질을 이동시키는 주요 조직으로 통도 기능을 하는 사요소들과 여러 형태의 유조직과 후벽조직으로 구성된다.

사상 장치 filiform apparatus 일부 식물종의 배낭 내에서 조세포들의 세포벽에 미로 같은 벽비후가 일어나 전달세포벽을 형성하는 것으로 이곳을 통하여 난자와 주심이 접촉한다.

사세포 sieve cell 나자식물 또는 하등 관속식물에 있는 핵이 없는 세포에서 영양물질을 이동시키는 요소이며, 전체 세포벽에 사역이 있다.

사역 sieve area 사세포 또는 사관의 경사진 끝 벽과 측벽에 있는 변형된 벽공 지역이다. 원형질연락사는 좁은 사공으로 들어갈 수 있게 변형되었으며 측면으로 물질 이동이 이들을 통하여 일어난다.

사판 sieve plate 사관에 있는 수평 또는 다소 기울어진 형태의 벽으로 큰 구멍이 있는 한 개의 판 또는 판에 구멍이 있는 여러 개의 지역을 복합적으로 가지고 있기도 하다(참조, 사역).

4포자 배낭 tetrasporic embryo sac 대포자모세포 감수분열 결과 살아남은 네 개의 반수체 핵들이 모두 참여하여 형성된 배낭.

산공(재) diffuse porous 쌍자엽식물 2기 목부로 도관이 목재의 한 생장륜에 골고루 분포되어 나타난다.

산재 2기 생장 diffuse secondary growth 야자수와 일부 단자엽식물에서 수간의 기부가 굵어지는데 이는 유조직성 기본조직과 관속 초 유조직의 산재 분열에 기인한 것이다.

상위자방 superior ovary 꽃의 다른 부분보다 위쪽에서 화탁에 연결되어 있는 자방.

색소체 plastid 전색소체(proplastid)에서 기원된 2중막으로 싸여있는 다양한 세포 소기관에 대한 통칭으로; 예로 엽록체와 전분체 등이 있다.

생식세포 generative cell 화분 내에서 분열하여 두 개의 수배우자를 형성하는 세포.

생장륜 growth ring 목본 줄기와 뿌리의 횡단면에서 보이는 2기 목부와 사부의 층.

석세포(돌세포) stone cell 보강조직 세포 중의 하나로 크기가 작고 구형에 가까운 모양을 가지고 있다.

선류(솔이끼) moss 작은 잎 모양의 이끼식물 (참조, 태류). 관속식물과는 달리 배우체 세대가 우세한 세대이다.

선태식물 bryophytes 선류와 태류로 구성된 비관속 육상식물로 이들은 관속식물과는 달리 배우체세대가 우세하다.

섬유 fibre 후벽조직 세포에 하나로 형태는 길고 양 쪽 끝이 가늘다. 일반적으로 두껍고 목질화되는 2차세포벽을 가지고 있다. 성숙하면 대부분 죽은 세포가 된다.

섬유소 cellulose 포도당 분자가 가지 치지 않고 15000개까지 길게 연결되어 형성한 다당류. 포도당 사슬은 서로 옆으로 수소결합을 하여 길이가 수 μm, 폭이 3-8 mm인 미세섬유를 형성한다.

성취생장 establishment growth 야자나 그 외의 식물들에서 나무줄기가 성숙한 개체가 되었을 때의 굵기까지 자라는 발달 초기의 생장을 뜻한다. 이 후 줄기는 길이로 자라게 된다.

세대교번 alternation of generation 2배체인 포자체 세대와 반수체인 배우체 세대의 형태가 서로 다르고 교대로 나타나는 것 (이형 교번; heteromorphic generation) 으로 모든 육상식물에서 나타난다. 관속식물은 포자체세대가 우세하고 선태식물에서는 배우체 세대가 우세하다.

세포간극 intercellular space 식물 조직에서 인접세포 사이에 만들어지는 가스 교환을 위한 공간. 중엽이 파괴되거나 또는 세포가 파괴되어 형성된다.

세포내 소기관 organelle 고유한 기능을 수행하는 세포질 내의 구조물.

세포벽 cell wall 식물세포의 원형질을 둘러싸는 구조물로, 다소 견고한 1차벽은 실 모양의 섬유소가 기본 골격구조를 이루고 여기에 무정형의 다당류와 단백질이 연결되어 있다. 이 후 내부에 2차벽이 첨가되기도 하는데 2차벽은 섬유소 비율이 1차벽 보다 높으며 때로는 리그닌이 첨가되어 견고한 구조를 이룬다.

세포질 cytoplasm 세포벽 안에 살아있는 부분, 핵과 액포를 제외한 나머지 부분을 세포질이라 한다.

세포질분열 cytokinesis 한 개의 세포가 핵분열 후 세포벽이 형성되어 두 개의 세포로 나눠지는 현상.

세포판 cell plate 유사분열 말기에 2핵 사이에 형성되는 경계판으로 형성된 이 후 원심적으로 생장하여 모세포를 두 개의 자손세포로 나누게 된다. 이 판은 골기체에서 유래된 소포들이 융합하여 형성되며 그 내부에 펙틴이 들어있어 세포벽의 중엽을 구성하게 된다. 이 후 2세포에서 분비된 1차벽 물질이 중엽 양쪽에 첨가되어 1차 세포벽이 완성된다.

소엽 leaflet 복엽에서는 소엽들이 잎의 축에서 생성되지만 이 소엽들은 눈을 형성하지 않는다.

소철 cycad 구과를 형성하는 나자식물의 원시적인 식물군, 야자 같은 대형의 잎을 가지고 주로 열대지방과 아열대 지방에 생육한다.

소포자 microspore 수배우체로 발달하는 반수체인 포자; 종자식물에서는 꽃가루가 된다.

소포자낭 microsporangium 수많은 소포자를 형성하는 기관 (참조, 대포자낭).

소포체 endoplasmic reticulum(ER) 단일막으로 둘러싸인 관상 또는 판상의 막계로 세포질내로 그물처럼 퍼져있다. 이들은 핵막의 외막 그리고 데스포튜불과 연결되기도 한다. 조면소포체(RER)는 리보좀으로 덮여있으며 단백질 합성에 관여하고 활면소포체(SER)는 지질 대사에 관여한다.

속내형성층 fascicular vascular cambium 쌍자엽식물과 나자식물에서 지상부의 전형성층 다발 내에서 기원되는 형성층.

송달조직 transmitting tissue 꽃의 암술대에 있는 특수한 통로로 이를 통하여 화분관이 배주로 자라게 된다.

수 pith 줄기와 일부 뿌리에서 중앙에 위치한 기본 조직(일반적으로 유조직성).

수관속 medullary bundle 일부 쌍자엽 식물 줄기에서 중앙부 수 안에 위치하는 관속.

수목성 종 aborescent species 성숙하면 교목 또는 관목이 되는 목본 식물의 종.

수술 stamen 꽃의 웅성 기관으로 끝 부분에 화분(꽃가루)이 들어있는 약 (꽃밥)이 있고 기부는 불염성인 수술대(화사)로 되어있다.

수지도 resin canal 상피세포로 둘러싸인 긴 관 모양의 구조물로 상피세포들은 구과식물에서 흔히 볼 수 있는 끈적끈적한 수지를 분비한다.

수축근 contractile root 지상부를 토양 표면의 일정한 수준에 유지하기 위하여 뿌리가 수축하는 것. 이들은 보통 지하경이다.

수층(면)의 anticlinal 기관이나 분비구 표면에 대하여 수직으로 새로운 세포벽이 형성하는 것을 나타내는 용어.

수피 bark 2기 생장을 하는 나무에서 비대생장으로 표피가 떨어지고 대신 2차적으로 형성되는 보호조직으로 내수피는 통도조직 형성층과 어린 2기 사부로 구성되며 외수피는 조피에 해당한다.

슈트(줄기) shoot 식물의 뿌리 이외의 부분. 통상 공기 중에 노출되며 많은 광합성 잎을 가지고 있다(참조, 뿌리).

스트로마 stroma 색소체에서 막이 없는 기본 물질.

스포로폴레닌 sporopollenin 꽃가루 알갱이의 외벽에 들어있는 물질, 주성분은 분자구조가 고리 모양인 알코올이며 미생물에 의한 부패에 저항성이 매우 크다.

습벽 엽육세포(주름 엽육세포) plicate mesophyll cell 유조직 세포로 1차벽이 원형질 쪽으로 접혀있다. 소나무 잎에서 볼 수 있다.

시토졸 cytosol 세포에서 세포 소기관이 떠 있는 액체 부분.

심재 heartwood 목본식물의 목재에서 중앙부의 색이 어두운 부분을 칭하는 용어. 이 부위에서 통도요소들은 통도기능을 하지 않고 수지와 전충체로 막혀있으며 유조직 세포들은 죽은 상태이다.

쌍자엽식물 dicotyledon(dicot) 진정쌍자엽식물 참조 (eudicotyledon).

암술(심피) carpel 암술무리의 구성 요소로써 한 개씩 독립적으로 있거나 다른 암술과 융합한다. 암술의 씨방에 배주(밑씨)가 있다.

암술무리 gynoecium 꽃의 심피들 전체를 칭하는 용어.

압축재 compression wood 나자식물의 주축에서 분지되는 가지의 기부 아래쪽에 형성되는 목재조직으로 심하게 목질화 되어 있다(참조, 팽창재).

액포 vacuole 토노플라스트라는 액포막으로 둘러싸여 있으며 물같은 액체가 들어있는 세포 내 소기관. 분열조직 세포에서는 작은 액포 여러 개가 있으나 성숙하면 서로 합쳐져서 커다란 중앙 액포로 확장된다.

약(꽃밥) anther 수술에서 꽃가루가 형성되는 자루 모양의 끝부분.

양면성 잎 bifacial leaf 울타리조직이 잎의 위쪽 즉 향축면 쪽에 그리고 갯솜조직이 아래쪽 즉 배축면 쪽에 나타나는 등부분과 배부분이 구분되는 배복성 잎.

양면성 형성층 bifacial cambium 안쪽과 바깥쪽 양 방향으로 세포를 형성하는 형성층.

양목부관속 amphivasal vascular bundle 사부가 중앙에 있고 이를 목부가 둘러싸고 있는 관속.

양사부관속 amphicribral vascular bundle 목부가 중앙에 있고 이를 사부가 둘러싸고 있는 관속.

양포자 발달 bisporic development 배낭의 형성에서 대포자모세포가 처음 감수분열 결과 형성된 두 개 자손세포 중에 하나는 소실되고 나머지가 2차 분열을 진행한다; 그 결과 형성된 두 개의 반수체 세포는 유사분열을 진행하여 성숙한 배낭을 형성하는 배낭형성 과정(참조, 단포자 및 4포자 배낭).

어린식물체(유식물) seedling 종자에서 발아하여, 보통 자엽 또는 제1엽이 잔존하고 있는 기간의 식물을 지칭한다.

얼룩 잎 variegated leaf 엽신에 밝은 지역 또는 흰색 지역과 녹색 지역이 뚜렷한 패턴으로 나타나는 잎으로, 대부분 슈트 정단분열조직의 여러 가지 키메라에 의하여 형성된다.

연속 생장 sylleptic growth 다년생 식물이 휴지기 없이 계속 생장하는 것 (참조, 주기 생장)

연재 softwood 구과식물의 목재로 일반적으로 세포벽이 두껍고 목질화된 섬유세포가 없다. 따라서 대부분의 경재 보다 관찰하기가 쉽다.

열개과 dehiscent fruit 성숙하면 종자를 방출하도록 찢어지는 과실.

염색분체 chromatid 유사분열 또는 감수분열 초기에 볼 수 있으며 두 개가 동원체에서 서로 연결되어 한 염색체를 구성한다.

염색질 chromatin 진정염색질과 이질염색질을 참조.

염색체 chromosome 유전자가 선상으로 배열된 구조물로 핵속에 있다. 염색체들은 통상 간기 핵 속에서는 응축이 풀려있고 광학현미경으로는 관찰되지 않는다. 그러나 핵분열 시기에는 실 모양의 구조물로 보인다.

염생식물 hallophyte 염도가 높은 곳에 자라는 식물로 많은 경우 다육성이다.

엽록체 chloroplast 광합성을 하는 색소체. 엽록소가 있는 내부의 막들은 매우 넓고 판상의 막이 싸인 구조인 그라나를 많이 형성하여 복잡하다. 이 그라나들은 스트로마에 있는 막들에 의하여 서로 연결된다. 주변 스트로마에는 탄소 고정을 위한 효소들이 있다.

엽맥상 venation 엽신에 물과 양분을 공급하는 엽맥들이 형성하는 양상.

엽병 petiole 잎을 줄기에 연결하는 가는 자루.

엽상경 cladode 식물의 지상부가 잎처럼 납작하게 변한 것으로 약간 납작해진 경우도 있고(*Opuntia*, 341) 심하게 납작해진 경우도 있다(*Semele*, 342).

엽상경 phylloclade 납작하고 잎 모양을 한 가지로 광합성을 한다. 엽병으로 간주되기도 한다.

엽상체 thallus 많은 종류의 뿔이끼류에서 잎이 아니나 등과 배 부분이 구별되는 납작한 배우체.

엽서(잎차례) phyllotaxy 잎이 줄기에 배열하는 양상.

엽설 ligule 엽신의 기부에서 향축면 잎 표면이 늘어나 얇은 막을 형성한 것으로 벼과식물에서 볼 수 있다.

엽신 lamina 잎의 넓은 부분.

엽액(잎 겨드랑이) axil 잎의 향축면 연결부와 줄기 사이에 형성되는 각으로 일반적으로 액아(겨드랑이 잎)가 있다.

엽육조직 mesophyll 잎의 광합성을 하는 유조직으로 원통형 세포들로 구성되는 울타리조직과 불규칙한 형태의 세포로 구성되는 해면 조직으로 분화되어 있다.

엽초 leaf sheath 일부 식물의 잎은 아래 부분이 줄기를 둘러싸서 뚜렷한 초를 형성하며, 많은 단자엽식물에서 볼 수 있다.

엽침(葉枕) pulvinus 엽병(또는 소엽병)에 있는 관절처럼 두꺼운 부분으로 중앙 통도조직 다발이 넓게 확장된 유조직으로 둘러싸여 있다. 이 조직에 팽압이 없어지면 잎은 밑으로 처지게 된다.

영양세포 vegetative cell 현화식물의 어린 화분립에 있는 두 개의 세포 중 큰 것.

외과피 exocarp(epicarp) 과실 벽의 외부층.

외생균근 연합 ectomycorrhizal association 특정 나무의 뿌리와 곰팡이와의 결합 (소나무, 자작나무, 너도밤나무). 균사는 밀집하여 뿌리를 덮고 있고 외부 피층세포 사이에 가지를 친다.

외배유 perisperm 여러 쌍자엽식물 과의 종자 내 주심에서 형성되는 영양저장 조직.

외원형 1기 목부 exarch primary xylem 종자식물의 뿌리에서처럼 원생 목부는 기관의 외부로 분화하고 후생목부는 중앙으로 분화하는 목부를 뜻한다.

외표벽 sexine 화분립 표벽의 가장 바깥 층(참조, 내표벽).

외피 exodermis 일부 식물의 뿌리에서 피층 바깥쪽 층이 세포벽에 목질소-슈베린이 침적되어 불투과성이 되는 경우 이 층을 말한다.

웅예군(수술무리) androecium 꽃의 수술 전체를 칭하는 용어.

원뿌리골무 calyptrogen 벼과 식물과 여타 일부 식물의 뿌리 끝에서 뿌리 골무가 발생하는 분열조직 층으로 다른 조직이 발생하는 분열조직 층과 구분이 가능하다.

원생목부 protoxylem 전형성층에서 가장 먼저 분화되는 목부로 일반적으로 환상 또는 나선상 비후가 있는 통도요소로 구성된다(참조, 후생목부).

원생사부 protophloem 전형성층에서 가장 먼저 분화되는 사부로 일반적으로 사요소만으로 구성된다. 원생사부는 단명하며 발달하는 슈트 내에서 깨어지게 된다(참조, 후생목부).

원심적 생장 centrifugal growth 세포판의 생장이나 지상부 1기 목부의 분화 등에서 볼 수 있듯이 중앙에서 외부 주변부로 발달해가는 생장.

원표피 protoderm 표피를 만드는 분열조직.

원형질막 plasmalemma 외부에 있는 세포벽과 원형질체를 경계 짓는 단일 막으로 인접한 세포들과는 원형질연락사를 통하여 원형질막이 서로 연결되어 있다.

원형질연락사 plasmodesma(복수, plasmodesmata) 인접한 세포의 원형질체와 연결되는 세포벽에 있는 구멍으로 원형질막이 서로 연결되어 있으며 소포체 (세포내망상체)가 연결되는 주축 데스모튜불이 관통하고 있다.

원형질체 protoplast 각 세포의 세포벽 안에 있는 원형질.

위생의(圍生의) perigenous 피자식물의 기공에서 두 개의 공변세포는 한 개의 모세포에서 기원하고 부세포는 다른 것에서 기원할 때 사용(참조, 中生의, mesogenous).

유경(어린줄기) plumule 배에서 자엽 윗부분의 지역으로 어린식물체로 자라면 슈트를 형성하는 부분[참조, 유근 (어린뿌리)].

유관 laticifer 분비세포 또는 일단의 연결된 세포로 구성된 분비조직으로 유액을 가지고 있다.

유근(어린뿌리) radicle 종자에서 하배축 아래에 위치한 배상태의 뿌리로 어린식물체로 자라면 주근을 형성한다[참조, 유경(어린줄기)].

유기물 이동 translocation 관속식물체 전체에 걸쳐 사부조직의 사요소 세포들을 경유한 당류나 다른 유기물들의 이동.

유배유 종자 albuminous seed 성숙했을 때 발아하는 배에 영양분을 제공할 배유 즉 씨젖이 있는 종자.

유사분열 mitosis 2배체 핵이 복제과정을 통하여 두 개의 2배체 딸핵으로 나눠지는 현상.

유사분열 방추체 mitotic spindle 유사분열 초기에 형성되는 실 모양의 구조로 광학현미경 하에서 식별되며, 미세소관의 다발로 구성된다. 또한 각 염색체의 두 염색분체가 서로 다른 자손 핵으로 분리되는데 관여한다.

유세포(유조직 세포) parenchyma cell 분화가 덜 되고 액포가 많은 세포로 세포벽은 두께가 일정한 1차벽으로 되어있다. 수, 피층 그리고 엽육조직 등에 널리 나타난다.

유합조직(캘러스) callus 식물 기관의 표면이 상처를 받을 때 형성되는 체계가 없는 조직 덩어리로 처음에는 주로 유조직으로 구성되며 감염 등으로부터 방어기능을 수행한다. 후에 코르크 보호층이 그 내부에서 발달할 수 있고 돌기 모양의 분열조직성 유합조직이 형성되어 부정근과 부정지상부가 발생하기도 한다.

융단조직 tapetum 포자낭의 안쪽을 둘러싸고 있는 영양분을 가진 세포층; 꽃가루가 자라면서 이 조직을 흡수한다.

은화식물 cryptogam 종자 없이 생식하는 식물 (종자식물은 phanerogam); 이끼류, 고사리류, 속새류 등이 있다.

2기 비후 secondary thickening 나자식물, 대부분의 쌍자엽식물 그리고 일부 비정상적인 단자엽식물에서 일어난다. 줄기와 뿌리의 직경이 증가하는데 이는 관속형성층(또는 2기 비후 분열조직)에 의하여 2기 관속조직이 형성되기 때문이다. 표피는 코르크형성층에 의하여 형성되는 코르크조직으로 대치된다.

2기 비후 분열조직 secondary thickening meristem 일부 목본 단자엽식물(예, Dracaena, Cordyline)에서 비정상적인 형태의 2기 비후를 일으키는 분열조직으로, 피층의 외부에서 형성되며, 구심적으로 관속과 유조직 등을 형성한다.

이배체 diploid 두 개의 완전한 염색체 세트를 가지고 있는 식물로; 생활환 중에 포자체 시기가 정상적인 경우이다.

이생 schizogeny 중엽을 따라 두 세포가 나뉘어져 세포간극을 형성하는 현상.

2원형 diarch 뿌리의 횡단면에서 두 개의 원생목부 극이 있는 것을 뜻한다.

이질염색질 heterochromatin 간기 핵에서 광학현미경과 전자현미경으로 보이는 진하게 염색되는 염색질부분 (DNA 및 histone) (참조, 진정염색질).

2차벽 secondary cell wall 부피 생장의 끝 무렵에 원형질에 의하여 형성되는 세포벽으로; 섬유소로 된 미세원섬유가 밀집하여 있고, 한 층 내에서는 서로 평행하게 배열한다(참조, 1차 세포벽). 2차벽은 흔히 후벽조직과 통도요소처럼 목질화 된다.

이형포자성 heterosporous 모든 종자식물과 일부 하등 관속식물[(예: 바위손속 (*Sellaginella*)]에서와 같이 대포자와 소포자 두 종류의 포자를 모두를 형성하는 식물 (참조, 동형포자성).

인 nucleolus 간기 핵에서 볼 수 있는 진하게 염색되는 과립체로 보통 구형이고, 간기핵에서 나타나며; RNA와 단백질로 구성되고 리보솜을 합성하는 장소가 된다.

인공산물 artifact 인공적으로 만들어진 것. 현미경 관찰을 위한 재료를 만들 때 흔히 사용되는 용어. 의도적 인공산물에는 절편제작과 염색 등이 있고 우발적인 인공산물에는 탈수과정으로 조직이 변형되는 것이나 세포를 자를 때 결정 등의 내용물이 빠지는 것 등이 있다.

인편엽 scale leaf 흔히 휴면중인 눈을 싸고 있는 보통엽이 아닌 잎으로, 지하경에서도 발견된다.

1기 비후 분열조직 primary thickening meristem 1기 생장을 하며, 줄기가 많이 두꺼워지는 식물에서 나타나는 분열조직으로, 줄기 끝 아래에 위치하며 초기의 피층, 전형성층 그리고 수 등에서 분열이 일어나 줄기가 빠르게 방사방향으로 생장한다. 소철류와 단자엽식물에서 볼 수 있다.

1차 세포벽 primary cell wall 세포의 확장 생장이 끝날 때까지 원형질체가 형성하는 세포벽으로 섬유소로 구성된 미세섬유는 방향성이 없으며 2차벽보다 많지 않다.

잎 leaf 슈트 정단의 측면이 부풀어 올라 발생하는 기관으로 대부분 엽액 부분에 눈을 형성한다. 잎은 줄기와 통도조직이 연결되며 일반적으로 식물에서 광합성의 대부분을 수행하는 부위이다.

자방(씨방) ovary 심피의 아래 쪽 부분으로 1- 여러 개의 배주(밑씨)를 가지고 있다. 수정 후에는 자방이 확장되고 분화하여 과실을 형성한다.

자엽 cotyledon 배에서 처음 형성된 잎; 단자엽식물에서는 한 개이나 쌍자엽식물에서는 두 개이다. 많은 식물들에서 자엽은 영양분 저장 기관으로 변화되고 발아 시에 정상적인 보통 잎으로 발달하지 않는다.

자엽초 coleoptile 벼과식물의 알곡에서 배의 줄기를 둘러싸고 있는 구조물. 발아하는 동안에 자라나는 지상부에 대한 보호 통로를 형성한다.

전기 prophase 핵분열의 초기로 염색체가 보이기 시작하고 핵막이 붕괴되고 방추사가 발달하기 시작하는 것이 특징이다.

전기생식물 holoparasite 광합성을 하지 않는 기생식물로 물과 무기염류 뿐아니라 환원형 탄소도 숙주식물에서 얻는 기생식물(참조, 반기생식물).

전달세포 transfer cell 세포벽이 안쪽으로 복잡하게 두꺼워진 일부 유조직 세포를 말하며, 이들 세포는 원형질막의 표면적이 넓어짐으로써 다량의 물질을 단거리 이동하는데 효율적인 기능을 발휘한다.

전박막층체 prolamellar body 황백색소체에 있는 막으로 된, 관 구조의 별 모양의 복합체로; 빛에 노출되면 그라나와 프렛으로 바뀐다.

전배 proembryo 기관이나 조직이 분화되기 이전 단계에 있는 배.

전분 starch 수백 개의 6탄당 분자로 구성된 다당류로 식물의 주요 양분 저장 물질이며; 물에 녹지 않으며 다양한 색소체의 스트로마 내에 축적된다.

전분체 amyloplast 스트로마에 다량의 전분을 저장하고 있는 무색인 색소체.

전분초 starch sheath 많은 종류의 쌍자엽식물의 1기 줄기에서 피층 유조직의 안 쪽 층이 세포 내에 전분을 많이 축적한 전분초를 형성한다.

전색소체 proplastid 분열조직에 있는 작고 미분화된 색소체로; 다른 종류의 모든 색소체의 선구물질이다.

전세포벽(비원형질연합) apoplast 식물체 내에서 세포벽, 죽은 세포의 공간 그리고 세포간극으로 구성되는 원형질이 없는 지역.

전원형질 symplast 식물체를 구성하는 전 세포의 원형질들은 크게 보면 원형질연락사를 통하여 모두 연결되어 있다. 식물체 전체 세포의 원형질 모두를 말한다(참조, apoplast; 전세포벽).

전충조직 complementary tissue 피목 아래에는 타 지역의 불투수성 코르크조직과는 달리 세포간극이 많은 코르크조직으로 되어 있다. 이를 전충조직이라 하며 내부의 살아있는 조직과 외부 사이에 공기 유통이 가능하게 한다.

전충체 tylose 목부 유조직 세포가 밖으로 자라서 통도요소 세포의 벽공을 뚫고 들어가 생장하여 통도요소 세포(보통은 도관절 세포)의 내강을 막을 때 이 구조를 말한다.

전형성층 procambium 정단분열조직에서 직접 기원된 분열조직으로 1기 생장을 한 식물체에서 1기 관속조직으로 분화된다. 쌍자엽식물과 나자식물에서 전형성층은 속간형성층도 형성한다.

절(마디) node 줄기에서 잎이 매달리는 부위(참조, 절간).

절간(마디사이) internode 줄기에서 잎과 다음 잎까지의 부위(참조, 절).

점액겔(근분비점액물) mucigel 자라나는 뿌리의 끝에서 분비한 점액물질로 뿌리가 토양 입자 사이를 뚫고 자라는데 윤활 역할을 한다. 또한 토양 미생물에 대하여 중요한 영양물질이 된다.

접촉면 contact face 인접한 두 세포의 벽이 서로 압박된 지역.

접합자 zygote 수배우자가 반수체인 난세포에 수정하여 형성된 2배체 세포로; 계속 분열하여 전배를 형성한다.

제(臍, 배꼽) hilum 종자가 주병과 붙어있던 자리에 있는 흔적. 또한 전분립의 중앙을 이르는 용어로 이 둘레에 전분이 계속 싸인다.

조류 alga 통도 조직이 없는 비관속 식물의 많은 종류가 속하는 식물군으로 엽상체의 몸을 가지고 있고 대부분 수생이다.

조세포 synergid 현화식물 배낭에서 난세포 옆에 있는 두 개의 세포로 수 배우자가 알과 극핵으로 이동하는데 중요한 기능을 한다.

조직 tissue 특정 기능을 수행하는 독립된 단위를 형성하는 일단의 세포들로; 단순 조직은 구성세포가 거의 같고 복합 조직은 여러 가지 종류의 세포들로 구성된다.

조피 rhytidome 목본 식물 수피의 바깥쪽 부분으로 주피, 피층, 사부조직들이 포함된다. 조피는 보다 안쪽에 있는 코르크 형성층에 의하여 기능이 있는 사부와 격리된다.

종자 seed 수정된 배주에서 발달하는 구조; 배와 어린식물체 초기 생장을 위한 영양물질들이 들어 있다.

종피 testa 배주의 주피가 변하여 형성된 층으로 종자를 둘러싼다.

좌우상칭화 zygomorphic flower 꽃잎과 꽃받침의 배열 양상이 좌우상칭인 꽃.

주공 micropyle 배주의 끝 부분에 주피가 형성하는 좁은 구멍으로 흔히 화분관이 여기를 통하여 배낭으로 들어온다.

주근 tap root 쌍자엽식물의 본 뿌리로 배의 유근에서 직접 기원된다.

주기 생장 proleptic growth 다년생 식물이 휴면과 생장을 주기적으로 반복하며 생장하는 것(참조, 연속 생장).

주두(암술머리) stigma 암술의 화주의 끝에 화분을 받아 발아시키는 부분.

주변원형질 periplasmodium 융합된 융단조직의 원형질체에서 형성된 다핵체 덩어리로 일부 약(anther)에서 발달하는 화분의 둘레에서 발생한다.

주병 funiculus 배주를 자방의 태좌에 연결하는 자루.

주심 nucellus 배주의 안 쪽 부분으로 배낭을 직접 둘러싸고 있다. 대포자낭과 상동기관으로 생각된다.

주입 가도관 transfusion tracheids 나자식물 잎에 있는 특수한 목부 조직으로 이를 구성하는 가도관들은 짧고 끝이 뭉툭하다.

주축유조직 axial parenchyma 2기 통도 조직에서 세포들이 길이로 배열되어 있는 유조직 세포들 (참조, 방사계).

주피 integument 종자식물에서 주공부위를 제외하고 주심을 싸고 있는 불염성 외투 조직.

주피 periderm 표피를 대치하는 2차 보호조직(수피)으로 코르크조직, 코르크형성층 그리고 코르크피층으로 구성되어 있다. 코르크형성층 안 쪽 깊이 위치한 피층이나 사부도 포함된다.

중과피 mesocarp 과실의 벽 가운데 중간에 위치하는 층으로 다육성인 경우가 많다.

중기 metaphase 유사분열의 한 단계로 모든 염색체의 키네토코어가 방추체의 적도면에 배열한다.

중륵 중앙맥 mid-rib 많은 단엽에서 잎의 길이 전체에 종으로 뻗어있는 한 개의 뚜렷한 엽맥. 대형 유관속과 그의 초로 구성되어 있다.

중복수정 double fertilization 피자식물에서 고유하게 나타나는 현상으로 두 개인 수배우자가 하나는 난자와 수정하여 2배체의 접합자를 형성하고 또 다른 하나는 극핵 (2배체)과 수정하여 3배체인 1차 배유 핵을 형성한다.

중앙모세포 central mother cells 줄기 끝 말단부에 있는 큰 세포로 여기에서 정단 조직이 유래된다.

중엽 middle lamella 세포판에서 유래된 펙틴 물질이 많은 층으로 인접한 세포의 1차벽을 서로 붙여 주는 기능을 한다.

중축태좌 axile placentation 합생 암술무리에서 자방의 중앙축에 종으로 배열되어 있는 태좌(참조, parietal placentation).

증산작용 transpiration 목부 통도요소들을 통하여 뿌리에서 줄기로 물이 이동하는 현상이며, 계속해서 이동된 물은 잎의 기공을 통하여 잎 표면에서 증발된다.

지의식물 lichen 조류와 균류가 함께 살아가는 공생체 연합.

지주근 prop root 토양 표면 위로 줄기에서 형성되는 부정근으로 식물체를 고정시키는데 도움이 되는 구조.

지질 lipid 일단의 지방과 지방성 화합물들로 유기용매에는 녹지만 물에는 녹지 않는다.

지질소체 plastoglobulus(pl. plastoglobuli) 엽록체와 기타 색소체의 스트로마 내에서 나타나는 진하게 염색되는 작은 지질성의 소포.

지하 덩이 tuber 크게 확장된 지하 줄기 또는 뿌리를 뜻하며 이들로 인하여 다년 생장이 가능하다.

지하경(땅속줄기) rhizome 땅 속에서 수평으로 자라는 줄기; 다년생 단자엽식물에서 흔히 볼 수 있다.

진정 쌍자엽식물 eudicotyledon(eudicot) (진정 쌍자엽식물) 진화 초기의 꽃피는 식물들은 현재 우리가 보는 쌍자엽식물과 단자엽식물로 분화되기 전에 여러 식물군으로 (기저 피자식물들) 다양화되었다고 믿어진다. 진정쌍자엽식물은 쌍자엽식물로 알려졌던 대부분의 식물을 말하며 배에 두 개의 자엽이 있고 줄기와 뿌리의 통도조직 형성층이 1기 사부와 목부 사이에 나타나는 식물이다.

진정염색질 euchromatin 간기 세포의 핵을 광학현미경이나 전자현미경으로 관찰할 때 옅게 염색되는 염색질 (DNA + 히스톤 단백질) 부분(참조, 이질 염색질).

집합과 aggregate fruit 한 꽃에 있는 여러 개 또는 많은 수의 심피에서 형성된 과실(예, 딸기).

차상분지 dichotomy 정단분열조직이 두 개로 나뉘어져서 양쪽으로 동일한 구성요소를 형성하는 것을 말한다. 또한 잎의 엽맥에서 주맥이 같은 맥 두 개로 나뉘어지는 것을 뜻한다.

착생식물 epiphyte 공생이나 기생이 아니면서 다른 식물의 표면에서 적절한 생태적 지위로 자라는 식물. 특히 열대 지역에서 많은 나무들의 수간은 다양한 착생 현화식물, 고사리 그리고 이끼류 등으로 덮여있다.

책상 엽육조직(울타리 엽육조직) palisade mesophyll 잎에 있는 유조직으로 원통형의 세포들이 서로 밀착하고 표피에 수직으로 배열하여 울타리 같은 모양이 된다. 이 광합성층은 양면성 잎의 향축면에 위치한다.

천공판 perforation plate 도관요소의 끝 벽에 커다란 한 개의 구멍이 (단천공판) 보통 수평으로 놓이거나, 여러 개의 구멍이 비스듬한 끝 벽에 복합천공판을 형성한다.

초층 tunica 현화식물의 정단분열조직의 가장 바깥층으로 이 층의 세포들은 주로 수층분열을 한다(참조, 내체).

측근(곁뿌리) lateral root 다른 뿌리에서 자라난 뿌리 (참조, 부정근).

측막태좌 parietal placentation 배주가 태좌 주변에 붙어 있는 자방에서 나타난다.

측면분열조직 flank meristem 일부 피자식물의 줄기 끝 분열조직에서 세포들이 염색되는 강도에 변이가 나타난다. 이럴 경우 보다 강하게 염색되는 주변 조직들을 측면분열조직이라 한다.

침상 결정 raphide 옥살산 칼슘의 결정으로 가늘고 긴 바늘 모양이다. 일부 식물의 특수한 세포의 중앙 액포에 다발로 나타난다.

침투생장 intrusive growth 세포가 길게 자라며 끝 부분이 인접한 세포의 중엽 사이를 뚫고 자라는 현상으로 일부 섬유세포에서 나타난다.

카스파리 띠 Casparian band 뿌리와 일부 줄기의 내피세포 1차 세포벽 중에서 방사벽과 횡단벽 (수층벽)에 연속적으로 있는 리그닌과 슈베린으로 구성된 불투과성인 띠 모양의 층.

캘로스 callose 사부의 사관요소 세포의 사역 세포벽에 흔히 나타나는 무정형의 다당류. 또한 상처 받은 사관에서 빠르게 형성되어 사공을 밀봉하는데 도움을 주고, 또한 발달하는 화분관에서도 합성 된다.

코르크 cork 죽어있는 세포로 된 보호층으로 세포벽에 슈베린이 들어있어 불투과성이며 세포들이 방사상으로 배열되어 있다. 많은 목본 식물의 줄기와 뿌리에서 표피를 대치하며 코르크 형성층에서 원심적으로 형성된다.

코르크 형성층 cork cambium 목본 식물의 줄기나 뿌리에서 발생하는 측재분열조직으로 세포들은 병층분열하여 원심적으로 코르크조직을 형성하고 (코르크층; phellem), 구심적으로 유조직을 형성하기도 한다(코르크피층; phelloderm)

코르크조직 phellem 죽은 주피의 바깥층으로 구성 세포의 세포벽에 슈베린이 들어있어 물이 투과하지 못하며; 코르크형성층에서 형성된다.

코르크질 suberin 소수성이며 지방질인 물질로 코르크의 세포벽에 침적된다. 뿌리의 내피와 외피 세포의 두꺼운 세포벽에는 리그닌과 함께 침적된다.

코르크피층 phelloderm 일부 식물의 코르크 형성층에서 구심적으로 형성된 유조직성 조직.

코르크형성층 Phellogen(cork cambium) 측재분열조직(식물체 방향으로 보아 옆에 위치)이며 규칙적인 병층분열을 통하여 바깥쪽으로 코르크조직을 (phellem) 만든다. 또한 일부 식물에서는 안쪽으로 코르크피층(phelloderm)을 만든다.

크란쯔 해부구조 Kranz anatomy 잎의 관속초 주변의 엽육조직이 방사상으로 배열해 있는 구조로 C4 광합성을 하는 식물에서 특징적으로 나타난다.

크리스타 crista(pl. cristae) 미토콘드리아 내막이 관 모양으로 스트로마 안쪽으로 확장된 것.

키네토코어 kinetochore 두 개의 염색분체가 서로 연결되어 있고 미세섬유가 자라서 방추체의 일부를 형성하는 염색체의 특수 부위.

키메라 chimaera 서로 다른 여러 개의 유전인자형인 조직들로 구성된 식물체나 기관; 줄기 끝 분열조직의 시원세포에서 엽록체를 만들지 못하는 돌연변이가 일어나면 그로부터 파생된 조직들이 형성하는 잎은 얼룩이 되는 것과 같은 현상.

키틴 chitin 변형된 당류 분자들로부터 형성된 중합체; 곰팡이 세포벽 그리고 곤충과 갑각류 외골격 등 골격물질의 주성분이다.

탁엽 stipules 잎의 기부 양 옆에 있는 돌출된 조직으로 일부 쌍자엽식물에서는 크기가 크고 유관속이 뻗어 있다.

탄수화물 carbohydrate 탄소, 수소와 산소로 구성되며 일반 화학식이 $C_nH_{2n}O_n$인 화합물의 일반적인 용어.

탈분화 dedifferentiation 분화전능이 있는 유세포가 분열하면서 함께 일어나는 세포학적 그리고 생화학적 변화이다. 유세포가 크기가 작고, 세포질이 밀집한 분열조직 세포로 전환되는 것을 뜻한다. 탈분화는 식물이 상처를 받거나 생체나 시험관 내에서 부정기관 형성과정에서 나타난다.

태류(우산이끼류) liverwort 작은 이끼 식물 (참조, 선류; 솔이끼류); 관속식물과는 달리 엽상체인 녹색 식물이 배우체로 생활사에서 우세한 세대이다.

태좌 placenta 배주가 부착되어 있는 자방의 부분.

토노플라스트(액포막) tonoplast 액포를 둘러싸고 있는 단일 막.

통기조직 aerenchyma 세포와 세포 사이의 틈인 세포간극이 매우 큰 유조직으로 조직 내 공기 유통을 쉽게 한다.

통도요소 tracheary elements 목부의 도관과 가도관 모두를 한꺼번에 뜻하는 용어. 통도요소는 성숙하면 모두 죽은 세포가 되며 다양한 무늬의 2차벽 침적 양상을 나타낸다(환상, 나선상, 계단상, 망상 그리고 벽공상 등).

틸라코이드 thylakoids 엽록체 내의 광합성을 하는 막으로 그라나와 프렛으로 구성된다.

판상막 cisternae 소포체나 골지체에서처럼 단일 막으로 둘러싸인 납작한 판상의 구획.

팽창재 tension wood 목본 쌍자엽식물 가지의 위쪽에 형성되는 저항재로 다른 부위보다 섬유가 많다. 섬유의 세포벽이 목질화되지는 않지만 많은 물을 포함한다(참조, 압축재).

퍼옥시좀 peroxisome 엽록체에 인접한 미소체로 단일막으로 싸여 있으며, 광호흡과 연관된 글리콜산의 대사에 관여한다.

폐화수정 cleistogamy 꽃이 열리지 않은 상태에서 자가 수분이 일어나는 현상.

포자 spore 포자낭 내에서 2배체인 포자모세포가 감수분열하여 형성된 반수체 세포. 각 포자들이 발아하여 배우체를 형성한다.

포자낭 sporangium 안에서 포자가 생성되는 구조로; 대부분의 고사리류는 포자의 크기가 모두 같지만 종자식물은 크기가 다른 대포자와 소포자를 생산한다.

포자체 sporophyte 식물 생활사에서 2배체인 단계로; 관속식물에서는 포자체가 우세한 세대이다(참조, 배우체).

폴리솜 polysome 단백질 합성을 진행하는 리보솜의 복합체.

표벽 exine 꽃가루나 포자의 제일 바깥 쪽 층으로 스포로폴레닌이 들어있어 썩는 것에 저항성이 매우 강하다 (참조, 내막).

표피 epidermis 1기 지상부와 뿌리를 덮고 있는 가장 바깥 쪽 세포층. 일반적으로 뚜렷하게 구별이 되는 1 세포층으로 되어 있으나 표피의 내부에서 병층분열이 드물게 일어나 다층표피가 되기도 한다 (예, 고무나무 잎, 착생 난과식물 뿌리의 근피).

표피조직 dermal tissue 식물체의 외부를 덮고 있는 조직으로 표피와 주피로 구성된다.

프렛 fret 엽록체 기질인 스트로마 내에서 그라눔과 그라눔을 연결하는 판상 또는 관상의 막 연결체.

프론드 frond 고사리나 야자나무의 잎에 사용되는 비전문적인 용어.

P-단백질 P-protein 사관에 있는 단백질성 물질로 손상된 조직에서 사판을 막는 마개를 형성한다.

피막소낭 coated vesicle 세포질에 있는 작은 자루 구조물로 클래트린 단백질로 싸여있다. 이들은 원형질막에서 떨어져 나온 것이다.

피목 lenticel 수피에 형성되는 구멍으로, 다른 부분에서는 코르크조직 세포들이 서로 밀착하여 밀집되어 있으나, 피목 부위는 세포간극이 있는 둥근 세포로 구성되어 식물체로 산소가 확산되어 들어올 수 있게 해 준다.

피자식물(속씨식물) angiosperm 심피의 기부에 있는 씨방 내에 밑씨 (배주)가 들어있고 암술머리 (주두) 표면에 꽃가루가 (화분) 떨어져서 수정되는 종자식물.

하배축 hypocotyl 배나 어린식물체에서 뿌리와 자엽 연결부 사이의 부분.

하스툴라 hastula 야자류의 부채꼴 잎에서 엽병과 엽신이 연결되는 부위에 나타나는 납작한 조직.

하위자방 inferior ovary 자방의 위치가 꽃의 다른 부위들이 화탁에 부착하고 있는 위치 보다 아래에 있는 경우.

하피 hypodermis 표피 안쪽의 세포층으로 다른 기본조직들과 조직학적으로 구분이 된다.

합점 chalaza 배주에서 주심의 기부가 배병과 부착하는 지역.

해면 (갯솜) 엽육조직 spongy mesophyll 잎의 엽육조직 중 세포간극이 잘 발달된 유조직으로 세포가 불규칙한 형태를 가지고 있다. 보통 잎인 양면성 잎에서는 이 조직이 배축면(뒷면)에 나타난다. (참조, 울타리 (책상) 엽육조직).

핵 nucleus 2중막으로 둘러싸인 커다란 세포내 소기관으로 염색체와 인 그리고 핵질이 있다. 보통 한 세포 당 한 개씩 있으나 어떤 경우에는 여러 개가 있는 다핵체도 있다(다핵체 coenocyte).

핵공 nuclear pore 핵막에서 외막과 내막이 서로 연결되어 형성되는 구멍.

핵막 nuclear envelope 핵질을 둘러싸고 있는 2중막으로 구멍이 많이 뚫려있으며 바깥 쪽 막은 소포체 (원형질 내 망상체)와 연결되어 있다.

핵막간 지역 perinuclear space 핵막의 내막과 외막 사이의 지역.

향축면 adaxial surface 슈트나 줄기 끝으로부터 가까운 쪽의 잎 또는 아원기 표면(참조, abaxial). 양면형 잎의 경우 위쪽 면.

헤미셀루로오스 hemicellulose 식물세포벽의 구성 성분인 일단의 다당류로 여러 가지 다른 종류의 단당류가 다양한 조합으로 결합하여 이루어진다. 미세원섬유(microfibril)를 형성하지는 않는다(참조, 셀루로오스).

현화식물 phanerogam 종자로 생식하는 식물; 예로 소철류, 구과류, 피자식물이 있다(참조, 은화식물).

형성층(부름켜) cambium 식물체 옆 쪽에 있는 측재분열조직으로 2기 목부와 사부를 형성하거나(관속형성층) 코르크층을 형성한다(코르크형성층).

형태학 morphology 식물의 외부 형태와 그 발달과정을 연구하는 식물학 분야.

호기성 호흡 aerobic respiration 생물들이 호흡할 때 산소 분자를 사용하는 호흡.

호흡근 pneumatophore 중력의 반대 방향으로 자라는 뿌리로 토양에서 돌출하여 공기 중으로 자라며; 늪 같은 수중 환경에 사는 나무들이 지하 근계의 통기를 위하여 형성된다.

화분관(꽃가루관) pollen tube 화분립에서 발아한 관으로 수배우자를 배낭으로 이동시키는 기능을 한다.

화분립 Pollen grain 종자식물에서 소포자를 지칭하는 용어.

화주(암술대) Style 주두(암술머리)와 자방(씨방) 사이에 있는 심피 부분.

화탁 receptacle 꽃이 피는 자루의 끝 부분으로 꽃의 구성요소들이 달린다.

화피 perianth 꽃의 불염성 외부 기관을 함께 나타내는 용어로 화피는 대부분의 경우 외부의 꽃받침(악)과 내부의 꽃잎(화판)으로 분화되어 있다.

확장 dilatation 분열하지 않던 유세포가 제한적으로 분열하여 확장되는 것으로 확장 생장은 2기 사부에서 흔히 나타나고 일부 뿌리의 후생목부에서 드물게 나타난다.

환공재 ring porous wood 늦은 시기에 형성된 것들 보다 훨씬 크고 많은, 봄에 형성된 도관들의 2기 목부로; 횡단면에서 도관의 분포가 환상으로 나타난다.

환절 torus 구과식물 통도조직 세포의 유연벽공에서 벽공 내의 1차벽의 중앙이 두꺼워져 양면 볼록렌즈 형으로 만들어지는 구조.

황변체 etioplast 원래는 녹색식물 조직의 특징이 되는 색소체가 어두움에서 발달할 경우 형성되는 색소체. 빛에 노출되면 내부 막구조가 빠르게 그라나를 형성하여 녹색의 엽록체가 된다.

후각조직 collenchyma 목질화 되지 않은 세포벽이 부분적으로 일정하지 않게 두꺼워진 긴 세포들로 구성된 살아있는 지지조직이다. 일반적으로 어린 슈트의 주변 지역에 나타난다.

후기 anaphase 자손 염색분체가 방추체의 반대쪽인 양 끝으로 이동하는 유사분열의 단계.

후벽조직 sclerenchyma 식물체를 지지하는 조직으로 구성세포들은 성숙하면 죽은 세포가 되고 섬유와 보강조직처럼 두껍고 목질화된 2차벽을 가지고 있다.

후생목부 metaxylem 1기 목부 중에 마지막에 형성되는 부분으로 기관이 생장이 멈춘 후에 성숙한다. 이 도관요소들은 일반적으로 계단상, 망상 또는 벽공상 무늬를 가진다.

후생사부 metaphloem 1기 사부 중에 마지막에 형성되는 부분으로 기관이 생장을 멈춘 후에 성숙한다.

흡기 haustorium 침투하여 흡수하는 구조물; 예를 들어 기생 현화식물에서 (겨우살이와 새삼 등) 변형된 뿌리가 숙주 식물에서 영양물을 빨아들인다.

찾아보기

국명

ㄱ

가근 228
가는미나리아재비 223
가도관 68, 125
가래 139
가래나무속 189
가래속 167
가시선인장 82
각우후각조직 74
각질 36, 37
각피 9, 37, 80, 102
간기 핵 37
감수분열 213
감자 20, 109, 161
갑옷이끼 19
강낭콩 37, 92
개미-식물 188
개잎갈나무 99
개재단백질 44
개화성 식물 104
갯배추 50
거 234
거미맹그로브 192
거미식물 130
거전나무 189
건생형 79
겨자무 79, 214
격막형성체 59
격벽 82
격벽형성체 157
경재 14, 70
계층상 형성층 156
고구마 195
고무나무 56
고무나무속 104
고사리소귀나무 119, 208
고착성 수생식물 154
고추 235
골지장치 33
골풀 77
공기 색전 70, 89, 125
공변세포 123
공생 189
공생생물 19
과벽 250
과서 203
과즙낭 254
관모 226
관속 123
관속계 65
관속식물 68
관속적 154
관속조직 69
관속 중심주 105
관속초 80, 125, 142
관속형성층 65, 68, 156
광합성 32
괭이밥 143
괴경 153, 212
구경 153, 212
구과 252
구과류 9, 123
구형 결정 33, 56
군자란 137
귓바퀴형 조직 122
규소체 33
균사 208
균포 203
그라나 32
그래스 트리 128
극핵 215, 245
근경 153
근계 65
근관 32
근권 104
근대 199
근모 20
근원기 161
근초 219
근피 105
글리옥시좀 34
금관속 169
금사슬나무 88, 126, 147
금호 163
기공 122
기근 105, 185
기둥선인장 215
기부세포 219
기생식물 187
기장 142
기저세포 29
기판 234
꽃 122, 215
꽃눈 자리 214, 215, 229
꽃밖 꿀샘 67
꽃받침 215
꽃받침잎 215, 216
꽃잎 216

끈끈이주걱 76
끈끈이주걱속 66

ㄴ

나래새속 150
나리과 10
나비나물 24
나비나물속 193
나자식물 9, 68
난세포 29, 213
난자 214
남양소철 15
내강 75
내과피 249
내벽 217
내생 균근 189, 209
내생장 66
내주피 219
내체 102
내초 119, 154
내표벽 217
내피 19, 119
냉이 29, 246
너도밤나무 94
너도밤나무속 9, 22, 190
네오라이몬디아속 170
녹말 127
눈 102
뉴질랜드삼 141
느릅나무속 183, 212
늑골형 분열조직 102
니그라 딱총나무 184
닐스니아속 135

ㄷ

다배현상 213
다사염색체 246
다열 방사조직 70, 97
다원형 73, 185
다육식물 69
다핵체 215
다화과 116
단순벽공 66, 69
단열 70
단열 방사조직 97
단위결실 220
단자엽식물 103
단천공판 90
단축생장 169
단풍나무 115
당귤나무 254
당근 54
대극속 85, 101, 164, 170
대배우체 218
대포자 17, 214
대포자낭 214
대포자모세포 214
덮개층 127
데스모튜불 43
덴드로칼라무스속 179
도관 14, 68
도관요소 68
도생배주 217, 243
돌기물 122, 231
돌나물과 171
돌콩 192
동반세포 67
동원체 31
동의나물 243
동화조직 73, 82
드라케나속 11, 56, 93
드리미스속 71, 98
들갓속 238
등면성 122
디기탈리스 130, 237
디스코선인장속 56, 215
딕티오솜 33
딸기속 252
떨켜 125

ㄹ

라게노스토마속 228
라임나무 99
랑스도르피아속 187
리가리아속 201
리기노프테리스속 72
리보솜 30, 43
리불로오스 이인산 카르복실라아제 32
리조포라속 188, 221, 258

ㅁ

마가목 21
마디 113
마디사이 104, 113
마이크로톰 71
마케리움속 94
마투카나속 151
만재 93
망목극 125
매발톱속 234
매케리움속 158
맥화디에나속 158
맹그로브 189
먹이체 188
멜랄루카속 116
멜로선인장속 214, 229
모상체 123
모시풀속 66
목련분계군 10
목련속 27, 135, 189
목부 25, 65
목부포위형 154
목재 202, 231
목전화 105
목질소 36
목질화 66, 105
몬스테라속 73, 144

무배유 종자 218
무병엽 10
무절유관 67
무화과나무속 257
물대 139
물집형 세포 123
물푸레나무속 189, 190
뮐러체 188
미국 96
미국느릅나무 95
미국물푸레 96
미나리아재비속 19, 119
미로구조 218
미루나무 129
미르메코디아속 205
미상화서 234
미세섬유 34, 45
미세소관 30, 34, 59
미세원섬유 31, 58
미세종 213
미소체 34
미크란도세레우스속 215, 230
미토콘드리아 30, 33
밀 13

ㅂ

바나나 10
바늘대극 91
바다코코넛 221
바우히니아속 157
바위떡풀 140
반-유연벽공 69
반 기생식물 187
반수체 214
반응재 71
반족세포 218
반투과성 30
발라노포라속 187
발사나무 95
밤나무 99
방사상칭화 216
방사 시원세포 156, 157
방사조직 70, 175
방석식물 127
방추사 31
방추형 시원세포 156
방크시아 252
방크시아속 142, 220
배 214, 215
배낭 243
배반 219
배병 29, 217, 219
배봉선 243
배수구조 67
배수성 214
배우자 214
배우체 214
배유 215
배주 213, 215, 217
배축면 122
백색체 33
백호두나무 91
버드나무과 10
버즘나무속 77
벌레잡이제비꽃 145
벌레잡이제비꽃속 126
벌레잡이풀속 126, 146
벚나무속 184
베고니아 22
베고니아과 10
베타시아닌 216
벨트체 188
벵갈고무나무 191
벼과 10
벽공 69, 90
변연태좌 217
변재 69
병꽃풀 21, 38
병층분열 126
보강세포 66
보상조직 160
보통엽 122
복병립관속 164
복봉선 243
봉선 220
부게인빌레아속 178
부레옥잠 166
부세포 79, 123
부유성 수생식물 154
부정근 65, 70, 185
부정 슈트 65
부정아 187
부정아이 103
부처손속 17
분비모 66
분비선 66
분열정지부 119, 186
분열조직 30
분출오이 257
분화전능성 66
붓꽃속 23, 26
붕어마름목 10
브라질소나무 90
브로우닝기아속 215
브루귀에라속 188, 207
비계층상 95
비계층상 형성층 156
비비추속 134
빵나무 104
뽕나무과 104
뿌리 103
뿌리골무 104
뿌리줄기 128
뿌리털 186
뿌리혹 189

ㅅ

사관 67
사관요소 67
사라세니아속 126, 145
사부 25, 65, 67, 125
사부 섬유 25, 73
사부포위형 154
사세포 67
사시나무속 99, 212
사역 87
사요소 67, 125
사판 67
삭과 254
산세비에리아속 81
산자고속 241
상위자방 253
새삼속 187
색소구체 32
색소체 31
생장륜 69
서양민들레 55, 84
석곡속 121
석세포 75
석송과 17
선인장 108
선정체 156
선태류 212
설탕단풍나무 70
섬유세포 66
섬유소 35, 80
성상보강세포 75
세맥 125
세쿼이아 212
세팔로세레우스속 215
세포 71
세포간극 43, 66, 74
세포벽 30, 70
세포판 59
센갈고랑이선인장 83, 253
소나무속 78, 101
소네라티아속 188
소철류 123
소포자 17, 214
소포자낭 214
소포체 42
소형기둥선인장 233
소화 233
소화경 253
솔대극 83
솔이끼 42
솔이끼속 9, 17, 18
송달조직 217
송백류 67, 68
쇠뜨기 16
수 65
수과 226
수꽃 215
수련 10, 128
수련속 75
수분매개체 216
수생식물 154
수선화속 134, 242
수술 27
수염뿌리 195
수정 215
수지 70
수지도 67, 78
수질 관속 164
수축근 185
수층분열 102
수피 160
숙주 187
쉐플레라속 92
슈트 65
슈트 정단 109
슈트 정단분열조직 151
스트로마 32
스트로마 라멜라 32
스트로브잣나무 91
스페인이끼 130
시스터네 33
시원세포 105
시토키닌 185
식충식물 125
심재 70
심피 215, 217
십이지권 149
십자화과 10
쌍자엽식물 103
쑥속 158, 176
씨 뿌리 249

ㅇ

아가티스속 136
아까시나무 82, 94
아담금사슬나무 126, 148
아리얼 163
아린원기 151
아마 15, 40, 82, 172, 181
아마속 9, 66
아보카도 220
아비세니아속 188, 191, 221
아우스트로실린드로 푼티아속 168
아우코메아속 93
아원기 106
아적 도관 156
아조렐라속 150
아카시아속 9, 205
아프리카앵초 213
아프리칸 바이올렛 118, 213
알렉산더야자나무 131
알로에 148
알칼로이드 198
알케밀라속 83
암꽃 215
암석기둥선인장 169
압류가설 68

압축재 71
액아 104
액아 분열조직 151
액포 31, 47
액포화 66
야자나무 24, 144
야자나무과 129
약 12, 216
약격조직 238
약실 238
양골담초 126, 148, 234
양귀비속 9, 235
양면성 122
양사관속중심주 165
양살구 253
양치식물 228
양파 42
어린뿌리 118
어린식물체 65, 192
어린줄기 106
에스펠레시아속 149
에스포토아속 215, 230
에키노세레우스속 169
연재 70
열대 칡 128
열매 217
염색체 31
엽록체 32
엽맥 24
엽병 10, 122
엽상경 153, 162
엽설 17, 122
엽신 122
엽원기 102, 106
엽육조직 65, 67, 81
엽저 72
엽적 72, 127
엽초 122, 166
엽침 125
영국참나무 14
영양눈 122
오리나무속 207
오우옥 198
옥수수 18, 24, 25
올리브 141
올리브나무속 189
옴브로피툼 187
옴브로피툼속 203
완두 46, 78, 194
완전 기생식물 187
외과피 251
외배유 218
외생 균근 189, 211
외표벽 217
외피 26, 121
용골판 234
용비늘고사리 129
용설란 160
용설란속 66
우산이끼 17
우호덩굴 84
웅예군 215
원뿌리골무 104
원생목부 69, 104, 119, 125
원생사부 104, 119
원절 69
원표피 104
원형질막 30, 42, 87
원형질연락사 30, 35, 42
원형질체 30
월계수벚나무 142
위과 253
위생 기원 124
유경 102, 213
유관 67, 156
유근 10, 29, 102, 106, 185
유낭 250
유럽참반디 80
유배유 종자 218
유사분열 37, 213
유사분열조직 30
유색체 32, 33
유성생식 214
유아 22
유액 33, 67
유연벽공 69, 90
유절유관 67
유조직 65, 125
유카속 11, 23
유칼립투스속 9, 254
융단조직 216
은방울꽃 165
은행나무 81, 196
은화식물 16
2기 목부 68
이끼류 18
2배체 214
이레시네속 178
이생심피 215
2원형 185
이질염색질 31
2차벽 35, 68
이형포자성 214
익판 234
인 31, 43
인경 127, 212
인목속 17
인지질 머리 44
인편 104
인편원기 108
인편엽 115, 122
1기 목부 80
1기 사부 80
일액현상 83
1차벽 35, 68
잎 10, 102, 103

ㅈ

자미아속 232
자방 237
자실체 211
자엽 20, 29, 102
자엽초 219
자이언트세쿼이어 181
작은공선인장 199
잔고사리속 16
잣나무 64
재비속 19
저기조직 154
전달세포 66, 125, 218
전배 246
전분립 31, 42, 51
전분엽록체 32, 137
전분체 31
전색소체 32
전세포벽 30
전연 154
전열 154
전원형질체 30
전충체 70
전판상체 32, 52
전형성층 21, 103
절 10
절간 10
점액강 134
점액겔 104
점액관 67
점액질 33
접합자 219
정단분열조직 103
정부세포 219
정수성 식물 154
정아 104, 160
정핵 214
제 219, 250
제라늄 146, 170
조면소포체 33
조세포 218
조재 가도관 93
조피 160
좀개구리밥 13
종유체 33, 56
종자 215
종피 215, 218
좌우상칭화 216
주공 29, 215
주근 185
주기생장 104, 122
주두 12, 217
주맥 123
주목 19, 136
주변원형질 217
주병 219
주심 29, 215
주아 212
주입 조직 136
주축 유조직 70
주피 29, 65, 159, 215
줄기 102, 103, 127
중계세포 68
중과피 251
중복수정 215
중생 발달 124
중심주 154
중앙모세포 108
중엽 35, 42
중축태좌 16
쥐꼬리망초과 45
쥐똥나무 110
증산 68, 127
지베렐린 185
지주근 185, 189
지질낭 42
지질립 31
지질소체 51
지하경 153, 212
지하덩이 187
진균류 19
진달래속 12
진정쌍자엽식물 215
진정염색질 31

ㅊ

차상분지 123
참나무 96
참나무과 10
참나무속 9
참새귀리속 24
창포 222
책상조직 73, 216
천공판 68
천심련 45
초층 102
취나물속 127
측근 65, 102, 185
측면 분열조직 102
측백나무속 93
측아 20
측재분열조직 65
칠레소나무 84
칠엽수 53, 114
침상 결정 33, 56 156

ㅋ

카나리대극 84
카로테노이드 53, 216
카수아리나속 163
칼랑코에속 21, 78
칼립트라 17
캐나다박태기 114
캘러스 187
캘로스 67
캠브리카양귀비 255
커피나무 14

커피나무속 9
케크로피아속 188
코딜라인속 11, 180
코르크조직 159
코르크질 36, 37
코르크참나무 76
코르크피층 159
코르크형성층 65, 68, 159
코리사속 183
코리오선인장속 100
코코넛 249
코코아 104
콜레오세팔로세레우스속 215
콜레우스속 80, 144
크란쯔 해부구조 142
크로커스속 224, 237
큰바늘꽃 256
큰사시나무 257
클레이스토캑터스속 182
클리토스토마속 158
키네토코어 48

ㅌ

타닌 156
탁엽 188
탈분화 65, 78, 213
태산목 77, 97
태좌 217
테르펜 67
테트라센트론속 71
토노플라스트 38, 43
토마토 16
통기근 185
통기조직 65, 77
통도요소 68
퉁퉁마디속 168
트로코덴드론속 71
트리스테릭스속 187, 203
티노스포라속 176
틸라코이드 32

ㅍ

파르키아속 190
파리버섯 211
파리지옥 145
파리지옥속 126
파울리니아속 178
파인애플 116, 220
파초속 131, 220
판근 190
판다누스속 25
판상후각조직 74
팔로버디 182
패랭이우산이끼 221
팽압 68, 88, 125
팽창재 71
페록시좀 34
페페로미아속 133
펙틴 36, 66
폐쇄화현상 217
포 122
포그미움속 66
포복경 212
포시도니아속 167
포원조직 217
포자 4분체 214
포자낭 17
포자낭 자루 17
포자엽 17
폰데로사소나무 15, 90
폴리테르펜 68
표면단백질 44
표벽 217
표피 25, 103
푸마나속 158
풀무덤 127
풍나무속 213
풍란 121
프테리고타속 97
플라보노이드 216
플레이오스필로스속 148
피나무 86, 89, 196
피나무속 212
P-단백질 67
피마자 55, 248
피막 세포 67
피목 160
피자식물 9, 14, 68
피층 25, 65, 103
피칸 160

ㅎ

하늘타리속 164
하배축 188
하스툴라 122
하위자방 253
하케아속 80
하피 123
한기죽 162
합생심피 216
합점 218
해고속 195
해면 엽육조직 73
해면조직 216
해바라기속 25
핵공 31, 43
핵막 31
핵질 31
향나무속 189
향축면 122
헤미셀루로오스 36, 66
헬로시스속 187
협죽도 132
형성층 시원세포 157
형성층역 171
호두나무속 9
호말리움속 81

호박속 87, 251
호흡근 189
화경 215
화관 216
화분 214
화분관 29, 218
화분괴 217
화분립 29, 214
화분모세포 217
화사 215
화서 122
화아 152
화원기 104, 152
화주 12
화케이로아속 215
화탁 215
화통 242
화판상 215
화피 216
화피의 16
확장생장 68
환공재 69
활면소포체 33
황마속 9, 66
황변체 32
효모 45
후각조직 65, 66
후벽조직 65, 125
후생목부 69, 119
후추등속 164
휴면아 224
흑법사 110
흡기 187
흡기근 185
히드노피툼속 205
히코리속 9

영명

A

abscission zone 125
Acacia 9, 189
Acacia cornigera 205
Acanthocereus tetragonus 82
accessory bud 113
Acer 69
Acer pseudoplatanus 115, 182
Acer saccharum 69, 70
Acorus calamus 222
acropetal 104
adventitious prop 186
adventitious root 70, 78, 185
adventitious root system 11
Aeonium 110
Aerial prop root 185
aerial root 105, 185
Aesculus 213
Aesculus hippocastanum 53, 114
Agathis 123
Agathis silbai 136
Agave 66, 153
Agave americana 160
air space 41
Aizoaceae 148
Alchemilla 213
Allium cepa 42, 57
Alnus glutinosa 207, 208
Alnus rubra 189
Aloe vera 148
Amanita muscaria 211
Ambrosia 158
Ammophila arenaria 139, 140
amphicribral 154
amphivasal 154
amylochloroplast 32, 137
amyloplast 31, 32
Ananas comosus 116
Andrographis paniculata 45, 52
Angiopteris 129
ant-plant 188
anther 27, 216
anther lobe 239
anthocyanin 34
antipodal 29
Apiaceae 150
apocarpy 217
Apodanthaceae 187
apoplast 30, 41
apoplastic system 77
Aquilegia 234
Araucaria 123
Araucaria angustifolia 90
Araucaria araucana 84
arbuscle 209
archegonium 232
Archontophoenix alexandrae 131
Armoracia rusticana 79, 214
Artemisia 158
Artemisia tridentata 176
articulated laticifer 67
Artocarpus altilis 104
astrosclereid 66
Aucomea klaineana 93
auricle 122
Austrocylindropuntia subulata 168
Avicennia 188, 221
Avicennia marina 189, 206
Avicennia nitida 191

axillary branch 170
Azorella 150

B

Backebergia 215, 230
baculae 217
Balanophora 187
Balanophoraceae 187
Banksia 142, 220
bark 86
basal angiosperm 71
Bauhinia divaricata 157
Begonia 213
Begonia metallica 21
Begonia rex 22, 39, 79
Begonia sempervirens 232
Beltian body 188
Beta 158
Beta bulgaris 187
Betula 69, 211
bicollateral bundle 164
bifacial 122
bifacial leaf 73
Boehmeria 66
border 69
bordered-pit 69
Bougainvillea 159
breadfruit 104
brightfield microscope 72
Bromeliaceae 219
Bromus 24
Browningia candelaris 112, 215, 232
Bruguiera 188
Bruguiera gymnorhiza 207
bud 108
bud primordia 106
bud scale primordia 108, 151
bud trace 151
bud trace xylem 156
Buiningia aurea 165
bulb 127, 212
bulbil 212
bulliform cell 123, 140
buttress root 190

C

callose 67
Calluna 216
callus 35
Caltha palustris 243
calyptrogen 104, 117
calyx 216
cambial-like layer 142
cambial zone 171
canopy 127
Capsella bursa-pastoris 29
Capsicum annuum 235
Carya 9
Carya illinoinensis 160
Caryophyllales 218
Castanea sativa 99
Castilleja 187
Casuarina 163
Casuarina glauca 163
Catalpa 71
cauliflorous plants 104
Cecropia 188
Cedrus deodora 99
cephalium 214, 229
Cephalocereus 215
Ceratophyllales 10
Cercidium microphyllum 112
Cercis canadensis 114
Cereus huilunchu 169
Chenopodiaceae 155
Chichorium 214
chimeral leaf 126
Chlorophytum comosum 130
Chorisa 183
chromatin 31
chromoplast 33
Cistaceae 158, 177
Citrus 213
Citrus sinensis 254
cladode 162
Cleistocactus fieldianus 182
Clivia miniata 137
Clytostoma callistegioides 158
Cocos nucifera 219
Coelus 144
Coffea 9, 66
Coffea arabica 14
Coleocephalocereus 215
Coleus 80
collenchyma 65
compound microscope 72
compression wood 71
Comptonia peregrina 119, 189, 208
confocal microscope 72
conifer 9, 123
connate 67
Conocephalum conicum 221
Convallaria majalis 165
convoluted 24
Corchorus 9, 66
Cordyline 11, 123, 159
Cordyline australis 183
Cordyline terminalis 180
corm 212
corpus 102
Corryocactus 100
Corynea crassa 201
Corypha elata 144
Crambe maritima 50
Crassula argentea 171
Crocus 224
cross-field pit 91
Crysophila nana 192
Cucurbita 67
Cuscuta 187

cushion plant 127
cuticle 9, 37, 102
cutin 36
Cyathea 195
Cycas circinalis 15
Cytisus purpureus 126
Cytisus scoparius 256

D

Daucus carota 199, 224
dedifferentiation 65
Dendrobium 121
Dendrocalamus giganteus 179
desmotubular 33
diarch 185
Dicksonia antartica 16
Digitalis purpurea 130, 237
dilatation growth 68
Dionaea 125
Dionaea muscipula 145
Dipterocarpus 189
Discocactus 215
Discocactus alteolens 56
dissecting(stereo) microscope 72
DNA 10
dormant bud 212, 224
Dracaena 11, 56, 159
Dracaena draco 179
Dracaena fragrans 93
Drimys winteri 71, 98
Drosera 66, 124, 125
Drosera rotundifolia 76, 145
druse 56, 229

E

Ecballium elaterium 257
Echinocactus 163
Echinocactus platyacanthus 112
Echinocereus coccineus 233
Echinocereus enneacanthus 169
Eichhornia 154
Eichhornia crassipes 166
elaiosomes 188
embolism 89, 144
emergence 123
Encephalartos strobiliformis 200
endodermis 26, 153
end wall 67
Epilobium hirsutum 256
Epithelantha bokei 151
epithelial cell 67
Equisetum arvense 16
Erica 216
Espeletia 149
Espostoa 215
Espostoa melanostele 230, 231
Eucalyptus 9, 69, 133, 189
Eucalyptus calophylla 254
Eucalyptus diversicolor 13
euchromatin 31
Euphorbia 67, 85, 153, 164
Euphorbia canariensis 84
Euphorbia cyparissias 83
Euphorbia fortuita 101
Euphorbia horrida 91
Euphorbia mammillaris 170
exodermis 26
expansin 36

F

Facheiroa 215
Fagus 9
Fagus sylvatica 22, 94, 190, 210, 225
false fruit 253
Ferocactus 83
Ferocactus wislizenii 253
fibre cap 171
fibrillar-particulate 31
Ficus 104, 123, 157
Ficus auriculata 257
Ficus benghalensis 191
Ficus elastica 56
Ficus microcarpa 193
flank meristem 151
floral primordia 104
flower bud 152
foliage 122
forming face 57
Fragaria vesca 220
Frankia 189, 208
Fraxinus 69, 71, 189
Fraxinus americana 96
Fraxinus excelsior 190, 198
fret 51
Fumana 158, 177
Funkia ovata 213

G

Ginkgo biloba 81, 196
glandular trichome 108
Glechoma hederacea 21, 38, 40, 106
Glycine 189
Glycine soja 192
glyoxisome 34
growth ring 69
gum 213
Gunnera manicata 128
guttation 83
Gymnocalycium chiquitanum 152

H

Haageocereus australis 171
half-bordered pit 69
Halophila ovalis 155
haploid 11
hardwood 14, 70
hastula 122
haustoria 185, 187
Haworthia cooperi 149
heartwood 70

heather 216
Helianthus 25, 32
Helosis 187
hemiparasite 187
heterochromatin 31, 43
Hevea 33
Hibiscus 238
Hieracium 213
hilum 219, 250
holoparasite 187
Homalium 81
Hosta 134
Huperzia selago 17, 214
hydathode 67
Hydnophytum 188
Hydnophytum formicarium 205
hydrophyte 154
hypocotyl 10
hypodermis 123

I

infructescence 203
ingrowth 66, 79
integument 29
intermediary cell 68
internode 10, 153
intine 217
intrusive growth 82
Ipomoea 186
Ipomoea batatas 195
Iresine 159, 178
Iris 23
isobilateral 122
isobilateral segment pattern 217

J

Juglans 9, 69, 189
Juglans cinerea 14, 91
Juglans nigra 70
Juncus communis 77, 161
Juniperus 189

K

Kalanchoe 78
Kalanchoe diagremontiana 21
Karri 13
keel 234
kinetochore 31
Kranz 124

L

+*Laburnocytisus adamii* 126
Laburnum anagyroides 88, 126
labyrinth 218
Lagenostoma ovoides 214, 228
Langsdorffia 187
Larix 155
latex duct 101
laticifer 67, 156
Lavandula 124
leaf base 10, 72, 103
leaf primordia 102
leaf trace 72, 127
Lecanopteris 188
Lemna 9, 30
Lemna minor 13
Lepidodendron 17, 214
leucoplast 33
Licuala grandis 129
Ligaria cuneifolia 187, 201
Ligaria haustorium 201
lignification 105
lignin 36
Ligustrum vulgare 110
Lilium 216, 235
Lilium 'Destiny' 12
Linum 9, 36, 66
Linum usitassimum 103
Linum usitatissimum 15, 40, 50, 73, 82, 114
Liquidambar 213
Lobaria pulmonaria 19
locule 16
Lodoicea 221
Lophophora williamsii 198
lumen 57
Lycopersicon esculentum 16, 44
Lyginopteris 72

M

Macfadyena unguis-cati 158
Machaerium purpurascens 94, 158, 177
Macrozamia riedlei 189
Magnolia 27, 135, 189, 216
Magnolia grandiflora 77, 97, 98
Magnoliid 10, 133
Maihueniopsis 150
Maihueniopsis darwinii 200
Malus 155
Malus sylvestris 220
Malva 241
manoxylic 159
margo 69
Matucana 151
mature face 57
maturing face 43
Mecanopsis cambrica 255
medullary vascular bundle 164
Medullosa 214
megasporangium 29
Melaleuca 116
Melocactus 214
Melocactus intortus 229
meristemoid 30, 39
Mesembryanthemum crystallinum 137
mesogenous development 124
metaxylem 69
Micranthocereus 215
Micranthocereus esteversii 230
microfibril 31, 124

microtome 71
middle lamellae 35
militaris 230
Mimosa pudica 125
monopodial growth 169
Monstera 73, 144
Morawetzia doelziana 152
moto cell 123
mucigel 104, 118
mucilage duct 84
Muehlenbeckia platyclados 162
Mullerian body 188
Musa 131
Myrmecodia 188
Myrmecodia tuberosa 205

N

Narcissus 134, 242
nectar 66
Neofinetia falcata 121
Neoraimondia 155
Neoraimondia herzogiana 170
Nepenthes 125
Nerium 123
Nerium oleander 132
nexine 217
Nilssonia 135
Nitella 34
nitrogen fixing nodule 185
node 10, 113
nonarticulated laticifer 67
Nostoc 128, 189
Nothofagus 189
Notocactus coccineus 169
nucellus 29
nucleolus 31
nucleosome 31
Nymphaea 75
Nypa fruticans 212

O

Ochroma 70
Ochroma lagopus 95
oil sac 250
Olea 189
Olea europaea 141
Ombrophytum 187
Ombrophytum subterraneum 203, 204
opalescent 188
Opuntia engelmannii 162
Oroya peruviana 108
Oxalis angularis 143

P

Pachycereus 230
Pachypodium 156
palo verde 112
Pandanus 25, 123, 159
Panicum turgidum 142
Papaver 9, 235
pappus 216
paratracheal 229
parenchyma 65
Parkia javanica 190
Passiflora 158
Paullinia sorbilis 178
pedicel 233
Pelargonium 146
Pelargonium carnosum 170
Pellia epiphylla 17
Peperomia 123, 133, 213, 226
Peperomia argyreia 138
perforation plate 68
pericycle 154
perigenous origin 124
periplasmodium 217
perisperm 218
peroxisome 34
Persea americana 220
persistent bud complex 104
phase microscope 72
Phaseolus 32, 66
Phaseolus vulgaris 37, 39, 44, 92, 106, 143
Pheidole bicornis 188
phellogen 68, 159
Philodendron sagittifolium 84
Phoenix 66
Phoradendron 187, 200
Phormium 66
Phormium tenax 141
phragmosome 35, 60
phylloclade 153, 162
phyllotaxy 103
phytoferritin 52
Pilostyles 187
Pinguicula 125
Pinguicula vulgaris 145
pinna 129
Pinus 67, 78, 79, 95
Pinus monophylla 64, 137
Pinus ponderosa 15, 90
Pinus strobus 91
Pinus sylvestris 71
pip 252
Piper 164, 188
Pisum sativum 46, 78
pith 11
pit membrane 69
placenta 29
plasmalemma 30
plasmodesmata 30, 35
plastid 31
plastoglobuli 50
plastoglobulus 31
Platanus 77
Pleiospilos nelii 148
plumule 102, 213
pneumatophore 185, 189
pollinium 217
polyarc 26

Polygonum 218
polytene 246
polyterpene 68
Polytrichum 9, 17, 18
Polytrichum commune 42, 57
Populus 99, 212
Populus deltoides 129
Populus tremuloides 212, 222
Posidonia oceanica 155, 168
Potamogeton illinoensis 139
pressure-flow 88
pressure-flow hypothesis 68
procambium 154
proembryo 213
prolamellar body 32, 52
proleptic growth 104, 122
proplastid 32
prop root 185
protochlorophyllide 32
protophloem 154
protoxylem 69, 154
protoxylem cavity 69
protoxylem lacuna 167
Prunus laurocerasus 142
Prunus serrula 184
Pseudophoenix vinifera 24
Pteridium aquilinum 165, 212
Pterygota kamerunensis 97
pulvinus 125
Puna clavariodes 175
Pyrus communis 220

Q

Quercus 9, 69, 71
Quercus alba 96, 97
Quercus petraea 13, 198
Quercus robur 14
Quercus suber 76
quiescent center 186

R

radicle 10, 102
Rafflesia 187
Ranunculus 19, 117
Ranunculus repens 223
raphide 56
Rathbunia alamosensis 228
reaction wood 71
RER 33
resin canal 67, 84
reticulate 69
Rhamnogalacturonan 64
Rhizobium 189
Rhizophora 188, 221, 258
Rhizophora mangle 192
rhizosphere 104
Rhododendron 215, 216
Rhododendron falconeri 12
rhytidome 160
rib meristem 151
Ricinus communis 55
ring porous wood 69
Robinia pseudoacacia 70, 82, 94
root primordia 161
rough endoplasmic reticulum 33
Rubus 213

S

Saccharomyces 31, 45
Sagittaria 154
Saintpaulia 213
Saintpaulia ionantha 118
Salicornia 155, 168
Salix 109, 189
Salix arctica 149
Sambucus nigra 184
Sanicula europea 80
Sansevieria 66, 213
Sansevieria trifasciata 81, 194
sapwood 69
Sarracenia 125
Saussurea gnaphalodes 127
Saxifraga sarmentosa 140
scalariform 69
scale leaf 122
scanning electron microscope 72
Schefflera digitata 92
sclerenchyma 65
sclerenchyma sheath 164
scutellum 219
Secale cereale 185
secondary 10
seedling 65
Selaginella 17
SEM 72
Semele 162
Sequoiadendron giganteum 181, 189
Sequoia sempervirens 69, 189, 212
SER 33
sessile 10
sexine 217
sheathing base 132
sieve area 67
sieve cell 67
sieve element 67
sieve plate 67
sieve pore 87
sieve tube 67
sieve tube member 67
simple pit 66, 69
Sinapis 238
sledge microtome 71
smooth endoplasmic reticulum 33
softwood 9
Solanopteris 188
Solanum tuberosum 20, 32, 50, 109
Solanum tuberosum var. 'Desire' 223
Sonneratia 188
Sorbus aucuparia 21, 40, 41, 47
spine primordia 152

spur 234
standard 234
Stipa 150
stolon 212
stomium 216
Streptocarpus 213, 226
stroma thylacoid 50
suberin 36
suberization 105
suspensor 29
sylleptic growth 104
symplast 30, 41, 105
syncarpy 217
synergid 29

T

tangential wall 66
Taraxacum 67, 213, 216
Taraxacum officinale 55, 84, 85
Taxus baccata 19, 136
TEM 72
tension wood 71
terpene 67
testa 218
Tetracentron sinense 71
Thelocactus rinconensis 199
Theobroma cacao 104
thickening 10
Thuja 93
thymidine 119
Tilia 67, 212
Tilia cordata 86, 89
Tilia × europea 99
Tillandsia usneoides 130
Tinospora 158, 176
torus 69
totipotency 66
tracheary element 68
tracheid 68
transfer cell 66
transfusion tissue 136
transfusion tracheid 136
transmission electron microscope 72
transmitting tissue 217
Trichocereus chilensis 203
Trichocereus pasacana 112
trichome 122
Trichosanthes 164
Trifolium 189
Tristerix aphyllus 187, 203
Triticum 13
Trochodendraeae 71
Trochodentron aralioides 71
trunk 99
tuber 187
Tulipa 241
tunica 102
tussock 127
twig 81
tylose 70
Typha 154

U

Ulmus 212
Ulmus alata 183
Ulmus americana 95
Ulmus parviflora 184
Urtricularia 125

V

valve 256
vascular cryptogam 16
velamen 121
vessel 68
vessel element 68
Vicia faba 24, 193
Victoria amazonica 128, 154
Viscum 187
Vitis 67
viviparous 258

W

water conducting strand 18
wing 234
wood 156

X

Xanthorrhoea 159
Xanthorrhoea preisii 128
Xylocarpus 157

Y

Yucca 11, 140, 143, 159
Yucca elephatipes 23

Z

Zamia 232
Zamiaceae 200
Zea mays 18, 24, 54
Zinnia 74
Zostera capricorni 155
zygote 29